AUS DEM CHEMISCHEN LABORATORIUM DER KÖNIGLICH
BAYERISCHEN AKADEMIE DER WISSENSCHAFTEN IN MÜNCHEN

UNTERSUCHUNGEN ÜBER DIE ASSIMILATION DER KOHLENSÄURE

SIEBEN ABHANDLUNGEN

VON

RICHARD WILLSTÄTTER

UND

ARTHUR STOLL

MIT 16 TEXTFIGUREN UND EINER TAFEL

BERLIN
VERLAG VON JULIUS SPRINGER
1918

ISBN-13:978-3-642-98136-4 e-ISBN-13:978-3-642-98947-6
DOI: 10.1007/978-3-642-98947-6

Softcover reprint of the hardcover 1st edition 1918

Vorwort.

Die chemische Untersuchung der Blattfarbstoffe hat vor vier Jahren einen vorläufigen Abschluß erreicht. Wohl blieben für die Ermittlung ihrer Konstitution im einzelnen noch bedeutende Aufgaben zu lösen, die vielleicht für die Zeit zu schwierig waren, gewiß für unsere Mittel, allein es waren die Pigmente, denen man eine Rolle an den Lebensvorgängen im Blatte zuschreibt, in ihren wesentlichen Zügen so erforscht, daß ihre Kenntnis in chemischer Beziehung der Behandlung biologischer Fragen neue Wege eröffnete.

Damals war uns durch die Muße im Kaiser Wilhelm-Institute für Chemie, an die wir unter veränderten Verhältnissen uns mit Dankbarkeit erinnern, die Möglichkeit geboten, eine Wanderung in die dem Chemiker schwerer erreichbaren Gebiete der Pflanzenphysiologie anzutreten. Die Untersuchung, über die bisher nur einige vorläufige und kurze Angaben im Jahrgang 1915 der Sitzungsberichte der Preußischen Akademie der Wissenschaften und der Berichte der Deutschen Chemischen Gesellschaft erschienen sind, ist im dritten Jahre des Weltkrieges vollendet worden. Wir veröffentlichen die Arbeit in sieben Abhandlungen und einer Schlußbetrachtung in dieser Buchform, um sie trotz ihres Umfanges als ein Ganzes erscheinen zu lassen und sie dem Botaniker gleichwie dem Chemiker zugänglich zu machen.

Wenn unsere Versuche dazu beitragen, den Assimilationsvorgang genauer zu beschreiben, so sind sie zugleich klar verneinend in der Frage, ob es schon gelingt, die Assimilation außerhalb der lebenden Zelle zu verwirklichen. Es ist zu früh für die Experimente künstlicher Assimilation unter der Wirkung von Chlorophyll. Das ist nicht eigentlich ein negativer Abschluß, es ist ein positives Ergebnis, das zu neuer Arbeit anregt und ihr die Wege weisen will. Der Assimilationsapparat ist unvollständig chemisch bestimmt, so lange nur die am Assimilationsvorgang beteiligten Farbstoffe bekannt sind. Es tut not, durch analytische Arbeit in vorgezeichneten Richtungen unsere chemische Kenntnis von den assimilatorischen Einrichtungen der grünen Gewächse zu vervollkommnen.

München, Ostern 1917.

Die Verfasser.

Inhaltsverzeichnis.

Erste Abhandlung.

Über die Konstanz des Chlorophyllgehaltes während der Assimilation.

I. Einleitung.

Chlorophyll ist erst seit einigen Jahren als Substanz bekannt. Während es früher zweifelhaft war, ob es ein Chlorophyll gäbe oder mehrere ähnliche Pigmente oder eine große Anzahl von Blattfarbstoffen, sind vor kurzem Methoden geschaffen worden, um die Blattfarbstoffe beliebiger Herkunft vergleichend zu untersuchen. Es war für diesen Zweck nicht nötig, das Chlorophyll in unveränderter Form aus der Pflanze zu isolieren. Noch bevor diese Aufgabe gelöst war, konnte durch charakteristische Abbauprodukte, nämlich durch die in alkalischer Lösung entstehenden Phylline, Carbonsäuren mit komplex gebundenem Magnesium, und durch den von Säure gebildeten magnesiumfreien Phytolester Phäophytin der assimilatorische Farbstoff in seiner chemischen Eigenart beschrieben und identifiziert werden. Der Vergleich hat sich auf mehr als zweihundert Pflanzen aus vielen Klassen der Kryptogamen und Phanerogamen erstreckt. Darunter waren Pflanzen aus den verschiedensten Lebensbedingungen, Meeresalgen, Süßwasserpflanzen und Landpflanzen, einheimische und tropische Gewächse. Das Ergebnis war die Identität des Chlorophylls in allen untersuchten Pflanzen.

Das Chlorophyll ist hinsichtlich seiner Zusammensetzung, seiner chemischen Eigenschaften und der wesentlichen Züge seiner Struktur erforscht worden[1]); es wurde in reinem Zustand zugänglich und man erkannte es als ein Gemisch zweier Farbstoffe, der Komponenten *a* und *b*, die sich trennen ließen. Das blaugrüne Chlorophyll *a* und das gelbgrüne Chlorophyll *b* sind komplexe Magnesiumverbindungen von ähnlicher Zusammensetzung:

Chlorophyll *a* $[MgN_4C_{32}H_{30}O]CO_2CH_3 \cdot CO_2C_{20}H_{39}$,
Chlorophyll *b* $[MgN_4C_{32}H_{28}O_2]CO_2CH_3 \cdot CO_2C_{20}H_{39}$.

Es ist zwar noch nicht möglich, diese beiden Komponenten ineinander überzuführen, sie sind aber zu identischen Verbindungen, die ihnen noch nahestehen, abgebaut worden, so daß man auf die Verwandtschaft ihrer Konstitution daraus schließen darf.

In den Chloroplasten werden die Chlorophyllfarbstoffe stets von zwei gelben Pigmenten begleitet, von dem Kohlenwasserstoff Carotin, dessen Zusammensetzung $C_{40}H_{56}$ ist, und der Sauerstoffverbindung Xanthophyll von der Formel $C_{40}H_{56}O_2$; zu diesen gesellt sich in der Klasse der Phäophyceen noch ein drittes Carotinoid, das Fucoxanthin.

Die Isolierung der einzelnen Blattfarbstoffe bot uns die Grundlage für Methoden ihrer quantitativen Bestimmung. Die erste Anwendung von den auf colorimetrischem Prinzipe beruhenden Bestimmungen, die wir schon mitgeteilt haben[2]) und mit einigen Verbesserungen im folgenden genauer beschreiben wollen, betraf den Chlorophyllgehalt der Blätter und das Komponentenverhältnis des Pigmentgemisches. An das Ergebnis der Analysen knüpfen die folgenden Abhandlungen an, in welchen die chemischen Einrichtungen des Assimilationsapparates eingehender untersucht werden sollen.

Der Chlorophyllgehalt normal grüner Blätter von sehr verschiedenen Pflanzen beträgt zumeist etwa 0,8 Prozent des Trockengewichts und er bewegt sich in ziemlich engen Grenzen, nämlich im allgemeinen zwischen

---

[1]) Die Ergebnisse sind kurz zusammengefaßt von R. Willstätter, Ber. d. deutsch. chem. Ges. **47**, 2831 [1914] und ausführlicher von R. Willstätter und A. Stoll in dem Buche „Untersuchungen über Chlorophyll" (Berlin 1913).

[2]) R. Willstätter und A. Stoll, Untersuchungen über Chlorophyll, IV. Abschnitt.

0,15 bis 0,35 g für 100 g Frischgewicht der Blätter,
0,6 bis 1,2 g für 100 g Trockengewicht der Blätter,
0,3 bis 0,7 g für 1 qm Blattfläche.

Auch für die gelben Pigmente gilt, daß ihre Prozentgehalte nur geringen Schwankungen unterliegen; die Carotinoide machen 0,07 bis 0,20 Prozent vom Trockengewicht aus, d. i. 0,03 bis 0,07 g für das Quadratmeter Blattfläche.

Gleichfalls annähernd konstant ist bei normal lebenden Pflanzen das Verhältnis zwischen den Chlorophyllkomponenten *a* und *b*, das kurz als $Q_{\frac{a}{b}}$ bezeichnet werden soll. Auf ein Mol Chlorophyll *b* treffen ungefähr drei Mole Chlorophyll *a*; der genaue Durchschnittswert aus der besten Bestimmungsreihe war 2,9 mit der größten Abweichung von ±0,5 bis 0,6. Das Verhältnis der Farbstoffe erleidet unter natürlichen Bedingungen während der Assimilationstätigkeit des Chlorophylls keine Verschiebung, die Tageszeit beispielsweise ist ohne Einfluß darauf, wie im Hochsommer ausgeführte Analysen zeigen:

	morgens (4^h)	abends (5^h)
$Q_{\frac{a}{b}}$ bei Sambucus	2,77	2,85
,, ,, Aesculus	2,89	2,82
,, ,, Platanus	3,52	3,34

Für diese quantitative Beziehung bilden allein eine Ausnahme die Phäophyceen, in welchen neben dem Chlorophyll *a* nur eine verschwindend kleine Menge der Komponente *b* vorkommt[1]).

Auch das Verhältnis der beiden Carotinoide, kurz als $Q_{\frac{c}{x}}$ bezeichnet, weist keine größeren Schwankungen auf. In Blättern aus normalen Lebensbedingungen ist ihr durchschnittliches Verhältnis 0,60 mit den größten Abweichungen von ±0,1; auf ein Mol Carotin treffen anderthalb bis zwei Mole Xanthophyll.

Wenn man dieses konstante Verhältnis zwischen den beiden grünen und zwischen den beiden gelben Pigmenten berücksichtigt, dann legt

---

[1]) R. Willstätter und H. J. Page, Ann. d. Chem. **404**, 237 [1914].

die in den Formeln ausgedrückte nahe Beziehung in jedem dieser Paare besondere Annahmen nahe für eine chemische Beteiligung der Pigmente am Assimilationsvorgang. Die Zusammensetzung beider Paare differiert in gleicher Weise, nämlich um ein Mol Sauerstoff. Die Formeln der Carotinoide zeigen ohne weiteres diese Differenz; in den Formeln der Chlorophylle ist sie so ausgedrückt, daß die Komponente *b* um zwei Wasserstoffatome ärmer und um ein Sauerstoffatom reicher ist. Diese Beziehung in der Zusammensetzung veranlaßt die Frage aufzuwerfen, ob in dem Vorgang der Zerlegung von Kohlensäure, in welchem ein Mol Sauerstoff entbunden wird, die zusammengehörenden Paare von Farbstoff ineinander übergehen, indem sie ihre Funktion ausüben. Zu Beginn war unsere Untersuchung daher von der Hypothese[1]) beeinflußt, daß die Kohlensäure durch die Affinität der Magnesiumverbindungen angezogen und daß ihre Reduktion durch die Chlorophyllkomponente *a* in dem Prozesse bewirkt werde, der die absorbierte Lichtenergie verbraucht. Das Chlorophyll *a* oxydiere sich dabei zum Chlorophyll *b* und dieses werde unter Abspaltung von Sauerstoff wieder in die erste Komponente zurückverwandelt, wobei sich zwischen den beiden Komponenten ein Gleichgewichtszustand einstelle. Es galt dabei entweder als möglich, daß diese Abgabe von Sauerstoff aus der Komponente *b* unmittelbar erfolge oder daß sich die Carotinoide an der Rückverwandlung in das Chlorophyll *a* beteiligen. Als ihre Aufgabe ließ sich die Einstellung des Komponentenverhältnisses der Chlorophylle vermuten, vielleicht in der Weise, daß durch Carotin dem Chlorophyll *b* Sauerstoff entzogen und daß dieser aus dem gebildeten Xanthophyll wieder entbunden werde. Gleichviel ob in irgendeiner solchen Weise die gelben mit den grünen Pigmenten funktionell verbunden sind oder ob sie überhaupt nicht in der Photosynthese zusammenwirken, die Konstanz der Verhältnisse zwischen den Komponenten des Blattfarbstoffs konnte kaum als zufällig und bedeutungslos erscheinen.

Die vorliegende erste Arbeit behandelt daher zunächst die Frage, ob

---

[1]) R. Willstätter und A. Stoll, Untersuchungen über Chlorophyll, S. 24.

unter besonderen natürlichen Bedingungen die Komponentenverhältnisse bedeutender abweichen und weiterhin, ob sie sich unter willkürlichen Bedingungen der Assimilation wesentlich verschieben lassen. Wenn man annahm, das assimilierende Blatt sei mit einer Einrichtung ausgestattet, die das Verhältnis zwischen den Farbstoffen zu annähernder Konstanz reguliere, so war der Versuch zu unternehmen, das Blatt assimilieren zu lassen, indem die regulierende Einrichtung überlastet oder gestört wird. Durch die quantitative Analyse des gesamten Pigmentes nach dem Versuche sollte auf unzureichende Regulierung der Komponentenverhältnisse geprüft werden.

Die Untersuchung hat aber ergeben, daß unter beliebigen, in der Natur oder im Experiment gebotenen Bedingungen das Verhältnis der beiden Chlorophyllfarbstoffe nicht, das der Carotinoide im allgemeinen nicht erheblich verändert werden kann. Es ist mithin gar kein Anzeichen dafür gefunden worden, daß überhaupt in den Lebensbedingungen der Pflanze einer der beiden Chlorophyllfarbstoffe in den anderen, und daß durch den Assimilationsvorgang eines der beiden Carotinoide in das andere umgewandelt werde. Der Vorstellung, welche die Sauerstoffabspaltung aus der Kohlensäure näher erklären wollte als eine intermediäre Oxydation von Chlorophyll und möglicherweise sekundär von Carotin, haben die Analysen den Boden entzogen. Es wird sich zeigen, daß die Versuche zugleich die viel weitergehende Anschauung anderer Forscher widerlegen, daß im Assimilationsvorgang das Chlorophyll zerstört werde.

Um das Komponentenverhältnis unter natürlichen, aber nicht normalen Bedingungen zu untersuchen, verglichen wir zunächst Licht- und Schattenblätter[1]). Während eine richtige Schattenpflanze, die Buche, in ihren Schattenblättern keine Abweichung von der gewöhnlichen Erscheinung bot, trafen wir bei einigen, für Schattenwachstum schlecht organisierten Pflanzen, zum Beispiel bei Sambucus nigra, in der Tat etwas andere Verhältnisse in den Schattenblättern als in den Lichtblättern an. Der Quotient von Chlorophyll *a* und *b* ist hier er-

[1]) R. Willstätter und A. Stoll, Untersuchungen über Chlorophyll, S. 111.

niedrigt auf 2,06, das Verhältnis von Carotin zu Xanthophyll auf 0,35. In diesem Fall ist also entgegen der Erwartung in dem unter schlechteren Assimilationsbedingungen lebenden Blatte der sauerstoffreichere Chlorophyllfarbstoff sogar etwas reichlicher vorhanden. Es scheint, daß unter ungünstigen Bedingungen die Komponente *a*, die weniger beständig ist, sich etwas mehr zersetzt, ähnlich wie wenn Chlorophyll im Herbste abgebaut wird.

Darauf wurden die Pigmente in den absterbenden Blättern analysiert, nämlich in herbstlichen Blättern, die noch normal grün und in solchen, die teilweise oder weitgehend vergilbt waren. In dieser herbstlichen Veränderung des Laubes werden die grünen Farbstoffe abgebaut, wobei ihr Stickstoffvorrat der Pflanze erhalten bleibt. Die beiden Komponenten verschwinden in verhältnismäßig gleichem Schritte, so daß ihr Quotient ungefähr den normalen Wert 3 behält, wenn auch mit etwas größeren Ausschlägen. Die gelben Pigmente bleiben in ihrer ganzen Menge dem Blatt erhalten. Das molekulare Verhältnis der grünen zu den gelben Farbstoffen, das unter normalen Verhältnissen auch wenig veränderlich ist und sich zwischen 3 und 4 bewegt, sinkt selbstverständlich bei der Vergilbung zu beliebig niederen Zahlen. Das zurückbleibende Gemisch der Carotinoide ist zugleich in manchen Fällen an Xanthophyll reicher.

Bei diesen Bestimmungen hatte es sich um Lebensverhältnisse gehandelt, die sich allmählich einstellen und denen sich der Assimilationsapparat einigermaßen anpaßt. Bei den sich daran anschließenden Assimilationsversuchen unter willkürlichen Bedingungen wurde die Tätigkeit der Blätter in Licht von Sonnenstärke, bei hoher Kohlensäurekonzentration und günstiger Temperatur auf etwa das Zehnfache der natürlichen Leistung gesteigert und in langer Versuchsdauer beobachtet. Dabei waren die assimilierenden Objekte verschiedenartigen Eingriffen unterworfen, die in der Anwendung zu hoher Temperatur oder tagelang ununterbrochener Assimilationszeiten oder in der Behandlung der Blätter mit narkotischen Mitteln bestanden. Die assimilatorische Leistung geht unter solchen Umständen stets von hohen Anfangswerten allmählich zurück. Das Verhältnis der beiden Chlorophyllkomponenten ist aber unverändert geblieben. Im Gemisch der Carotinoide machte sich so wie öfters im Herbste Anreicherung von Xanthophyll bemerkbar. Bei ähnlichen Versuchen mit hoher Temperatur, aber unter Lichtausschluß, also bei gesteigerter Atmung, hielt sich wieder der Quotient der Chlorophyllkomponenten konstant, zugleich blieb auch die Menge und das Verhältnis der gelben Pigmente unverändert. Die chemische Eigenart der in außerordentlichem Maße autoxydablen Carotinoide hat die zuerst von A. Arnaud[1]) geäußerte Hypothese angeregt, nach der sie eine Rolle bei der pflanzlichen Atmung ausüben. Diese Annahme wird nun durch die Analyse der Pigmente nach der gesteigerten Atmung widerlegt. Man darf auch nicht aus der unbeträchtlichen Verschiebung des Verhältnisses von Carotin zu Xanthophyll bei gesteigerter Kohlensäurezerlegung auf eine assimilatorische Funktion der Carotinoide schließen[2]). Da bei diesen Versuchen die Bedingungen für die Oxydation der ungesättigten Stoffe ausnehmend günstig waren, ist es ohne weiteres erklärlich, wenn im stark assimilierenden Blatt infolge einer Nebenerscheinung der Sauerstoffgehalt der Carotinoide wächst. In der nachfolgenden Abhandlung werden die Möglichkeiten, die nach diesen Versuchen für die Beteiligung der Carotinoide geblieben sind, noch weiter eingeengt durch den Nachweis, daß bei Ausschaltung der für die Carotinoide absorbierbaren violetten Strahlen die Assimilation ungeschwächt bleibt.

Wenn die Carotinoide überhaupt eine Funktion im Assimilationsvorgang haben, so muß es eine indirekte und es kann keine durch ihre Lichtabsorption bedingte sein. Es ist möglich, daß sie zu einer Einrichtung gehören, welche das Chlorophyll vor Photooxydation schützt.

Da jede der Chlorophyllkomponenten im Assimilationsprozeß für sich bestehen bleibt, so ist die Frage aufzuwerfen, welchen Nutzen der Pflanze die Ausstattung mit zwei Chlorophyllfarbstoffen bietet, die etwas Gesetzmäßiges ist. Bei der Energieübertragung durch das Chlorophyll schreiben wir verschiedenen Eigenschaften desselben eine Bedeutung zu,

---

[1]) A. Arnaud, Compt. rend. **109**, 911 [1889].

[2]) Die Annahme, daß sich das Carotin wie Chlorophyll an der Assimilation beteilige, hat Th. W. Engelmann ausgesprochen (Botan. Ztg. **45**, 393 [1887]).

optischen und chemischen. Es ist daher eine Aufgabe weiterer Versuche, Unterschiede im chemischen Verhalten aufzusuchen, die unter den Bedingungen der Assimilation in Wirkung treten können. Bevor aber auf diese Unterschiede (siehe die vierte Abhandlung) eingegangen werden kann, ist es wohl möglich, die Wirkung auszudrücken, die sich in optischer Beziehung aus der Kombination der beiden ähnlichen Farbstoffe ergibt. Im Absorptionsspektrum[1]) der Komponente *b* sieht man die hauptsächlichen Bänder zum großen Teil zwischen denjenigen von Chlorophyll *a* liegen. Daher wird das Licht durch die Mischung der Chlorophylle vollständiger absorbiert als von einer Komponente allein, was namentlich bei der Ausnützung des schwächeren, diffusen Tageslichtes für die Pflanze von Nutzen ist.

Die vergleichende Analyse der Blattfarbstoffe in den Assimilationsversuchen, die den Gegenstand dieser Abhandlung bilden, betraf außer den Komponentenverhältnissen der Pigmente auch das Verhältnis der Farbstoffmengen, namentlich der Chlorophyllmengen, vor und nach der Assimilation. Das Ergebnis steht im Widerspruch mit weittragenden Anschauungen, die von anderen Forschern vertreten werden.

G. G. Stokes[2]) hat in einer kurzen Erörterung über das herbstliche Vergilben angenommen, daß das Verschwinden des grünen Farbstoffs aus dem Gemisch mit dem gelben durch die Einwirkung des Lichts verursacht werde, und er hat an diese Erklärung die Betrachtung geknüpft, daß während des ganzen Lebens der Pflanze immerwährende Bildung und immerwährende Zersetzung unter dem Einfluß des Lichts erfolge. Das Chlorophyll erscheint in dieser Auffassung nicht als ein bleibender Bestandteil des Blattes, sondern als eine vergängliche Phase, welche die chemischen Bausteine durcheilen.

Auch W. Pfeffer[3]) hat in der „Pflanzenphysiologie" ausgesprochen:

---

[1]) Über das Spektrum der kolloiden Lösung von Chlorophyll *a* und *b* vgl. die vierte Abhandlung, über das Spektrum molekularer Lösungen der Chlorophyllkomponenten vgl. „Untersuchungen über Chlorophyll", S. 169 und die Tafeln I, VI und VIII.

[2]) G. G. Stokes, On Light, London, Macmillan and Co., S. 285 [1892].

[3]) W. Pfeffer, Pflanzenphysiologie Bd. 1, S. 318 [1897].

„Wie aber das Lebendige sich überhaupt nur im Wechsel erhält, so dürfte sich, besonders bei intensiverem Licht, Zerstörung und Neubildung des Chlorophylls dauernd abspielen, wofür in der Tat eine Reihe von Beobachtungen sprechen."

In einer zusammenfassenden Abhandlung hat F. Czapek[1]) folgende Betrachtung über: „Chlorophyllfunktion und Kohlensäureassimilation" angestellt: „Nach der Theorie von Abney muß der Chlorophyllfarbstoff, wenn er als Sensibilisator wirkt, sich hierbei selbst zersetzen. Wir kommen so zu der Ansicht, daß auch die bekannte Zersetzung des Chlorophyllfarbstoffs am Lichte, welche sowohl außerhalb als innerhalb des Organismus zu beobachten ist, mit der Funktion des Farbstoffs in Beziehung zu setzen ist. Diese Meinung unterscheidet sich von mehreren früher aufgestellten Chlorophylltheorien, welche die Chlorophyllzerlegung am Lichte in richtiger Erkenntnis deren Wichtigkeit als Grundlage besaßen, hauptsächlich und scharf dadurch, daß die Chlorophyllbildung als selbständiger Prozeß aufgefaßt wird, welcher mit der CO_2-Assimilation direkt nichts zu tun hat."

Eine neuere Arbeit von H. Wager[2]) über die Wirkung des Lichtes auf Chlorophyll geht ebenfalls von der Annahme aus, daß unter der Einwirkung des Lichts das Chlorophyll in der lebenden Zelle augenscheinlich konstant zerfalle, daß aber unter normalen Bedingungen die Blätter grün bleiben, da das Chlorophyll ebenso rasch rekonstruiert als zerstört werde. Die Untersuchung von Wager betrifft die Photozersetzung des Chlorophylls und ergibt, daß in bedeutender Menge Aldehyde, die vielleicht einen kleinen Gehalt von Formaldehyd aufweisen, gebildet werden und daß diese Photooxydation bei Ausschaltung von Kohlensäure so gut wie bei ihrer Gegenwart stattfindet, aber nur bei Anwesenheit von Sauerstoff. Dieser Befund wird mit der Annahme in Beziehung gesetzt, daß Zucker und Stärke aus Aldehyden entstehen. Die Schlußfolgerung Wagers zielt dahin, daß die Kohlehydratbildung

---

[1]) F. Czapek, Ber. d. deutsch. bot. Ges. **20**, Generalversammlungsheft S. 44, besonders S. 58 [1902].

[2]) H. Wager, Proc. Roy. Soc. Ser. B, **87**, 386 [1914].

nicht sowohl auf direkter photosynthetischer Reduktion der Kohlensäure beruhe, als daß sie vielmehr durch Photozersetzung des Chlorophylls bedingt werde, wobei die Verwendung der Kohlensäure zum Aufbau des Chlorophylls angenommen wird; „the carbon dioxyde before it can be used is built up independently into the chlorophyll molecule“.

Für die solchen Betrachtungen zugrunde liegende Hypothese der Zerlegung des Chlorophylls im lebenden Blatt lassen sich viele Literaturstellen, aber keine genaueren Bestimmungen des Farbstoffs unter vergleichbaren Verhältnissen der Assimilation anführen. Wager stützte sich besonders darauf, daß nach W. N. Lubimenko[1]) die Menge des Chlorophylls in einem Blatt mit der Lichtintensität variiere und daß nach A. J. Ewart[2]), „when green leaves are exposed to sunlight, the decomposition of the chlorophyll goes on more rapidly than its production, though the amount of chlorophyll decomposed is insufficient to cause a change in the coloration visible to the eye“.

Es wird damit ausgedrückt, daß bei starker assimilatorischer Tätigkeit die Neubildung hinter der Zersetzung des Chlorophylls zurückbleibe, und es wird die Erwartung nahe gelegt, daß durch Steigerung der Assimilationsleistung das Mißverhältnis zwischen Bildung und Zersetzung des Pigments verschärft werde. Wenn also die von Wager und anderen Forschern vertretene Annahme des Chlorophyllzerfalls in der Photosynthese berechtigt ist, so muß bei höchstgesteigerter und langdauernder Assimilationstätigkeit grüner Blätter der Chlorophyllgehalt meßbar abnehmen. Dies wurde nun in einer Reihe von Beispielen mit folgenden Versuchsbedingungen geprüft: Belichtung von mehr als Sonnenstärke, Temperatur von 30 und 40°, Kohlensäure von hohem Teildruck, ununterbrochene Assimilationszeiten von 6—22 Stunden. Die im fünften Abschnitt mitgeteilten Analysen, die in der Tabelle 1 auszugsweise angeführt sind, ergaben vor und nach den quantitativ beobachteten Assimilationsleistungen scharf übereinstimmende Chlorophyllgehalte.

---

[1]) H. Wager zitiert: Ann. des Sc. nat. (Botan.), 1908.

[2]) Nach H. Wager aus der Abhandlung: Journ. of the Linnean Soc., Botany **31** [1895—97].

Tabelle 1.
Chlorophyll in 10 g Blättern vor und nach der Assimilation.

5 proz. CO_2, ungefähr 75 000 Lux.

Pflanze	Temperatur und Assimilationszeit	Chlorophyll (mg) vor der Assimilation	Chlorophyll (mg) nach der Assimilation
Prunus Laurocerasus . . .	30°, 6 Stunden	12,2	12,4
„ „ . . .	30°, 22 „	9,4	9,5
Hydrangea opulodes . . .	30°, 6 „	9,2	9,1
Pelargonium zonale . . .	40°, 6 „	12,5	12,8

Dadurch ist die Hypothese von der Zersetzung und Neubildung des Chlorophylls bei der Assimilation widerlegt.

In der Beständigkeit des Chlorophylls während der Assimilation und in der Konstanz des Verhältnisses der Chlorophyllkomponenten ist die Grundlage gefunden für die nachfolgende Arbeit (zweite Abhandlung), worin die Beziehungen zwischen Chlorophyllgehalt und assimilatorischer Leistung untersucht werden sollen.

II. Quantitative Bestimmung der vier Chloroplastenfarbstoffe.

Um in den Untersuchungen über die Assimilation der Kohlensäure die Frage zu behandeln, ob der Gehalt an Chlorophyll bei der assimilatorischen Arbeit der Blätter Änderungen unterliegt, und um die Abhängigkeit der assimilatorischen Leistung vom Chlorophyll zu untersuchen, bedeutet die quantitative Bestimmung des Chlorophylls, nämlich der Summe beider Chlorophyllfarbstoffe, eine notwendige Voraussetzung der Arbeit in allen Fällen; diese Voraussetzung erweitert sich für die besonderen Fragen, die sich auf das Verhältnis zwischen den vier Komponenten des Blattfarbstoffs beziehen, zu dem Erfordernis, das Blattpigment in die zwei grünen und die zwei gelben Farbstoffe quantitativ aufzulösen.

Die erforderlichen analytischen Methoden sind zuerst im IV. Kapitel unserer „Untersuchungen über Chlorophyll“ (Berlin 1913) mitgeteilt worden; wir entnehmen die Grundzüge derselben jenem Buche, um die

Methoden mit neueren Erfahrungen zu vervollständigen und um sie dem Zwecke der Untersuchung über die Kohlensäureassimilation und allgemeiner den Bedürfnissen pflanzenphysiologischer Forschung anzupassen.

Die analytischen Methoden, die nicht die große Genauigkeit spektrophotometrischer Messung anstreben, sind zur Anwendung in biochemischen Untersuchungen bestimmt und sind dafür genau genug. Die Mengen der Farbstoffe und ihr Verhältnis im Blatte, in Extrakten oder in Präparaten werden durch colorimetrischen Vergleich mit Lösungen von bekanntem Gehalt ermittelt.

Nachdem die vorliegende Untersuchung vollendet war, ist in einer Arbeit von F. Weigert[1]) für spektrophotometrische Messungen eine besonders bequeme und elegante Anordnung mitgeteilt worden, die für die Bestimmung des Blattfarbstoffs Nutzen bringen wird. Die Methode wird wohl keine Abkürzung der Analyse ermöglichen, aber sie gewährt den Vorteil, die Vergleichssubstanz entbehrlich zu machen.

A. Bestimmung des Chlorophylls ($a + b$).

Die Methode der Chlorophyllbestimmung besteht in der Abtrennung der gelben Pigmente von den grünen und im Vergleich der letzteren mit reinem Chlorophyll. Diese Trennung kann nur ausgeführt werden durch Einwirkung von Ätzalkali. Dabei werden Estergruppen des Chlorophylls verseift. Das Chlorophyll wird dadurch in wasserlösliches Alkalisalz (Chlorophyllinkalium) verwandelt, das nun quantitativ von den chemisch indifferenten, mit Alkalien nicht reagierenden gelben Pigmenten in bequemer Weise geschieden wird. Man konnte bisher, solange Chlorophyll in Substanz nicht bekannt war, keine Chlorophyllbestimmung in Pflanzen ausführen; man mußte sich damit begnügen, Chlorophyllgehalte zu vergleichen. Die Fehler, die dabei vorkommen, sind verhältnismäßig gering, wenn es sich um verschiedene Blattproben einer einzigen Pflanze, ferner, wenn es sich um Blattproben

[1]) F. Weigert, Ber. d. deutsch. chem. Ges. **49**, 1496 [1916].

verschiedener normal grüner Gewächse und von Blättern in derselben Jahreszeit handelt. Aber die Fehler können bedeutend werden, wenn die Objekte von verschiedenem Stande oder von verschiedenen Jahreszeiten stammen, und die Fehler müssen sehr groß werden (vergleiche Abschnitt III B der zweiten Abhandlung), wenn normal grüne Blätter mit Blättern von besonderer Eigenart (mit Aureavarietäten, mit anthocyanhaltigen, etiolierten, herbstlichen) verglichen werden. In solchen Fällen wären nicht colorimetrische, sondern nur spektrophotometrische Messungen zulässig.

Der Quotient $\frac{\text{Chlorophyll}}{\text{Carotinoid}}$ kann schon bei grünen Blättern stark variieren, und bei den Blättern beispielsweise von Aureavarietäten treten die Carotinoide, obwohl sie sogar in geringerem Gehalt als in normalen Blättern vorkommen, doch gegenüber dem Chlorophyll sehr in den Vordergrund. Die folgende Tabelle 2 gibt einige Beispiele für die Inkonstanz des Verhältnisses zwischen grünen und gelben Blattfarbstoffen.

Tabelle 2.
Mengenverhältnis der grünen und gelben Blattfarbstoffe.

Nr.	Pflanzenart	Datum	Beschreibung der Blätter	Molekulares Verhältnis der grünen zu den gelben Pigmenten
1	Fagus silvatica	10. Juli	Schattenblätter	6,02
2	,, ,,	10. ,,	Lichtblätter	3,45
3	Sambucus nigra	27. Mai	Grüne Stammform	4,83
4	,, ,,	27. ,,	Gelbe Varietät	0,28
5	Helianthus annuus	7. Okt.	Grüne Blätter	3,66
6	,, ,,	5. Nov.	Herbstlich vergilbte Blätter	0,32

Je größer die Ausschläge in diesen Quotienten, desto bedeutender werden die Fehler bei einfachem Farbvergleich der Extrakte aus verschiedenen Objekten, und je gelber die Blätter, desto größer würden die Fehler beim Vergleich eines Pigmentgemisches mit reinem Chlorophyll.

Chlorophyllösungen aus den Blättern. Für die Trennung der grünen von den gelben Pigmenten braucht man die Farbstoffe in ätherischer Lösung; sie läßt sich nicht direkt aus den Blättern darstellen, sondern nur auf dem Umweg über einen mit Alkohol oder besser mit Aceton gewonnenen Extrakt. Die Blätter müssen quantitativ extrahiert werden, und zwar in der Kälte, damit das Chlorophyll unverändert bleibt.

Frische Blätter, zum Beispiel 10,0 g, werden mit 30 g Quarzsand und zur Neutralisation von Pflanzensäure mit etwas Calciumcarbonat unter Zusatz von ungefähr 20 ccm 40 vol. proz. Aceton sehr fein zerrieben. Den dünnen Brei spült man mit 50 ccm 35 vol. proz. Aceton auf eine Nutsche und saugt mit der Pumpe scharf ab auf einem mit 3 mm hoher Schicht von grobem Talkmehl bedeckten Filter; die dünne Talkschicht hält selbst feine Protoplasmapartikelchen zurück und verhütet Verstopfung des Filters. Die Blattsubstanz wird dann mit 50 ccm 30—35 proz. Aceton vollends vorextrahiert. Das wässerig acetonige Filtrat enthält oft ein wenig wasserlöslichen gelben Farbstoff, der mit Natronlauge tiefer gelb, mit Säure farblos wird. Dieser Vorextrakt, der die Gewinnung eines reineren Hauptauszuges mit wasserärmerem Aceton zum Zwecke hat, wird verworfen, wenn man sich davon überzeugt hat, daß er keinen ätherlöslichen Farbstoff enthält. Die Chloroplastenfarbstoffe werden nach dem Auflockern der Mischung von Sand und Blatteilchen mit dem Spatel unter abwechselndem Saugen und kurzem Macerieren mit reinem Aceton (im ganzen etwa 100—200 ccm) extrahiert, darauf mit etwas 90 prozentigem und zum Schluß zur Entfernung letzter Spuren von gelbem Pigmente mit etwas Äther, wobei man immer in vielen kleinen Portionen möglichst wenig von diesen Lösungsmitteln verwendet. Die Isolierung des Farbstoffs ist erst fertig, wenn das Lösungsmittel nach minutenlangem Stehen auf dem Filter vollkommen farblos abfließt und wenn sich keine grünen Blatteilchen mehr auf der Nutsche finden.

Die schön grüne Acetonlösung wird mit dem doppelten Volumen Äther vermischt und das Aceton anfangs durch vorsichtiges Einfließenlassen von Wasser, später durch gelindes Schütteln mit Wasser aus dem Äther weggewaschen. Die letzten Entmischungen führt man unter Ersatz des jeweils weggelösten Äthers und, zur Verhütung von Emulsionen, unter Zusatz von etwas Methylalkohol aus und achtet darauf, daß kein

Chlorophyll in kolloider Form mit den Waschwässern verlorengeht. Man schüttelt schwach opalisierende Abwässer unter Zusatz von etwas Kochsalz mit wenig Äther und beobachtet diesen nach der Schichtung, um, wenn der Äther gefärbt ist, ihn zur Hauptmenge zurückzugeben. Nach im ganzen sechs- bis achtmaligem Waschen der ätherischen Schicht mit gleichen Mengen Wasser ist das Aceton völlig entfernt, was für die nachfolgende Verseifung nötig ist, da das Chlorophyll mit Aceton bei der Einwirkung von Alkali eine störende Nebenreaktion geben würde.

Die ätherische Lösung wird mit 2—4 ccm konzentrierter methylalkoholischer Kalilauge geschüttelt, bis nach der auftretenden braunen Phase wieder die grüne Farbe zurückgekehrt ist, sodann vorsichtig mit wenig Wasser versetzt; in die alkalische Schicht geht etwas Xanthophyll über, das man durch Umschütteln in den Äther zurückführt. Nun verdünnt man mit mehr Wasser und schüttelt durch, läßt die Chlorophyllinkaliumlösung in einen 250-ccm-Meßkolben abfließen und spült durch ein zweites Ausschütteln mit Wasser nach. Es kommt vor, daß die gelbe ätherische Schicht noch fluoresciert, also noch unverseiftes Chlorophyll enthält, das nur durch nochmaliges Schütteln mit etwas Lauge aus dem Äther entfernt werden kann. Die Chlorophyllinlösung (etwa 100 ccm) wird mit Alkohol bis zur Marke ergänzt.

Die Vergleichslösung. Entweder das sehr leicht in reinem Zustand zu erhaltende sogenannte krystallisierte Chlorophyll, d. i. ein Gemisch der beiden Äthylchlorophyllide *a* und im natürlichen Verhältnis der Komponenten oder die natürliche Phytylverbindung, das reine Chlorophyll ($a + b$), kann als Vergleichssubstanz angewandt werden. Eine geeignete Konzentration für die Bestimmung der Extrakte normal grüner Blätter wird erhalten, wenn man 0,0500 g Chlorophyll oder 0,0362 g (mit Zuschlag von 5 Prozent entsprechend dem Trockenverlust, also 0,0380 g) Äthylchlorophyllid auf ein Volumen von 1 l bringt. Zum Aufbewahren dient eine konzentrierte Lösung, der größeren Haltbarkeit wegen zweckmäßiger in Äther als in Alkohol[1]), die angegebene Menge

[1]) In alkoholischer Lösung tritt die als Allomerisation beschriebene Umwandlung des Chlorophylls ein, bei der sich die Farbnuance etwas ändert.

in 100 ccm enthaltend (bzw. bei krystallisiertem Chlorophyll in 250 ccm).

Man kann das verseifte Chlorophyll des Versuches unmittelbar mit dem unverseiften Chlorophyll der alkoholischen Vergleichslösung colorimetrisch bestimmen, und diese Arbeitsweise verdient bei Anwendung des schwerlöslichen krystallisierten Chlorophylls den Vorzug. Da aber die Nuancen doch etwas differieren, das Chlorophyllin nämlich etwas blaustichiger ist, wird der Vergleich noch genauer, wenn das reine Chlorophyll in derselben Weise wie der Blattextrakt mit Kalilauge behandelt wird. Einen aliquoten Teil der Vorratslösung, zweckmäßig 10 ccm, schüttelt man mit 2—3 ccm methylalkoholischer Kalilauge, verdünnt nach beendetem Farbumschlag mit 40 ccm Wasser und füllt im 100-ccm-Meßkolben mit Alkohol bis zur Marke auf.

Den Vergleich führten wir mit einem Duboscq-Colorimeter aus, wobei mit Schichthöhen von 25 oder 50 mm der Versuchslösung unter Vertauschung der Colorimeterzylinder zwei Ablesungsreihen gemacht und die Mittelwerte bestimmt wurden.

Die Genauigkeit der Analyse bestätigte sich namentlich bei den im V. Abschnitt mitgeteilten Bestimmungen des Chlorophylls der Blätter vor und nach stundenlanger Assimilationstätigkeit. Die Übereinstimmung des Farbstoffgehalts in den Parallelbestimmungen war nicht allein für die Konstanz des Chlorophylls während der Assimilation, sondern zugleich für die Brauchbarkeit der Methode beweisend.

Bei herbstlich vergilbten Blättern werden Fehler des colorimetrischen Vergleichs durch Stoffe verursacht, die in die alkalische Lösung des Chlorophyllins mit brauner Farbe übergehen; die Störung ist um so empfindlicher, als die herbstlichen Blätter arm an Chlorophyll sind. In diesem Fall verarbeiten wir zwei Blattproben: aus einem Extrakte wird nur der Farbstoff in Äther übergeführt, aus dem anderen durch Verseifung und Ausschüttelung mit Wasser die ätherische Lösung der Carotinoide bereitet. Zu der letzteren wird eine bekannte, ungefähr dem erwarteten Farbstoffgehalt entsprechende Menge von Chlorophyll hinzugefügt. Die Lösung des gesamten unveränderten Blattfarbstoffes aus der einen Probe wird also mit einer Vergleichslösung bestimmt, die ebensoviel Carotinoid neben dem Chlorophyll enthält. Den Einfluß der gelben Pigmente kann man so annähernd ausschalten.

B. Bestimmung der vier Blattfarbstoffe.

Die Grundzüge der Methode.

Die quantitative Bestimmung der Blattfarbstoffe stellt drei Aufgaben: Trennung der Carotinoide vom gesamten Chlorophyll, sodann einerseits Trennung von Carotin und Xanthophyll, andererseits Trennung der beiden Chlorophyllkomponenten.

Die erste von diesen Aufgaben, die Trennung der gelben und grünen Pigmente, ist schon im vorigen Abschnitt zur Bestimmung des Gesamtchlorophylls der Blätter so gelöst worden, daß das Verfahren ohne Änderung hier anzuwenden ist.

Carotin und Xanthophyll lassen sich nicht mit chemischen Mitteln trennen, da sie indifferent sind und zum Unterschied von Chlorophyll auch nicht in reaktionsfähige Derivate übergeführt werden können. Ihre Fraktionierung wird durch eine für präparative Zwecke geeignete Methode der Verteilung zwischen Petroläther und wasserhaltigem Holzgeist erzielt, die auch ein quantitatives Verfahren darstellt. Bei der Entmischung der beiden Lösungsmittel bleibt Carotin vollständig im Petroläther, während Xanthophyll sich in den Holzgeist überführen läßt.

Für die Trennung der Chlorophyllkomponenten wäre theoretisch die von den Carotinoiden isolierte Chlorophyllinlösung brauchbar, aber aus praktischen Gründen ist die Verwendung eines besonderen Extraktanteils zur Bestimmung der Chlorophylle vorzuziehen.

Auch Chlorophyll *a* und *b* lassen sich für präparative Zwecke durch ein Verfahren der Entmischung von Lösungen trennen und die reinen Komponenten, die als Vergleichssubstanzen anzuwenden sind, waren nur auf solche Weise zugänglich. Für die Analyse wäre aber die Ausführung zu umständlich und nicht genügend genau. Die beiden chemisch indifferenten und einander so ähnlichen Farbstoffe müssen für den

Zweck der Fraktionierung ziemlich weit abgebaut werden. Bei aufeinanderfolgender Einwirkung von Alkali (Esterverseifung) und Säure (Abspaltung von Magnesium) oder umgekehrt von Säure und dann von Alkali entstehen Spaltungsprodukte von zugleich sauerer und basischer Natur, im allgemeinen recht komplizierte Gemische. Die Bedingungen für diese Reaktionen sind aber in eingehenden Untersuchungen so ausprobiert worden, daß auch die Überführung in einheitliche Spaltungsprodukte gelungen ist, in Phytochlorin *e* aus Chlorophyll *a* und Phytorhodin *g* aus Chlorophyll *b*. Für diese Einwirkung von Alkali darf das Chlorophyll nicht in verdünntem Zustand angewendet werden, sondern nur in konzentrierter heißer Lösung. Deshalb ist die Bildung der Chlorophylline beim Abtrennen der Carotinoide für diesen Zweck nicht brauchbar gewesen. Die Säureeinwirkung dagegen kann auch in verdünnter Lösung vorgenommen werden.

$$\text{Chlorophyll } (a, b) \begin{array}{l} \xrightarrow{\text{mit Alkali, heiß}} \text{(Iso-)Chlorophyllin } (a, b) \xrightarrow{\text{mit Säure}} \\ \xrightarrow{\text{mit Säure}} \text{Phäophytin } (a, b) \xrightarrow{\text{mit Alkali, heiß}} \end{array} \left\{ \begin{array}{l} \text{Phytochlorin } e, \\ \text{Phytorhodin } g. \end{array} \right.$$

Die Unterschiede zwischen den beiden Chlorophyllkomponenten sind vergrößert in den Abbauprodukten. Man kann diese mit chemischen Mitteln fraktionieren, sie werden auf Grund ihrer verschieden basischen Eigenschaften durch eine eigentümliche Methode der Verteilung zwischen verdünnter Salzsäure und Äther in analytisch geeigneter Weise getrennt.

Der Abbau beider Chlorophyllfarbstoffe zu den genannten Derivaten geht auch bei sorgfältiger Einhaltung der erforderlichen Versuchsbedingungen nicht fehlerfrei vonstatten. Die Fehler werden kompensiert, indem man für den colorimetrischen Vergleich nicht die fertigen Stoffe Phytochlorin und Photorhodin abwägt, sondern auch die Chlorophylle oder die magnesiumfreien Derivate, am besten die Methylphäophorbide, und indem man mit dem Gemisch der einzelnen abgewogenen Komponenten im Parallelversuch die Umwandlung in Phytochlorin und Phytorhodin und ihre Trennung zur Bereitung der Vergleichslösungen vornimmt.

Ausführung der Analyse.

Für die genaue Bestimmung der grünen und gelben Pigmente sollen zusammen 40 g Blätter extrahiert werden und eine weitere Probe der nämlichen Blätter ist zur Trockengewichtsbestimmung erforderlich, wofür die Blätter bis zur Gewichtskonstanz, d. i. 24—48 Stunden, im Vakuumexsiccator aufgestellt werden. Das Extrahieren geschieht ebenso, wie es im Abschnitt A für die kleinere Blattprobe beschrieben worden ist, nur mit entsprechend mehr Lösungsmittel. Die Vorextraktion mit wasserhaltigem Aceton ist jetzt besonders wichtig, da die so zu beseitigenden Stoffe den guten Verlauf der Spaltung durch Alkali beeinträchtigen würden. Die Extraktion der Blätter muß quantitativ sein, auch wenn nicht ihr Farbstoffgehalt, sondern das Verhältnis der Komponenten gesucht wird; der bei unvollständigem Extrahieren zurückbleibende Anteil des Blattfarbstoffes ist nämlich viel reicher an der Komponente *b*.

Bei den Assimilationsversuchen standen wegen der Kleinräumigkeit der Apparatur nur 10—20 g Blätter zur Verfügung für die Bestimmung aller vier Komponenten; sie verlor freilich dabei an Genauigkeit.

Nach der Überführung des Farbstoffgemisches aus dem Acetonextrakt in Äther wird die Lösung mit etwas Natriumsulfat getrocknet und in einen 200-ccm-Meßkolben filtriert. Dann dient sie in Hälften für die Bestimmung der grünen und der gelben Komponenten.

Trennung der Chlorophyllkomponenten. 100 ccm ätherischer Rohchlorophyllösung werden in einen Kolben mit eingeschliffenem Helm[1]) gespült und mit $^1/_2$ ccm 2 n-alkoholischer Salzsäure versetzt. Dadurch wird das Chlorophyll in Phäophytin verwandelt und dieses wird von überschüssigem Chlorwasserstoff vor Allomerisation geschützt. Wir dampfen dann den Äther im Vakuum in der Kälte ab und schließlich unter kräftigem Saugen mit der Pumpe noch kurze Zeit bei 60°.

Die Verseifung des Rohphäophytins läßt sich nur gut in konzentrierter Pyridinlösung ausführen und zwar durch mehrere Minuten dauerndes Kochen mit sehr viel hochkonzentriertem methylalkoholischem Kali

---

[1]) R. Willstätter und A. Stoll, Untersuchungen über Chlorophyll, S. 310.

unter Zusatz von etwas Wasser. Sie verläuft so gut, daß die Menge der störenden schwachbasischen Nebenprodukte nicht mehr als 2—3 Prozent beträgt. In allen Fällen verglichen wir das nach der Fraktionierung übrigbleibende schwachbasische Rhodin colorimetrisch mit der Hauptlösung von Rhodin *g*; nur wenn der Betrag unter 3 Prozent bleibt, was fast immer der Fall war, ist die Analyse brauchbar.

Das selten körnig, gewöhnlich wachsartig zurückbleibende Phäophytin wird daher in möglichst wenig Pyridin (1—2 ccm) gelöst. In einem Reagensglas mit abgesprengtem Rand bringt man 25—30 ccm konzentrierte methylalkoholische Kalilauge zum Sieden, erwärmt hierauf in siedendem Wasserbad den Kolben mit der Pyridinlösung und gießt durch Einführen des Reagensglases in den Kolbenhals und Umkippen des Glases unter gleichzeitigem Umschütteln des Ganzen die siedende Lauge in den Kolben; das Sieden darf dabei nicht aufhören. Die braune Phase tritt auf und verschwindet sehr rasch und die Lösung wird olivgrün. Man setzt auf den Kolben ein Kühlrohr, kocht im Wasserbad 2 Minuten und dann weiter 1—1$^1/_2$ Minuten nach Zusatz von 5 ccm Wasser, das man durch das Kühlrohr zugibt. Nun wird der Kolben abgekühlt und der Inhalt mit Wasser und etwas Äther in einen $^1/_2$-l-Scheidetrichter gespült. Wir säuern vorsichtig mit 20 prozentiger Salzsäure an, bis die Farbe von Braun in trübes Graugrün umschlägt, setzen 200 ccm Äther zu und schütteln während mehrerer Minuten kräftig durch. Die trübe wässerige Schicht wird unter Zusatz von ein wenig Ammoniak so oft mit kleinen Ätherportionen ausgeschüttelt, bis sich der Äther nicht mehr anfärbt. Die Mutterlauge machen wir wegen der oft entstehenden Flocken mit Ammoniak alkalisch und säuern wieder an, um durch Ausäthern noch eine kleine Menge der Spaltungsprodukte zu extrahieren. Zur Kontrolle werden die Flocken nochmals mit verdünntem Ammoniak übergossen; geht dabei wenig Farbiges in Lösung, so ist kein Rhodin durch die Verseifung zerstört worden, während diese andernfalls zu lang gedauert hat.

Die basischen Spaltungsprodukte bedürfen vor der Fraktionierung der Abtrennung von Begleitstoffen, namentlich auch von Pyridin. Die vereinigten Ätherlösungen werden deshalb ausgezogen, und zwar zweibis dreimal mit je 30 ccm 12 prozentiger Salzsäure und weiter mit je 10—15 ccm 20 prozentiger so oft, bis die saure Schicht sich farblos abtrennt. An der Grenzschicht zeigen sich wieder Flocken, die aber keine Chlorophyllsubstanz mehr zu enthalten pflegen. Der Äther enthält außer den Carotinen braune Pigmente, deren Menge mit der Pflanzenart wechselt; erst starke Salzsäure vermag sie mit schmutziggrüner Farbe aufzunehmen.

Die vereinigten sauren Auszüge der Basen überschichten wir in einem $^1/_2$-l-Scheidetrichter mit 200 ccm Äther und neutralisieren sie unter leichtem Umschwenken vorsichtig mit konzentriertem Ammoniak, bis die Farbe der wässerigen Schicht trübe violett wird. Dann wird der gut verschlossene Scheidetrichter unter Kühlung am Brunnen anfangs gelinde, schließlich kräftig durchgeschüttelt. Die gewöhnlich noch schwach blaue wässerige Schicht läßt man in einen zweiten Scheidetrichter fließen und führt die letzten Spuren der Basen unter fortgesetztem Neutralisieren in Äther über.

Die ätherische Lösung der Spaltungsprodukte, die nur bei nicht ganz guter Verseifung etwas Flocken abscheidet, wird zur Entfernung von Holzgeist und noch etwas Pyridin dreimal mit je 200 ccm Wasser gewaschen, aber unter Zusatz von 1—2 ccm 3 prozentiger Salzsäure, da reines Wasser Phytochlorin wegnehmen würde.

Hierauf schütteln wir in 4 bis 5 Malen mit im ganzen 400 ccm 3 prozentiger Salzsäure aus und dann mehrmals mit etwas 5 prozentiger Säure, bis diese nur schwach grün wird. Die Auszüge mit dieser stärkeren Säure erfordern nochmalige Fraktionierung. Sie werden unter Neutralisieren mit 30 ccm Äther extrahiert und die ätherische Lösung wiederholt mit 3 prozentiger Salzsäure ausgezogen, bis damit das Volumen der früheren 3 prozentigen salzsauren Phytochlorinauszüge auf 500 ccm gebracht ist. Der Ätherrest der Zwischenfraktion kommt zur nahezu rein roten Hauptlösung des Phytorhodins. Diese ziehen wir 4 bis 5 mal, bis das Volumen der Auszüge auch 500 ccm beträgt, mit 12 prozentiger Salzsäure aus, wobei der Äther nur schwach rötlichgelb hinterbleibt.

Abgekürztes Verfahren. Es gelingt in vielen Fällen, die aus dem Acetonextrakte gewonnene ätherische Farbstofflösung mit so wenig von den die Hydrolyse störenden Begleitstoffen zu erhalten, daß es nicht nötig ist, das Chlorophyll in Phäophytin zu verwandeln. Es wird einfacher in umgekehrter Folge der Spaltungsreaktionen, also zuerst mit Alkali, dann mit Säure behandelt. Zu diesem Zweck verjagt man den Äther bei etwa 30° im Vakuum vollständig und bringt ohne Zusatz von Pyridin die siedende methylalkoholische Kalilauge (etwa 20 ccm) auf das etwas vorgewärmte Chlorophyll. Die Flüssigkeit wird bei aufgesetztem Kühlrohr in lebhaftem Sieden erhalten; nach 2 Minuten fügt man 4 ccm Wasser hinzu und setzt darauf das Erhitzen noch 2 Minuten fort. Die tiefgrüne und lebhaft rot fluorescierende Lösung säuert man nach dem Abkühlen schwach an, um die magnesiumfreien Spaltungsprodukte quantitativ in Äther überzuführen, im ganzen in etwa 250 ccm. Die Fraktionierung mit 3 prozentiger Salzsäure kann ohne weiteres, also ohne die umständliche Reinigung durch Überführen in 12- und 20 prozentige Säure und Zurückführen in Äther vorgenommen werden, außer wenn Begleitstoffe Emulsionen verursachen und die Entmischungen stören. Sonst ist jener Umweg auch hier nicht zu vermeiden. Die Abkürzung ist zur Bestimmung der Komponenten in hochprozentigen Chlorophyllpräparaten immer anwendbar.

Trennung von Carotin und Xanthophyll. Die zweite Hälfte der ätherischen Farbstofflösungen verseifen wir mit einigen Kubikzentimetern konzentrierter methylalkoholischer Kalilauge unter kräftigem anhaltendem Schütteln. Nach kurzem Stehen ist der Äther gewöhnlich rein gelb, zeigt er aber noch rote Fluorescenz, so schüttelt man weiter und setzt nötigenfalls noch etwas Lauge zu. Nach vollständiger Verseifung des Chlorophylls gießen wir die ätherische Lösung vom Kaliumsalz ab und waschen mit Äther nach. Das genügt aber nicht zur Extraktion des Xanthophylls; wir setzen nochmals 30 ccm Äther zum sirupösen Chlorophyllinsalz, dann unter Umschütteln nach und nach Wasser und warten ab, bis sich im Scheidetrichter die Emulsion getrennt hat. Zur Kontrolle schüttelt man die alkalische Flüssigkeit nochmals mit Äther durch, der dabei gewöhnlich farblos bleibt.

Die vereinigten ätherischen Lösungen werden mit Wasser gewaschen, dem wir etwas methylalkoholische Kalilauge zusetzen, um noch Spuren von Chlorophyllin und öfters kleine Mengen brauner saurer organischer Substanz zu entfernen, und schließlich zweimal mit reinem Wasser. Dann wird im Helmkolben der Äther im Vakuum bei gewöhnlicher Temperatur auf wenige Kubikzentimeter abgedampft, der Rückstand für die Fraktionierung mit 80 ccm Petroläther in einen Scheidetrichter gebracht und das Kölbchen mit etwas Äther nachgespült.

Für die Trennung der gelben Pigmente dienen nacheinander Entmischungen mit 100 ccm 85 prozentigem, mit 100 ccm 90 prozentigem und zweimal mit je 50 ccm 92 prozentigem Holzgeist. Der letzte Auszug ist meistens farblos; andernfalls wiederholen wir die Extraktion mit dem 92 prozentigen Methylalkohol.

Die holzgeistigen Auszüge sind frei von Carotin. Man vermischt den ersten mit 130 ccm Äther und führt den Farbstoff durch langsamen Zusatz von Wasser in Äther über. Dann fügen wir zu der stark gelben ätherischen Lösung den zweiten methylalkoholischen Xanthophyllauszug und weitere 100 ccm Äther, da mit der abgelassenen holzgeistigen Schicht viel Äther weggenommen wird. Durch langsamen Zusatz von Wasser wird die Entmischung bewirkt, und mit dem gleichen Äther sammelt man das Xanthophyll noch aus den späteren Auszügen unter Zusatz von mehr Äther und Wasser. Die ätherische Lösung des Xanthophylls und ebenso die petrolätherische des Carotins befreien wir durch zweimaliges Waschen mit Wasser vom Holzgeist, lassen sie durch trockene Filter in 100-ccm-Meßkolben laufen und versetzen sie bis zur Klärung mit einigen Tropfen absoluten Alkohols. Endlich füllen wir mit Äther bezw. Petroläther bis zur Marke auf.

Die Vergleichslösungen. Die folgenden Angaben beziehen sich auf die colorimetrische Bestimmung der Chlorophylle und der Carotinoide in je 20 g grünen Blättern. Von den aufgestellten Normen wird man, was Menge und Konzentration der Vergleichsstoffe betrifft, beim Verarbeiten kleinerer Blattmengen oder besonders chlorophyllarmer Objekte abgehen.

a) Für die Chlorophylle. Da sich das Komponentenverhältnis auch im Falle der größten Abweichungen nur selten erheblich von 3 entfernt, so wird bei Anwendung eines und desselben Gemisches der Methylphäophorbide oder Chlorophyllide zur Bereitung der Vergleichslösungen kein beträchtlicher Fehler begangen, außer bei den divergierendsten Komponentenverhältnissen. Dieses Gemisch besteht aus *a* und *b* im Verhältnis von 3 Molen zu 1 Mol, und zwar aus

0,0369 g Methylphäophorbid *a* ($12 \cdot 10^{-5}$ Mol in 1 l),
0,0124 g Methylphäophorbid *b* ($4 \cdot 10^{-5}$ Mol in 1 l);

oder

0,0541 g Chlorophyll *a* ($12 \cdot 10^{-5}$ Mol in 1 l),
0,0183 g Chlorophyll *b* ($4 \cdot 10^{-5}$ Mol in 1 l).

Das Gemisch der Komponenten wird, so wie beim Versuche beschrieben, mit siedender Kalilauge verseift, nämlich das Chlorophyll in gepulverter Form und unverdünnt, das Phäophytin mit 2 ccm Pyridin verdünnt. Auch die Fraktionierung wird in genau derselben Weise ausgeführt, nur unterbleibt ein vorangehendes Überführen in 12 bis 20 prozentige Säure. Wir erhalten so wieder je 500 ccm Chlorin *e* in äthergesättigter 3 prozentiger und Rhodin *g* in 12 prozentiger Salzsäure. Etwa eine Woche sind diese Lösungen brauchbar, bei noch längerem Stehen wird die Chlorinlösung ein wenig grünlich, die Rhodinlösung ein bißchen gelblicher, was den colorimetrischen Vergleich etwas erschweren würde.

b) Für die gelben Pigmente. Carotin und Xanthophyll scheinen in der Farbe übereinzustimmen, aber ihre Farbintensitäten sind verschieden, und zwar nicht in einem bestimmten Verhältnis, sondern das Verhältnis der Intensitäten variiert bei verschiedenen Schichtdicken in einem Lösungsmittel und bei gleichen Schichtdicken in verschiedenen Lösungsmitteln. Daher ist für jedes der beiden Pigmente eine besondere Vergleichslösung erforderlich, nämlich von

0,0134 g Carotin in $^1/_2$ l Petroläther, ein wenig Alkohol enthaltend, ($5 \cdot 10^{-5}$ Mol in 1 l)

und 0,0142 g Xanthophyll in $^1/_2$ l Äther ($5 \cdot 10^{-5}$ Mol in 1 l).

Die Präparate werden zweckmäßig mehrmals umkrystallisiert, Xanthophyll aus Methylalkohol, dann aus Chloroform, Carotin aus Alkohol, dann aus Petroläther, und sie werden in kohlensäuregefüllten, zugeschmolzenen Röhren aufbewahrt. Carotinlösungen halten sich im Dunkeln mehrere Wochen unverändert, die Xanthophyllösung muß dagegen jeden Tag frisch hergestellt werden, weil sie rasch ausbleicht.

Ersatz für die Vergleichslösungen. Der Zeitaufwand für die Darstellung reiner Präparate der Vergleichssubstanzen und ihrer Lösungen veranlaßte uns, den unbeständigen gelben Pigmenten leicht zugängliche und haltbare Farbstoffe zu substituieren. Dieser Ersatz bietet besonders für das Xanthophyll wegen der Unbeständigkeit seiner Lösungen einen großen Vorteil.

Eine geeignete Vergleichssubstanz ist Kaliumbichromat in wässeriger Lösung, obwohl sein Absorptionsspektrum von dem des Xanthophylls und Carotins in Äther bezw. Petroläther abweicht.

Mit der Lösung von 2,0 g Kaliumbichromat in 1 l destilliertem Wasser sind die angegebenen Vergleichslösungen der Carotinoide in folgendem Verhältnis zu ersetzen:

100 mm Carotinlösung entsprechen 101 mm der Bichromatlösung,
50 „ „ „ 41 „ „ „
25 „ „ „ 19 „ „ „
100 mm Xanthophyllösung entsprechen 72 mm der Bichromatlösung,
50 „ „ „ 27 „ „ „
25 „ „ „ 14 „ „ „

Berechnung. Die colorimetrischen Messungen werden mit mehreren Ablesungen ausgeführt, dann die Zylinder vertauscht und die Ablesungen wiederholt. Bei den Bestimmungen mit 40 g normal grünen Blättern ließen wir die als zweckmäßig erprobten Schichthöhen der Vergleichslösungen im Colorimeter konstant, nämlich:

für Phytochlorin 40 mm, für Phytorhodin 50 mm, für Carotin 100 mm, für Xanthophyll 100 mm.

Die entsprechenden Schichten der Versuchslösungen (0,5 l bei den grünen, 0,1 l bei den gelben Farbstoffen) seien bezeichnet mit h_a, h_b, h_c, h_x.

Das molekulare Komponentenverhältnis der beiden Chlorophylle (*a* : *b*) wird, da die Vergleichslösungen im Verhältnis von 3 Molen *a* zu 1 Mol *b* hergestellt werden, berechnet als:

$$Q_{\frac{a}{b}} = 3 \cdot \frac{40}{50} \cdot \frac{h_b}{h_a} = 2{,}4 \cdot \frac{h_b}{h_a}\,.$$

Für das molekulare Verhältnis von Carotin zu Xanthophyll (abgekürzt *c* : *x*) ergibt sich

$$Q_{\frac{c}{x}} = \frac{h_x}{h_c}\,.$$

Die colorimetrische Bestimmung ergibt zugleich die Gewichtsmengen der vier Farbstoffe in den angewandten 20 g frischen Blättern und weiterhin in 1 kg derselben nach folgender Berechnung:

$$\text{Chlorophyll } a = 50 \cdot 0{,}00902 \cdot 6 \cdot \frac{40}{h_a}\,,$$

$$\text{Chlorophyll } b = 50 \cdot 0{,}00916 \cdot 2 \cdot \frac{50}{h_b}\,,$$

$$\text{Carotin} = 50 \cdot 0{,}00536 \cdot \frac{1}{2} \cdot \frac{100}{h_c}\,,$$

$$\text{Xanthophyll} = 50 \cdot 0{,}00568 \cdot \frac{1}{2} \cdot \frac{100}{h_x}\,.$$

Genauigkeit der Bestimmung. Die Genauigkeit der Methode wurde an Parallelbestimmungen geprüft, wofür eine und dieselbe Blattprobe diente und die Blätter öfters halbiert wurden. Die Tabelle 3 zeigt in solchen Doppelbestimmungen große Übereinstimmung der Farbstoffmengen und bei den Komponentenverhältnissen Differenzen von 0 bis $2^1/_2$ Prozent für $Q_{\frac{c}{x}}$ und von 1 bis etwa 4 Prozent für $Q_{\frac{a}{b}}$; so beträchtlich waren aber die Differenzen für $Q_{\frac{a}{b}}$ nur ausnahmsweise bei etwas fehlerhafter Verseifung des Chlorophylls.

Tabelle 3.
Bestimmungen der Chloroplastenfarbstoffe von grünen Holunderblättern.
(Verarbeitung von 40 g frischen Blättern im Juli.)

Nr.	Trockensubstanz (g) in 100 g frischer Blätter	Farbstoffmengen (in g) in 1 kg frischer Blätter				Molekulare Komponentenverhältnisse		
		Chlorophyll *a*	Chlorophyll *b*	Carotin	Xanthophyll	$Q_{\frac{a}{b}}$	$Q_{\frac{c}{x}}$	$Q_{\frac{a+b}{c+x}}$
1	27,8	1,615	0,599	0,146	0,263	2,74	0,588	3,33
		1,616	0,607	0,145	0,262	2,70	0,588	3,35
2	24,5	1,536	0,552	0,134	0,226	2,83	0,629	2,83
		1,514	0,559	0,133	0,230	2,71	0,613	2,88
3	28,3	1,732	0,605	0,146	0,301	2,90	0,510	3,10
		1,725	0,628	0,144	0,298	2,80	0,513	3,04

III. Das Verhältnis der Blattfarbstoffe während der herbstlichen Vergilbung.

Das Augenfällige beim herbstlichen Vergilben des Laubes ist das Zurücktreten der grünen im Verhältnis zu den gelben Pigmenten, also das Sinken des Quotienten aus den Chlorophyllen und den Carotinoiden; während er bei normal grünen Blättern 3 bis $3^1/_2$ beträgt, wird er bei herbstlich vergilbenden bedeutend tiefer gefunden, zu $^1/_{10}$ oder $^1/_{20}$ vom gewöhnlichen Werte und tiefer.

Nach dem Aussehen der Blätter läßt sich aber nicht beurteilen, ob im herbstlichen Laub der Gehalt an gelben Pigmenten ein anderer ist als bei grünen. Die Beantwortung dieser Frage ergibt sich nebenher in der folgenden Untersuchung der herbstlichen Blätter. Die eigentliche Absicht derselben ist die Bestimmung der Verhältnisse beider Chlorophylle und beider Carotinoide $\left(Q_{\frac{a}{b}} \text{ und } Q_{\frac{c}{x}}\right)$ nach der im vorigen Kapitel angegebenen Methode.

Es war zur Beurteilung der veränderten Farbstoffverhältnisse nicht immer erforderlich, die langwierige Analyse auszuführen. Mitunter wurden nur die Carotinoide von der geringen Chlorophyllmenge der vergilbten Blätter durch Verseifung des Chlorophylls abgetrennt und zur Schätzung des Anteils von Carotin und Xanthophyll durch Entmischen zwischen Petroläther und Methylalkohol fraktioniert. Auf Verschiebungen im

Komponentenverhältnis der Chlorophylle wird man schon bei der Verseifungsprobe (Phasenprobe[1])) aufmerksam; bei der Einwirkung alkoholischer Kalilauge gibt, wie bekannt, die Komponente *a* Farbumschlag in Gelb, *b* in Rot, das normale Gemisch in Braun. Bei einiger Übung erkennt man erheblichere Ausschläge im Quotienten *a : b* an der nach Rotbraun oder nach Braungelb verschobenen Nuance bei dieser Probe.

Die quantitativ untersuchten Proben bestanden zum Teil in grünen, grüngelben und gelben Blättern von derselben Pflanze und vom gleichen Tage, ferner in herbstlichen, noch grünen von einem früheren und in mehr vergilbten Blättern von einem späteren Tage. Die Tabelle 4 verzeichnet die Farbstoffmengen bezogen auf die Frischgewichte und auf die Trockengewichte der Blätter; die Tabelle 5 teilt die Komponentenverhältnisse der grünen und gelben Farbstoffe mit.

Tabelle 4.

Gehalt herbstlicher Blätter an grünen und gelben Farbstoffen.

Nr.	Pflanzenart	Datum	Aussehen der Blätter	Trockensubstanz von 100 g frischer Blätter	Mengen (in g) in 1 kg frischer Blätter				Mengen (in g) in 1 kg trockener Blätter					
					Chlorophyll *a*	Chlorophyll *b*	Carotin	Xanthophyll	Chlorophyll *a*	Chlorophyll *b*	Carotin	Xanthophyll	Gesamtchlorophyll	Summe der Carotinoide
1	Helianthus annuus	7. X.	grün	23,5	1,473	0,523	0,113	0,222	6,267	2,228	0,483	0,944	8,50	1,43
2	Helianth. annuus	5. XI.	gelbgrün	24,5	0,508	0,128	0,061	0,249	2,074	0,525	0,251	1,017	2,60	1,27
3	,, ,,	5. XI.	gelb	22,0	0,144	0,030	0,047	0,293	0,654	0,134	0,213	1,331	0,79	1,54
4	Tilia tomentosa	13. X.	grün	38,0	1,256	0,382	0,126	0,218	3,311	1,004	0,333	0,575	4,32	0,91
5	,, ,,	13. X.	gelbgrün	36,0	0,549	0,174	0,084	0,195	1,526	0,485	0,234	0,540	2,01	0,77
6	,, ,,	13. X.	gelb	31,5	0,047	0,017	0,050	0,247	0,149	0,055	0,159	0,784	0,20	0,94
7	Aesculus Hippocastanum . .	24. X.	grün	38,5	2,353	0,565	0,168	0,379	6,112	1,469	0,435	0,984	7,58	1,42
8	Aesculus Hippocastanum . .	24. X.	gelbgrün	38,0	0,608	0,146	0,093	0,498	1,600	0,384	0,245	1,311	1,98	1,56
9	Acer campestris	9. X.	grün	45	3,028	0,768	0,234	0,412	6,728	1,706	0,518	0,914	8,43	1,43
10	,, ,,	9. X.	gelb	50	0,124	0,044	0,284	0,406	0,248	0,088	0,568	0,812	0,34	1,38
11	Castania sativa	18. X.	grün	45	1,276	0,283	0,122	0,266	2,837	0,628	0,274	0,582	3,47	0,86
12	,, ,,	18. X.	gelbgrün	43	—	—	0,136	0,260	—	—	0,318	0,604	—	0,92
13	,, ,,	18. X.	gelb	41	0,120	0,046	0,110	0,246	0,294	0,112	0,268	0,602	0,41	0,87
14	Sambucus nigra	21. X.	grün	29,5	1,251	0,487	0,122	0,217	4,242	1,652	0,414	0,735	5,89	1,15

[1]) R. Willstätter und A. Stoll, Untersuchungen über Chlorophyll, S. 144 u. 168.

Tabelle 5.
Komponentenverhältnis der grünen und gelben Farbstoffe herbstlicher Blätter.

Nr.	Pflanzenart	Datum	Aussehen der Blätter	$Q\frac{a}{b}$	$Q\frac{c}{x}$	$Q\frac{a+b}{c+x}$
1	Helianthus annuus	7. Okt.	grün	2,86	0,54	3,66
2	,, ,,	5. Nov.	gelbgrün	4,01	0,26	1,27
3	,, ,,	5. ,,	gelb	4,95	0,17	0,32
4	Tilia tomentosa	13. Okt.	grün	3,34	0,62	2,92
5	,, ,,	13. ,,	gelbgrün	3,20	0,46	1,60
6	,, ,,	13. ,,	gelb	2,74	0,22	0,13
7	Aesculus Hippocastanum	24. Okt.	grün	4,23	0,47	3,06
8	,, ,,	24. ,,	gelbgrün	4,23	0,20	0,81
9	Acer campestris	9. Okt.	grün	4,00	0,60	1,51
10	,, ,,	9. ,,	gelb	2,87	0,74	0,15
11	Castania sativa	18. Okt.	grün	4,59	0,49	2,30
12	,, ,,	18. ,,	gelbgrün	5,27	0,60	—
13	,, ,,	18. ,,	gelb	2,74	0,47	0,28
14	Sambucus nigra	21. Okt.	grün	2,61	0,60	3,15

Die im grünen Zustand untersuchten Herbstblätter wiesen zumeist noch normalen Chlorophyllgehalt auf, d. i. 0,6 bis 0,8 Prozent des Trockengewichts; niedriger war der Chlorophyllgehalt in einigen Fällen bei beginnender Vergilbung, und bei gelbgrünen Blättern pflegte man etwa $^1/_4$ des ursprünglichen Chlorophylls zu finden.

Die gelbe Farbe der Herbstblätter ist zwar mitbedingt durch eine beträchtliche Menge der im Herbste zunehmenden wasserlöslichen gelben, in alkalischer Lösung tiefgelben Stoffe, die chemisch noch nicht genau bekannt sind, aber diese entstehen nicht auf Kosten der Carotinoide. Die Summe der Carotinoide bleibt beim Vergilben ungefähr konstant, nämlich wie in den anderen Jahreszeiten 0,10 bis 0,15 Prozent des Trockengewichts oder 0,03 bis 0,07 Prozent des Frischgewichts. Die Konstanz läßt sich ungeachtet der von C. Wehmer[1]) gegen die Interpretation ähnlicher Analysen erhobenen Einwände mit ausreichender Genauigkeit feststellen. Ein geringes Ansteigen des Carotinoidgehaltes bei weit-

[1]) C. Wehmer, Landw. Jahrb. **21**, 513 [1892] und Ber. d. deutsch. botan. Ges. **10**, 152 [1892].

gehender Vergilbung rührt natürlich von der Abnahme der Trockensubstanz in der herbstlichen Veränderung des Laubes her. Die biologische Deutung des Vergilbungsvorganges, bei welchem aus dem ablebenden Blatt der grüne Anteil des gesamten Pigmentes verschwindet, während der gelbe zurückbleibt, ist von A. Tschirch[1]) und namentlich E. Stahl[2]) sowie von N. Swart[3]) schon eingehend erörtert worden; die analytischen Grundlagen für die Betrachtung werden nun vervollständigt. Nach Stahl bleiben die Carotinoide im Blatt zurück, weil ihre Bestandteile C, H und O minder wertvoll sind, während der grüne Farbstoff im Stickstoff und Magnesium zwei für die Erhaltung der Pflanze wichtige Elemente aufweist, die vor dem Ableben der Blätter den überwinternden Pflanzenteilen wieder zugeführt werden; nach M. Tswett[4]) und N. Swart ist allerdings diese Betrachtung zufolge den Analysen hinsichtlich der Beteiligung des Magnesiums an dem Wandern einzuschränken.

Der Quotient Carotin zu Xanthophyll zeigt keine regelmäßige Änderung. In einigen Beispielen (Castania, Acer) fanden wir ihn unverändert. In mehreren anderen Fällen sank der Wert des Quotienten bedeutend infolge der Abnahme des Carotingehaltes und der entsprechenden Zunahme an Xanthophyll. Es tritt also im Herbste öfters die Bildung von sauerstoffhaltigem Carotinoid aus dem sauerstofffreien ein, und es kommt sogar vor (bei Helianthus beobachtet), daß Xanthophyll allein übrigbleibt.

Bei dieser Betrachtung bleibt es unentschieden, ob das hier immer kurz als ein Xanthophyll bezeichnete sauerstoffhaltige Carotinoid, das sich hinsichtlich der Entmischung mit Methylalkohol und Petroläther ebenso wie Xanthophyll aus normal grünen Blättern verhält, mit diesem identisch oder, wie Tswett[5]) angenommen hat, von ihm verschieden („Herbstxanthophyll“) ist. Wir konnten aus schön vergilbten Platanen-

1) A. Tschirch, Angewandte Pflanzenanatomie, S. 61 [1889].
2) E. Stahl, Zur Biologie des Chlorophylls, Jena 1909, X. und XI. Abschnitt.
3) N. Swart, Die Stoffwanderung in ablebenden Blättern, Jena 1914.
4) M. Tswett, Ber. d. deutsch. botan. Ges. **26**, 94 [1907].
5) M. Tswett, loc. cit.

blättern (November) nur einen kleinen Teil des Xanthophylls in krystallisiertem Zustand isolieren. Es ist leicht möglich, daß die gegen Einwirkung jeglicher Säure sehr empfindlichen Carotinoide im Blatte bei der herbstlichen Zerstörung der Chlorophyllkörner nicht mehr gegen Säureeinwirkung geschützt bleiben.

Für das Verhältnis zwischen den Chlorophyllfarbstoffen *a* und *b* in herbstlichen Blättern ergeben die Analysen keine Änderung; die Chlorophyllkomponenten werden im ablebenden Blatte ohne merklichen Unterschied beide abgebaut; die höher oxydierte Komponente wird nicht angereichert. Die Werte bewegen sich wohl innerhalb weiterer Grenzen als bei normalen Blättern, sie steigen bis $a : b = 5$, aber die Schwankungen sind wenigstens teilweise dadurch bedingt, daß die Analyse bei den Blättern mit geringem Farbstoffgehalt weniger genau ist.

IV. Die Blattfarbstoffe nach gesteigerter Assimilationstätigkeit.

Nachdem sich ergeben hatte, daß unter den natürlichen Lebensbedingungen der Pflanzen, für die der Assimilationsapparat angepaßt ist, keine Verschiebung im Komponentenverhältnis erfolgt, werden in den folgenden Versuchen die Blätter willkürlichen Bedingungen unterworfen; sie werden entweder zu höchst gesteigerter Assimilationstätigkeit bei großer Kohlensäurekonzentration, hoher Temperatur und ununterbrochener langer Versuchsdauer gebracht oder während der Assimilation mit Mitteln, die das Protoplasma schädigen, behandelt, so daß es sich zeigen muß, wenn überhaupt eine Abnahme des Chlorophylls oder eine Verschiebung im Verhältnis der Blattfarbstoffe im Assimilationsvorgang erfolgen kann. Bei diesen Versuchen wurde die assimilatorische Leistung quantitativ beobachtet und durch ihr Sinken der Zeitpunkt erkannt, in welchem der Blattfarbstoff des Versuchsobjektes zu analysieren ist.

Über 10 bis 20 g frische Blätter wird in einer flachen Glasdose 2,5- oder 5 prozentiges Kohlendioxyd bei konstanter Temperatur (etwa 30°) und in konstantem Strome geleitet, der die Gasuhr zumeist mit einer Geschwindigkeit von einem Liter in 20 Minuten verließ. Der Kohlensäuregehalt wurde im Dunkelversuch und bei der Belichtung bestimmt und die Assimilation ohne Einfluß der Atmung aus der Differenz gefunden, und zwar fortlaufend in aufeinanderfolgenden kurzen Intervallen. Die Beleuchtung von 45 000 bis 90 000 Lux, die Temperaturablesung an den Blättern, die Absorption der Kohlensäure in Natronkalkröhren und andere Einzelheiten der Versuchsanordnung, die für die Bestimmung der assimilatorischen Leistung im Verhältnis zum Chlorophyllgehalt der Blätter noch verbessert wurden, sollen erst in der zweiten Abhandlung (Abschnitt III, A) beschrieben werden.

A. Die Blattfarbstoffe bei Überlastung des Assimilationsapparates.

An dieser Stelle ist nicht wie bei E. Pantanelli[1]), der eine eingehende Untersuchung über die in intensivem Lichte auftretenden Ermüdungserscheinungen der Chloroplasten von Wasserpflanzen veröffentlicht hat, das Studium der Ermüdungserscheinungen beabsichtigt, sondern die Überanstrengung der Assimilationsorgane wird als einer der Fälle herangezogen, in denen die vergleichende Analyse der Farbstoffe vorzunehmen ist.

Erster Versuch. 20 g Primelblätter wurden in 2,5 prozentigem Kohlendioxyd bei 31 bis 32° mit 1000 kerziger Lampe in 15 cm Abstand (ungefähr 44000 Lux) 17 Stunden lang ununterbrochen belichtet; der Gasstrom enthielt im Dunkelversuch 0,0475 g CO_2 auf ein Liter Luft.

Das in einer Stunde von den Blättern aufgenommene Kohlendioxyd betrug anfangs 0,120 g, in der 17. Stunde 0,090 g. Die gesamte Assimilation der Blätter, deren Trockengewicht vor dem Versuche nur 1,6 g gewesen, betrug in den 17 Stunden, während deren der Rückgang auf $^3/_4$ der Anfangsleistung erfolgte, 1,50 g CO_2.

Zweiter Versuch. 20 g Primelblätter wurden in 2,5 prozentigem Kohlendioxyd bei 31 bis 32° ebenso wie im ersten Versuche belichtet, nämlich in einer ersten Periode von 44 Stunden und dann, nach einer Ruhepause von 23 Stunden im Dunkeln bei Zimmertemperatur, während

[1]) E. Pantanelli, Jahrb. f. wissensch. Botanik **39**, 165 [1903].

einer zweiten Versuchsperiode von 23 Stunden. Die gesamte Assimilation betrug in der ersten Belichtungsperiode 2,8 g CO_2, so daß das Trockengewicht mehr als verdoppelt war. Die stündliche Assimilationsleistung sank von dem Anfangswerte 0,100 in den ersten 25 Stunden auf 0,060 g CO_2 und hielt sich in den folgenden 20 Stunden auf dieser Höhe; nach der Unterbrechung erhob sich die Leistung auf 0,070 g und sank nach 7 Stunden auf 0,055 g und dann noch tiefer. Die Blätter waren nach der ersten Assimilationsperiode noch schön grün, während der zweiten nahmen sie ein vergilbtes Aussehen an. Eine Vergleichsprobe unbelichteter Primelblätter enthielt in 10 g Frischgewicht 0,0063 g Chlorophyll *a* und 0,0017 g Chlorophyll *b*.

Beschreibung der Blätter	$Q_{\frac{a}{b}}$	$Q_{\frac{c}{x}}$
Unbelichtet	3,77	0,69
1. Versuch, 17 Stunden belichtet .	4,16	0,55
2. Versuch, 67 Stunden belichtet .	3,20	0,36

Dritter Versuch. 10 g Blätter von Kirschlorbeer (Anfang Dezember) wurden in 5 volumprozentigem Kohlendioxyd bei 31 bis 32° mit 3000kerziger Lampe in 21 cm Abstand (ungefähr 68000 Lux) 22 Stunden lang belichtet.

Die stündliche Assimilation betrug anfangs 0,110 g, in der 4. und 5. Stunde 0,075 g, am Ende aber nur noch 0,030 g. Die Leistung geht bei diesen Blättern viel rascher zurück als bei Primel.

Da bei den Kirschlorbeerblättern durch Unterschiede im Trockengehalt verschiedener Blattproben (bei der Vergleichsprobe 35,5 Prozent) weniger als bei Primel der Vergleich gestört wird, sollen neben den Quotienten auch die Farbstoffmengen angeführt werden; der Chlorophyllgehalt ist während der Belichtung unverändert geblieben.

Beschreibung der Blätter	Gehalt (mg) von 10 g frischen Blättern an				$Q_{\frac{a}{b}}$	$Q_{\frac{c}{x}}$	$Q_{\frac{a+b}{c+x}}$
	Chlorophyll *a*	Chlorophyll *b*	Carotin	Xanthophyll			
Unbelichtet	7,2	2,2	0,87	1,65	3,3	0,56	2,3
22 Stunden belichtet .	7,1	2,4	0,63	2,29	3,1	0,29	2,0

Aus den angeführten Versuchen geht hervor, daß das Verhältnis der beiden Chlorophyllfarbstoffe auch bei intensiver und sehr lange dauernder Assimilation, die schon starken Rückgang der Leistungsfähigkeit bewirkt, nicht merklich verschoben wird. Hingegen erfolgt bei den Carotinoiden ein Sinken des Quotienten Carotin : Xanthophyll, ähnlich wie bei mehreren Proben herbstlich vergilbter Blätter. Allerdings waren die Bedingungen hinsichtlich der Sauerstoffentwicklung im Blatte und in bezug auf die Temperatur für die Oxydation des ungesättigten Kohlenwasserstoffs überaus günstig; ob der gemäß der Entmischung als alkohollöslich bestimmte Carotinoidanteil mit dem gewöhnlichen Xanthophyll identisch war, ist zweifelhaft. Wenn man sich der bekannten Autoxydation des Carotins erinnert, so wird man die Veränderung, welche in diesen Versuchen ein Teil des Carotins durchmacht, nicht überraschend finden und sich daher hüten, irgendwelche Schlußfolgerungen für die Funktion der Carotinoide daraus zu ziehen.

B. Die Carotinoide bei gesteigerter Atmung.

Da bei den Versuchen intensiver Assimilation zwar nicht $Q_{\frac{a}{b}}$, aber $Q_{\frac{c}{x}}$ verschoben wird, so sollte durch besondere Versuche geprüft werden, ob nicht unter ähnlichen Bedingungen, aber ohne Assimilationstätigkeit, das Verhältnis der gelben Pigmente in dem nämlichen Sinne beeinflußt wird.

Erster Versuch. Die Atmung von 20 g Kirschlorbeerblättern bei 30° im Dunkeln wurde während 48 Stunden im Strome von kohlendioxydfreier Luft in der Apparatur der Assimilationsversuche beobachtet. Der stündliche Betrag der Atmungskohlensäure sank vom Anfangswerte 0,0066 g allmählich, ohne daß die Blätter ihr Aussehen änderten, bis auf 0,0028 g, wahrscheinlich infolge Mangels an Reservestoffen.

Nach dem Versuche erwies sich $Q_{\frac{c}{x}} = 0{,}46$, d. i. nur um ein geringes tiefer als das Verhältnis einige Wochen früher bei einer frischgepflückten Probe gefunden worden war.

Zweiter Versuch. Die Atmung von 20 g Primelblättern (mit 1,36 g Trockensubstanz) wurde bei 34 bis 37° verfolgt. Die stündliche

Abgabe von Kohlendioxyd betrug bei Beginn 0,0047 g und sank in drei Stunden auf 0,0034 g, die Kohlensäureabgabe nahm bedeutend zu, als Zelltod eingetreten war, sie belief sich nach 24 Stunden auf 0,0195 g CO_2 und stieg noch höher. In der Versuchsdauer von 48 Stunden wurden 0,6077 g CO_2 entwickelt, also ein Viertel der Trockensubstanz durch Oxydation verbraucht. Die Blätter waren dann noch schön grün, sie erschienen wie abgebrüht.

Für beide Komponentenverhältnisse ergaben sich nun normale Werte, nämlich $Q_{\frac{a}{b}} = 3{,}1$ und $Q_{\frac{c}{x}} = 0{,}58$.

Die Versuche haben also erwiesen, daß das Verhältnis der Carotinoide durch gesteigerte Atmung nicht beeinflußt wird. Die Verschiebung von $Q_{\frac{c}{x}}$ bei intensiver Assimilation ist daher auf andere Vorgänge zurückzuführen, die nur im assimilierenden Blatte stattfinden.

C. Die Blattfarbstoffe nach Assimilation bei hoher Temperatur.

Die Versuche waren bei einer Temperatur von über 38° anzustellen, die nach G. L. C. Matthaei[1]) für die Assimilationstätigkeit bereits schädlich ist.

Für die Blätter von Pelargonium zonale war in dieser Hinsicht 40° noch zu schonend. In einem Vorversuch mit 5 prozentigem Kohlendioxyd und Belichtung von 3000 Kerzen in 21 cm Abstand (ungefähr 68000 Lux) hielt die intensive Assimilation 4 Stunden lang fast ungeschwächt an; sie betrug stündlich 0,120 g CO_2.

Darauf wurden 10 g derselben Blätter unter sonst gleichen Bedingungen, aber bei 45° untersucht; einmal stieg infolge eines Versehens die Temperatur für einige Minuten auf 52°, wobei die Assimilation aber nicht zum Stillstand kam. Die stündliche Leistung betrug ziemlich konstant während zweier Stunden 0,040 g CO_2, also ein Drittel des bei 40° erzielten Wertes. Nach dem Versuch zeigten die Blätter nur an einigen Stellen verdorbenes Gewebe. Neben denselben wurden 10 g gleiche

[1]) G. L. C. Matthaei, Phil. Trans. Roy. Soc. Ser. B. 197. 47 [1904].

Blätter (mit 0,85 g Trockengewicht) zur Analyse des Farbstoffs verarbeitet.

Beschreibung der Blätter	Gehalt (mg) von 10 g frischen Blättern an				$\frac{Q_a}{b}$	$\frac{Q_c}{x}$	$\frac{Q_{a+b}}{c+x}$
	Chlorophyll *a*	Chlorophyll *b*	Carotin	Xanthophyll			
Unbelichtet	10,3	2,2	0,70	1,46	4,7	0,44	3,5
2 Stunden bei 45° belichtet	9,4	3,0	0,70	2,08	3,2	0,35	2,8

Der Chlorophyllgehalt ist im Versuche unverändert geblieben, aber der Quotient *a* : *b* war deprimiert, allerdings nicht zu einem tiefen Werte. Allein diese Verschiebung schien zum Teil durch Zersetzung von Chlorophyll bedingt zu sein. Das Chlorophyll aus den belichteten Blättern lieferte etwas mehr, als man gewöhnlich erhält, von schwachbasischen Spaltungsprodukten, die bei der Bestimmung zum Chlorophyll *b* hinzukamen.

D. Die Blattfarbstoffe nach der Einwirkung narkotischer Mittel.

Durch Narkose während der Assimilation lassen sich Bedingungen schaffen, unter welchen die enzymatische Tätigkeit im Blatte gehemmt wird. Die Methode geht auf eine Arbeit von Claude Bernard[1]) zurück, der Wasserpflanzen in chloroformhaltigem Wasser untersuchte; sie vermochten Kohlendioxyd im Lichte nicht zu zerlegen. Später haben G. Bonnier und L. Mangin[2]) mit Hilfe von Äther- oder Chloroformdampf die Assimilation unterbrochen, und zwar so, daß die Atmung fortdauerte. Hiernach lassen sich also die enzymatischen Funktionen ganz oder teilweise beeinflussen. Für die folgenden Versuche waren die Bedingungen so auszuprobieren, daß die Assimilation nicht stillstand, sondern geschwächt fortdauerte. Es war also eine Narkose zu suchen, durch welche, ohne daß die Blattzellen abgetötet wurden, die gesteigerte Assimilation bei günstiger Temperatur, hohem Teildruck der Kohlensäure und intensivem Lichte herabgesetzt wurde.

Versuche mit Chloroform. Abgemessene Mengen Chloroform

---

[1]) Cl. Bernard, Leçons sur les phénomènes de la vie, S. 278 [1878].

[2]) G. Bonnier und L. Mangin, Ann. des Sc. nat. (Botan.) [7] **3**, 14 [1886]; vgl. u. a. A. Irving, Ann. of Botany **25**, 1077 [1911].

wurden in einer $^3/_4$-Literflasche verdampft. 0,75 ccm Chloroform bewirkte an Primelblättern (15 g) rasche Veränderung des Blattgewebes; nach wenigen Minuten waren die Blätter welk und naß und beim Belichten verfärbten sie sich rasch, ohne daß sie assimilierten.

Die Blätter von Prunus Laurocerasus waren widerstandsfähiger, und doch genügte schon 10 Minuten langes Verweilen ohne Lichtzutritt im Raum von $^3/_4$ Litern, der den Dampf von 0,5 bis 0,4 ccm Chloroform enthielt, daß längs der Blattnerven braune Flecken auftraten und sich bald vergrößerten. Bei Anwendung von 0,2 ccm entstanden nur sehr wenige braune Flecken, aber sie dehnten sich bei darauffolgender Belichtung während einer halben Stunde auf $^1/_3$ der Blattfläche aus. Die sichtbare Schädigung blieb erst aus, wenn man die Dosis Chloroform auf 0,1 ccm erniedrigte. Nach solcher Behandlung ist die Assimilation der Kirschlorbeerblätter bestimmt worden.

10 g Blätter wurden bei 25° in 2,5 prozentigem Kohlendioxyd mit einer Lampe von 2000 Kerzen in 15 cm Abstand (ungefähr 89000 Lux) belichtet. Frische Blätter assimilierten im Vergleichsversuche 0,084 g, die 10 Minuten lang in der angegebenen Weise chloroformierten, dann durch einen Luftstrom vom Chloroform befreiten Blätter 0,070 g CO_2 in der Stunde. Eine andere Probe, 10 Minuten mit etwas mehr (0,15 ccm) Chloroform behandelt, zeigte 0,088 g stündliche Leistung; eine vierte Probe, mit 0,1 ccm 30 Minuten lang chloroformiert, assimilierte in der Stunde 0,077 g CO_2. Diese Unterschiede sind keine anderen als bei irgendwelchen verschiedenen Proben frischer Blätter derselben Pflanze. Mit so geringen Chloroformdosen war also bei diesen Landpflanzen keine Beeinträchtigung der Assimilation erreicht, andererseits wurde schon von etwas größeren Dosen bei der erheblichen Dauer der quantitativen Bestimmung Zersetzung des Chlorophylls bewirkt, anscheinend infolge der Abspaltung von Chlorwasserstoff aus dem Chloroform.

Versuche mit Äther. Die einfachste Versuchsanordnung war die Einschaltung eines Gefäßes mit Äther in den Gasweg des Assimilationsapparates. Da aber der Ätherdampf im Kohlensäureabsorptionsapparat in störender Weise zurückgehalten würde, so nahmen wir in einigen, über den Einfluß der Äthernarkose auf die Assimilation orientierenden Vorversuchen die Narkose und die Assimilationsbestimmung in getrennten Räumen vor.

15 g Primelblätter ließen wir zunächst in der üblichen Versuchsanordnung assimilieren (bei 25° in 2,5 proz. CO_2 mit einer 2000kerzigen Lampe in 22 cm Abstand) und fanden eine stündliche Leistung von 0,081 g CO_2. Dann wurden die Blätter in eine weithalsige $^3/_4$-Literflasche, worin man zuvor 0,75 ccm Äther verdampft hatte, übergeführt und 2 Stunden darin aufbewahrt. Nachdem die Blätter durch einen kräftigen Luftstrom vom Ätherdampfe befreit waren, beobachteten wir unter den früheren Bedingungen abermals ihre Assimilationstätigkeit. Sie war nicht tief, aber deutlich erniedrigt. In der ersten Stunde war die assimilatorische Leistung 0,056 g CO_2, in der zweiten erholten sich die Blätter schon zu einer Leistung von 0,070 g CO_2.

Daraufhin unterblieb im folgenden Versuche die Messung der Assimilation und die Narkose erfolgte, während sich die Blätter unter Bedingungen intensiver Assimilation befanden, mit Äthermengen, welche für die Blätter noch erträglich waren. 15 g Primelblätter befanden sich in der Assimilationskammer, deren Rauminhalt etwa 500 ccm betrug, bei 30° in einem Strome von 5 prozentigem Kohlendioxyd mit 3 l Geschwindigkeit in der Stunde und unter Belichtung von 3000 Kerzen in 20 cm Abstand (ungefähr 75000 Lux.) Die stündliche Assimilation betrug vor der Narkose 0,107 g CO_2. In eine vor den Assimilationsraum geschaltete Waschflasche wurde 0,5 ccm Äther über eine niedrige Wasserschicht eingefüllt. Der Äther verdampfte sodann und gelangte zu den Blättern durch den Gasstrom, den man so lange auf die $2^1/_2$ fache Geschwindigkeit verstärkte, bis sich der Geruch von Äther am Ausgang der Assimilationskammer verriet. Diese Behandlung mit Äther ist während einer Stunde sechsmal mit je 0,5 ccm und ein siebentes Mal mit 1 ccm Äther wiederholt worden. Dann sind die Blätter, an denen keine Veränderung zu erkennen war, zusammen mit einer Vergleichsprobe für die quantitative Farbstoffbestimmung verarbeitet worden; die Analyse hat keine Verschiebung des Komponentenverhältnisses ergeben.

Beschreibung der Blätter	$\frac{Q_a}{b}$	$\frac{Q_c}{x}$
Unbelichtet	2,6	0,60
Belichtet, mit Äther behandelt .	2,7	0,50

V. Der Chlorophyllgehalt vor und nach gesteigerter Assimilation.

Die folgenden Versuche beziehen sich auf die Frage, ob sich das Chlorophyll am Assimilationsvorgang in der Weise beteiligt, daß es sich dabei zersetzt und neubildet. Die Blätter verschiedener Pflanzen befanden sich unter Bedingungen höchster assimilatorischer Tätigkeit (Licht von mehr als Sonnenstärke, 30 bis 32°, 5 prozentiges CO_2), so daß sie ungefähr das Zehnfache ihrer unter natürlichen Lebensverhältnissen zustande kommenden Assimilation leisteten. Unter solchen Verhältnissen würde mit einem Verbrauch des Pigmentes im Assimilationsvorgang die Neubildung nicht Schritt zu halten vermögen. Nach sechs Stunden langer ununterbrochener Assimilationstätigkeit, die fortlaufend in kurzen Intervallen beobachtet wurde, erfolgte die Bestimmung des Farbstoffs und zwar nun ohne Rücksicht auf das Komponentenverhältnis.

Tabelle 6.

Chlorophyllgehalt vor und nach der Assimilation.

10 g Blätter, 5proz. CO_2, ungefähr 75000 Lux, 30 bis 32°.

Nr.	Pflanzenart	Trockengewicht (g)	Stündlich assimiliertes CO_2 (g) in der			Chlorophyllgehalt (mg) der Blattprobe	
			1. Stunde	2. Stunde	6. Stunde	vor der Assimilation	nach der Assimilation
1	Prunus Laurocerasus	3,4	0,099	0,081	0,032	12,2	12,4
2	,, ,,	2,9	0,080	0,067	0,043	13,5	13,0
3	Primula	0,9	0,100	0,088	0,055	11,4	11,1
4	Hydrangea opulodes	1,2	0,059	0,054	0,032	9,2	9,1
5	Funkia	1,0	0,087	0,088	0,061	10,0	10,0
6	Pelargonium peltatum	0,6	0,118	0,119	0,118[1])	8,3	8,2

Ähnliche Beobachtungen lassen sich aus weiteren Versuchen anreihen. In einem dritten Experiment mit Prunus Laurocerasus betrug unter ähnlichen Bedingungen gesteigerter Assimilation der Chlorophyll-

[1]) Assimilationsleistung in der 5. Stunde.

gehalt von 10 g Blättern 11,6 mg vor, und 11,6 mg nach 6 Stunden Belichtung.

Besonders bemerkenswert sind ferner zwei Beispiele aus dem vorigen Abschnitt. Man bestimmte in einem Versuche gleichfalls mit 10 g Blättern von Kirschlorbeer den Chlorophyllgehalt nach 22 stündiger gesteigerter Assimilation; er war vor der Belichtung 9,4 mg und betrug nach der Assimilation von im ganzen 1,12 g CO_2 wieder 9,5 mg.

In dem folgenden Beispiele ist die Versuchstemperatur sogar auf 40° gesteigert worden. Blätter von Pelargonium zonale assimilierten sechs Stunden lang bei gleichem Lichte und gleichem Kohlendioxydgehalt des Gasstroms wie bei den Versuchen der Tabelle. Das Ergebnis war dasselbe. Der Chlorophyllgehalt von 10 g Blättern betrug vor der Belichtung 12,5 mg, nachher 12,8 mg.

Über diese Beispiele hinaus läßt sich aus vielen in der folgenden Abhandlung angeführten Beobachtungen schließen, daß der Chlorophyllgehalt nie während der Assimilation abnahm, daß er bei chlorophyllarmen Blättern der Aureavarietäten konstant blieb und bei sehr jungen Blättern sowie bei etiolierten während der Assimilationsversuche etwas anstieg. Es wird dadurch nicht ausgeschlossen, daß bei übertriebener Belichtung durch einen Vorgang, der nicht im Zusammenhang mit der Photosynthese steht, Chlorophyll verdirbt, aber eine solche Erscheinung hätte keine Bedeutung hinsichtlich der Funktion des Chlorophylls.

Zweite Abhandlung.

Über das Verhältnis zwischen der assimilatorischen Leistung der Blätter und ihrem Gehalt an Chlorophyll.

I. Einleitung und Übersicht.

Die quantitativen Untersuchungen über die Assimilation der Kohlensäure in den Arbeiten von U. Kreusler, H. T. Brown und F. Escombe, von F. F. Blackman mit G. L. C. Matthaei und anderen Mitarbeitern haben hauptsächlich die Abhängigkeit des Vorganges von äußeren Bedingungen behandelt, von der Temperatur, von der Belichtung und vom Teildruck der Kohlensäure.

Die ältere Fragestellung, namentlich in den Messungen von Kreusler, hatte auf Bestimmung der Optima einzelner Faktoren hingezielt. Diese Art der Betrachtung wurde von Blackman korrigiert; es ist das Verdienst seiner Abhandlung[1]) „Optima and Limiting Factors", für die Abhängigkeit der Assimilation von den äußeren Bedingungen eine tiefere und vollkommenere Erklärung gegeben zu haben. Es existieren nicht Optima der verschiedenen Faktoren, sondern die Leistung wird jeweils von dem im Minimum vorhandenen Faktor limitiert. Blackman zählt fünf einschränkende (controlling) Faktoren auf, von denen die photosynthetische Leistung eines bestimmten Chloroplasten abhängig sei:

[1]) F. F. Blackman, Ann. of Botany 19, 281 [1905].

1. der verfügbare Kohlendioxydbetrag,
2. die verfügbare Wassermenge,
3. die Intensität der verfügbaren Lichtenergie,
4. der Betrag von vorhandenem Chlorophyll,
5. die Temperatur im Chloroplasten.

Wenn ein Prozeß wie die Assimilation in der Geschwindigkeit von einer Anzahl verschiedener Faktoren abhängt, so wird sein Gang beschränkt durch den Schritt des langsamsten Faktors. Man könnte praktisch, wenn von der Assimilation, nicht vom Wachstum, die Rede ist, vom Einfluß des Wassers absehen, da für die Kohlehydratbildung in der Zelle unter den in Betracht kommenden Lebensverhältnissen immer genügend Wasser vorhanden ist. Mit dem ersten, dritten oder fünften Faktor als limitierendem zu experimentieren, ist, wie Blackman sagt, verhältnismäßig leicht. Wenn beispielsweise die Belichtung schwach ist, während die übrigen Umstände günstig sind, so wird, was bei Kreuslers[1]) Bestimmung der für optimal gehaltenen Assimilationstemperatur (ungefähr 15 bis 25° bei einem älteren Sproß von Rubus fructicosus) der Fall war, der Betrag der Photosynthese niedergedrückt werden und der limitierende Faktor wird das Licht sein; ähnlich verhält es sich mit der Kohlensäure und mit der Temperatur. Es gibt für jede Temperatur einen bestimmten größten Assimilationsbetrag, den ein Blatt leisten kann, und er ist für eine Pflanze recht konstant. Bei höheren Temperaturen aber kann die volle Leistung nicht lange aufrechterhalten werden, die Verhältnisse werden sodann kompliziert durch einen „Zeitfaktor", in welchem verschiedene störende Einflüsse zusammengefaßt sind.

So wird die Kohlensäureassimilation als das klarste Beispiel von Wechselwirkung der bedingenden Verhältnisse von dem Standpunkte aus beschrieben, daß es sich hier — anders als bei den Wachstumserscheinungen — in überwiegendem Maße um Abhängigkeiten von äußeren Faktoren handle. Dabei ist aber von dem oben an vierter Stelle angeführten Faktor, dem Betrage des vorhandenen Chlorophylls, weder in der angeführten

---

[1]) U. Kreusler, Landw. Jahrb. **16**, 711 [1887].

Abhandlung noch in den späteren Arbeiten der Blackmanschen Reihe noch in anderen eingehenden Untersuchungen weiter die Rede gewesen.

Damit ist der Punkt bezeichnet, an dem die vorliegende Untersuchung einsetzt, um sowohl den Einfluß der Chlorophyllmenge wie die Bedeutung eines mit dem Chlorophyll zusammenwirkenden zweiten inneren Faktors, eines farblosen, protoplasmatischen Bestandteils, zu erfassen.

Wenn wir die im Assimilationsvorgang arbeitende Einrichtung beschreiben, so ist wesentlich, daß das Agens unverändert bleibt, während es das Substrat in unbegrenzter Menge umsetzt. Gemäß unseren nachfolgenden Bestimmungen unter den gleichen günstigsten Bedingungen verarbeitet

1 Molekül Chlorophyll in der Stunde:

in herbstlichen älteren Blättern von Ampelopsis quinquefolia 18 Moleküle CO_2;

in herbstlichen jungen Blättern von Ampelopsis quinquefolia 164 Moleküle CO_2;

in sommerlichen Blättern von Sambucus nigra 135 Moleküle CO_2;

in sommerlichen Blättern von Sambucus nigra var. aurea 2463 Moleküle CO_2;

in etiolierten Blättern von Phaseolus vulgaris 2736 Moleküle CO_2.

In gewissen Grenzen, die aus den älteren Untersuchungen bekannt sind, setzt das assimilierende Agens der Chloroplasten derart, wie wir es von Enzymen wissen, sein Substrat Kohlensäure der Konzentration proportional um und folgt mit der Reaktionsgeschwindigkeit der steigenden Temperatur, während es zugleich, was sonst von keinem vergleichbaren Agens bekannt ist, auch von der Lichtintensität abhängt, die es proportional dem absorbierten Energiebetrage verwertet, immer unter der Voraussetzung, daß die anderen äußeren Faktoren nicht limitierend wirken.

Die chemische Einrichtung des Assimilationsvorgangs ist einerseits Energietransformator, und sie ist nach einem anderen Teil ihres Wesens enzymartig zu nennen. Es wurde noch nicht beachtet, wie sehr ihre

Leistung und deren Abhängigkeit von äußeren Faktoren variabel ist. Das assimilierende Agens arbeitet, je nachdem es in jungen, ausgewachsenen oder alten Blättern wirkt, mit sehr verschiedener Reaktionsgeschwindigkeit. Auch ist der Einfluß der Temperatur und der Belichtung auf seine Leistung sehr verschieden in pigmentreichen und -armen Blättern. Daraus geht hervor, daß wir die chemische Einrichtung der Chloroplasten durch den Farbstoffgehalt allein unzureichend kennzeichnen würden.

Es fragt sich, ob an einem einzigen chemischen Agens zwei Vorgänge sich abspielen, die Absorption und Übertragung der Lichtenergie und überdies eine von der Temperatur abhängige Reaktion, oder ob die Chloroplasten mit einer aus mehreren Komponenten zusammengesetzten chemischen Einrichtung ausgerüstet sind. Im ersten Falle hätte das Farbstoffmolekül doppelte Funktion, es wäre Absorbens der Lichtstrahlen und außerdem würde es selbst den chemischen Vorgang der Kohlensäurezerlegung besorgen. Nur so könnte mit der Annahme eines einzigen Agens die limitierende Wirkung der Temperatur auf die Funktion eines Farbstoffs erklärt werden, wie sie aus den Untersuchungen namentlich von Blackman und Matthaei bekannt ist. Wenn diese Annahme der experimentellen Prüfung nicht standhält, so wird das kombinierte Wirken des Chlorophylls mit dem Protoplasma anzunehmen sein.

Von der Beteiligung des lebenden Protoplasmas an der Kohlensäureassimilation spricht die Pflanzenphysiologie, wenn auch die dem Stroma zugeschriebene Rolle nicht genauer bestimmt oder näher erforscht ist. Trotz des nur spärlich vorliegenden Versuchsmaterials gibt das W. Pfeffersche[1]) „Handbuch der Pflanzenphysiologie“ eine tiefe Betrachtung des Assimilationsvorganges, der als vitale Funktion der Protoplasmaorgane beschrieben wird. Ihre Leistung kommt „nur bei richtigem und ungestörtem Zusammengreifen aller Teile“ zustande, da „keine einzelne Reaktion, sondern eine verwickelte und regulatorisch gelenkte Maschinenarbeit zu dem Endziel führt“. Die Assimilationsenergie der Chloro-

[1]) W. Pfeffer, Handbuch 1, 338 u. 342 [1897].

plasten wird daher aufzufassen sein als „spezifisch different und kann auch nicht in einfachem Verhältnis zum Gehalt an Chlorophyllfarbstoff stehen, der nicht allein die Funktionstüchtigkeit des Apparates bestimmt".

Schon früher hatte Th. W. Engelmann[1]) Beispiele (nach Beobachtungen mit der Bakterienmethode an Sanedesmus caudatus) für die spezifische Differenz der Chloroplasten gegeben und gelehrt, „daß nicht bloß Unterschiede des Farbstoffgehaltes die Größe der photochemischen Reduktionsprozesse beeinflussen, sondern auch Differenzen in der Struktur des farblosen Stroma" und „daß der Farbstoff nicht an und für sich die Zerlegung der Kohlensäure im Licht bewirkt, sondern nur, insofern er an lebendes Protoplasma gebunden ist". Nach Engelmann wäre „das farblose Stroma das eigentlich Tätige, der Farbstoff wohl wesentlich, wie früher schon häufig vermutet, nur ein Sensibilator".

Es konnte begreiflicherweise auch den Forschern, denen wir die letzten gründlichen Arbeiten über den quantitativen Verlauf der Assimilation verdanken, nicht entgehen, daß Differenzen in der Assimilationsenergie der grünen Gewächse vorkommen. Derartige Beobachtungen über veränderliche Leistung der Blätter in verschiedenen Monaten sind zum Beispiel von Blackman und Matthaei[2]) erwähnt und auf „seasonal change of the leaves" zurückgeführt. Aber es ist eine Unsicherheit diesen Befunden gemeinsam, insofern sich die Angaben über die quantitativ ermittelten Assimilationsleistungen auf gleiche assimilierende Blattflächen beziehen. In Wirklichkeit läßt sich, da keine Chlorophyllbestimmungen ausgeführt sind, aus den Beobachtungen nicht sicher schließen, daß die assimilatorischen Leistungen auch im Verhältnis zum Chlorophyll verschieden seien. Der Chlorophyllgehalt der verglichenen Blattflächen kann ungleich gewesen sein, wie er ja zum Beispiel im Gange der Jahreszeiten erheblichen Schwankungen unterliegt; in wasserreicherem Zustand pflegen die Blätter mehr ausgebreitet, in trocknerem Zustand mehr geschrumpft zu sein.

---

[1]) Th. W. Engelmann, Botan. Ztg. **46**, 661, siehe besonders S. 717 u. 718 [1888].

[2]) Siehe besonders G. L. C. Matthaei, Phil. Trans. Roy. Soc. Ser. B **197**, 82 [1904].

Über den Anteil des farblosen Stromas an der Zerlegung der Kohlensäure sind nur durch Bestimmung der Leistung im Verhältnis zum Chlorophyllgehalt weitere Aufschlüsse zu erwarten. Für diese Behandlung der Frage hat es aber bisher an den Voraussetzungen gefehlt. Die Grundlage für solche quantitative Versuche bietet der in der voranstehenden Abhandlung erbrachte Nachweis

1. der Konstanz des Chlorophyllgehaltes während der Assimilationsversuche und

2. der annähernden Konstanz des Verhältnisses zwischen den beiden Komponenten *a* und *b* des Chlorophylls.

Der letzte Punkt ist fast ebenso wichtig wie der erste; denn wenn der eine Chlorophyllfarbstoff während der Assimilation in den zweiten überginge, ohne sich im Verlaufe der gesteigerten Photosynthese zurückbilden zu können, so wäre es nicht erlaubt, die Leistungen der aus den beiden Chlorophyllkomponenten bestehenden Gemische zu vergleichen.

Als ein Punkt von geringerer Bedeutung sei erwähnt, daß früher der Berücksichtigung des Farbstoffgehaltes auch die mangelhafte Kenntnis von den gelben Pigmenten im Wege stand, von denen nun Carotin und Xanthophyll genau beschrieben wurden, während die wasserlöslichen gelben Stoffe noch ungenügend bekannt sind. Indessen wird man die Carotinoide in diesem Zusammenhang nicht mehr zu berücksichtigen brauchen, da ihre Beteiligung an der Assimilation sehr unwahrscheinlich geworden ist. Eine auf ihren Farbstoffeigenschaften beruhende Rolle spielen sie nicht in der Photosynthese, denn der Verlauf der Assimilation wird nicht meßbar beeinflußt (siehe den letzten Teil des Abschnittes VIII), wenn die von gelben Pigmenten absorbierbaren Lichstrahlen auf dem Wege zum Blatt ausgeschaltet werden.

Das Verhältnis zwischen der Menge des Chlorophylls und der assimilierten Kohlensäure wird in der vorliegenden Untersuchung geprüft an gewöhnlichen Laubblättern in verschiedenen Entwicklungsphasen und an solchen Blättern, die ungewöhnliche Verhältnisse bieten und Grenzfälle der Assimilation darstellen, an den chlorophyllarmen Blättern der gelben Varietäten, an etiolierten Pflanzen, an chlorotischen und anderen.

Die Methode der Arbeit ist die Untersuchung unter Bedingungen maximaler Assimilationsleistung für eine gewählte günstige Temperatur, zumeist 25°. Den Blättern wird starke künstliche Belichtung, die der Sonnenstärke ungefähr entspricht, und hoher Teildruck der Kohlensäure, nämlich ein genügend rascher Strom von 5 vol.-proz. Kohlendioxyd bei konstanter Temperatur geboten. Dadurch ist erreicht, daß die äußeren Faktoren, deren Bedeutung aus den früheren Untersuchungen hinreichend bekannt ist, den Vergleich der assimilatorischen Leistungen nicht stören, und es wird dadurch möglich, den Einflüssen der inneren Faktoren nachzugehen.

Die aufgestellten Bedingungen sind also derart, daß die Leistung des am besten assimilierenden Blattes weder durch Erhöhung der Kohlensäurekonzentration noch durch Vermehrung des Lichtes bei der gewählten Temperatur gesteigert werden könnte. Bei geringerem Kohlendioxydgehalt könnte der Fall eintreten, daß besser und schlechter assimilierende Blätter die gleiche assimilatorische Leistung zeigen, dadurch, daß es den ersteren an Kohlensäure fehlte. Auch die gewählte Belichtung hat in den meisten Fällen für die maximale Leistung hingereicht. Nur bei den wenig Licht absorbierenden gelben Blättern wäre es nötig, um die größte Umsetzung zu erzielen, mit noch höherer Lichtintensität zu arbeiten, was aber experimentellen Schwierigkeiten begegnete. Die an chlorophyllarmen Blättern beobachteten Zahlen sind daher nicht ganz vergleichbar mit den übrigen, sondern sie sind Mindestwerte.

Nach der Festsetzung der Bedingungen maximaler Assimilation war erst in zweiter Linie die Wahl der analytischen Methode von Wichtigkeit. Wir folgten im Prinzip der Arbeitsweise von U. Kreusler[1]), die darin besteht, daß die Kohlensäure in dem zu den Blättern geleiteten und im abgeleiteten Gasstrom ermittelt wird. Diese Kohlensäuredifferenzmethode ergibt durch den Vergleich des über die Blätter im Dunkeln geleiteten und des über die belichteten Blätter gehenden Stromes ohne

---

[1]) U. Kreusler, Landw. Jahrb. **14**, 913 [1885]; **16**, 711 [1887]; **17**, 161 [1888]; **19**, 649 [1890].

Einfluß der Atmung den Betrag des assimilierten Kohlendioxyds. Im einzelnen weicht die Versuchsanordnung von der Kreuslers erheblich ab, darin, daß mit kleinräumigen Apparaten, geringeren Gasmengen und kürzeren Zeiten gearbeitet wird, so daß der Verlauf der Assimilation sich auch in sehr kleinen Intervallen beobachten läßt.

Bei fast jedem Assimilationsversuch wurde außer dem Frischgewicht und dem Chlorophyllgehalt der Blätter noch ihre Fläche und ihr Trockengewicht bestimmt und die Leistung auf Frischgewicht, Trockengewicht und Fläche berechnet, damit die Ergebnisse auch in anderer Art und Betrachtung und in anderem Zusammenhang verwertet und mit den Angaben anderer Forscher verglichen werden können. Wenn der Farbstoffgehalt vor und nach dem Assimilationsversuch ermittelt wurde, so ergab sich dabei im allgemeinen keine Differenz, nur eine bemerkenswerte Zunahme des Chlorophyllgehaltes bei jungen Blättern.

Für die Angaben von den Versuchsobjekten und den Assimilationen sei ein Beispiel hier angeführt:

Aesculus Hippocastanum. 29. April. Hellgrüne gefaltete Blättchen. 8,0 g Frischgewicht.

Bezogen auf 10 g: Trockengewicht 2,10 g, Fläche 264 qcm, Chlorophyll 10,1 mg.

Assimilation in einer Stunde (g CO_2): Von 10 g Frischgewicht 0,113, von 1 g Trockengewicht 0,054, von 1 qdm Fläche 0,043.

Aus dem Assimilationsversuch unter den Bedingungen überschüssiger Licht- und Kohlensäureversorgung ergibt sich für die gewählte Temperatur das Verhältnis zwischen der in einer bestimmten Zeit assimilierten Kohlensäure und der Chlorophyllmenge. Dieses Ergebnis beziehen wir auf die Zeit einer Stunde und schlagen dafür die Bezeichnung vor: **„Assimilationszahl"**.

$$\text{Assimilationszahl} = \frac{\text{stündlich assimiliertes } CO_2 \text{ (g)}}{\text{Chlorophyll (g)}}.$$

Damit wird also die Menge von Kohlendioxyd ausgedrückt, die bei einer gewählten günstigen Temperatur unter den Bedingungen maximaler

Leistung von der 1 g Chlorophyll enthaltenden Blattmenge assimiliert worden ist.

Abgekürzt ausgedrückt hat die Assimilationszahl die Bedeutung: **„Die stündliche Leistung, bezogen auf 1 Gramm Chlorophyll".**

Die Brauchbarkeit der Assimilationszahl für theoretische Folgerungen beruht darauf, daß die Leistung für die gewählte Temperatur die größtmögliche ist. Eine Ausnahme bilden nur gewisse chlorophyllarme Blätter, für die infolge nicht ausreichender Belichtung die Zahl noch nicht den Höchstwert darstellt. Das stört in diesem Falle wenig, da die Assimilationszahlen der besonders chlorophyllarmen Objekte diejenigen aller anderen übertreffen.

Die wichtigsten Beispiele der vergleichenden Untersuchung lassen sich in folgende Gruppen einordnen:

a) Normale Blätter.

Die Assimilationszahlen normaler Laubblätter sind einander ähnlich; die stündlichen Leistungen, bezogen auf 1 g Chlorophyll, betragen 6 bis 9 g CO_2.

b) Junge und alte Blätter.

Die Assimilationstüchtigkeit des Blattes in einem frühen Entwicklungszustand ist größer; mit dem Wachsen des Blattes geht, bezogen auf seinen Chlorophyllgehalt, die stündliche Leistung auf ungefähr die Hälfte zurück.

c) Blätter im Frühling.

In der Frühjahrsentwicklung eines Blattes steigt die Assimilationszahl von einem etwas tieferen Werte zu einem hohen und senkt sich weiterhin zu den Durchschnittswerten.

d) Blätter im Herbst.

In der herbstlichen Veränderung des Laubes kommt es vor, daß die Leistungsfähigkeit der Blätter gleichbleibt, fällt oder steigt.

Es gibt Blätter, die im Herbste abfallen, während sie noch hohen Chlorophyllgehalt und große Assimilationsenergie besitzen.

Anders bei vergilbendem Laube; der Chlorophyllgehalt geht zurück, ähnlich die Assimilationstüchtigkeit, die Assimilationszahl ändert sich wenig.

Es kommt auch vor, daß das Chlorophyll rascher abnimmt, die Assimilationsenergie langsamer. Die Assimilationszahl steigt, mitunter über die hohen Frühlingswerte hinaus.

Endlich gelangten Blätter zur Untersuchung mit nur wenig abnehmendem Chlorophyllgehalt und rasch sinkender Leistung. Hier fällt die Assimilationszahl zu ganz tiefen Werten.

Werden die herbstlichen Blätter der letzten Sorte in warmem, feuchtem Raum gehalten, so wird die Assimilation wieder belebt und steigt zu ansehnlichen Werten.

e) Chlorophyllarme Blätter (gelber Varietäten).

Bei diesen werden ähnliche Leistungen, auf Frischgewicht oder Blattfläche bezogen, wie bei normal grünem Laube gefunden. Die Assimilationszahlen sind daher außerordentlich hoch, 10 bis 15 mal größer als bei chlorophyllreichen Blättern.

f) Etiolierte Blätter.

Die ergrünenden etiolierten Blätter zeigen, ähnlich den Blättern gelber Varietäten, große assimilatorische Leistungsfähigkeit.

Die, auf Chlorophyll bezogen, hohe Leistung findet sich also immer bei Blättern mit wenig Chlorophyll. An den Grenzfällen, bei fast chlorophyllfreien Blättern, läßt es sich aber zeigen, daß erst mit dem Auftreten des Chlorophylls die assimilatorische Leistung sich einstellt.

Von den untersuchten Fällen werden einige Beispiele der verschiedenen Gruppen mit den assimilatorischen Leistungen und den Assimilationszahlen in der folgenden Tabelle 7 angeführt. Die Kohlensäuremengen, welche stündlich von den 1 g Chlorophyll enthaltenden Blattmengen assimiliert werden, bewegen sich zwischen 1 und 130 g.

Das Ergebnis eines quantitativen Assimilationsversuches läßt sich auch mit einem der Assimilationszahl umgekehrt proportionalen Werte so darstellen, daß die ermittelte Reaktionsgeschwindigkeit veranschaulicht wird. Die Zeit, in der bei der gewählten Temperatur und bei Überschuß von Kohlensäure und Licht die molekulare Kohlendioxydmenge durch die molekulare Menge von Chlorophyll photosynthetisch umgesetzt

Tabelle 7.
Assimilation
in 5prozentigem CO_2, bei 25° und Licht von Sonnenstärke.

Pflanzenart	Beschreibung	Chlorophyllgehalt von 10 g frischem Blatt(mg)	Stündlich assimiliertes CO_2 (g) von 10 g Blatt	Stündlich assimiliertes CO_2 (g) von 1 qdm Blatt	Assimilitationszahl (stündl. Assimil. [g] von 1 g Chlorophyll)
Ulmus	normal grün	16,2	0,111	0,021	6,9
Sambucus nigra	,, ,,	22,2	0,146	0,034	6,6
Sambucus nigra	gelbblätterig	0,81	0,097	0,021	120
Ulmus	,,	1,2	0,098	0,024	82
Phaseolus vulgaris	etioliert	0,7	0,091	—	133
Tilia cordata	im Frühjahr	11,5	0,183	0,024	16,0
,, ,,	junge Blätter	6,5	0,092	0,018	14,2
Ampelopsis quinquefolia	Herbst, jüng. Blätter	12,7	0,100	0,015	7,9
Ampelopsis quinquefolia	Herbst, ältere Blätter	12,9	0,012	0,0024	0,9

wird, soll als „**Assimilationszeit**“ angegeben werden, zum Beispiel:

Ampelopsis Veitchii, herbstliche ältere Blätter . 189 Sekunden
Sambucus nigra, normal grüne Blätter . . . . 28,4 ,,
Sambucus nigra, gelbe Blätter . . . . . . 1,5 ,,

Diese Werte können gelegentlich neben den Angaben der stündlichen Leistung des Chlorophylls benützt werden (Abschnitt IX).

Die Assimilationszahlen, in denen die Disproportionalität von assimilatorischer Leistung und Chlorophyllgehalt Ausdruck gefunden hat, können als Maß für die sehr variable assimilatorische Tüchtigkeit gelten und als Maß für die Ausnützung der vom Chlorophyll absorbierten Energie (bei überschüssiger Belichtung). Die gefundenen Werte gehen weit auseinander, der Ausnützungsfaktor des Lichts wächst mit steigender Assimilationszahl. Die Lichtausnützung, auf die im IX. Abschnitt eingegangen wird, ist also bei den chlorophyllarmen Blättern der Aureavarietäten viel vollständiger als bei normalen Blättern und sie ist bei den letzteren weit entfernt von dem theoretischen Werte.

Bei dem in Kürze geschilderten Versuchsmaterial handelt es sich nicht, wie bei einigen früheren Arbeiten über veränderliche Assimilationsenergie, um künstliche Eingriffe in die Lebensbedingungen der Pflanzen, deren Wirkung auf den Assimilationsvorgang weniger eindeutig wäre, sondern es sind vor allem die unter günstigen Assimilationsbedingungen erzielten Leistungen möglichst verschiedenartiger gesunder Blätter und gleichartiger Blätter in verschiedenen Entwicklungsphasen verglichen worden. Die Schlußfolgerungen, die aus den Assimilationszahlen gezogen werden sollen, finden sich an verschiedenen Stellen bereits in jenen älteren Untersuchungen angedeutet. Für die Anschauung Pfeffers von der spezifischen und differenten Assimilationsenergie der Chloroplasten haben zu nicht geringem Teil die Beobachtungen von A. J. Ewart[1]) die Grundlage geboten. Seine eingehende Untersuchung: „Über die vorübergehende Aufhebung der Assimilationsfähigkeit in Chlorophyllkörnern" ist in Pfeffers Institut ausgeführt worden und W. Pfeffer[2]) hat auch selbst über die Ergebnisse kurz berichtet. Es ist beobachtet worden, daß die Chlorophyllkörper bei genügend langem Verweilen unter solchen Verhältnissen, die bei noch längerer Dauer endlich den Tod des Organismus herbeiführen, in einen Zustand versetzt werden, in welchem sie nunmehr unfähig sind, bei Wiederherstellung der besten Bedingungen Kohlensäure zu assimilieren, daß aber diese Fähigkeit unter den normalen Assimilationsbedingungen allmählich zurückkehrt. Derartige Erfolge konnten nach Einwirkung von extremen Temperaturen, von intensiven Lichtwirkungen, von Austrocknen und anderen Einflüssen erzielt werden. Die wichtigen Angaben über die Wiederbelebung inaktiver Chloroplasten sind von uns bestätigt worden (Abschnitt VI); einen anderen Teil dieser mit Hilfe der Engelmannschen Bakterienmethode ausgeführten Arbeit Ewarts halten wir nicht für einwandfrei, unsere Messungen treten (Abschnitt V A) in Widerspruch mit seinen

---

[1]) A. J. Ewart, Journ. of the Linnean Soc., Botany **31**, 364 [1896], 554 [1897].

[2]) W. Pfeffer, Ber. math.-phys. Klasse d. sächs. Ges. d. Wissensch. 1896, S. 311.

Beobachtungen über niedrige assimilatorische Leistungen der Blätter in der Frühjahrsentwicklung.

In gleichem Sinne wie die Beobachtungen Ewarts ist eine sorgfältige Untersuchung von E. Pantanelli[1]) bedeutsam, welche die in intensivem Lichte auftretenden Ermüdungserscheinungen der Chloroplasten behandelt und zu dem wichtigen Satze führt, „daß im photosynthetischen Betriebe der CO_2-Assimilation durch grüne Pflanzen die wesentlichste Rolle der protoplasmatischen Tätigkeit des farblosen Bestandteils der Chloroplasten zufällt".

„Das Plasma der Chloroplasten arbeitet, ermüdet und erholt sich; das Chlorophyll bleibt dabei in den meisten Fällen primär ganz indifferent."

Eine weitere Untersuchung, die auch aus dem Institut Pfeffers hervorgegangen ist, scheint gleichfalls für die Mitwirkung des Plasmas bei der Assimilation zu sprechen. O. Treboux[2]) hat „Einige stoffliche Einflüsse auf die Kohlensäureassimilation bei submersen Pflanzen" untersucht, wovon hier namentlich die Wirkung des Zusatzes verschiedener anorganischer und organischer Säuren von Interesse ist. Der Gaswechsel des Chlorophyllapparates wurde bei geringem Säurezusatz auf kurze Dauer gesteigert; diese Wirkung entsprach aber nicht, wie bei enzymatischen Vorgängen, der Wasserstoffionenkonzentration, sondern dem Gehalte der Lösung an Äquivalentgewichten von starken oder schwachen Säuren. Es ist auffällig, daß sich in dieser Beziehung die Kohlensäure gleich den anderen, den organischen Säuren verhalten soll, sobald den Pflanzen über den Bedarf für die Assimilation hinausgehende Mengen geboten werden. Die Arbeit von Treboux ist nur mit der Gasblasenmethode ausgeführt worden, und es lassen sich Bedenken gegen ihre Beweiskraft nicht unterdrücken. Es erscheint nicht unmöglich, daß das auf Säurezusatz lebhafter entwickelte Gas mehr oder weniger Kohlensäure anstatt des Sauerstoffs enthielt. Es ist ferner nicht unwahrscheinlich, daß der von Treboux beobachtete Vorgang, der sich wesent-

[1]) E. Pantanelli, Jahrb. f. wissensch. Botanik **39**, 165 [1903].

[2]) O. Treboux, Flora **92**, 49 [1903].

lich von einer enzymatischen Beschleunigung unterscheidet, nicht eine direkte Beeinflussung der assimilatorischen Leistung durch die zugesetzte Säure war, sondern eine indirekte Wirkung, nämlich primär die Wirkung auf eine Eigenschaft der Pflanzensubstanz, die in der nachfolgenden dritten Abhandlung beschrieben werden soll, auf ihr Vermögen, Kohlensäure zu absorbieren[1]).

Am deutlichsten war wohl bisher die Annahme eines mit dem Chlorophyll zusammenwirkenden besonderen protoplasmatischen Faktors in einer Arbeit von A. A. Irving[2]), „Der Beginn der Photosynthese und die Entwicklung des Chlorophylls" ausgesprochen, die zu der wichtigen Reihe der „Experimental Researches on Vegetable Assimilation and Respiration" von F. F. Blackman gehört. Der experimentelle Befund von Irving wird in unseren Versuchen (Abschnitt X) widerlegt. Die ergrünenden etiolierten Blätter zeigen nicht, wie Irving fand, sehr niedrige, sondern sogar besonders hohe assimilatorische Energie, die Leistung entfernt sich, aber in dem den Angaben von Irving entgegengesetzten Sinne, von der Proportionalität mit dem Chlorophyllgehalt.

Die Erklärung, die für die beobachteten Differenzen in der assimilatorischen Leistung der Blätter zu geben ist, sollte zunächst an die eingangs gestellte Frage anknüpfen, ob ein einziges chemisches Agens der Chloroplasten Träger von zwei verschiedenen Funktionen ist. Diese Möglichkeit wird durch die Disproportionalität zwischen Chlorophyll und Leistung ausgeschlossen. Die verschiedene Ausnützung des Vorgangs der Lichtabsorption durch den davon abhängigen Vorgang der Kohlensäurezerlegung lehrt, daß zwei Einrichtungen des Assimilationsapparates mehr oder weniger gut zusammen operieren.

Diese Beweisführung und allgemeiner die theoretische Bedeutung,

---

[1]) Wenn die mit der Pflanzensubstanz verbundene Kohlensäure durch eine andere Säure verdrängt wird, so ist entweder für kurze Zeit vermehrte Gasblasenentwicklung durch entweichendes Kohlendioxyd die Folge, oder die Kohlensäure wird den Chloroplasten vorübergehend in erhöhter Konzentration zur Verfügung gestellt. In beiden Fällen ist die Wirkung des Säurezusatzes keine direkte Beeinflussung der Assimilation.

[2]) A. A. Irving, Ann. of Botany **24**, 805 [1910].

die der veränderlichen Assimilationsenergie beigelegt wird, hat eine wichtige Voraussetzung, die noch zu betonen ist. Es wird dabei mit gleicher oder wenigstens ähnlicher Verteilung des Chlorophylls in den Assimilationsorganen gerechnet. Es ist nachgewiesen worden, daß die Chloroplasten das Chlorophyll in einer Dispersität wie in der kolloiden Lösung[1]) enthalten und es wird nun die Annahme gemacht, wie in der Pflanzenphysiologie stillschweigend zu geschehen pflegt, daß die Kolloidteilchen des Chlorophylls im allgemeinen von ähnlicher Größe seien und daß nicht ein wechselseitiger leichter Übergang zwischen groben und feinen Dispersoiden stattfinde. Es lassen sich manche Erscheinungen der variablen Assimilationstüchtigkeit anführen, die ohne Annahme der Beteiligung des farblosen Stromas an der Assimilation erklärt werden könnten, wenn man voraussetzen dürfte, daß die hohen Assimilationszahlen durch sehr feine Verteilung, durch sehr geringe Teilchengröße des Kolloids, die niedrigen Assimilationszahlen durch Verminderung der wirksamen Oberfläche infolge Kondensation der Partikel bedingt werden. Die bessere Ausnützung des Chlorophylls in den chlorophyllarmen als in den chlorophyllreichen Blättern könnte so verstanden werden, wenn eben nicht doch die gefundenen Unterschiede im Farbstoffgehalt bei ähnlicher Leistung zu bedeutend wären.

Es finden sich indessen in den Beobachtungsreihen wichtige Argumente, welche die Annahme einer derart verschiedenen Verteilung des kolloiden Pigments widerlegen.

Der Gang der Assimilationszahlen im Frühling müßte so gedeutet werden, daß die Verteilung des Chlorophylls anfangs gröber dispersoid sei, darauf günstiger und dann wieder ungünstiger werde.

Noch unwahrscheinlicher wäre die Erklärung der Assimilationsverhältnisse im Herbst. Auch müßte die Fähigkeit der Chloroplasten, nach dem herbstlichen Rückgang der Assimilationsenergie sich zu erholen, so gedeutet werden, daß die groben Partikel sich in kurzem wieder in feine zerteilten.

[1]) R. Willstätter und A. Stoll, Untersuchungen über Chlorophyll, Berlin 1913, III. Kap., Abschn. 2 und im folgenden: Vierte Abhandlung, Abschn. III.

Namentlich der Vergleich grüner und gelber Blätter ist in dieser Frage entscheidend.

In dem Temperaturbereich, innerhalb dessen den gelben und grünen Blättern Licht im Überschuß geboten werden kann, ist die Abhängigkeit der Leistung von der Temperatur verschieden für gelbe und grüne Blätter.

Die obere Grenze der Assimilationsleistung wird bei normalgrünen Blättern schon mit viel geringerer Lichtintensität erreicht als bei den chlorophyllarmen Blättern.

Es ergibt sich also aus den quantitativen Bestimmungen der Assimilation, daß außer dem Chlorophyll und mit demselben ein zweites chemisches Agens der Chloroplasten für die Kohlensäureassimilation notwendig ist. Die Funktion kann entweder mit oberflächlicher Betrachtung dem gesamten Protoplasma zugeschrieben werden, oder, indem man näher auf die gegebene chemische Aufgabe (vergleiche die vierte Abhandlung) und auf die Lösung derselben eingeht, einem spezifischen Bestandteil des Protoplasmas. Es ist nach den Beobachtungen hinsichtlich der spezifischen Assimilationsenergie mit großer Wahrscheinlichkeit anzunehmen, daß es sich um ein im Stroma enthaltenes bestimmtes Agens von enzymatischer Natur handelt. Die zu beschreibenden Erscheinungen lassen sich mit dieser Annahme sämtlich gut erklären. Daß der protoplasmatische Faktor enzymatischer Natur ist, wird namentlich durch die im Abschnitt XIII mitgeteilten und erörterten vergleichenden Versuche bei verschiedenen Belichtungen und verschiedenen Temperaturen mit chlorophyllreichen und -armen Blättern angezeigt.

Bei chlorophyllreichen Blättern ist unter den gewählten Versuchsbedingungen eine Vermehrung des Lichtes ohne Einfluß auf die Assimilation; diese sinkt nicht, wenn wir mit der Lichtstärke auf $^3/_8$ herabgehen. Dies ist so zu verstehen, daß hier das Chlorophyll gegenüber dem assimilatorischen Enzym im Überschuß ist. Erhöhung der Temperatur bewirkt bei den normalen Blättern Steigerung der Assimilation, weil der enzymatische Vorgang durch die Temperaturerhöhung stark beschleunigt wird.

Umgekehrt liegen die Verhältnisse bei den nur wenig Farbstoff enthaltenden Blättern der Aureavarietäten. Hier finden wir nur einen geringen Einfluß der Temperatursteigerung von 15° auf 30°. Das Enzym ist also hier im Überschuß gegenüber dem Chlorophyll, schon bei mittlerer Temperatur (25°) genügt das Enzym für die Leistung, die das Absorptionsvermögen des Chlorophylls zuläßt. Hingegen ist Steigerung des Lichtes von Nutzen; bei Verminderung der Lichtstärke erfolgt alsbald Rückgang der Assimilation. Nur wenn das Chlorophyll vollständig ausgenützt wird, nämlich bei stärkster Belichtung, läßt sich in den chlorophyllarmen Blättern die maximale Leistung für das vorhandene Enzym erzielen.

Die auffälligen Erscheinungen bei den herbstlichen Veränderungen des Laubes werden darauf zurückgeführt, daß entweder mehr das Chlorophyll leidet als das Enzym (Steigerung der Assimilationszahlen), oder daß umgekehrt die enzymatische Komponente in höherem Maße geschädigt wird als der Chlorophyllgehalt (sinkende Assimilationszahlen). Die Wiederbelebung der zur Assimilation annähernd unfähig gewordenen Blätter beim Verweilen in warmem feuchtem Raume zeigt die Neubildung des Enzyms oder die Beseitigung von Hemmungen des enzymatischen Vorgangs an.

Es war bei zahlreichen Versuchen uns ebenso wie früheren Forschern[1]) nicht möglich, mit den von der lebenden Zelle abgetrennten Chloroplasten oder, worauf die siebente Abhandlung näher eingeht, mit dem isolierten Chlorophyll Assimilation auszuführen; das negative Ergebnis wird dadurch erklärt, daß das Chlorophyll mit dem Enzym zusammenwirken muß. Es zeigte sich, daß schon milde Eingriffe in die Struktur der Zelle die Assimilation aufheben. Blätter, die wir an der Unterseite von der Epidermis mit ihren Schließzellen und Spaltöffnungen befreit hatten, assimilierten noch gut; wurden sie aber nur ganz kurz einem gelinden Druck unterworfen, so erfolgte keine Assimilation mehr (Abschnitt XIV).

---

[1]) Die entgegenstehenden Angaben von F. L. Usher und J. H. Priestley und anderen Forschern werden in der siebenten Abhandlung (Abschn. III) berücksichtigt.

Aus der vorliegenden Untersuchung wird also gefolgert, daß eine Teilreaktion der Kohlensäureassimilation ein an dem Chlorophyllkolloidteilchen stattfindender enzymatischer Prozeß ist. Die Aufgabe des Enzyms wird es sein, den Zerfall eines aus Chlorophyll und Kohlensäure gebildeten Zwischenproduktes[1]) unter Abspaltung von Sauerstoff zu bewirken.

Experimenteller Teil.

II. Zur Geschichte der quantitativen Beobachtung der Assimilation.

In den neueren Arbeiten werden für die Untersuchung der Assimilation teils Methoden, die als Schätzungen zu bezeichnen sind, teils quantitative Bestimmungen angewandt. Eine Zwischenstellung gegenüber beiden nimmt die Blatthälftenmethode von J. Sachs[2]) ein, welche in der Ermittlung der Trockengewichtszunahme während der Assimilationsperiode besteht. Da auf diese Methode viele Fehlerquellen Einfluß ausüben, bedurfte es der eindringenden Kritik in den Arbeiten von H. T. Brown und F. Escombe[3]) sowie von F. F. Blackman und D. Thoday[4]), um die hauptsächlichsten Störungen aufzufinden und zu kompensieren und die Ergebnisse denjenigen der exakteren Bestimmungen anzupassen.

Als Schätzungen, die nur für besondere Fragen den Wert von Messungen haben können, sind diejenigen Methoden zu bezeichnen, bei welchen die Entbindung von Sauerstoff unter der Voraussetzung eines ungefähr konstanten Quotienten $\frac{CO_2}{O_2}$ zur Anzeige des Reaktionsverlaufes dient. In diese Gruppe von Methoden gehört namentlich die Engelmannsche Bakterienmethode[5]), deren Brauchbarkeitsgrenzen später (Abschnitt V A) bei der Besprechung der Arbeit von A. J. Ewart zu erörtern sein werden,

[1]) Siehe darüber die vierte und fünfte Abhandlung.

[2]) J. Sachs, Ein Beitrag zur Kenntnis der Ernährungstätigkeit der Blätter, § 6, im dritten Band, Heft I, der Arb. d. botan. Inst. in Würzburg, 1884.

[3]) H. T. Brown und F. Escombe, Proc. Roy. Soc. Ser. B **76**, 29, 49 [1905].

[4]) F. F. Blackman und D. Thoday, Proc. Roy. Soc. Ser. B **82**, 1 [1909].

[5]) Th. W. Engelmann, Bot. Ztg. **39**, 441 [1881]; **41**, 1 [1883]; **44**, 43 [1886].

ferner die Leuchtbakterienmethode von M. W. Beijerinck[1]), sowie die Gasblasenmethode, auf welche die Untersuchungen von O. Treboux (vgl. im theoretischen Teil), von E. Pantanelli[2]) sowie von A. Kniep und F. Minder[3]) gegründet sind.

Die wichtigsten Verfahren für die quantitative Bestimmung können als „Kohlensäuredifferenzmethoden" kurz zusammengefaßt werden. Von den alten klassischen Arbeiten bis zu der Untersuchung (1871) von W. Pfeffer[4]) über „Die Wirkung farbigen Lichtes auf die Zersetzung der Kohlensäure in Pflanzen" ist bei der Assimilation von Pflanzen oder von Pflanzenteilen in geschlossenem Raum die Änderung des Gasinhalts bestimmt worden. Die neueren Untersuchungen haben hingegen die Kohlensäuredifferenzmethode auf assimilierende Pflanzenteile in einem Gasstrom angewandt.

Zum erstenmal ist die Bestimmung der Kohlensäuredifferenz im Gasstrom zur Methode für die Untersuchung der Assimilation in eingehenden Arbeiten von U. Kreusler[5]) ausgestaltet worden, der kohlendioxydhaltige oder kohlendioxydfreie Luft durch eine belichtete oder unbelichtete Assimilationskammer leitete und die Kohlensäure des gesamten Gasstroms durch Absorption mit Baryumhydroxyd analysierte.

Das Prinzip von U. Kreusler ist in den letzten Jahrzehnten durch Verbesserungen in vielen wichtigen Einzelheiten und durch große Verfeinerung zu den Methoden von H. T. Brown[6]) und seinen Mitarbeitern und F. F. Blackman[7]) und seiner Schule weiter entwickelt worden. Auch ist es in den Arbeiten von F. F. Blackman und A. M. Smith[8]) gelungen, dasselbe Prinzip auf die Assimilation submerser Pflanzen zu

---

1) M. W. Beijerinck, Akad. van Wetensch. te Amsterdam, S. 45 [1901].

2) E. Pantanelli, Jahrb. f. wissensch. Botanik **39**, 165 [1903].

3) A. Kniep und F. Minder, Zeitschr. f. Botanik **1**, 619 [1909].

4) W. Pfeffer, Arb. d. botan. Inst. in Würzburg **1**, 1 [1871].

5) U. Kreusler, Landwirtsch. Jahrb. **14**, 913 [1885]; **16**, 711 [1887]; **17**, 161 [1888]; **19**, 649 [1890].

6) H. T. Brown und F. Escombe, Proc. Roy. Soc. **70**, 397 [1902]; Ser. B **76**, 29 [1905].

7) F. F. Blackman, Phil. Trans. Roy. Soc. Ser. B **186**, 485 u. 503 [1895]; G. L. C. Matthaei, Phil. Trans. Roy. Soc. Ser. B **197**, 47 [1904]; F. F. Blackman und G. L. C. Matthaei, Proc. Roy. Soc. Ser. B **76**, 402 [1905].

8) F. F. Blackman und A. M. Smith, Proc. Roy. Soc. Ser. B **83**, 374 u. 389 [1911].

übertragen und auch bei diesen die Bestimmung der Kohlendioxyddifferenz im Strom zu einer der Gasblasenzählung überlegenen Methode zu gestalten.

Es ist gegenüber diesem Wesen der Methode von ganz verschwindender Bedeutung, wie schließlich der Kohlendioxydbetrag des Gasstroms analysiert wird. Es wäre eine Überschätzung der Einzelheiten in der Ausführung der chemischen Hilfsarbeit, wenn wir etwa mit Blackman[1]) die Untersuchung der Assimilation auf Grund der gasometrischen, volumetrischen oder gravimetrischen Analyse des Kohlendioxyds definieren wollten; die verschiedenen Ausführungsweisen lassen sich zur gleichen Genauigkeit ausbilden.

Diese Arten der Kohlensäurebestimmung sind von F. Haber um eine originelle und elegante neue Analysenmethode bereichert worden. Nach einem vor der Deutschen Chemischen Gesellschaft gehaltenen, noch unveröffentlichten Vortrag verfolgten F. Haber und J. Neustadt[2]) den Assimilationsprozeß, indem sie den Kohlendioxydgehalt des Gasstroms mit Hilfe des Interferometers bestimmten. Bei Gehaltsänderungen im Strom ergab sich der Betrag von assimilierter Kohlensäure aus der fortlaufenden optischen Beobachtung.

Die Methode für die Bestimmung der CO_2-Differenz im Gasstrom wird von jedem Forscher in einer für den besonderen Zweck seiner Untersuchung geeigneten Form ausgebildet; die Arbeitsweisen von Brown und von Blackman und die unsere seien in Kürze gekennzeichnet. Bei Brown ebenso wie bei Blackman wird der Gasstrom, sei er Luft von gewöhnlichem oder von erhöhtem Kohlendioxydgehalt, gegabelt zum Zwecke der exakten Bestimmung der CO_2-Differenz bei Eintritt in den Assimilationsraum und beim Verlassen desselben.

Brown und Escombe ermitteln das Volumen des Hauptstromes und des zur Kontrolle dienenden Zweigstromes mit Gasuhren. Beide Ströme werden in Reiset-Türme geleitet, die mit Natronlauge beschickt sind. Das Kohlendioxyd wird maßanalytisch bestimmt. Die verbesserten Absorptionsapparate haben es ermöglicht, viel stärkere Luftströme

[1]) F. F. Blackman, Phil. Trans. Roy. Soc. Ser. B **186**, 485 [1895].

[2]) F. Haber und J. Neustadt, Ber. d. deutsch. chem. Ges. **47**, 800 [1914].

(200—400 l in der Stunde) und kohlensäurereichere Luft anzuwenden, als es bei Kreusler geschehen konnte.

Die Kohlensäurebestimmung geschieht auch bei Blackman nach der Absorption in Barytwasser durch Titration. Das Unterscheidende in seiner Versuchsanordnung wird von Matthaei[1]) folgendermaßen ausgesprochen: „Two aspirators are, by an automatic device, kept dropping at exactly equal rates. The single current of air, enriched with the required amount of CO_2, which enters the apparatus is, by their action, divided into two perfectly equal half-currents. One of these currents is led directly through a Pettenkofer tube; the other first passes through the leaf chamber.“ Bei der Ausdehnung der Untersuchung Blackmans[2]) auf Wasserpflanzen wird die Methode durch folgende Worte angedeutet: „a continous current of water containing dissolved CO_2 flows over the assimilating plant, and the difference in the CO_2-content of the water before and after contact with the plant is a measure of the assimilation taking place.“

Gegenüber dem kunstvollen, aber komplizierten Apparate von Blackman, mit dessen Arbeitsweise die unsere mit Rücksicht auf den hohen Kohlendioxyddruck verglichen wird, ist unser Apparat und unser Verfahren wesentlich vereinfacht, ohne Einbuße an Genauigkeit und Leistungsfähigkeit. Die Teilung des Gasstromes und die Kontrolle seiner konstanten Zusammensetzung wird überflüssig gemacht, indem wir die kohlensäurehaltige Luft mit konstanter Geschwindigkeit aus einer Druckflasche strömen lassen. Der Zweck unserer Untersuchung bedingt hohe Kohlensäurekonzentration und langsame Strömung. Der Assimilationsraum und die Absorptionsapparate sind kleinräumig gestaltet; dadurch wird erreicht, daß der Verlauf der Assimilation während der Versuchsdauer in beliebig kurzen Intervallen beobachtet werden kann. Die Bestimmung des Kohlendioxyds geschieht auf die einfachste Weise und mit vollkommen ausreichender Genauigkeit durch Absorption mit Natronkalk und Wägung.

---

1) G. L. C. Matthaei, Phil. Trans. Roy. Soc. Ser. B **197**, 55 [1904].

2) F. F. Blackman und A. M. Smith, Proc. Roy. Soc. Ser. B **83**, 374 [1911].

III. Die Methode der Untersuchung.

Der Vergleich zwischen dem Kohlensäuregehalt des Luftstromes von konstanter Geschwindigkeit, der über die Blätter im Dunkeln geleitet worden war und dabei die Atmungskohlensäure aufgenommen hatte, und des Stromes, der über die Blätter unter Belichtung gewandert ist, gibt uns ohne Einfluß der Atmung den Betrag des assimilierten Kohlendioxyds.

Die Blätter befinden sich in einer Glasdose, die in ein Bad von konstanter Temperatur eingesetzt ist, und erhalten von

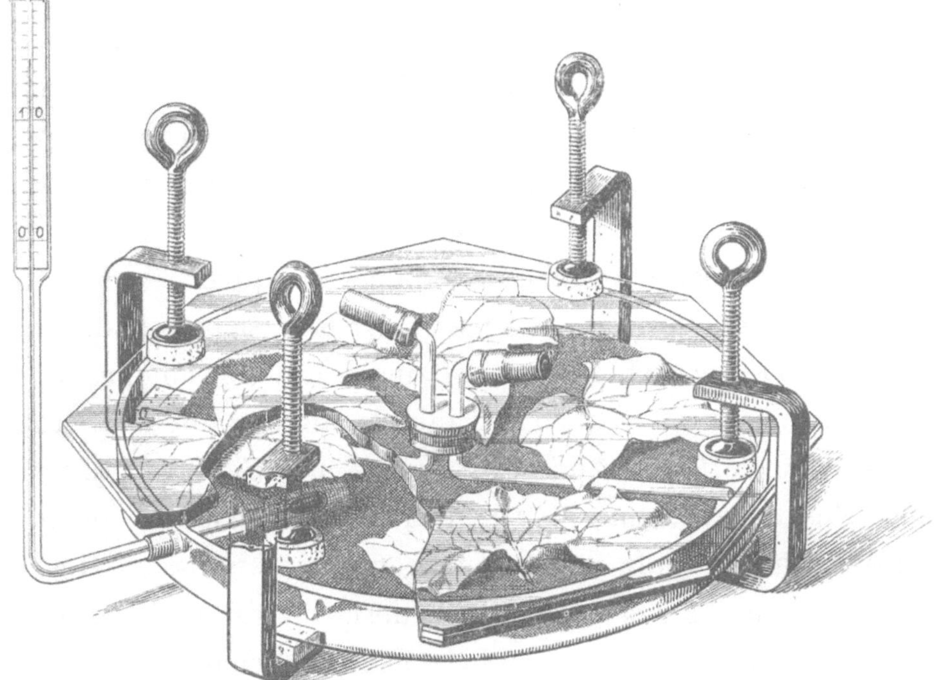

Fig. 1. Assimilationskammer (2/5 nat. Größe).

einer Metallfadenlampe Licht großer Intensität; die Temperatur wird an den Blättern selbst gemessen. Die kohlendioxydhaltige Luft wird aus einer Stahlflasche durch ein Strömungsmanometer und durch einen Befeuchter in die Assimilationskammer eingeführt und von da durch die Trocknungs- und die Absorptionsapparate für Kohlendioxyd in die Gasuhr entlassen.

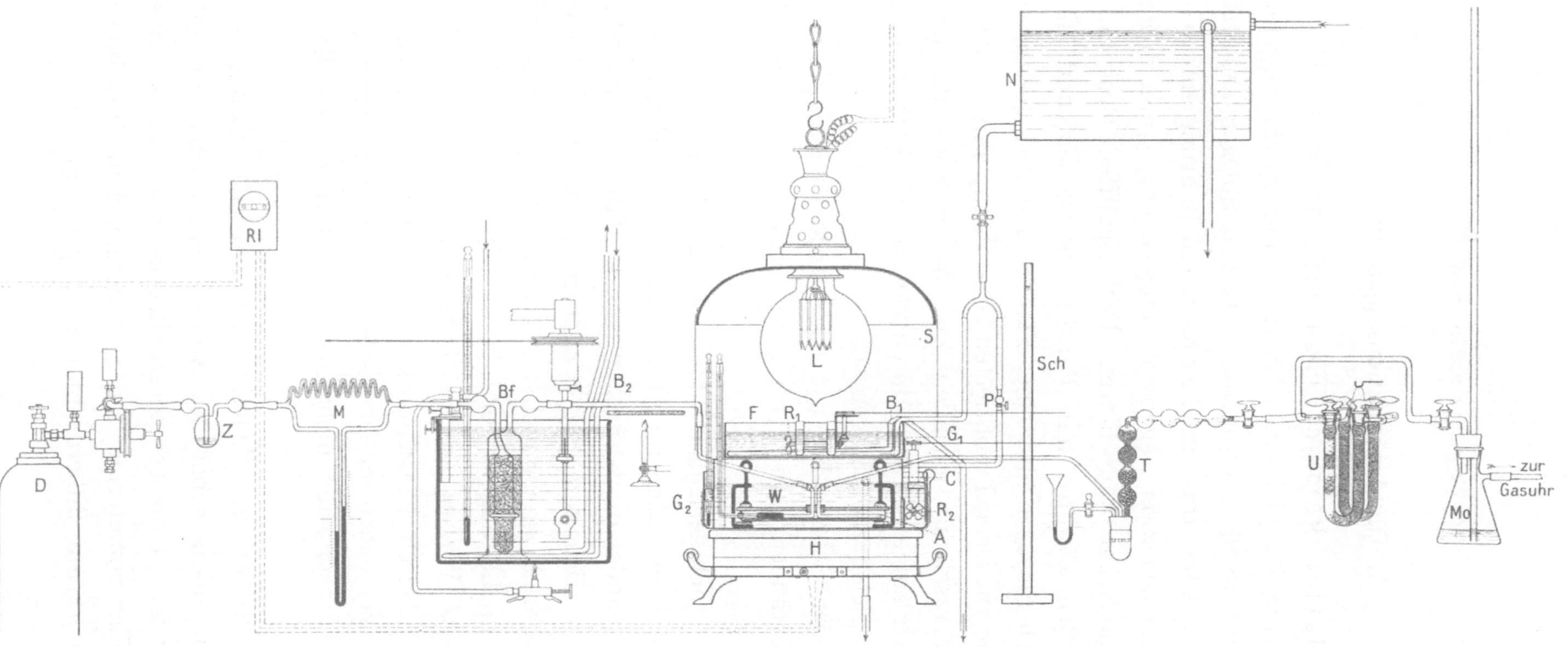

Fig. 2. Assimilationsapparatur.

A. Die Assimilationsapparatur.

Die Assimilationskammer (Fig. 1 und *A* in Fig. 2). Eine flache runde Glasdose, zum Beispiel von 2 cm Höhe und 23 cm Durchmesser, wird mit einer nur wenig überragenden starken Spiegelglasplatte luftdicht verschlossen. Diese trägt in einer mittleren Bohrung einen Gummistopfen, durch welchen zwei wagerecht umgebogene, 3 mm dicke Glasröhren bis fast zum Schalenrand führen. Der geschliffene Dosenrand wird mittels eines heißen Drahtes mit Paraffin bestrichen und die Verschlußplatte durch Bewegen über einer Flamme auf etwa 40° angewärmt. Nachdem man die am Deckel montierten Glasröhren, weil sie die Blätter berühren werden, rasch für sich allein mit Wasser abgekühlt hat, wird die Verschlußplatte aufgesetzt und durch vier mit Korkschutz versehene Klemmschrauben gleichmäßig angepreßt.

Den Boden der Schale bedeckt ein leichtgewelltes Silberdrahtnetz, das in Abständen von 3 bis 4 cm etwa 3 mm weite Löcher enthält.

Die Blätter, je nach der Dicke 5 bis 20 g, werden mit ihrer Oberseite nach oben so durch die Löcher gesteckt, daß sie die Fläche möglichst ausnützen, ohne einander zu überdecken, und so, daß die schiefen Schnittflächen der kurzen Stiele zum Boden reichen und in etwas Wasser eintauchen. Die Kammer ist nämlich mit 10 ccm Wasser beschickt, und zwar mit frischem Leitungswasser, da das Spuren von Kupfer enthaltende destillierte Wasser unseres Laboratoriums für die Pflanzen unzuträglich ist. Durch Umschwenken wird das Wasser zu Anfang und bei längeren Versuchen immer wieder zu den Blattstielen gebracht, damit die rege Transpiration nicht das Eintrocknen der Blätter zur Folge hat.

Temperaturablesung. Durch einen seitlichen Tubus der Glasdose ist ein rechtwinklig gebogenes Normalthermometer eingeführt, in Zehntelgrade geteilt für die Temperaturstrecke von 0 bis 20° oder von 15 bis 35°. Die Thermometerkugel liegt zwischen dem Drahtboden und einem Blatt; sie ist mit Silberdrahtnetz doppelt umwunden, das eine dem Blatt parallele Fahne von mehreren Quadratzentimetern Fläche bildet, um die Blattemperatur gut auf das Thermometer zu übertragen. Das Blatt, dessen Temperatur man mißt, darf nicht die kühlende Verschlußplatte berühren, es muß in der Mitte der Schale frei liegen, damit die mittlere Temperatur der verschiedenen Blätter gefunden werde. Wir bewirken dies durch Auflegen eines W-förmigen, 3 cm langen und 2 cm breiten Glasröhrchens von 3 mm Dicke, das von dem federnden Drahtnetz an den Glasdeckel angedrückt wird. Das Thermometer ragt durch einen Ausschnitt des Lichtschutzzylinders heraus, seine Skala beginnt erst außerhalb des oberen Kühltroges.

G. L. C. Matthaei [1]) hat in ihren Arbeiten (1903/04) das Beispiel gegeben für eine sorgfältigere Temperaturbestimmung der Versuchsblätter, als in den älteren Arbeiten angewandt war; sie ermittelte die Temperatur im Blattinnern mit einer an sich besonders exakten thermoelektrischen Methode. Freilich läßt sich das Verfahren nur bei relativ dicken Blättern anwenden, und es könnte seinen Zweck nur dann erfüllen, wenn dafür gesorgt wäre, daß die Blattstelle, an der die Temperatur gemessen wird, gegenüber der gesamten Blattfläche in mittlerem Abstand von der kühlenden Glaswand steht. Hierüber finden sich aber bei Matthaei keine näheren Angaben, obwohl diese Fehlerquelle bei den von Matthaei gemessenen Temperaturdifferenzen zwischen Blatt und Kühlbad (bis 10° oder mehr) besonders zu beachten wäre. Ein ähnlich hohes Temperaturgefälle zwischen Blatt und Kühlwasser haben wir mit unserer Methode in Vorversuchen gehabt. Es sank aber auf nur 2 bis 3°, als wir die im folgenden beschriebene doppelte Kühlvorrichtung einführten, und bewegte sich bei Blättern mit etwa gleichem Lichtabsorptionsvermögen innerhalb höchstens 0,5°. Dies zeigt, daß die in verschiedenen Versuchen an den Blättern gemessenen Temperaturen ohne weiteres miteinander vergleichbar sind und daß bei dem kleinen Unterschied zwischen diesen und den Temperaturen des Kühlwassers die wahre Blattemperatur nur wenig verschieden von der abgelesenen sein

[1]) G. L. C. Matthaei, Phil. Trans. Roy. Soc. Ser. B **197**, 47 [1904].

kann. Die thermometrische Messung genügt vollkommen für den gegebenen Zweck.

Temperaturregulierung. Die Assimilationsdose wird zur Kühlung in ein Wasserbad (*W* der Fig. 2) etwa 3 cm unter dem Niveau eingesetzt. Durch die Regulierung dieses Bades wird die Temperatur der Blätter genügend konstant gehalten, so daß die Schwankungen des in die Assimilationskammer eingeführten Thermometers $\pm$ 0,2° nicht übersteigen. Die Regulierung des Bades wird unter Rühren mit einer besonderen Vorrichtung durch die Einstellung eines Kühlstromes von konstantem Druck und konstanter Temperatur besorgt. Aus einem Gefäß mit konstantem Niveau (*N*) von 30 l Inhalt, das sich unter der Zimmerdecke befindet, lassen wir während des Versuches kaltes Wasser, das die Leitung ohne Temperaturschwankung liefert, in ziemlich starkem Strom fließen und stellen diesen mit einem Präzisionshahne (*P*) ein; die Temperatur bleibt im Bade stundenlang auf $\pm$0,2° konstant.

Um die Temperaturdifferenz zwischen den Blättern und dem umgebenden Bade, die sonst bedeutend zu sein pflegt, zu erniedrigen und das Konstanthalten der Temperatur zu erleichtern, war es zweckmäßig, die Hauptmenge der von der Lampe gelieferten Wärmestrahlen mit einem über dem Thermostaten angeordneten besonderen Filter zu absorbieren, einer 5 cm hohen Wasserschicht in einer Glasschale mit ebenem Boden. Dieses Strahlenfilter (*F*) ruht auf einem zur Abhaltung seitlichen Lichtes dienenden schwarzen Blechzylinder (*C*), welcher Bohrungen für Zu- und Ableitungen des Gasstromes und für Kühlwasser hat. Der Wasserinhalt des Filters wird unter gleichzeitigem Rühren gekühlt durch einen raschen Strom von kaltem Wasser, das durch eine an der Peripherie der Schale liegende Bleischlange (B_1) läuft. Wir erreichen durch die Abhaltung der Wärmestrahlen, daß der Temperaturunterschied zwischen dem Bade *W* und den Blättern 2 bis höchstens 3°, je nach ihrem Chlorophyllgehalt, beträgt und bei gelben Blättern nur 1°. Ist der Unterschied für eine Blattsorte ermittelt, so braucht man auch, um Temperaturänderungen vorzunehmen, nur das Bad auf die gewählte Temperatur, abzüglich dieser Differenz, einzustellen. Die Temperatur der Blätter rückt dann in 5 bis 10 Minuten auf den gewünschten Stand nach.

Das Filter für die Wärmestrahlen dient bei Assimilationsversuchen in farbigem Lichte auch als Lichtfilter, indem die Wasserfüllung durch eine Farbstofflösung ersetzt wird. Um seitliches weißes Licht abzublenden, ist die obere Glasschale G_1 bis zur halben Höhe mit einer doppelten Lage von schwarzem Papier verklebt, das auch unter dem Boden des Gefäßes bis zur Peripherie des im Bade *W* stehenden schwarzen Blechzylinders hereinreicht. Auch dieses Bad (*W*) von annähernd konstanter Temperatur ist in erster Linie für die Versuche mit farbigem, zweckmäßig auch für die mit weißem Licht, am ganzen Boden und bis zur halben Höhe der Seitenwände mit schwarzer Bespannung versehen.

Das Wasser des Bades und des Strahlenfilters muß in starker Bewegung gehalten werden, ohne daß die Blätter von größeren Rührvorrichtungen beschattet werden. Wir verwenden dafür kleine, rasch rotierende Flügelrührer (R_1 und R_2), die wir nach Art der Schiffsschraube hergestellt haben. Der an vertikaler Achse über den Bädern erfolgende Antrieb mit Elektromotor oder Wasserturbine wird unter Wasser durch konische Zahnräder auf die Schraubenachse übertragen. Der Apparat ist mit einer federnden Doppelklammer über den Gefäßrand gesteckt und genügend festgehalten. Die Schraube (R_2) von 2,5 cm Durchmesser bewegt im Raum zwischen Lichtschutzzylinder und Badrand das Wasser energisch und stößt es zum Teil zur Assimilationskammer, nämlich durch eine im Blechzylinder angebrachte 6 qcm große Öffnung, welche durch ein Blechdach seitlich und oben gegen Licht geschützt ist. Das Wasser fließt aus dem Innern des Zylinders durch kleine Öffnungen an seiner unteren Kante ab. Temperaturänderungen, die man durch Eingießen von kaltem oder heißem Wasser an einer Stelle des Bades bewirkt, verteilen sich infolge des wirksamen Rührens in einer viertel bis halben Minute gleichmäßig im Bade von 6 l Inhalt und im Apparate.

Während die beschriebenen Kühlvorrichtungen durch die Wärmezufuhr im Assimilationsversuch nötig gemacht werden, muß der Apparat für den Vergleichsversuch der Atmung auf die nämliche konstante Temperatur geheizt werden. Für diesen Zweck ist das Kühlbad auf einen elektrischen Heizapparat (*H*) von Heraeus aufgesetzt, der mit einer automatischen Regulierung (*Rl*) versehen ist. Der Wasserinhalt wird bei abgestelltem Kühlwasser meistens auf 25° gehalten.

Beleuchtung. Für die Versuche ziehen wir in Anbetracht ihrer Dauer und wegen der Unabhängigkeit von äußeren Umständen eine künstliche Lichtquelle gegenüber dem Sonnenlichte vor, da nur mit einer Lampe die sehr wichtige Bedingung der konstanten Lichtzufuhr erfüllt werden kann.

Als sehr geeignete Lichtquelle diente uns eine $^1/_2$-Watt-Metallfadenlampe der Deutschen Gasglühlicht-Aktiengesellschaft, deren Kerzenstärke von der Fabrik zu 3000 angegeben wird. Der im allgemeinen eingehaltene Abstand des glühenden Drahtes vom Objekte betrug 25 cm, nur in besonderen Fällen (bei der Prüfung, ob das Licht im Überschuß ist) wurde er auf 15 cm verringert. Die Intensität des Lichtes kann, je nach der Entfernung (25 bis 15 cm) auf 48 000 bis 130 000 Lux[1]) geschätzt werden, also ungefähr auf einfache bis über doppelte Sonnenstärke. Die Lampe wurde früher erneuert, als ihre Lichtstärke nachließ.

Die $^1/_2$-Watt-Osramlampe brennt geräuschlos und gleichmäßig mit weißem Lichte, das an photochemisch wirksamen Strahlen verhältnismäßig arm, aber an assimilatorisch wirksamen reich ist. Die Armatur der Lampe trägt einen Glasreflektor; um noch vollständiger, als es von diesem bewirkt wird, die Strahlen auf die Blätter zu werfen, überdecken wir ihn mit Filtrierpapier und legen um seinen Rand einen 20 cm hohen Zylinder von 3 facher Filtrierpapierlage, um auch seitliches Licht zu sammeln. Von dem Leuchtkörper (*L*), der aus einem Kreisring von 5 cm Durchmesser besteht, und von den reflektierenden Flächen des Schirmes (*S*) erhalten die Blätter ein in gewissem Maße diffuses Licht, sie werden nicht nur senkrecht, sondern auch schief beleuchtet und es treten in der Assimilationskammer keine Schatten auf.

Die nachfolgenden Versuche werden bestätigen, daß das Licht bei

---

[1]) Die Einheit der Beleuchtungsstärke, das Lux, ist die Beleuchtung einer Fläche unter rechten Winkeln durch 1 Hefnerkerze in 1 m Entfernung.

25 cm Abstand des Leuchtkörpers in allen Bestimmungen der Assimilationszahlen, außer bei den gelben Blättern, im Überschuß angewandt wurde; eine Annäherung der Lichtquelle war nicht imstande, die Assimilation zu steigern. Die Beträge des assimilierten Kohlendioxyds entsprechen, wie die folgende Tabelle 8 zeigt, denjenigen, die in der Literatur[1]) bei Versuchen unter ähnlichen Verhältnissen mit Sonnenlicht verzeichnet worden sind.

Tabelle 8.
Assimilation bei natürlicher und künstlicher Beleuchtung.

Autoren	Pflanzenart	Jahreszeit	Belichtung	Temperatur	CO_2 (Vol.-Proz.)	Assimilation in 1 Stunde (g CO_2) für 10 g Blatt	für 50 qcm Blattfläche
Blackman u. Matthaei	Helianthus tuberosus	August	Helle Mittagssonne mit Cumuluswolken	30 bis 31°	5,8	0,188	0,021
Blackman u. Matthaei	Helianthus tuberosus	August	Helle Sonne	29,2°	6,3	0,273	0,028
W. u. St.	Helianthus annuus	Anfang Juli	3000 Kerzen in 25 cm Abstand	25,0°	5,0	0,230	0,039
W. u. St.	Helianthus annuus	Ende Juli	3000 Kerzen in 25 cm Abstand	25,0°	5,0	0,228	0,036
Blackman u. Matthaei	Prunus Laurocerasus	August	Intensives Sonnenlicht	29,5°	5,8	0,097	0,015
Blackman u. Matthaei	Prunus Laurocerasus	August	Sehr helle Sonne	29,6°	6,0	0,089	0,014
W. u. St.	Prunus Laurocerasus	Januar	3000 Kerzen in 20 cm Abstand	30,5°	5,0	0,099	—
W. u. St.	Prunus Laurocerasus	Januar	3000 Kerzen in 20 cm Abstand	30,5°	5,0	0,093	—

Zuführung von Kohlendioxyd. Der Forderung, den Blättern auch das Kohlendioxyd im Überschuß zuzuführen, genügt gemäß den Vorversuchen die Anwendung eines Luftstromes mit 5 Vol.-Proz. CO_2, der die Assimilationskammer in der Regel noch mit einem Gehalt von $3^1/_2$ Prozent verläßt. Durch Erhöhung des Kohlensäuredrucks wird in den untersuchten Fällen die Leistung nicht gesteigert, andererseits verträgt das Blatt die angewandte Konzentration ohne Schaden.

[1]) F. F. Blackman und G. L. C. Matthaei, Proc. Roy. Soc. Ser. B **76**, 402, z. B. S. 428, 437, 439, 442 [1905].

Das Gasgemisch füllen wir in eiserne Flaschen (*D*), indem wir durch einen Kompressor oder mit Hilfe einer Vorratsflasche z. B. in eine Bombe von 10 l zuerst unter 5 Atmosphären Druck Kohlendioxyd, dann unter 100 Atmosphären Luft einpressen. Die Druckflasche wird vor der Verwendung unter zeitweisem Umdrehen einen Tag lang stehen gelassen. Zur Analyse leitet man das Gas aus der Flasche durch den Trocknungs- und den Natronkalkapparat in die Gasuhr und bestimmt das zu einem Liter Luft gehörende CO_2.

Regulierung des Gasstromes. Während der Assimilationsversuche soll der Gasstrom wegen des schädlichen Raumes, hauptsächlich in der Assimilationskammer, konstant sein. Das Kohlendioxyd wird in einem Intervall für ein bestimmtes Luftvolumen ermittelt, und bei unregelmäßigem Strom würde sich ein veränderlicher Gehalt desselben im schädlichen Raum einstellen; man fände dann bei konstanter Assimilation schwankende Beträge von CO_2 auf das Liter austretende Luft.

Die Gleichmäßigkeit des Gasstromes wird mit einem Strömungsmanometer (*M*) beobachtet, das wir durch die Freundlichkeit des Herrn F. Haber dem Kaiser Wilhelm-Institut für physikalische Chemie verdanken. Es ist zwischen Blasenzähler (*Z*) und Befeuchter (*Bf*) eingeschaltet. Das Gas findet in einer langen gewundenen Capillare einen mit der Strömungsgeschwindigkeit steigenden Reibungswiderstand. Der für eine bestimmte Geschwindigkeit erforderliche Druck wird als Differenz zweier mit dem Anfang und dem Ende der Capillare kommunizierender Quecksilbersäulen abgelesen. Diesen Apparat haben wir auf eine Quecksilberhöhe von 40 mm bei einer Strömungsgeschwindigkeit von 3 l in der Stunde geeicht.

Befeuchtung. Um das Eintrocknen der Blätter zu verhüten, ist es, obwohl ihre Stiele in Wasser eintauchen, nicht ausreichend, den Gasstrom bei gewöhnlicher Temperatur mit Wasserdampf zu sättigen. Die meisten Blätter blieben aber auch bei langer Versuchsdauer und starker Transpiration in frischem Zustand, da wir den Luftstrom einen Befeuchtungsapparat (*Bf*) von etwas höherer Temperatur passieren ließen. Er befindet sich zwischen dem Strömungsmanometer und der

Assimilationskammer. Das Gas nimmt seinen Weg durch eine mit Glaswolle und Wasser gefüllte Wetzelsche Absorptionsflasche, die in einem Thermostaten 5 ° über die Versuchstemperatur erwärmt wird. Die Verbindungsröhre von hier zum Assimilationsraum liegt auf einer schwach geheizten Asbestplatte. Den Thermostaten wenden wir an, um den Betrag der im Wasser des Befeuchters gelösten Kohlensäure konstant zu halten; wegen der Nähe der heißen Lampe läßt man zur Einstellung des Thermostaten in ihm durch eine Bleischlange (B_2) Kühlwasser fließen.

Trocknungs- und Absorptionsvorrichtungen. Die analytischen Apparate sind zum Schutz vor Bestrahlung von der Lampe durch einen Schirm (*Sch*) getrennt. Beim Austritt aus der Assimilationskammer wird der Gasstrom in die Trockenröhre und dann in den Natronkalkapparat geführt. Der Trockenapparat (*T*) besteht aus einem kleinen Reservoir für Kondenswasser und einer Röhre mit vier senkrecht stehenden und vier wagrecht liegenden Kugeln. Ein kleines Manometer an dem Kondenstöpfchen zeigt an, daß in den analytischen Apparaten keine Verstopfung droht. Von den Kugeln im aufsteigenden Teil sind die zwei unteren mit grobem, die oberen mit feinkörnigem Chlorcalcium beschickt, die horizontal angebrachten Kugeln mit Phosphorpentoxyd. Diese Füllung bleibt monatelang brauchbar.

Das Kohlendioxyd wird sehr gut mit Natronkalk absorbiert in U-Röhren (*U*), die wir paarweise parallel stellen und verbinden. Die an das Trocknungsrohr anstoßende U-Röhre ist ganz mit feinkörnigem Natronkalk gefüllt, die zweite U-Röhre auch zur Hälfte mit Natronkalk, und zwar mit frisch ausgeglühtem. Darauf folgt in dieser Röhre ein Stopfen Glaswolle und über der leeren Hälfte des Schenkels wieder ein Bausch Glaswolle und darüber Phosphorpentoxyd; dadurch wird vermieden, daß entstehende Phosphorsäure zum Natronkalk gelangt. Das doppelte U-Rohr, dessen Gewicht etwa 150 g ist, wird auf $\pm$ 0,1 mg genau gewogen. Bei länger dauernden Versuchen schalten wir den Einfluß der Luftfeuchtigkeit aus durch Wägung eines Kontrollapparates.

Die Gasuhr. Der von Kohlendioxyd befreite Luftstrom passiert auf dem Wege zur Gasuhr ein offenes Manometer (*Mo*), das zur Kontrolle des Dichtseins der ganzen Apparatur dient. Die Prüfung nehmen wir vor, indem das Einleitungsrohr der Gasuhr geschlossen und so viel Gas aus der Druckflasche entnommen wird, daß im Steigrohr des Manometers die eingefüllte Kochsalzlösung 50 cm hoch ansteigt; die Säule muß nach dem Schließen des Reduktionsventils an der Stahlflasche unverändertes Niveau behalten.

Die exakte Bestimmung des durchgeleiteten Luftvolumens hängt von aufmerksamer Arbeit mit der Gasuhr ab. Zum Schutz vor plötzlichen Temperaturänderungen ist sie in ein Asbestgehäuse eingeschlossen. Wir vermeiden den Zutritt kohlensäurehaltiger Luft in die Uhr; bei Versuchsbeginn, wenn ein Gasstrom von 60 Litern Stundengeschwindigkeit etwa 5 bis 7 Minuten lang die ganze Apparatur durchspült, absorbieren wir das Kohlendioxyd in Waschflaschen, die mit konzentrierter Kalilauge beschickt sind. Am Ende von jedem Meßintervall wird vor dem Abnehmen der Natronkalkröhren der Einlaßhahn der Gasuhr geschlossen, um in ihr den kleinen Überdruck zu erhalten, der zur Überwindung der Reibung des Werkes erforderlich ist. Wenn das Zählwerk nicht von genau symmetrischer Konstruktion ist, so benützt man zweckmäßig nur ganze Umdrehungen. Die in den Versuchen der vorliegenden Abhandlung angewandte Gasuhr gestattete die Ablesung von 10 ccm und die Schätzung von 1 ccm.

Die Temperatur der Gasuhr und der Barometerstand werden bei den Berechnungen berücksichtigt.

Durch die Entbindung des äquivalenten Sauerstoffvolumens aus dem assimilierten Kohlendioxyd erfährt die austretende Luft Volumvermehrung, für welche ein Abzug gemacht werden muß; diese Korrektur ist bei den mitgeteilten Werten angebracht worden.

B. Das Pflanzenmaterial.

Die Blätter sind in allen Fällen in gleichmäßigem, frischem Zustand, möglichst unverändert nach der Abtrennung von der Pflanze, für die Assimilationsversuche angewandt worden; die Einwirkung künstlich geschaffener Bedingungen nach dem Pflücken haben wir vermieden. Die bis zum Beginn der Messung erforderliche Zeit der vorbereitenden Perioden für die Sättigung mit Kohlendioxyd und für die Atmung betrug nur eine bis anderthalb Stunden.

G. L. C. Matthaei[1]) hat die Erfahrung mitgeteilt, daß die Blätter in der ersten Zeit nach dem Pflücken unregelmäßige Atmung besitzen und auch mitunter Unregelmäßigkeiten der Assimilationstätigkeit zeigen. Um solche Zufälligkeiten zu vermeiden, hält Matthaei ein mindestens 24stündiges Aufbewahren der Blätter unter geeigneten Bedingungen für ratsam zur Vorbereitung für den Assimilationsversuch. Zum Unterschied von diesem Standpunkt ist es die Absicht unserer Versuche, diejenigen Eigentümlichkeiten zu bestimmen, welche das Blatt zur Zeit der Abtrennung von der Pflanze besitzt. Eine ausgleichende Vorbehandlung würde die Besonderheiten des Verhaltens zu verwischen und die Einflüsse innerer Faktoren auf die Assimilation abzuschwächen drohen. In der Tat sind wir gerade dadurch, daß die Blätter möglichst frisch zur Untersuchung gelangten, keinen anderen Störungen begegnet als solchen, die zu den physiologischen Eigentümlichkeiten der untersuchten Pflanzen gehörten, zum Beispiel zu den herbstlichen Veränderungen. Und wir finden, wie einige Beispiele in der folgenden Tabelle 9 zeigen, an verschiedenen Tagen mit Blättern derselben Pflanze in frischem Zustand und unter gleichen Bedingungen, mit gleichem Trockengewicht und gleicher Fläche, übereinstimmende Beträge der Assimilation.

Tabelle 9.

Assimilation gleichartiger Blätter unter gleichen Bedingungen.

Pflanzenart	Zeit	Assimiliertes CO_2 (g) in 1 Stunde bei 25°		
		für 10 g Blatt	für 1 g Trockensubstanz	für 1 qdm
Helianthus annuus	2. Juli	0,230	0,134	0,079
,, ,,	3. ,,	0,250	0,129	0,075
,, ,,	31. ,,	0,228	0,137	0,072
Sambucus nigra	13. Juli	0,146	0,053	0,033
,, ,,	14. ,,	0,145	0,056	0,032
Sambucus nigra var. aurea	9. Juli	0,096	0,050	0,020
,, ,, ,, ,,	10. ,,	0,097	0,051	0,021

Hingegen machten sich Störungen, die nicht von den natürlichen Verhältnissen des Objektes, sondern von den ihm aufgezwungenen Bedingungen verursacht waren, gerade dann bemerkbar, wenn wir gewisse

[1]) G. L. C. Matthaei, Phil. Trans. Roy. Soc. Ser. B **197**, 47, 61 [1904].

Blätter, sei es nur einen halben Tag, vorsichtig aufbewahrten. In folgendem Beispiel (Tabelle 10) zeigten Blätter von Quercus Robur schon nach 6 Stunden eine Schädigung der Assimilation, die vielleicht auf teilweiser Schließung der Spaltöffnungen beruhte.

Tabelle 10.

8,0 g Blätter von Quercus Robur.

Vorbehandlung	Fläche der Blätter in qcm	Trockengewicht der Blätter	Assimiliertes CO_2 (g) bei 25° in der 1. Stunde	in der 2. Stunde
Blätter, sogleich verwendet .	383	3,60	0,157	0,151
Blätter, 6 Stunden nach dem Sammeln verwendet . . .	435	3,10	0,065	0,070

Für vergleichende Versuche, auch wenn sie zeitlich weit auseinander liegen, wählen wir von demselben Zweige eines Baumes (Ulme, Ahorn), Strauches (Holunder) oder Krautes (Kürbis, Sonnenblume) gegenständige Blätter aus oder in vielen Fällen die entsprechenden Blätter benachbarter Zweige einer Pflanze.

Die Blätter werden morgens gepflückt, in ein feuchtes Tuch gelegt und mit Papier umhüllt. Nachdem die ersten Vorbereitungen für den Versuch getroffen sind, werden die Blätter gut vermengt und in drei Quanten geteilt. Für den Versuch, zweitens für Flächen- und Trockengewichtsbestimmung, drittens für die Bestimmung des Chlorophyllgehaltes. Für den Versuch schneiden wir die Stiele unter frischem Leitungswasser mit einem scharfen Messer etwa 3 bis 5 mm von der Blattbasis entfernt und parallel der Blattspreite ab und breiten die Blätter durch Einstecken in das Silberdrahtnetz der Assimilationskammer zu einer möglichst lückenlosen Fläche aus.

Die Bestimmung des Trockengewichts geschieht, unter Vermeidung der bei langsamem Trocknen eintretenden Gewichtsminderung durch Veratmung, in einem mit Schwefelsäure und Alkali beschickten Exsiccator, der mit der Hochvakuumpumpe evakuiert und mit elektrischen Glühbirnen geheizt wird. Die Blattflächen bestimmen wir nach der Angabe von W. Plester[1]), und zwar mittels kartonstarken Celloidinpapieres, auf das

[1]) W. Plester, Beitr. z. Biol. d. Pflanzen 11, 249, 253 [1912].

wir die Blätter, mit Glasstreifen beschwert, zum Kopieren ausbreiten. Die Flächen werden nach dem Gewichte der ausgeschnittenen Kopien berechnet.

Zu jedem Assimilationsversuch gehört die quantitative Bestimmung des Chlorophyllgehaltes der Blätter nach der in unseren „Untersuchungen über Chlorophyll"[1]) angegebenen und in der ersten Abhandlung dieser Reihe ausgearbeiteten Methode. Sie beruht auf colorimetrischem Vergleich mit isoliertem Chlorophyll, dem natürlichen Gemisch der beiden Komponenten *a* und *b*.

In manchen pflanzenphysiologischen Untersuchungen findet man, daß zur relativen Bestimmung der Chlorophyllgehalte verschiedener Blätter in Ermangelung einer brauchbaren Methode die Extrakte ohne weiteres miteinander colorimetrisch verglichen werden[2]). Die Bestimmung wird aber dadurch gestört, daß manche Blätter mehr, andere weniger Carotinoide enthalten. Namentlich bei chlorophyllarmen Blättern wird die Genauigkeit der Analyse sehr beeinträchtigt, wenn man das ganze Gemisch der grünen und gelben Farbstoffe für die colorimetrische Bestimmung anwendet. Diese läßt sich nur so mit hinreichender Genauigkeit ausführen, daß man mit dem Gemisch der Chlorophyllkomponenten *a* und *b* in ihrem natürlichen Verhältnis den Extrakt der Blätter vergleicht, nachdem durch Behandeln mit Alkali das Chlorophyll gebunden ist und die Carotinoide durch Ausäthern entfernt sind.

Die frischen Blätter werden mit Quarzsand zerrieben und mit Aceton extrahiert. Den Gesamtfarbstoff führt man in Äther über und trennt das Chlorophyll durch Verseifung und Kaliumsalzbildung mit methylalkoholischer Lauge von den gelben Begleitern ab.

Um bei allen Beispielen sowohl für Trockengewicht, Chlorophyllgehalt wie für die assimilatorischen Leistungen vergleichbare Werte angeben zu können, sind die gefundenen Zahlen fast durchwegs auf 10 g frische Blätter umgerechnet worden, und zwar, wo es geschehen ist, unter gleichzeitiger Angabe der für den Versuch wirklich angewandten Blattmenge.

[1]) S. 80 (Berlin 1913).

[2]) In der im folgenden zu besprechenden Arbeit von W. Plester werden die gesamten Extrakte von Blättern grüner Stammformen und gelber Varietäten colorimetrisch verglichen.

C. Zur Ausführung der Versuche.

Nachdem die Assimilationsdose mit den Blättern beschickt ist, wird sie in das Bad eingesetzt und die Temperatur derselben auf 25°, die des Befeuchters auf 30° gebracht. Der Versuch beginnt mit dem Durchspülen des Apparates mit Ausnahme des Strömungsmanometers und der Trocknungsröhre durch einen kräftigen Strom der 5proz. Kohlensäure. Nach 5 Minuten wird der Gasstrom auf die endgültige Stundengeschwindigkeit von 3 Litern eingestellt und auf der einen Seite der Assimilationskammer das Strömungsmanometer, auf der anderen der Trockenapparat angeschlossen. Zugleich werden die Blätter vor Licht geschützt und 10 bis 20 Minuten lang in dem Gasstrom gehalten, ehe die Vorperiode der Atmung beginnt. Nach dieser Zeit beginnt die Messung derselben, indem der Einlaßhahn der Gasuhr, wenn der Zeiger den Nullstrich erreicht, geschlossen und ein Natronkalkapparat angeschaltet wird. Zuerst vergewissern wir uns, daß der Apparat dicht ist, mit Hilfe eines Überdrucks aus der Druckflasche, entspannen dann langsam den Druck durch Öffnen des Einlaßhahnes an der Gasuhr und führen den Gasstrom in der richtigen, mit dem Strömungsmanometer eingestellten Geschwindigkeit durch den Apparat.

Für die Berücksichtigung der Atmungskohlensäure oder vielmehr für die Bestimmung der auf ein Liter austretender Luft treffenden Kohlensäure des Gasstromes, vermehrt um den Betrag der Atmung, genügt die Beobachtung eines Intervalls von 20 Minuten. Die Atmungswerte sind verhältnismäßig geringfügig und auch konstant genug, so daß die eine Messung ausreicht, zumal es wichtiger ist, die Blätter so frühzeitig als möglich assimilieren zu lassen.

Während der Atmungsperiode wird das Niveaugefäß des Kühlwassers (*N* in Fig. 2) mit Wasser von konstanter Temperatur beschickt und die Kühlleitung eingerichtet. Kurz vor Ablauf der 20 Minuten wird das Strahlenfilter (*F*) über dem Bade (*W*) angebracht, die Temperatur des Bades auf 23° erniedrigt, die Heizplatte abgestellt und im richtigen Augenblick bei geschlossenem Einlaßhahn der Gasuhr der Natronkalkapparat gewechselt und die 3000-Kerzen-Lampe im erforderlichen Abstande eingeschaltet. In der ersten Zeit verlangt die Temperaturregulierung volle Aufmerksamkeit. Die Natronkalkapparate werden in 20-Minuten-Intervallen gewechselt.

Diese Ausführung des Versuches bringt es mit sich, daß von den Bestimmungen für die einzelnen Intervalle die erste bedeutungslos ist; sie ergibt nur einen scheinbaren Wert für die Assimilation, nämlich einen viel zu tiefen. Das rührt vom schädlichen Raum der Assimilationskammer und des Trockenapparates her, der im ganzen etwa ein halbes Liter beträgt. Er ist natürlich bei Versuchsbeginn mit dem angewandten Luft-Kohlensäure-Gemisch + Atmungskohlensäure gefüllt und erst im Laufe des Assimilationsintervalles oder in Fällen sehr intensiver Assimilation sogar erst während des zweiten Intervalles ist das kohlendioxydreichere Gas vollständig verdrängt, und es hat sich in jedem Raumteil des Apparates die durch den Kohlensäureverbrauch der Blätter bedingte Kohlensäurekonzentration eingestellt.

Die Messung des ersten Intervalles ist daher nur zur Ermittlung des Gesamtbetrages des assimilierten Kohlendioxyds zu berücksichtigen.

D. Der Gang der Assimilation.

Im folgenden soll an beliebigen Beispielen aus dem in den nächsten Abschnitten behandelten Versuchsmaterial der Gang der Messungen und die Ableitung der Ergebnisse dargelegt werden, so daß es weiterhin genügen wird, das Resultat eines Versuches mit einer einzigen Zahl zu verzeichnen, welche die assimilatorische Leistung ausdrückt.

In der Regel ist das Resultat das arithmetische Mittel des zweiten bis vierten, bei Versuchen mit besonders hoher Leistung das Mittel des dritten und vierten Intervalles.

Da es sich in dieser Arbeit darum handelt, die größten Leistungen zu registrieren, die das Blatt bei der gewählten Temperatur zu vollführen imstande ist, und die Leistung für weitere Schlußfolgerungen auf den Chlorophyllgehalt zu beziehen, so wählen wir für die Berechnung der Assimilationszahlen in Fällen rasch nachlassender Assimilation die höchsten beobachteten Werte, die dann infolge der Störung durch die schädlichen Räume immerhin noch zu tief gefunden sein dürften.

Erstes Beispiel (Tabelle 11): Helianthus annuus.

Blätter: Von Anfang Juli, Frischgewicht 9,0 g, Fläche 302 qcm, Trockengewicht 1,75 g, Chlorophyll 13,5 mg, Xanthophyll 1,1 mg, Carotin 0,6 mg.

Versuchsbedingungen: 25°, 3000 Kerzen in 25 cm Abstand, 5 vol.-proz. CO_2, Gasstrom 4,5 l in der Stunde.

Zusammensetzung des Gasstromes im Dunkelversuch: 0,1037 g CO_2 im Gemisch mit 1 l feuchter Luft (23°, 756 mm).

Tabelle 11.

Temperatur	Intervall in Minuten	Austretende Luft (in l)	CO_2 (g) im Gemisch mit 1 l austretender Luft	Assimiliertes CO_2 (g)	
				für das Intervall	für 1 Stunde
25,0°	21	1,60	0,0755	0,0451	0,126
25,0°	19	1,40	0,0569	0,0655	0,207
25,0°	20	1,50	0,0544	0,0739	0,222
25,0°	20	1,55	0,0542	0,0767	0,230
25,5°	22	1 65	0,0561	0,0784	0,213
26,0°	18	1,35	0,0559	0,0645	0,215
25,5°	20	1,40	0,0517	0,0728	0,218
25,0°	21	1,55	0,0561	0,0738	0,211

Zweites Beispiel (Tabelle 12): Sambucus nigra.

Blätter: Von Mitte Juli, Frischgewicht 8,0 g, Fläche 359 qcm, Trockengewicht 2,05 g, Chlorophyllgehalt 18,8 mg.

Versuchsbedingungen: 25°, 3000 Kerzen in 25 und in 35 cm Abstand 4,5 vol.-proz. CO_2 Gasstrom 3 l in der Stunde.

Zusammensetzung des Gasstromes im Dunkelversuch: 0,0874 g CO_2 im Gemisch mit 1 l feuchter Luft (24°, 761 mm).

Tabelle 12.

Temperatur	Beleuchtung (Lux)	Intervall in Minuten	Austretende Luft (in l)	CO_2 (g) im Gemisch mit 1 l austretender Luft	Assimiliertes CO_2 (g)	
					für das Intervall	für 1 Stunde
25,0°	48 000	20	1,00	0,0698	0,0176	0,053
25,0°	48 000	20	1,00	0,0502	0,0372	0,112
25,0°	48 000	20	1,00	0,0486	0,0388	0,116
25,0°	24 000	20	1,00	0,0501	0,0373	0,112
25,0°	24 000	20	1,00	0,0500	0,0374	0,112
25,0°	24 000	21	1,05	0,0516	0,0375	0,108
25,0°	12 000	19	0,95	0,0534	0,0319	0,102
...	.....	..	...	.....	.....	...

Drittes Beispiel (Tabelle 13): Acer Pseudoplatanus.

Alte Blätter: Von Ende Juni, Frischgewicht 6,0 g, Fläche 469 qcm, Trockengewicht 2,15 g, Chlorophyll 24,0 mg, Xanthophyll 1,3 mg, Carotin 0,7 mg.

Versuchsbedingungen: 25°, 3000 Kerzen in 25 cm Abstand, 5 vol.-proz. CO_2, Gasstrom 3 l in der Stunde.

Zusammensetzung des Gasstromes im Dunkelversuch: 0,1046 g CO_2 im Gemisch mit 1 l feuchter Luft (20,5°, 762 mm).

Tabelle 13.

Temperatur	Intervall in Minuten	Austretende Luft (in l)	CO_2 (g) im Gemisch mit 1 l austretender Luft	Assimiliertes CO_2 (g)	
				für das Intervall	für 1 Stunde
25,0°	20	1,00	0,0863	0,0183	0,055
25,0°	20	1,00	0,0661	0,0385	0,116
25,0°	20	1,00	0,0631	0,0415	0,124
25,0°	21	1,05	0,0654	0,0412	0,118
25,0°	19	0,95	0,0716	0,0310	0,098
25,0°	20	1,05	0,0784	0,0273	0,082
25,0°	20	0,95	0,0769	0,0260	0,078
25,0°	20	1,00	0,0825	0,0218	0,065

Viertes Beispiel (Tabelle 14): Acer Pseudoplatanus.

Junge Blätter: Von Ende Juni, Frischgewicht 6,0 g, Fläche 358 qcm, Trockengewicht 2,00 g, Chlorophyll 5,0 mg, Xanthophyll 0,6 mg, Carotin 0,3 mg.

Versuchsbedingungen: 25°, 3000 Kerzen in 25 cm Abstand, 5 vol.-proz. CO_2, Gasstrom 3 l in der Stunde.

Tabelle 14.

Temperatur	Intervall in Minuten	Austretende Luft (in l)	CO_2 (g) im Gemisch mit 1 l austretender Luft	Assimiliertes CO_3 (g)	
				für das Intervall	für 1 Stunde
25,0°	20	0,95	0,0988	0,0048	0,014
25,5°	20	1,00	0,0841	0,0198	0,059
25,0°	21	1,05	0,0853	0,0195	0,056
25,0°	20	1,00	0,0843	0,0196	0,059
25,0°	19	0,95	0,0842	0,0186	0,059
25,0°	21	1,00	0,0854	0,0183	0,052[1])
25,0°	19	0,90	0,0831	0,0185	0,058
25,0°	20	1,00	0,0833	0,0204	0,061

[1]) Dieser Wert wurde infolge Verstopfung des Gasweges zu tief gefunden.

Zusammensetzung des Gasstromes im Dunkelversuch: 0,1039 g CO_2 im Gemisch mit 1 l feuchter Luft (21,5°, 758 mm).

Den Beispielen kommt noch eine über die Technik des Versuchs hinausgehende Bedeutung zu, indem sie die mehr oder minder große Konstanz der Assimilationsleistung erkennen lassen, die bei Lichtüberschuß und Kohlensäureüberschuß und bei günstiger Temperatur erzielt wird.

Das dritte und vierte Beispiel sind direkt vergleichbar, da hier gleichzeitig zwei Blattproben von demselben Baum untersucht sind: junge (Beispiel 4) und alte Blätter (Beispiel 3). Die Leistung der ersteren ist stundenlang konstant, die Leistung der alten Blätter fällt schon in der zweiten Stunde. Dasselbe Bild gleichbleibender Assimilation in gewissen Fällen, inkonstanter in anderen, zeigt sich auch an vielen weiteren Beispielen, von denen noch einige in der folgenden Tabelle (15) zusammengestellt werden. Man erkennt an ihnen, welche Umstände für die Konstanz entscheidend sind.

Blätter, die reich an wässerigem Zellinhalt sind, arm an Trockensubstanz (Beispiel 1 und 2 der Tabelle), wie Kräuter und junge Baumblätter, assimilieren mit großer Konstanz. Dasselbe ist der Fall bei chlorophyllarmen Blättern der gelbblättrigen Varietäten von Ahorn, Ulme und Taxus (Nr. 3, 5 und 7). Das Gegenteil trifft zu bei trockenen (Beispiel 11 und 12), chlorophyllreichen Blättern und bei solchen, die sehr hohe Assimilationsbeträge liefern (Nr. 4 und 6).

Man kann aus diesen Beobachtungen mehrere interessante Folgerungen ziehen:

Der Rückgang der Assimilation ist nicht durch eine Schädigung des Chlorophylls infolge der starken Belichtung oder der hohen Temperatur bedingt.

Das Chlorophyll übt keinen Schutz aus; gerade die chlorophyllarmen Blätter erweisen sich ja als die ausdauerndsten.

Das Sinken der assimilatorischen Leistung erklärt sich durch die Anhäufung der Assimilate in hoher Konzentration. Bei der intensiven Assimilation in wasserarmen Blättern kommt es wahrscheinlich zu Störungen,

Tabelle 15.

Gang der assimilatorischen Leistung verschiedener Blätter unter Bedingungen von maximalem Licht und Kohlendioxyd.

Versuche mit 10 g frischen Blättern.

Nr.	Pflanzenart	Beschreibung der Blätter	Datum	Trockengewicht (in g)	Temperatur	Assimiliertes CO_2 (g) während der 1. Stunde	2. Stunde	3. Stunde	4. Stunde
1	Pelargonium peltatum	junge Blätter	Ende Februar	0,6	30°	0,118	0,119	0,118	
2	„ zonale	„ „		1,0	30°	0,092	0,093	0,093	
3	Acer Negundo, gelbe Varietät	alte Blätter	Mitte Juni	1,9	30°	0,150	0,154	0,154	0,144
4	Acer Negundo, grüne Stammform	„ „		2,0	30°	0,260	0,188	0,152	—
5	Ulmus, gelbe Varietät	alte Blätter	17. Juli	2,3	25°	0,099	—	—	0,096
6	„ grüne Stammform	„ „	21. „	3,0	25°	0,135	—	—	0,116
7	Taxus baccata, gelbe Varietät	junge Zweige	26. Juni	2,5	25°	0,020	0,019	0,019	0,019
8	Taxus baccata, grüne Stammform	„ „	27. „	2,8	25°	0,066	0,062	0,056	—
9	Taxus baccata, grüne Stammform	alte, vorjährige Zweige	28. „	3,5	25°	0,051	0,047	0,040	—
10	Laurus nobilis	junge Blätter	30. Juni	3,1	25°	0,075	0,072	0,071	—
11	„ „	alte, vorjährige Blätter	1. Juli	5,0	25°	0,078	0,070	0,065	—
12	Prunus Laurocerasus	alte Blätter	Mitte Februar	2,9	30°	0,080	0,067	0,050	

indem die Assimilate nicht rasch genug in löslicher Form abtransportiert oder in unlöslicher Form abgeschieden werden.

Daß dieses allmähliche Nachlassen der Assimilation nicht beobachtet wird bei den chlorophyllarmen Blättern, zeigt, daß unter den angewandten Bedingungen der Belichtung nicht von einer Ermüdung der Chloroplasten gesprochen werden kann. Die Erscheinung sinkender Assimilation, die E. Pantanelli[1]) bei seinen Versuchen mit der Gasblasenmethode an Wasserpflanzen beschreibt und als Ermüdung der Chloroplasten betrachtet, ist von ihm unter Bedingungen sehr intensiver Belichtung beobachtet worden.

Bei höheren Temperaturen (über 30°) können auch noch andere Um-

[1]) E. Pantanelli, Jahrb. f. wissensch. Botanik **39**, 165 [1903]; vgl. dazu die Kritik von F. F. Blackman und A. M. Smith, Proc. Roy. Soc. Ser. B **83**, 389 [1911].

stände verzögernd auf den Assimilationsvorgang einwirken, wie Störungen im Protoplasma durch gesteigerte Atmung, Stoffwechselanomalien und Veränderungen osmotischer Art.

IV. Assimilationsleistungen normaler Blätter verschiedener Pflanzenarten.

Eine Anzahl verschiedener Pflanzenarten wurde hinsichtlich der assimilatorischen Energie normaler Blätter verglichen. Die angewandten Blätter waren nur unter Vermeidung besonderer Verhältnisse ausgewählt, also unter Ausschluß von chlorophyllarmen, von jungen und alten Blättern.

Tabelle 16.

Normale Assimilationszahlen a) bei **25**°.

5 proz. CO_2, ungefähr 48 000 Lux.

Nr.	Pflanzenart	Datum	Für den Versuch angewandtes Gewicht der Blätter	Von 10 g frischen Blättern			Assimiliertes CO_2 (g) in der Stunde von			Assimilationszahl.
				Trockensubstanz (g)	Fläche (qdm)	Chlorophyll (mg)	10 g frischen Blättern	1 g Trockensubstanz	1 qdm Blattfläche	
1	Aesculus Hippocastanum	3. VI.	8,0	2,94	482	24,7	0,159	0,054	0,033	**6,4**
2	Acer Negundo	4. VI.	5,0	2,22	646	24,8	0,192	0,086	0,040	**7,7**
3	Ampelopsis quinquefolia	8. VI.	5,0	2,00	638	28,8	0,178	0,089	0,028	**6,2**
4	Acer Pseudoplatanus	24. VI.	6,0	3,58	782	40,0	0,207	0,058	0,027	**5,2**
5	Tilia cordata	25. VI.	8,0	3,19	663	28,1	0,188	0,058	0,028	**6,6**
6	Laurus nobilis[1])	1. VII.	10,0	3,10	388	12,7	0,075	0,024	0,019	**5,9**
7	Sambucus nigra	13. VII.	8,0	2,75	429	22,2	0,146	0,056	0,034	**6,6**
8	Ulmus	20. VII.	8,0	2,94	526	16,2	0,111	0,038	0,022	**6,9**
9	Rubus	25. IX.	5,0	3,60	712	32,4	0,188	0,052	0,026	**5,8**

Aus den Tabellen 16 und 17 ergeben sich für viele gewöhnliche Laubblätter ähnliche Assimilationszahlen. Dieselben liegen für die Assimilation bei 25° zwischen 5,2 und 7,7 und ihr Mittelwert beträgt 6,4. Für die Assimilation bei 30° bewegen sich die Zahlen zwischen 6,5 und 9,1 und das Mittel ist 8,0.

Die gewählten Beispiele weisen in der Beschaffenheit der Blätter, namentlich im Chlorophyllgehalt, bedeutende Unterschiede auf, denen eine annähernde Übereinstimmung in der Assimilationszahl gegenüber steht.

[1]) Diesjährige Blätter, aber nicht von der Spitze der jungen Sprosse.

Tabelle 17.

Normale Assimilationszahlen[1]) b) bei 30°.

5 proz. CO_2, ungefähr 48 000 Lux.

Nr.	Pflanzenart	Datum	Angewandtes Gewicht der Blätter (g)	Von 10 g frischen Blättern		Assimiliertes CO_2 (g) in der Stunde von		Assimilationszahl
				Trockensubstanz (g)	Chlorophyll (mg)	10 g frischen Blättern	1 g Trockensubstanz	
1	Prunus Laurocerasus	Febr.	10	3,40	12,2	0,098	0,029	8,1
2	Primula	,,	10	0,90	11,4	0,105	0,117	9,1
3	Hydrangea opulodes C. Koch	,,	10	1,21	9,2	0,060	0,050	6,5
4	Pelargonium zonale	,,	10	0,96	12,5	0,093	0,097	7,4
5	Hostia plantaginea Aschers.	,,	10	1,00	10,0	0,088	0,088	8,8

In diesen Fällen scheint die Assimilationsenergie der Blätter einfach durch ihren Chlorophyllgehalt bedingt zu sein. Die Frage, ob die assimilatorische Leistung verschiedener Pflanzen dem Chlorophyllgehalt ihrer Blätter proportional sei, ist in der Pflanzenphysiologie schon vor Jahrzehnten erörtert worden, noch ehe es möglich war, sie auf Grund quantitativer Bestimmungen des Pigmentes zu behandeln.

Im Institut von Sachs hat C. Weber[2]) für mehrere Pflanzen nach einer Methode, die Sachs später mit der Blatthälftenmethode übertroffen zu haben glaubte, die Mengen der von gleichen Blattflächen und in gleichen Zeiten gebildeten Trockensubstanz ermittelt, um die Assimilationsenergien zu vergleichen. Er fand, daß die verschiedenen Pflanzenarten spezifische Assimilationsleistungen vollbringen, also „daß die Assimilationsenergie unter übrigens gleichen Bedingungen nicht die nämliche, sondern eine jeder Spezies eigenartige sein wird".

Assimilationsenergie nach C. Weber (Leistung von 1 qm in 10 Stunden).

Tropaeolum majus . . . . 4,466 g
Phaseolus multiflorus . . . . 3,215 g
Ricinus communis . . . . 5,292 g
Helianthus annuus . . . . 5,569 g

Die Erklärung für diese Beobachtungen hat wenige Jahre später

1) Versuche mit Warmhauspflanzen.

2) C. Weber, Arb. d. botan. Inst. in Würzburg 2, 346 [1879] und Inauguraldissertation „Über spezifische Assimilationsenergie", Würzburg 1879.

G. Haberlandt[1]) gegeben in seiner Untersuchung über die „Vergleichende Anatomie des assimilatorischen Gewebesystems der Pflanzen". Nachdem Haberlandt die Frage aufgeworfen, worauf diese spezifische Assimilationsenergie beruhe, „ist es der Unterschied im anatomischen Bau der assimilierenden Laubblätter, oder ist es Verschiedenheit im Chlorophyllgehalte, oder ist es die spezifische Konstitution des assimilierenden Plasmas, welche die Ungleichheit der Assimilationsenergien zur Folge hat?" hielt er es für das Nächstliegende, „in dem ungleich großen Chlorophyllgehalte die Ursache für die in Rede stehende Erscheinung aufzusuchen". In diesem Sinne wurde die Menge der Chlorophyllkörner in den Blattspreiten der von Weber benützten vier Spezies durch Zählung bestimmt und pro Quadratmillimeter Blattfläche folgende Werte gefunden:

Tropaeolum majus	383 000 Chlorophyllkörner
Phaseolus multiflorus	283 000 „
Ricinus communis	495 000 „
Helianthus annuus	465 000 „

Es zeigte sich, „daß bei ähnlich gebauten Laubblättern die spezifischen Assimilationsenergien annähernd proportional sind den Gesamtmengen der Chlorophyllkörner in den betreffenden Blattflächeneinheiten",

	Spezifische Assimilationsenergie nach C. Weber	Anzahl der Chlorophyllkörner nach G. Haberlandt
Bezogen auf Tropaeolum majus =	100	100
Phaseolus multiflorus	72	64
Ricinus communis	118,5	120
Helianthus annuus	124,5	122

so daß der Schluß gezogen werden durfte: „Die spezifischen Assimilationsenergien werden sich also höchstwahrscheinlich in allen Fällen aus der Größe des Chlorophyllgehaltes und aus dem anatomischen Bau der Assimilationsorgane in genügender Weise erklären lassen." Diese Folgerung ist aber später von Haberlandt[2]) mit folgender Bemerkung ergänzt und

---

1) G. Haberlandt, Jahrb. f. wissensch. Botanik **13**, 84 u. 179 [1882].
2) G. Haberlandt, Physiologische Pflanzenanatomie, 4. Aufl., S. 252 [1909].

vertieft worden: „Wahrscheinlich ist die Assimilationsenergie der Chloroplasten bei verschiedenen Pflanzen auch eine spezifisch verschiedene."

In den Beispielen der Tabellen 16 und 17, in welchen entsprechend der von Haberlandt gefundenen Proportionalität der Chloroplastenzahl und der Assimilationsenergie auch der Chlorophyllgehalt mit der Leistung proportional geht, handelt es sich freilich um Blätter, die ähnliche Verhältnisse aufweisen, nämlich um gut assimilierende, chlorophyllreiche Pflanzen. Es wäre verfrüht, aus der hier gefundenen annähernden Übereinstimmung auf eine einfache quantitative Beziehung zwischen Chlorophyllmenge und Assimilationsbetrag zu schließen.

Schon einige weitere Beispiele von gleichfalls normalen, chlorophyllreichen Blättern, die also in eine Reihe mit den oben angeführten gehören, zeigen beträchtlich höhere Assimilationszahlen. Sie werden in der Tabelle 18 aufgeführt. Es sind Blätter von einigen Pflanzen, die demnach für besonders rasches Wachstum und energische Assimilation organisiert zu sein scheinen und auch zum Teil bei den quantitativen Versuchen früherer Autoren über die Assimilation Rekordleistungen ergeben haben.

Tabelle 18.

Hohe Assimilationszahlen normaler Blätter.

5 proz. CO_2, ungefähr 48 000 Lux.

Nr.	Pflanzenart	Datum	Temperatur	Angewandtes Gewicht der Blätter (g)	Von 10 g frischen Blättern			Assimiliertes CO_2 (g) in der Stunde von			Assimilationszahl
					Trockensubstanz (g)	Fläche (qcm)	Chlorophyll (mg)	10 g frischen Blättern	1 g Trockensubstanz	1 qdm Blattfläche	
1	Helianthus annuus	2. VII.	25°	13,5	1,72	288	16,5	0,230	0,134	0,080	**14,0**
2	„ „	3. VII.	25°	9,0	1,94	336	15,0	0,250	0,129	0,075	**16,7**
3	„ „	31. VII.	25°	9,0	1,67	317	20,8	0,228	0,137	0,072	**10,9**
4	Cucurbita Pepo	22. VII.	25°	8,0	1,3	336	17,5	0,213	0,164	0,063	**12,1**
5	Clerodendron trichotomum Thumb.	27. X.	25°	6,2	2,07	340	15,0	0,185	0,089	0,054	**12,3**
6	Fragaria vesca	10. XI.	25°	8,0	3,00	495	17,7	0,234	0,078	0,052	**10,6**
7	Populus pyramidalis hort.	2. XI.	25°	8,0	3,19	470	19,0	0,190	0,060	0,040	**10,0**
8	Pelargonium peltatum[1])	26. II.	**30°**	10,0	0,60	—	8,2	0,119	0,198	—	**14,5**

[1]) Pflanze aus dem Warmhaus.

Die assimilatorischen Leistungen sind von H. T. Brown, von F. F. Blackman und anderen Forschern allein auf die Blattflächen bezogen worden. Wir halten es zur Beurteilung des Zuwachses an Assimilaten, der an Hand der prozentischen Gewichtszunahme der Blätter betrachtet werden sollte, für nützlich, in den Tabellen außerdem die Beziehungen der Assimilationsleistung zum Frischgewicht und zum Trockengewicht der Blätter mitzuteilen.

Die größte beobachtete Assimilationsleistung ist nach Blackman und Matthaei[1]) in einem Versuche (Exp. XVI der angeführten Arbeit) mit Helianthus tuberosus erreicht worden:

In brillanter Augustsonne, bei 29,3 bis 31,0°, 6,3 vol.-proz. CO_2, in einer Stunde für 50 qcm Blattfläche 0,029 g CO_2, also 5,8 g auf das Quadratmeter.

Die höchsten Leistungen, die in der oben stehenden Tabelle (18, Nr. 1 bis 3 und 4) verzeichnet sind, gehen sogar bei tieferer Temperatur noch darüber hinaus, nämlich:

bei Helianthus annuus, 25°, bis 8,0 g CO_2 auf das Quadratmeter,

bei Cucurbita Pepo, 25°, 6,3 g CO_2 auf das Quadratmeter.

Für ein Quadratmeter Blattfläche, einschließlich der Nervatur, ergibt sich daraus die Bildung von 5,4 und 4,3 g Hexose in der Stunde. Der Zuwachs beträgt nach diesen Beobachtungen 9,0 und 11,2 g Hexose für 100 g angewandtes Trockengewicht von Helianthus und Cucurbita. Die Kohlehydratbildung, bezogen auf die Blattfläche, ist ungefähr das 10fache der in atmosphärischer Luft von Brown und Escombe[2]) gemessenen, die in einer Stunde bei 19° betrug: 0,55 g Kohlehydrat (0,88 g CO_2) auf ein Quadratmeter Blatt von Helianthus.

V. Änderung der Assimilationszahl beim Wachstum.

A. Die Assimilation in der Frühjahrsentwicklung.

Über die Ausbildung der Fähigkeit des Plasmas zur Assimilation im Frühjahr hat A. J. Ewart[3]) in der schon angeführten Arbeit Versuche

[1]) F. F. Blackman und G. L. C. Matthaei, Proc. Roy. Soc. Ser. B., 76, 402, 442 [1905].
[2]) H. T. Brown und F. Escombe, Proc. Roy. Soc. Ser. B., 76, 29, 44 [1905].
[3]) A. J. Ewart, Journ. of the Linnean Soc., Botany, 31, 364, 452 [1895/96].

ausgeführt. Er findet „that when the foliage is developing in spring, it is only when the leaves have reached a certain size and condition of development, which varies very much in different plants, that any power of assimilation can be detected".

Das Ergebnis, daß die Fähigkeit zur Photosynthese sich langsamer als der Chlorophyllgehalt einstelle, wird durch unsere Versuche widerlegt. Das Resultat von Ewart ist durch die von ihm angewandte Methode vorgetäuscht, deren Leistungsfähigkeit für die Untersuchung überschätzt worden ist. Mit Hilfe der Bakterienmethode kann nicht die Assimilation selbst festgestellt werden, sondern nur die Differenz zwischen der Entbindung des Sauerstoffs infolge der Assimilation und seinem Verbrauche durch die Atmung. Gerade bei den Knospen und bei den aus ihnen hervorbrechenden jungen Blättern ist die Atmung besonders bedeutend. Um für diesen Fall die Bakterienmethode zum Nachweis der Assimilation anzuwenden, wäre es zum mindesten erforderlich, durch Darbietung von konzentrierterer Kohlensäure die Assimilationsbedingungen im Verhältnis zur Atmung günstig zu gestalten.

Mit den für die Assimilationsversuche in verschiedenen Phasen der Frühjahrsentwicklung angewandten Blättern haben wir auch die Atmung gemessen, deren Werte, durch die Ausführung der Versuche in 5 proz. Kohlensäure in der Genauigkeit allerdings beeinträchtigt, für einige von den Beispielen im folgenden angeführt werden.

Tabelle 19.

Atmung von Blättern in der Frühjahrsentwicklung.

Nr.	Pflanzenart	Datum der ersten Messung	Für den Versuch angewandtes Gewicht der Blätter (g)	Von 10 g frischen Blättern in 1 Stunde[1]) gebildetes CO_2 (mg)			Von 1 qm Blattfläche bei der ersten Messung in 1 Stunde erzeugtes CO_2 (g)
				Bei der ersten Messung	9 Tage nach der ersten Messung	1 Monat nach der ersten Messung	
1	Acer Negundo	1. Mai	5,0	41	25	13	0,84
2	Tilia cordata	4. „	6,0	39	24	11	0,69
3	Populus pyramidalis hort.	5. „	8,0	42	17	10	0,96
4	Ampelopsis quinquefolia	10. „	5,0	45	26	—	1,11
5	Quercus Robur	11. „	5,0	49	35	13	0,89

[1]) Die Bestimmung ist nur für ein Intervall von 20 Minuten gemacht und die Zahlen für eine Stunde umgerechnet.

Man erkennt, daß mit der fortschreitenden Entwicklung der Blätter die Atmung, bezogen auf das Blattgewicht, von den außerordentlich hohen frühesten Beträgen auf etwa ein Viertel zurückgeht und daß ihre Werte bei den jungen Blättern im Zahlenbereich der in atmosphärischer Luft beobachteten Assimilation liegen und sogar über deren Betrag noch hinausgehen. Für das Quadratmeter Blattfläche beträgt beispielsweise die Atmung bei 25° im Beispiel Nr. 3 der Tabelle 19, Populus pyramidalis, in der Stunde 0,96 g CO_2.

Die Besonderheit der Assimilation in der ersten Entwicklung des Laubes ist eine ganz andere als Ewart angenommen hat. Die Assimilationszahlen der Blätter sind nämlich in der Frühjahrsentwicklung höher als nach der vollendeten Entwicklung.

In den Versuchen mit 8 verschiedenen Pflanzen finden wir durchgehends bei sehr jungen Blättern assimilatorische Leistungen, die, bezogen auf den Chlorophyllgehalt, höher sind als bei voll entwickelten Blättern. Für die frühesten Versuche wurden die eben aus den Knospen ausgetretenen und zwar noch kaum entfalteten gelbgrünen Blättchen gewählt. Dabei ist der Chlorophyllgehalt der jungen Blätter, auf das Frischgewicht berechnet, etwa $^1/_4$ bis $^1/_3$ von dem älterer Blätter.

In der Mehrzahl der Fälle zeigen bei etwas späteren Proben die Assimilationszahlen noch ein weiteres merkliches Ansteigen, um erst dann, wenn der übliche Chlorophyllgehalt der entwickelten Blätter erreicht wird, zu den normalen und ungefähr konstanten Werten zu sinken. Zugleich sehen wir öfters die absoluten Beträge der assimilierten Kohlensäure trotz zunehmenden Chlorophyllgehaltes zurückgehen. Allerdings ist es nicht immer gelungen, die Blätter in so frühem Zustand der Entwicklung zur Untersuchung zu bringen, daß die Eigentümlichkeit des Ansteigens der Assimilationszahlen zutage trat, aber in allen Fällen sind die Assimilationszahlen viel höher gefunden worden als nach vollendetem Wachstum der Blätter.

Bei den jungen, noch gelbgrünen Blättchen sind die Assimilationszahlen berechnet mit den am Ende der Assimilationsversuche bestimmten Chlorophyllgehalten, die in der Tabelle 22 allein angeführt werden, und mit den, gleichfalls am Ende der Versuche, nämlich im vierten Intervall der Messung, gefundenen Assimilationsbeträgen.

Während der Assimilationsversuche hat, wie die Tabelle 20 zeigt, durch die Wirkung der günstigen Temperatur-, Licht- und Ernährungsverhältnisse eine rasche Zunahme des Chlorophyllgehaltes stattgefunden und parallel damit eine Steigerung der Assimilationsleistungen vom zweiten bis zum vierten Intervall (Tabelle 21). Schon bei den mit 10 Tage älteren Frühjahrsblättern ausgeführten Assimilationsbestimmungen blieben Chlorophyllgehalt und Leistung während der Versuche ungefähr konstant.

Tabelle 20.

Chlorophyllzuwachs in jungen Blättern.

25°, 5proz. CO_2, ungefähr 48000 Lux, in 80 Minuten.

Nr.	Pflanzenart	Datum	Durchschnittliche Fläche eines einzelnen der zum Versuche angewandten Blätter (qcm)	10 g frische Blätter enthalten Chlorophyll (mg) vor dem Versuch	nach dem Versuch	Zuwachs in Prozenten des ursprünglich vorhandenen Chlorophylls
1	Aesculus Hippocastanum	29. April	—	8,6	10,1	18
2	Acer Negundo	1. Mai	6,6	7,0	9,0	29
3	Tilia cordata	4. „	—	6,3	8,3	32
4	Acer Pseudoplatanus	5. „	13	9,7	10,7	10
5	Populus pyramidalis hort.	5. „	3,7	9,2	10,6	15
6	Ampelopsis quinquefolia	10. „	23	7,4	7,4	0
7	Quercus Robur	11. „	3	5,4	6,6	22

Tabelle 21.

Steigerung der Assimilation junger Blätter während des Versuches.

Nr.	Pflanzenart	Für den Versuch angewandtes Gewicht (g)	In 20 Minuten assimiliertes CO_2 (g) im 2. Intervall	3. Intervall	4. Intervall	Steigerung der Assimilationsleistung in Prozenten, bezogen auf den Wert des zweiten Intervalls
1	Tilia cordata	6,0	0,044	0,051	0,053	20
2	Acer Pseudoplatanus	6,0	0,044	0,051	0,055	25
3	Populus pyramidalis hort.	8,0	0,083	0,086	0,092	11

Im Zusammenhang mit den Bestimmungen der Assimilation im Frühling sind in der folgenden Tabelle einige Werte von der späteren Jahreszeit angeführt zur Bestätigung, daß die Assimilationszahlen ungefähr auf der bald nach der ersten Entwicklung erreichten Höhe verharren. In der Tabelle 22 u. a. sind die gefundenen Beträge der Assimilation auf gleiche

Tabelle 22.

Gang der Assimilationsleistungen in der Frühjahrsentwicklung der Blätter.

25°, 5proz. CO_2, ungefähr 48000 Lux.

Nr.	Datum	Pflanzenart	Für den Versuch angewandte Menge	Von 10 g frischen Blättern: Trocken-gewicht (g)	Fläche (qcm)	Chlorophyll (mg)	Assimiliertes CO_2 (g) in 1 Stunde von: 10 g frischen Blättern	1 g Trocken-substanz	1 qdm Blattfläche	Assimilations-zahl
1	29. IV.	Aesculus Hippocastanum	8,0 g hellgrüne, gefaltete Blättchen	2,10	264	10,1	0,113	0,054	0,043	**11,1**
	7. V.		$7^1/_2$ Teilblätter, 8,0 g	2,06	467	15,1	0,182	0,088	0,039	**12,1**
	3. VI.		$3^1/_2$ Teilblätter, 8,0 g	2,94	482	24,7	0,159	0,054	0,033	**6,4**
	8. X.		2 Teilblätter, 8,0 g	3,62	342	31,2	0,151	0,041	0,044	**4,8**
2	1. V.	Sambucus nigra	85 Fiederblättchen, 8,0 g	1,85	315	11,7	0,143	0,078	0,046	**12,2**
	8. V.		35 Fiederblättchen 8,0 g	2,25	402	23,1	0,227	0,101	0,057	**9,8**
	14. VII.		8,0 g	2,56	449	23,5	0,145	0,057	0,032	**6,2**
3	1. V.	Acer Negundo	37 ganze Blätter, 5,0 g	2,24	488	8,6	0,128	0,057	0,026	**14,9**
	10. V.		14 Blätter, 5,0 g	2,28	606	18,8	0,242	0,106	0,040	**13,0**
	4. VI.		4 Blätter, 5,0 g	2,22	646	24,8	0,192	0,086	0,030	**7,7**
4	4. V.	Tilia cordata	6,0 g	2,18	573	8,3	0,088	0,040	0,015	**10,6**
	12. V.		14 Blätter, 6,0 g	2,15	771	11,5	0,183	0,085	0,024	**16,0**
	5. VI.		9 Blätter, 6,0 g	3,52	701	28,8	0,205	0,058	0,029	**7,1**
	25. VI.		8,0 g	3,19	662	28,1	0,185	0,058	0,028	**6,6**
5	5. V.	Acer Pseudoplatanus	24 Blätter, 6,0 g	2,60	523	10,7	0,091	0,035	0,017	**8,6**
	14. V.		$2^1/_2$ Blätter, 4,0 g	2,55	915	18,7	0,200	0,078	0,022	**10,7**
	24. VI.		6,0 g	3,58	782	40,0	0,207	0,058	0,026	**5,2**
6	5. V.	Populus pyramidalis hort.	95 Blätter, 8,0 g	2,50	440	10,6	0,115	0,046	0,026	**10,8**
	14. V.		23 Blätter, 8,0 g	2,27	450	16,4	0,205	0,090	0,046	**12,5**
	5. VI.		$19^1/_2$ Blätter, 8,0 g	2,81	422	18,7	0,175	0,062	0,041	**9,3**
7	10. V.	Ampelopsis quinquefolia	65 Teilblätter (anthocyanhaltig, rotbraun), 5,0 g	1,84	406	7,4	0,078	0,042	0,018	**10,5**
	19. V.		15 Teilblätter, 5,0 g	1,98	548	15,4	0,208	0,105	0,038	**13,5**
	8. VI.		6 Teilblätter, 5,0 g	2,00	638	28,8	0,178	0,089	0,028	**6,2**
8	11. V.	Quercus Robur	94 Blätter, 5,0 g	2,76	552	6,6	0,072	0,026	0,013	**10,9**
	20. V.		19 Blätter, 5,0 g	2,64	578	8,6	0,136	0,051	0,024	**15,8**
	9. VI.		11 Blätter, 5,0 g	4,14	510	21,6	0,194	0,047	0,038	**9,0**
	20. VI.		8,0 g	4,50	479	25,0	0,196	0,044	0,041	**7,8**

Frisch- und Trockengewichte und Blattflächen umgerechnet. Von den zweiten Bestimmungen der einzelnen Reihen an bleiben die Beträge ungefähr gleich für gleiche Flächen, hingegen sinken die Assimilationsbeträge, bezogen auf die Trockensubstanz der Blätter, obwohl diese chlorophyllreicher wird. In vielen Fällen findet sich der Rückgang auch in den Werten, die sich auf gleiche Frischgewichte beziehen.

Bei den für die Versuche angewandten ganz jungen Blättchen, von denen zum Beispiel 85—95 Stück im Gewicht von 5—8 g die Füllung der Assimilationskammer ausmachten, war mit besonderer Aufmerksamkeit dafür zu sorgen, daß die Flächen sich nicht überdeckten und daß die frisch unter Wasser abgeschnittenen Stielchen in die Wasserbeschickung der Schale eintauchten.

Aus den angeführten Assimilationszahlen ergibt sich, daß bei Beginn der Laubentwicklung und öfters in besonders bemerkenswerter Weise kurze Zeit (zum Beispiel 9 Tage) nach der ersten Laubentfaltung die Produktion des assimilatorischen Farbstoffs und die Ausbildung der Funktionstüchtigkeit des Plasmas nicht parallel gehen. Die Abweichungen sind groß genug, um erkennen zu lassen, daß die Assimilation außer vom Chlorophyll noch von einem anderen inneren Faktor abhängt, dessen Entwicklung im Frühjahr der Erzeugung des Chlorophylls voraneilt und erst später hinter der reichlichen und sogar zu reichlichen Bildung des Chlorophylls zurücksteht.

B. Vergleich junger und alter Blätter.

Dem in der Frühjahrsentwicklung beobachteten Einfluß eines inneren Faktors auf die Ausnützung des Chlorophylls begegnen wir unabhängig von der Jahreszeit beim Vergleiche verschieden alter Blätter von demselben Sprosse einer Pflanze, zum Beispiel der jungen hellgrünen Blätter vom oberen Ende eines Zweiges und der tief grünen von der Basis desselben. Es zeigt sich (Tabelle 23), daß die Pigmente mit dem Wachstum des Blattes stark zunehmen und daß die assimilatorische Leistung (Tabelle 24) ebenfalls steigt, aber nicht entfernt in gleichem Maße; folglich sinkt die Assimilationszahl.

Tabelle 23.

Gehalt jüngerer und älterer Blätter an Chlorophyll und Carotinoiden.

(In 10 g Trockengewicht.)

Nr.	Pflanzenart	Datum	Beschreibung	Chlorophyll (mg)	Carotin (mg)	Xanthophyll (mg)
1	Acer Pseudoplatanus	23. Juni	junge, hellgrüne Blätter	25	1,5	3,0
		24. ,,	alte, tiefgrüneBlätter	112	3,2	6,0
2	Tilia cordata	25. Juni	junge, hellgrüne Blätter	25	0,7	2,4
		26. ,,	alte, tiefgrüne Blätter	88	2,7	7,4
3	Laurus nobilis	30. Juni	diesjährige, hellgrüne Blätter	41	1,9	4,5
		1. Juli	vorjährige, dunkelgrüne Blätter	43	2,8	4,4
4	Taxus baccata[1])	27. Juni	diesjährige, grüne Zweige	49	1,4	4,2
		28. ,,	vorjährige, dunkelgrüne Zweige	67	2,4	4,5

Tabelle 24.

Assimilatorische Leistungen jüngerer und älterer Blätter.

25°, 5proz. CO_2, ungefähr 48000 Lux.

Nr.	Pflanzenart	Datum	Beschreibung	Für d. Versuch angewandtes Gewicht (g)	Von 10 g frischen Blättern: Trocken-gewicht (g)	Fläche (qcm)	Chloro-phyll (mg)	Assimiliertes CO_2 (g) in 1 Stunde von: 10 g frischen Blättern	1 g Trocken-substanz	1 qdm Blatt-fläche	Assimilationszahl
1	Acer Pseudoplatanus	23. VI.	4. bis 6. Blatt von oben am Zweige, hellgrün	6,0	3,33	697	8,3	0,098	0,030	0,016	**11,8**
		24. VI.	tiefgrüne Blätter von der Basis der Zweige	6,0	3,58	782	40,0	0,207	0,058	0,026	**5,2**
2	Tilia cordata	25. VI.	junge, hellgrüne, nicht mehr anthocyanhaltigeBlätter	8,0	2,56	526	6,5	0,092	0,036	0,018	**14,2**
		26. VI.	untere, tiefgrüne Blätter desselben Zweiges	8,0	3,19	662	28,1	0,185	0,058	0,028	**6,6**
3	Laurus nobilis	30. VI.	gut ausgebildete, hellgrüne Blätter dieses Jahres . .	10,0	3,10	388	12,7	0,075	0,024	0,019	**5,9**
		1. VII.	tiefgrüne, vorjährige Blätter	10,0	4,95	345	21,2	0,078	0,016	0,023	**3,7**
4	Taxus baccata	27. VI.	junge Zweige	20,0	2,82	—	13,8	0,066	0,024	—	**4,7**
		28. VI.	vorjährige, dunkelgrüne Zweige	20,0	3,52	—	23,7	0,051	0,014	—	**2,1**

[1]) Ganze Zweige.

Die jungen Sommerblätter von Linde und Ahorn in der Tabelle 24 geben ähnliche Assimilationszahlen wie die zweiten Messungen in der Reihe der Frühjahrsentwicklung (Tabelle 22), aber sie zeigen bei der Berechnung auf gleiche Trockengewichte doch lange nicht so hohe Assimilationsleistungen.

VI. Schwankungen der assimilatorischen Leistung im Herbste.

A. Normale und steigende Assimilationszahlen im Herbste (Verhalten des vergilbenden Laubes).

Die Fähigkeit zur Assimilation gibt im Herbste ein ungemein wechselndes Bild von Veränderungen. Eine häufige und am wenigsten interessante Erscheinung ist das Verhalten des vergilbenden Laubes. Werden die vergilbenden Blätter unter die Bedingungen maximaler Assimilation gebracht, so ist ihre Leistung im Verhältnis zum Chlorophyllgehalt gegenüber dem normalen Zustand nicht viel verändert, denn mit dem Gehalte an assimilatorischem Farbstoff hat in ungefähr gleichem Maße die Funktionstüchtigkeit des Protoplasmas abgenommen.

Tabelle 25.

Vergleich von Blättern im Sommer und nach herbstlicher Vergilbung.

25°, 5proz. CO_2, ungefähr 48000 Lux.

Nr.	Pflanzenart	Datum	Beschreibung der Blätter	Für d. Versuch angewandtes Gewicht (g)	Von 10 g frischen Blättern: Trocken-gewicht (g)	Fläche (qcm)	Chloro-phyll (mg)	Assimiliertes CO_2 (g) in einer Stunde von: 10 g frischen Blättern	1 g Trocken-substanz	1 qdm Blatt-fläche	Assimilationszahl
1	Sambucus nigra	14. VII.	tiefgrün	8,0	2,56	449	23,5	0,145	0,057	0,032	**6,2**
		14. X.	hellgrün, leicht abfallend	8,0	2,05	445	10,2	0,061	0,030	0,014	**6,0**
2	Populus pyramidalis hort.	5. VI.	tiefgrün	8,0	2,81	422	18,7	0,175	0,062	0,041	**9,3**
		2. XI.	gelbgrün	8,0	2,94	454	4,9	0,039	0,013	0,009	**7,9**

Dieser Vergleich von sommerlichen und von vergilbenden herbstlichen Blättern wird durch das ähnliche Bild ergänzt, welches gleichzeitig im Herbst gepflückte noch grüne und schon vergilbende Blätter von derselben Pflanze ergeben.

Tabelle 26.

Vergleich von herbstlichen grünen und vergilbenden Blättern.

25°, 5 proz. CO_2, ungefähr 48 000 Lux.

Nr.	Pflanzenart	Datum	Beschreibung der Blätter	Für d. Versuch angewandtes Gewicht (g)	Von 10 g frischen Blättern: Trocken-gewicht (g)	Fläche (qcm)	Chloro-phyll (mg)	Assimiliertes CO_2 (g) in 1 Stunde von: 10 g frischen Blättern	1 g Trocken-substanz	1 qdm Blatt-fläche	Assimilationszahl
1	Populus pyramidalis hort.	2. XI.	tiefgrün	8,0	3,19	470	19,0	0,190	0,060	0,040	**10,0**
		2. XI.	gelbgrün	8,0	2,94	454	4,9	0,039	0,013	0,009	**7,9**
2	Platanus	7. XI.	jüngere, schön grüne Blätter	6,0	3,42	510	19,6	0,197	0,058	0,039	**10,0**
		5. XI.	ältere, gelbgrüne Blätter	6,0	3,33	582	7,5	0,055	0,017	0,009	**7,3**
3	Fragaria vesca	9. XI.	alte, tiefgrüne Blätter	8,0	3,69	465	19,2	0,152	0,041	0,033	**7,9**
		10. XI.	alte, gelbgrüne Blätter	8,0	3,62	496	5,1	0,043	0,012	0,009	**8,3**

Die Abnahme im Chlorophyllgehalt und der Rückschritt in der assimilatorischen Leistungsfähigkeit gehen aber nicht immer parallel, sondern es kommt vor, daß während des scharfen Rückganges im Farbstoffgehalt der Assimilationsbetrag etwa konstant bleibt, daß folglich die Leistungsfähigkeit, die wir auf den Chlorophyllgehalt beziehen, einen günstigeren Wert annimmt. Diese Erscheinung wird in mehreren Beispielen veranschaulicht, in welchen wir den Gang der Assimilationszahlen vom Sommer bis zum Spätherbst verfolgen (Tabelle 27). Zwischen den ungefähr gleichen Werten im Sommer und im Spätherbst liegen die bis zum doppelten Betrage ansteigenden Assimilationszahlen in der Zeit des beginnenden Vergilbens.

Bei vergilbendem Laube ist übrigens jeder mögliche Fall der Leistungsfähigkeit gefunden worden, konstante, steigende und fallende Assimilationszahlen. So begegnete uns auch der Fall, daß die assimilatorische Leistung enorm zurückgeht, so daß trotz gleichzeitiger rapider Abnahme des Chlorophylls die Assimilationszahl dennoch tief wird. Bei vergilbten Blättern, und zwar schon in den spätesten Versuchen der letzten Tabellen, wie auch in einer Anzahl von Beispielen der folgenden Tabelle 28 ist der

Tabelle 27.
Gang der Assimilationszahlen während der Vergilbung.

25°, 5proz. CO_2, ungefähr 48000 Lux.

Nr.	Pflanzenart	Datum	Beschreibung der Blätter	Für d. Versuch angewandtes Gewicht (g)	Von 10 g frischen Blättern: Trockengewicht (g)	Fläche (qcm)	Chlorophyll (mg)	Assimiliertes CO_2 (g) in 1 Stunde von: 10 g frischen Blättern	1 g Trockensubstanz	1 qdm Blattfläche	Assimilationszahl
1	Acer Pseudoplatanus	30. VII.	tiefgrün, dünn	4,0	3,88	678	49,2	0,200	0,052	0,030	**4,1**
		17. IX.	schön grün	4,0	3,88	840	31,2	0,208	0,053	0,025	**6,6**
		5. X.	grüne Blätter mit gelben Flecken	4,0	3,62	860	19,5	0,160	0,044	0,019	**8,5**
		19. X.	fast gelb	4,0	3,38	842	5,2	0,025	0,007	0,003	**4,8**
2	Acer Negundo	4. VI.	tiefgrün	5,0	2,22	646	24,8	0,192	0,086	0,030	**7,7**
		6. X.	grün	5,0	2,80	470	13,8	0,166	0,059	0,035	**12,0**
		6. X.	beinahe gelbe Blätter	5,0	2,80	506	2,9	0,016	0,006	0,003	**5,5**
3	Tilia cordata	30. VII.	tiefgrün	5,0	2,00	696	28,6	0,154	0,077	0,022	**5,4**
		18. IX.	hellgrün	5,0	3,70	618	15,0	0,166	0,045	0,027	**11,1**
		10. X.	schön vergilbend[1])	5,0	3,50	774	9,6	0,022	0,006	0,003	**2,3**
4	Helianthus annuus	3. VII.	tiefgrün	9,0	1,94	336	15,0	0,250	0,129	0,075	**16,7**
		31. VII.	dunkelgrün	9,0	1,67	317	20,8	0,228	0,137	0,072	**10,9**
		19. IX.	Blätter[2]) m. wenig gelben Flecken	9,0	2,33	301	7,0	0,134	0,058	0,045	**19,2**
		31. X.	gleichmäßig grüngelbe Blätter[2])	11,0	2,20	305	3,7	0,046	0,021	0,015	**12,4**

Chlorophyllgehalt oft so klein geworden, wie er bei den gelben Varietäten, die weiter unten behandelt werden, gefunden wird. Während die letzteren aber Assimilationsbeträge ähnlich und auch gleich denjenigen normal grüner Blätter aufweisen, sind die Werte der verarbeiteten Kohlensäure in dieser Gruppe gelbgewordener Herbstblätter nur noch Zehntel von normaler Leistung.

In der Tabelle 28 sind die stark vergilbten Blätter, die nur noch sehr schwach assimilieren, mit gleichzeitig von den Spitzen derselben Zweige genommenen Proben verglichen, an denen die herbstliche Veränderung noch nicht so weit vorgeschritten ist.

[1]) Blätter von einem anderen Baum als bei den vorigen Versuchen.
[2]) Blätter von benachbarten Pflanzen.

Tabelle 28.

Sinken der Assimilationszahlen bei gänzlichem Vergilben.

25°, 5 proz. CO_2, ungefähr 48000 Lux.

Nr.	Pflanzenart	Datum	Beschreibung der Blätter	Für d. Versuch angewandtes Gewicht (g)	Von 10 g frischen Blättern: Trockengewicht (g)	Fläche (qcm)	Chlorophyll (mg)	Assimiliertes CO_2 (g) in 1 Stunde von: 10 g frischen Blättern	1 g Trockensubstanz	1 qdm Blattfläche	Assimilationszahl
1	Morus alba	22. IX.	grüne Blätter von den Spitzen der Zweige	5,0	2,90	528	10,0	0,164	0,057	0,031	16,4
		23. IX.	vergilbte Blätter	5,0	2,90	592	3,4	0,030	0,010	0,005	8,8
2	Populus alba	13. X.	dunkelgrüne Blätter	5,0	3,70	488	21,8	0,200	0,054	0,041	9,2
		12. X.	schön vergilbende Blätter	5,0	3,40	484	5,6	0,010	0,003	0,002	1,8
3	Aesculus Hippocastanum	29. X.	schön vergilbende Blätter	5,0	3,00	710	5,7	0,018	0,006	0,003	3,2
4	Syringa vulgaris	28. X.	tiefgrün, ohne schadhafte Stellen	12,0	2,87	309	11,7	0,076	0,027	0,025	6,5
		30. X.	gelbgrün, mit wenig braunen Flecken	12,0	2,83	336	5,6	0,021	0,007	0,006	3,7

Von den Beispielen der Tabelle 27 sind einige während der ganzen Vegetationsperiode von der ersten Entwicklung der aus den Knospen austretenden Blätter bis zur vollen herbstlichen Vergilbung untersucht worden, und zwar mit Blättern von denselben Bäumen (Acer Pseudoplatanus, Tilia cordata). Wir fassen das Mitgeteilte zusammen in der folgenden graphischen Darstellung (Fig. 3) der Beobachtungen des Chlorophyllgehaltes, der auf gleiche Trockengewichte und auf gleiche Flächen bezogenen Assimilationsbeträge unter den Bedingungen der überschüssigen Licht- und Kohlensäurezufuhr bei 25° und des Ganges der daraus berechneten Assimilationszahlen.

B. Niedrige Assimilationszahlen im Herbste (Verhalten des grünbleibenden Laubes).

Für die Betrachtung der die Assimilation beeinflussenden Faktoren ist von größerer Bedeutung die herbstliche Veränderung solcher Blätter, die grün bleiben und zum Teil auch in grünem Zustand abfallen.

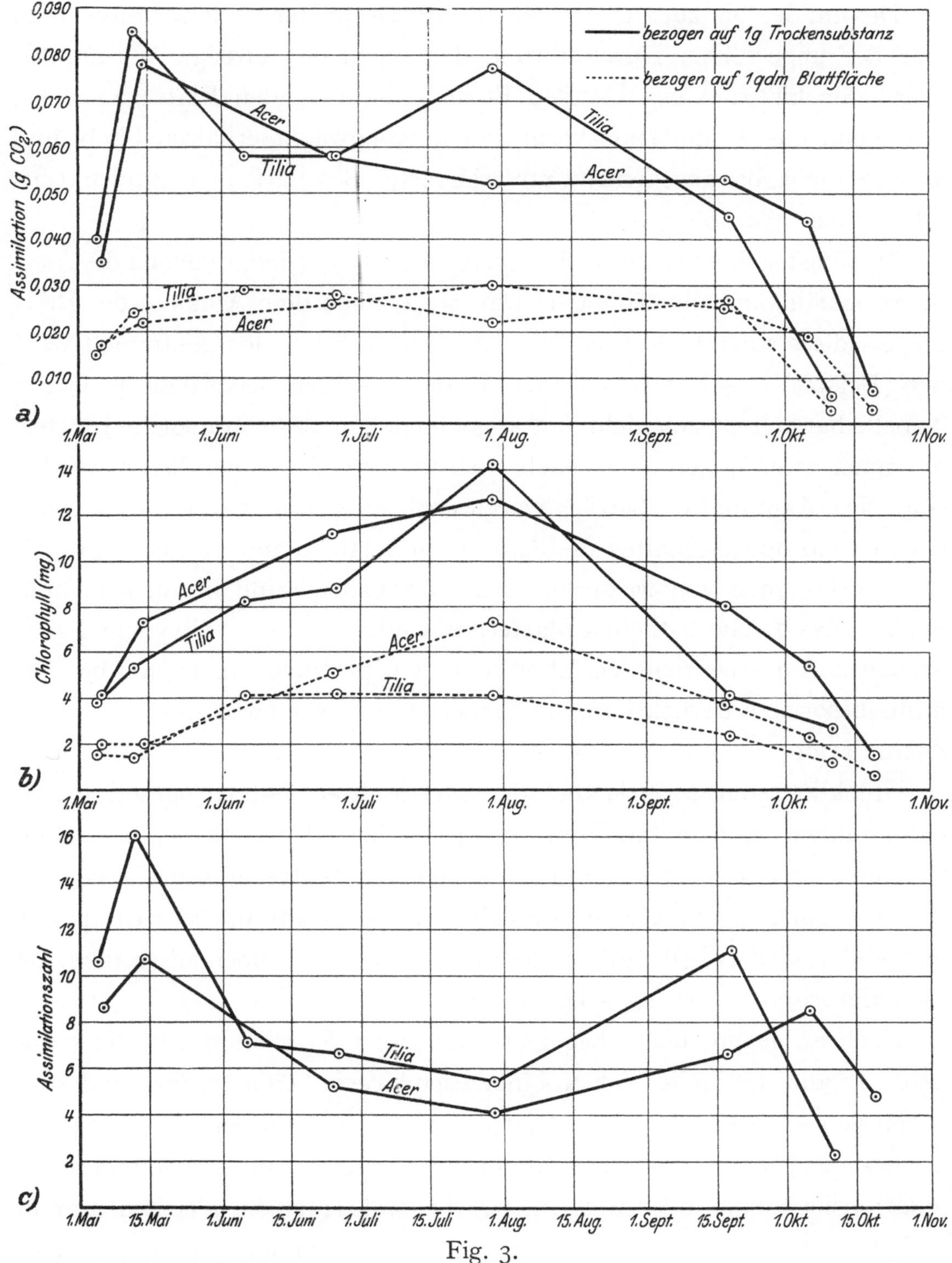

Fig. 3.

a) Assimilationsleistung
b) Chlorophyllgehalt
c) Assimilationszahl

in der Vegetationsperiode von Tilia cordata und Acer Pseudoplatanus (25°, 5 vol.-proz. CO_2, Licht von Sonnenstärke).

Der milde, bis zum 17. November frostfreie Herbst des Jahres 1914 war der ungestörten Durchführung der Versuche günstig. Wir fanden unter den bis zum beginnenden Frost grünbleibenden Blättern solche, bei denen das Assimilationsvermögen ungeschwächt erhalten blieb, und andere, die es bei anscheinend unveränderter Beschaffenheit großen Teils oder gänzlich einbüßten.

Zunächst sollen die Beispiele vorangeschickt werden, in denen die Assimilationsfähigkeit unvermindert war, sogar nach dem Abfallen der Blätter, als diese einen oder zwei Tage später vom Erdboden gesammelt wurden (Beispiel 1—3 der Tabelle 29). In den weiteren Beispielen (4—6) der Tabelle handelt es sich nicht um abgefallene, sondern um solche Blätter, die nach zweitägigem und nach mehrtägigem Frost gepflückt worden sind. Die Assimilationsbeträge waren noch hoch, daher trotz des ansehnlichen Chlorophyllgehaltes die Assimilationszahlen immer noch normal. Das Vorkommen von wasserlöslichen gelbbraunen und braun gefärbten Stoffen, das den herbstlichen Blättern mitunter eine mehr olivgrüne Farbe verlieh und das bei dem Verfahren der quantitativen Chlorophyllbestimmung besondere Berücksichtigung erheischte[1]), war ohne Einfluß auf die Assimilation.

Glücklicherweise wurde auch der interessantere entgegengesetzte Fall aufgefunden, in dem die Funktionstüchtigkeit der noch schön grünen oder erst im Beginn des Vergilbens stehenden Blätter abgenommen hat. In einer Anzahl von Fällen (Aesculus Hippocastanum, Acer campestre und andere der Tabelle 30) ist der Chlorophyllgehalt noch ansehnlich, die assimilatorische Leistung aber gering.

Noch ausgesprochener begegnen wir dieser Erscheinung bei vier anderen Pflanzen, nämlich bei Robinia Pseudacacia, Tilia cordata und zwei Arten von Ampelopsis. Ältere Blätter wurden im Oktober und November in noch gut grünem Zustand gepflückt. Sie zeigten nur sehr geringe Assimilationsleistungen oder fast keine mehr, während vom gleichen Stamm und zur selben Zeit von den Spitzen der Zweige gepflückte jüngere Blätter

---

1) Siehe die erste Abhandlung, Abschn. II A.

Tabelle 29.

Assimilation grünbleibender herbstlicher Blätter.

25°, 5 prozentiges CO_2, ungefähr 48 000 Lux.

Nr.	Pflanzenart	Datum	Beschreibung der Blätter	Für d. Versuch angewandtes Gewicht (g)	Von 10 g frischen Blättern: Trocken-gewicht (g)	Fläche (qcm)	Chloro-phyll (mg)	Assimiliertes CO_2 (g) in 1 Stunde von: 10 g frischen Blättern	1 g Trocken-substanz	1 qdm Blatt-fläche	Assimilationszahl
1	Cydonia japonica Thumb. var. Moerlosii	26. X.	tiefgrüne, abfallende Blätter	10,0	4,50	301	16,3	0,119	0,026	0,038	7,3
2	Clerodendron trichotomum Thumb.	27. X	tiefgrüne, abgefallene Blätter	6,2	2,07	340	15,0	0,185	0,089	0,055	12,3
3	Lonicera tatarica	14. X.	grüne, abgefallene Blätter	4,0	3,0	747	8,2	0,050	0,017	0,007	6,1
4	Populus pyramidalis hort.	19. XI.	tiefgrüne Blätter, nach 2 Tagen Frost von — 2,5° in Dewarschem Gefäß in $^1/_2$ Stunde auf + 10° gebracht	8,0	3,62	522	24,4	0,156	0,043	0,030	6,4
5	Fragaria vesca	21. XI.	alte, tiefgrüne Blätter, nach 4 tägigem Frost (bis — 4°) in 1 Stunde erwärmt auf + 1°	8,0	3,62	435	17,4	0,136	0,038	0,031	7,8
6	Hedera Helix	8. XII.	tiefgrüne Blätter, 10 Tage nach Frost bei + 10° gesammelt	8,0	3,83	398	29,6	0,161	0,042	0,040	5,4

noch gute Assimilationszahlen ergaben. Der Vergleich der beiden Blattsorten vom nämlichen Zweig und von derselben, übrigens noch frühen Zeit des milden Herbstes ergibt für Ampelopsis quinquefolia (Beispiel 3 der Tabelle 31) bei genau übereinstimmendem Chlorophyllgehalt eine über achtmal größere assimilatorische Leistung der jüngeren Blätter. Dieser Unterschied findet in den Assimilationszahlen 0,9 und 7,9 der alten und der jungen Blätter seinen Ausdruck.

Bei den nicht mehr funktionstüchtigen Blättern vermögen wir an mikroskopischen Schnitten keine anatomischen Veränderungen wahrzunehmen, die für die Aufhebung der Assimilation verantwortlich wären. Die Chloroplasten der jüngeren und der älteren Blätter waren etwa gleich

Tabelle 30.

Niedrigere Assimilationszahlen grüner herbstlicher Blätter.

25°, 5 proz. CO_2, ungefähr 48 000 Lux.

Nr.	Pflanzenart	Datum	Beschreibung der Blätter	Für d. Versuch angewandtes Gewicht (g)	Von 10 g frischen Blättern			Assimiliertes CO_2 (g) in 1 Stunde von			Assimilationszahl
					Trockengewicht (g)	Fläche (qcm)	Chlorophyll (mg)	10 g frischen Blättern	1 g Trockensubstanz	1 qdm Blattfläche	
1	Aesculus Hippocastanum	13. X.	tiefgrüne Blätter mit wenig roten Fleckchen	8,0	3,62	342	31,2	0,151	0,042	0,044	**4,8**
		29. X.	tiefgrüne Teile frisch abgefallener Blätter	8,0	3,50	431	20,7	0,060	0,017	0,014	**2,9**
2	Acer campestre	12. X.	grüne Blätter vom Baume, ohne gelbe Ränder	4,0	4,12	557	23,5	0,075	0,018	0,013	**3,2**
		13. X.	frisch abgefallene Blätter	4,0	4,12	672	15,2	0,020	0,005	0,003	**1,3**
3	Clematis Vitalba	4. XI.	saftiggrüne Blätter von den Spitzen der Zweige	7,0	2,86	594	20,3	0,133	0,046	0,022	**6,6**
		3. XI.	alte grüne Blätter ohne schadhafte Stellen	7,0	3,00	491	15,0	0,057	0,019	0,012	**3,8**
4	Cornus mas	6. XI.	schön grüne Blätter vom Strauch, ohne braune Ränder	5,0	3,60	668	28,0	0,062	0,017	0,009	**2,2**

groß und gleich geformt und alle gekörnt; sie erschienen bei den alten Blättern zahlreicher und dichter gedrängt, öfters zu Klumpen vereinigt, und die Farbe war hier etwas dunkler und bräunlich, wahrscheinlich infolge der Färbung des die Chlorophyllkörner umgebenden Zellsaftes. Infolge der geringeren Zahl der Chloroplasten erscheint am jungen Blatte der Schnitt übersichtlicher und klarer; der Chlorophyllgehalt ist zwar für das Frischgewicht derselbe, aber er verteilt sich bei den jungen Blättern auf eine größere Fläche. Die Zellwände wiesen bei den verschiedenen Blättern ähnliche Beschaffenheit und Dicke auf, sie waren mit Chloroplasten ausgekleidet. Auch die Spaltöffnungen erschienen bei den älteren und den jungen Blättern gleich zahlreich und gleich weit geöffnet. Anhäufung von Stärke ließ sich in den gealterten Blättern nicht nachweisen.

Tabelle 31.

Aufhören der Assimilation bei noch grünen herbstlichen Blättern.

25°, 5 proz. CO_2, ungefähr 48 000 Lux.

Nr.	Pflanzenart	Datum	Beschreibung der Blätter	Für d. Versuch angewandtes Gewicht (g)	Von 10 g frischen Blättern: Trockengewicht (g)	Fläche (qcm)	Chlorophyll (mg)	Assimiliertes CO_2 (g) in 1 Stunde von: 10 g frischen Blättern	1 g Trockensubstanz	1 qdm Blattfläche	Assimilationszahl
1	Robinia Pseudacacia	26. X.	jüngere, tiefgrüne Blätter	4,0	3,50	850	28,5	0,207	0,059	0,024	7,3
		24. X.	von denselben Zweigen, ältere, gelblichgrüne Blätter	4,0	3,37	887	15,5	0,027	0,008	0,003	1,8
2	Tilia cordata	9. X.	frisch abgefallene, gelbgrüne Blätter	5,0	2,70	798	7,2	0,000	0,000	0,000	0
		10. X.	grünere, frisch abgefallene Blätter	5,0	3,30	858	11,8	0,005	0,001	0,001	0,3
		10. X.	gelbgrüne Blätter vom Baum	5,0	3,50	774	9,6	0,022	0,006	0,003	2,3
3	Ampelopsis quinquefolia	16. X.	frisch abgefallene, grüne Blätter ohne braune Flecken	5,0	1,90	600	9,8	0,004	0,001	0,001	0,4
		16. X.	gepflückte, ältere, gut grüne Blätter	5,0	2,10	502	12,9	0,012	0,006	0,002	0,9
		17. X.	jüngere Blätter von den Spitzen d. Zweige	5,0	2,30	650	12,7	0,100	0,044	0,015	7,9
4	Ampelopsis tricuspidata Veitchii	11. XI.	frische, grüne Blätter von der Pflanze	7,0	2,14	438	9,7	0,020	0,009	0,005	2,0
		13. XI.	ebenso	7,0	2,28	423	7,6	0,017	0,007	0,004	2,2
		17. XI.	schön grüne Blätter	7,0	3,14	434	11,1	0,011	0,004	0,003	0,8

Belebung der Assimilation.

Die Mannigfaltigkeit der bei der Assimilationstätigkeit herbstlicher Blätter beobachteten Verhältnisse läßt sich durch die Annahme erklären, daß sich der Gehalt an Chlorophyll und an einem mit ihm in der Photosynthese zusammenwirkenden Enzym im Laufe der herbstlichen Veränderungen der Blätter in mannigfacher Weise verschiebt; in einem Teil der Fälle leidet mehr das Pigment, in einem anderen Teil, am ausgesprochensten in der zuletzt behandelten Gruppe von Pflanzen, leidet das enzymatische System.

Mit dieser Annahme steht es im Einklang, daß wir eine allmähliche

Wiederbelebung beobachten beim Verweilen der Blätter in warmem, feuchtem Raume, so daß die fast erloschene Assimilation nochmals bis zu einem großen Betrage ansteigt. Neubildung von Chloroplasten ist dabei sehr unwahrscheinlich, denn der Chlorophyllgehalt ändert sich nicht, während bei den Assimilationsversuchen mit Blättern in der Frühjahrsentwicklung zugleich mit der steigenden Assimilation auch die Zunahme des Chlorophylls festgestellt worden ist. Es ist auch nicht anzunehmen, daß durch Eintrocknen ein Verschließen der zu den Chlorophyllkörnern leitenden Bahnen stattgefunden habe, die sich während der Einwirkung von Wärme und Feuchtigkeit wieder öffnen würden. Die Trockengewichtsbestimmung der herbstlichen Blätter mit tiefen Assimilationszahlen hat normale Beträge ergeben; übrigens ist ein Beispiel von Ampelopsis quinquefolia mit erloschener und wieder erweckter Assimilation vor Beginn der kühlen Witterung untersucht worden, zu gleicher Zeit mit jüngeren Blättern der Pflanze, die ungeschwächt funktionierten. Die Wiederherstellung der Assimilation ist wahrscheinlich auf eine Verbesserung des enzymatischen Systems zurückzuführen, sei es, daß Hemmungen des enzymatischen Prozesses beseitigt oder aktivierend wirkende Stoffe herbeigeführt werden oder daß sogar das Enzym selbst neugebildet oder wieder wirkungsfähig gemacht wird.

Die Wiederbelebung der Assimilation ist in unseren Versuchen nicht zum erstenmal beobachtet worden. A. J. Ewart[1]) hat nämlich schon in der großen Arbeit, auf die wir bereits in dem Abschnitt über die Frühjahrsentwicklung der Blätter eingegangen sind, an ausgedehntem Versuchsmaterial beschrieben, daß gewisse frostbeständige Pflanzen, wie Ilex Aquifolium, Buxus sempervirens, Pinus montana, Taxus baccata und andere, nachdem sie wochenlang anhaltendem, oft bis unter —15° reichendem Frost ausgesetzt waren, zunächst keine Assimilationsfähigkeit mehr besaßen, daß sie diese aber wieder erlangten, wenn sie acht Stunden bis einen Tag bei 15° gehalten wurden. Weiterhin hat Ewart gezeigt, daß auch krautartige Pflanzen, wie Primula marginata, Heleborus lividus,

---

[1]) A. J. Ewart, Journ. of the Linnean Soc., Botany, **31**, 364, 389 [1895/96].

Poa pratensis und andere in der Mitte des Winters, nachdem sie wochenlang von Schnee bedeckt gewesen, bei der Untersuchung zunächst nicht assimilierten, daß sie aber bei 15° in drei bis fünf Stunden mäßig aktiv und in einigen Tagen ganz aktiv wurden. Ewart bemerkt auch, daß manche Kräuter fähig sind, fortgesetzt tiefe Temperaturen zu ertragen, ohne die Assimilationsfähigkeit einzubüßen. In Übereinstimmung damit hat sich auch bei unserer quantitativen Bestimmung ergeben, daß zum Beispiel Pappel-, Erdbeer- und Efeublätter nach mehrtägigem Froste sofort normale Leistung der Chloroplasten besaßen.

Die Wiederbelebung zeigte am schönsten ein Versuch mit Ampelopsis tricuspidata Veitchii. Den Blättern dieser Pflanze ist auch im Spätherbst, bis sie vergilben oder durch Frost zerstört werden, ein besonders frisches Aussehen eigen; als sie für den Versuch dienten, enthielten sie noch nicht viel Anthocyan und sie waren noch an den Zweigen festhaftend. Die Assimilation ist in $1^1/_2$ Stunden auf den dreifachen, im Laufe eines Tages auf den sechsfachen Betrag angestiegen.

Tabelle 32.

Versuch unter den gewöhnlichen Bedingungen mit Ampelopsis Veitchii; am 17. November bei 4° gepflückte, schön grüne Blätter.

7,0 g Blätter; 2,2 g Trockengewicht; 304 qcm Fläche; 7,8 mg Chlorophyll.

Intervall in Minuten	Austretende Luft (in l)	Assimiliertes CO_2 (g) im Intervall	in 1 Stunde	Assimilationszahl
..	...	.....	....	..
20	1,00	0,0019	0,006	<0,8
20	1,00	0,0029	0,009	1,2
22	1,10	0,0041	0,011	1,4
18	0,90	0,0043	0,014	1,8
20	1,05	0,0067	0,020	2,6
Unterbrechung; die Blätter werden 15 Stunden bei 25° aufbewahrt und neu angeordnet.				
..	...	.....	....	..
20	1,00	0,0107	0,032	4,1
20	1,00	0,0095	0,029	3,7
21	1,05	0,0119	0,036	4,6
19	0,95	0,0102	0,031	4,0

Ein zweites Beispiel ist ein Versuch mit Ampelopsis quinquefolia, der einen Monat früher, noch vor Eintritt rauher Herbstwitterung mit älteren, schön grünen, am Stiel noch festhaftenden Blättern ausgeführt wurde. Die Assimilationszahl war zu Beginn tief und sie stieg auf mehr als das Doppelte, als die Blätter nach einer Assimilationsperiode zur Erholung 12 Stunden lang bei mäßiger Wärme aufbewahrt wurden.

Die Atmung zeigte einen nur kleinen Anstieg; das einem Liter aus der Gasuhr austretender Luft entsprechende Kohlendioxyd (CO_2 des Gasstromes + Atmungskohlensäure) erhöhte sich von der ersten Beobachtungsperiode bis zur Fortsetzung des Versuchs am folgenden Tag von 0,0973 auf 0,0976 g.

Tabelle 33.

Versuch unter den gewöhnlichen Bedingungen mit Ampelopsis quinquefolia, am 16. Oktober, mit schön grünen Blättern.

5,0 g Blätter; 1,05 g Trockengewicht; 251 qcm Fläche; 6,4 mg Chlorophyll.

Intervall in Minuten	Austretende Luft (in l)	Assimiliertes CO_2 (g) im Intervall	in 1 Stunde	Assimilationszahl
..	...	.....	....	..
20	0,95	0,0019	0,006	**0,9**
20	1,00	0,0018	0,005	**0,8**
20	1,00	0,0015	0,005	**0,7**
..	...	.....	....	..
Unterbrechung; die Blätter werden, frisch beschnitten und mit Wasser versehen, 12 Stunden bei 26 bis 20° aufbewahrt.				
..	...	.....	....	..
20	1,00	0,0036	0,011	**1,7**
20	1,00	0,0041	0,012	**1,9**
20	1,00	0,0034	0,010	**1,6**
20	1,00	0,0046	0,014	**2,2**
..	...	.....	....	..

In einigen weiteren Bestimmungen mit Ampelopsis Veitchii, die zu gleicher Zeit mit dem ersten Beispiel, aber mit Blättern von anderen Standorten vorgenommen wurden, trat gleichfalls ein mäßiges Ansteigen der assimilatorischen Leistung ein. Die Blätter blieben nach der Beobachtung einer Assimilationsperiode von $1^1/_2$ Stunden über Nacht bei etwa 25° im Dunkeln liegen (Nr. 1 und 2) oder sie wurden unter Belichtung in fortlaufender Messung beobachtet (Nr. 3 und 4 der Tabelle 34). Dabei sind die Beobachtungszeiten durch Intervalle mit gelinderen Bedingungen von Belichtung und Temperatur abgelöst worden.

In einem Vergleichsversuche mit jüngeren Ampelopsisblättern (vom 17. Oktober) verlief die Assimilation vier Stunden lang mit völliger Konstanz.

Tabelle 34.
Belebung der Assimilation mit Ampelopsis Veitchii. Versuch unter den gewöhnlichen Bedingungen mit 7,0 g Blättern.

Nr.	Datum	Trockengewicht (g)	Fläche (qcm	Chlorophyllgehalt mg)	Assimiliertes CO_2 (g) in 1 Stunde zu Beginn des Versuches		Assimiliertes CO_2 (g) in 1 Stunde nach der Erholungszeit		Assimilationszahl zu Beginn	Assimilationszahl am Ende
1	11. Nov.	1,50	307	6,8	0,014		0,023		2,0	3,4
2	14. ,,	1,40	312	5,3	0,019		0,030		3,6	5,7
					1. Stunde	3. Stunde	5. Stunde	7. Stunde		
3	13. Nov.	1,60	296	5,3	0,012	0,013	—	0,022	2,3	4,2
4	16. ,,	2,00	348	7,7	0,021	0,032	0,038	—	2,7	5,4

Bei den herbstlichen Blättern mehrerer anderer Pflanzen (Fragaria vesca, Cornus mas, Platanus acerifolia, Syringa vulgaris) ist eine Belebung der Assimilation unter günstigen Bedingungen nicht eingetreten.

Fragaria vesca: 10. November; 8,0 g alte gelbgrüne Blätter. Assimilationsleistung anfangs in einer Stunde 0,036 g, nach 15stündigem Verweilen bei 30—20° 0,026 g CO_2.

Fragaria vesca: 9. November; 8,0 g ältere, noch tiefgrüne Blätter. Assimilationsleistung anfangs in einer Stunde 0,122 g, nach $2^1/_4$ Stunden bei 30° 0,116 g CO_2.

Cornus mas: 6. November; 5,0 g tiefgrüne Blätter. Assimilationsleistung anfangs in einer Stunde 0,031 g, nach $2^1/_2$ Stunden bei 30° 0,023 g CO_2.

Platanus acerifolia: 5. November; 7,0 g gelbgrüne Blätter. Assimilationsleistung anfangs in einer Stunde 0,033 g, nach $2^1/_2$ Stunden bei 30° 0,024 g CO_2.

VII. Assimilation der Fruchthäute.

Bei den chlorophyllführenden Häuten der Früchte werden in bezug auf den Gehalt an Chlorophyll, die Funktionstüchtigkeit der Chloroplasten und hinsichtlich der herbstlichen Veränderung ähnliche Verhältnisse wie bei den Blättern angetroffen. Die Ausrüstung mit Chlorophyllkörnern befähigt die Fruchthaut, die Abgabe von Kohlensäure aus dem Fruchtinnern an die Luft herabzumindern und den Verlust an organischer Substanz zu vermeiden, welcher in der Frucht durch die Atmung einer verhältnismäßig großen Menge pflanzlicher Substanz bedingt würde.

Beispiele bedeutender Assimilationsleistungen sind Kürbis und Erbse. Die Haut eines reifen Kürbis enthält unter einer grauen wachsführenden Schicht eine tiefgrüne Zellschicht, die im Chlorophyllgehalt und in der assimilatorischen Leistung, beide auf die Fläche bezogen, und in der Assimilationszahl den Blättern der Roßkastanie fast gleichkommt.

Bei solchen Früchten wurde, um für die Assimilationsbestimmung die chlorophyllführenden Gewebe gleichmäßiger Belichtung zugänglich zu machen und um die Störung der Messung durch die Atmung der inneren Fruchtteile zu vermeiden, die chlorophyllhaltige äußere Schicht sorgfältig abgetrennt und ähnlich wie Blätter auf dem Silberdrahtnetz der Assimilationskammer ausgebreitet. Den Zutritt der Kohlensäure erleichterten wir durch Freilegen des Zellgewebes, da die Epidermis zum Beispiel von Weintrauben, welche die Frucht vor raschem Austrocknen schützt, schwer durchlässig ist. Die äußere Schicht, so tief wie sie grün war, wurde in großen Stücken mit scharfem Messer abgetrennt und besonders beim Kürbis wurde beachtet, daß die an den Wundstellen austretende schleimige Flüssigkeit nicht die Poren der Oberhaut verklebte.

Kürbis. 15 g äußere grüne Schicht der reifen Frucht (3. Oktober); Fläche 254 qcm; Chlorophyllgehalt 18,4 mg, Carotin 2,0 mg, Xanthophyll 2,6 mg. Assimilation in einer Stunde 0,088 g CO_2; Assimilationszahl 4,8.

Erbse. Die Assimilationszahl der Hülsen unreifer Erbsen, welche auf die Fläche bezogen halb soviel Chlorophyll als die äußere Kürbisschicht enthalten, ist noch viel höher als bei dieser, die Ausnützung des Chlorophylls also noch günstiger.

40 g Hülsen mit noch kleinen Samenanlagen der unreifen Früchte (11. Juli). Trockengewicht 6,1 g; Fläche 140 qcm; Chlorophyllgehalt 3,8 mg. Assimilationsleistung in einer Stunde 0,068 g CO_2; Assimilationszahl 17,9.

Birne. Ferner wurde die assimilatorische Leistung der Haut von Birnen in etwas verschiedenem Zustand der Fruchtreife geprüft. Schön grüne und noch unreife Birnen waren im Chlorophyllgehalt, auf die Fläche bezogen, mit recht chlorophyllarmen Blättern vergleichbar, die assimilatorischen Leistungen ziemlich gering bis mittelmäßig, die Assimilationszahlen normal. Neben diese Beispiele (Nr. 1—3 der Tabelle 35) stellen wir die Leistung einer gelbgrünen, mit herbstlichem Laube zu vergleichenden Birne,

Tabelle 35.

Assimilationsversuche mit der Fruchthaut der Birne.

25°; 5 proz. CO_2; ungefähr 48000 Lux; Frischgewicht 20 g.

Nr.	Datum	Beschaffenheit	Fläche (qcm)	Chlorophyll (mg)	Carotin (mg)	Xanthophyll (mg)	In 1 Stunde assimiliertes CO_2 (g)	Assimilationszahl
1	21. Sept.	tiefgrüne, halbreife Birne, 2 Tage nach der Ernte verwendet	229	3,0	0,13	0,57	0,042	**9,3**
2	28. „	grüne, halbreife Birne, sofort nach der Ernte untersucht	199	3,6	—	—	0,022	**6,1**
3	28. „	grüne, halbreife Birne, sofort nach der Ernte untersucht	224	2,65	0,17	0,33	0,023	**8,7**
4	28. „	dieselbe Sorte, aber gelbgrüne Exemplare, sofort nach der Ernte untersucht	230	1,35	0,13	0,25	0,015	**11,1**

Tabelle 36.

Versuche mit Weintrauben.

Nr.	Datum	Beschreibung des Versuchsmaterials	Gewicht der Beeren oder Beerenhäute	Chlorophyll (mg)	Carotin (mg)	Xanthophyll (mg)	In 1 Stunde assimiliertes CO_2 (mg)	Assimilationszahl
1	30. Sept.	unreife, noch harte grüne Beeren	100 g ganze Beeren	3,6	—	—	0,012	**3,3**
2	30. „	halbreife, noch grüne Beeren	150 g aufgeschnittene, ausgebreitete Beeren	2,6	—	—	0,003	**1,2**
3	1. Okt.	Häute derselben Beeren	Häute von 100 g Beeren	1,2	—	—	0,002	**1,7**
4	2. „	Häute reifer Beeren[1]	Häute von 250 g Beeren	1,8	0,05	0,07	0,003	**1,8**
5	23. Juli	Italienische, gelbgrüne Weintrauben	200 g Beeren	1,8	0,3	0,4	0,0	**0,0**

[1]) Das zu diesen Häuten gehörige Fleisch der Beeren enthielt gleichfalls alle Pigmente, und zwar 1,9 mg Chlorophyll $(a+b)$, 0,15 mg Carotin und 0,19 mg Xanthophyll.

die am nämlichen Tage wie Beispiel 3 und von demselben Baume (Herzogin Angoulême) gepflückt worden ist. Der Chlorophyllgehalt war hier nur halb so groß, der Assimilationsbetrag ebenfalls vermindert, aber in geringerem Maße, so daß die Assimilationszahl denselben Anstieg zeigte wie das vergilbende Laub von Acer Pseudoplatanus, Tilia cordata und andere.

Weintraube (Tabelle 35). Die Assimilation in der Haut unreifer Beeren ist deutlich, aber sie ist bei der günstigen Verteilung des Chlorophylls geringfügig zu nennen und sie wird, indem und obwohl im Herbst der Chlorophyllgehalt noch bedeutend abnimmt, absolut und verhältnismäßig sehr gering. In einem Falle mit gelbgrünen italienischen Beeren war keine Assimilation mehr zu beobachten.

VIII. Assimilationsleistung chlorophyllarmer (gelbblätteriger) Varietäten.

Zu den Grenzfällen, deren Untersuchung einen tieferen Einblick gewährt in die Abhängigkeit der Photosynthese von inneren Faktoren als die Prüfung gewöhnlicher Laubblätter, gehört die assimilatorische Leistung gelbblätteriger Varietäten verschiedener Pflanzen.

Über die „Kohlensäureassimilation und Atmung bei Varietäten derselben Art, die sich durch ihre Blattfärbung unterscheiden", hat W. Plester[1]) im Institut von C. Correns eine eingehende Untersuchung ausgeführt und er hat darin schon bemerkenswerte Hinweise auf Abweichungen von der Proportionalität zwischen Chlorophyll und Assimilation gegeben. Plester behandelte die Frage, ob die Intensität der Photosynthese dem Chlorophyllgehalt parallel geht und ob den blaßgrünen Sippen Hilfsmittel zur Verfügung stehen, mit welchen sie den durch verminderte Assimilation bedingten Ausfall decken. Plester führte den hier interessierenden Teil seiner Arbeit nur mit der Blatthälftenmethode aus, und zwar ohne Berücksichtigung der Erfahrungen[2]) von Brown und Escombe sowie von Blackman und Thoday. Die geprüften blaßgrünen und gelbblätterigen

---

1) W. Plester, Beiträge zur Biologie der Pflanzen 11,249 [1912].

2) Vergleiche den II. Abschnitt.

Varietäten enthielten zwischen 27,7 und 53,4 Prozent vom Chlorophyll der typischen Sippen, zum Beispiel die untersuchten Aurea-Pflanzen von Ulmus, Populus und Acer 27,7 bezw. 45,2 und 52,1 Prozent vom Chlorophyll der Stammformen. Es ergab sich, daß mit der Chlorophyllkonzentration auch die Kohlensäureassimilation der hellgrünen Varietäten abnahm. In manchen Fällen war ein ungefähres Parallelgehen der Assimilation mit dem Chlorophyllgehalt zu erkennen. In anderen Fällen assimilierte die hellgrüne Varietät bedeutend stärker, als ihrem Chlorophyllgehalt entsprach, was auf besondere Einrichtungen hindeutete, mit welchen diese Pflanzen die höhere Kohlensäurezerlegung leisten können. Endlich kam es auch vor, daß der Assimilationswert kleiner war, als der Chlorophyllgehalt der blaßgrünen Varietät verlangte. Plester folgert aus seinen Ergebnissen, daß in allen Fällen die hellgrünen Varietäten schlechter assimilieren als die Stammpflanzen, daß aber ein Teil der Einbuße durch geringere Atmung wieder gutgemacht werde.

Es ist kaum zu bezweifeln, daß die verminderte Atmung eine Folgeerscheinung ist, welche darauf beruht, daß die oxydierbaren Substanzen in geringeren Mengen zur Verfügung stehen.

Das Wesentliche der schon von Plester gesuchten und bei ihm angedeuteten Erscheinung tritt klarer zutage, wenn wir Beispiele mit weit größeren Differenzen im Chlorophyllgehalt als die von Plester untersuchten auswählen und prüfen, nämlich Blätter mit 15 Prozent bis herunter zu 3 und noch weniger Prozenten vom Chlorophyllgehalt der typischen Form, wenn wir ferner die Versuchsbedingungen so einrichten, daß den gelben wie grünen Blättern die äußeren Faktoren in günstiger Weise geboten werden, und wenn wir endlich den Assimilationsvorgang mit quantitativen Bestimmungen verfolgen.

In der folgenden Tabelle 37 vergleichen wir für einige der untersuchten Beispiele den Chlorophyllgehalt der gelben Varietät und der Stammform.

Manche von den gelben Blättern, zum Beispiel von Sambucus nigra var. aurea, waren in Größe und Form den normal grünen gleich, sahen aber im Juni und Juli wie herbstlich vergilbte Blätter aus. Im allge-

Tabelle 37.

Chlorophyllgehalt normal grüner und gelbblätteriger Varietäten.

Nr.	Pflanzenart	Sippe	Chlorophyllgehalt von 10 g frischen Blättern (mg)	Chlorophyllgehalt in Prozent der Trockensubstanz	Von 1 qdm Blattfläche (mg)	Verhältnis des Chlorophylls gleicher Blattflächen
1	Acer Negundo	grüne Stammform	20,8	1,04	4,84	100 : 8,9
		gelbe Varietät	2,8	0,15	0,43	
2	Ulmus	grüne Stammform	16,2	0,55	3,10	100 : 9,4
		gelbe Varietät	1,2	0,05	0,29	
3	Sambucus nigra	grüne Stammform	23,5	0,92	5,25	100 : 3,4
		gelbe Varietät	0,8	0,04	0,18	

meinen sind nicht einmal die an Chlorophyll ärmsten Exemplare gewählt worden; man findet derart rein gelbe Blätter, daß bei der spektroskopischen Prüfung des alkoholischen Extraktes noch nicht das Band des Chlorophylls in der roten Region wahrgenommen wird, wenn durch die Absorption der gelben Pigmente schon das Violett bis $\lambda = 490\ \mu\mu$ ausgelöscht ist. Bei der mikroskopischen Untersuchung zeigten die Blätter normalen Bau im Palisadengewebe und Schwammparenchym; die Chloroplasten glichen in Form, Zahl und Anordnung denjenigen normaler Blätter, nur erschien ihre Farbe rein gelb. Am besten ist es bei Sambucus gelungen, die gelben und grünen Blätter so auszuwählen, daß sie in bezug auf alle Verhältnisse außer dem Farbstoffgehalt, namentlich hinsichtlich der Blattfläche und des Trockengewichts einander ähnlich waren.

In den folgenden Tabellen werden die Assimilationszahlen der chlorophyllarmen Blätter mitgeteilt neben den Werten der normal grünen Vergleichsexemplare, und zwar für eine bei 25° und eine bei 30° ausgeführte Versuchsreihe. Allerdings entsprechen in den Tabellen 38 und 39 die Assimilationszahlen nicht genau unserer Definition insofern, als zwar den chlorophyllreichen, aber nicht den gelben Blättern Licht im Überschuß geboten worden ist. Für die chlorophyllarmen Blätter sind also diese Assimilationszahlen, so hoch sie auch ausgefallen sind, noch Mindestwerte. Es war in mehreren Versuchsreihen nicht möglich, den gelben Blättern ausreichende Belichtung zu gewähren, ohne ihnen bei der beträchtlichen Versuchsdauer eine Schädigung durch zu starke Wärmebestrahlung zuzufügen.

Das Ergebnis der Versuche ist eine im Verhältnis zum Chlorophyll weit größere assimilatorische Leistung der chlorophyllarmen Blätter. Ihre Assimilationszahlen betragen nämlich ein Vielfaches der gewöhnlichen Werte, zum Beispiel das 10fache und fast das 20fache; den Assimilationszahlen von 6 bis 12 der normalen stehen Werte zwischen 50 und 120 der gelben Blätter gegenüber.

Vergleich der Assimilationsleistungen normaler und gelbblätteriger Varietäten.

Tabelle 38.

Versuchsreihe bei 25°

5 proz. CO_2, ungefähr 48 000 Lux.

r.	Pflanzenart	Varietät	Datum	Für den Versuch angewandtes Gewicht (g)	Von 10 g frischen Blättern: Trockengewicht (g)	Fläche qcm)	Chlorophyll (mg)	Assimiliertes CO_2 (g) in 1 Stunde von: 10 g frischen Blättern	1 g Trockensubstanz	1 qdm Blattfläche	Assimilationszahl
[illegible]	Quercus	Stammform	20. VI.	8,0	4,50	479	25,0	0,196	0,044	0,041	**7,8**
	Robur	gelbe Varietät	18. VI.	8,0	3,56	551	1,9	0,103	0,029	0,019	**55**
[illegible]	Sambucus	Stammform	13. VII.	8,0	2,75	429	22,2	0,146	0,053	0,034	**6,6**
	nigra	,,	14. VII.	8,0	2,56	449	23,5	0,145	0,057	0,032	**6,2**
		gelbe Varietät	7. VII.	8,0	1,88	472	0,75	0,088	0,047	0,018	**117**
		,, ,,	9. VII.	8,0	1,94	477	0,94	0,096	0,050	0,020	**103**
		,, ,,	10. VII.	8,0	1,94	457	0,81	0,097	0,050	0,021	**120**
	Ulmus	Stammform	20. VII.	8,0	2,94	526	16,2	0,111	0,038	0,021	**6,9**
		,,	22. VII.	8,0	3,06	447	13,7	0,135	0,044	0,030	**9,9**
		gelbe Varietät[1])	16. VII.	8,0	2,50	401	1,2	0,098	0,039	0,024	**82**
		,, ,,	17. VII.	8,0	2,25	375	1,5	0,109	0,048	0,029	**73**

Unter den angegebenen Bedingungen verlief in Versuchen mit gelben Blättern die Assimilation gewöhnlich eine Reihe von Beobachtungszeiten hindurch mit großer Konstanz (vergleiche Tabelle 15 im Abschnitt III, D und die Tabellen 50, 52 u. ff. im Abschnitt XIII); dasselbe gilt für die Atmung. In einem Beispiel von Sambucus nigra var. aurea enthielt der Gasstrom vor der Belichtung im Dunkelversuche 0,1012 g CO_2 auf ein Liter austretender Luft; unter denselben Bedingungen von Luftdruck

[1]) Nur mit ungefähr 24 000 Lux belichtet.

Tabelle 39.

Versuchsreihe bei 30°

5 proz. CO_2, ungefähr 48 000 Lux.

Nr.	Pflanzenart	Varietät	Datum	Für den Versuch angewandtes Gewicht (g)	Von 10 g frischen Blättern: Trockengewicht (g)	Fläche (qcm)	Chlorophyll (mg)	Assimiliertes CO_2 (g) in 1 Stunde von: 10 g frischen Blättern	1 g Trockensubstanz	1 qdm Blattfläche	Assimilationszahl
1	Sambucus	Stammform	27. V.	10,0	2,33	406	18,3	0,206	0,088	0,051	**11,2**
	nigra	gelbe Varietät	28. V.	10,0	1,82	431	0,4	0,028	0,015	0,006	**70**
2	Acer Ne-	Stammform	12. VI.	5,0	2,00	430	20,8	0,260	0,130	0,060	**12,5**
	gundo	gelbe Varietät	12. VI.	5,0	1,90	648	2,8	0,154	0,081	0,024	**55**
3	Quercus	Stammform	14. VI.	8,0	4,00	537	22,5	0,262	0,066	0,049	**11,7**
	Robur	gelbe Varietät	14. VI.	8,0	3,75	—	1,9	0,098	0,026	—	**52**

und Temperatur wurde nach beendigter 6stündiger Belichtung gefunden 0,1013 g CO_2.

Die Assimilation der gelben Blätter ist, abgesehen von ihrer Beziehung zum Chlorophyllgehalt, auch bemerkenswert im absoluten Betrage, den wir mit der Leistung normal grüner Blätter bei verschiedenen Temperaturen vergleichen. In dem Beispiel der Ulme (Tabelle 40) ist der Betrag des assimilierten Kohlendioxyds bei 25° nur wenig niedriger, bei 15° fast gleich für chlorophyllarme Blätter wie für dieselben Gewichte der chlorophyllreichen. Berechnen wir die Assimilation auf die Flächen, so übertrifft sogar das chlorophyllarme Blatt bei beiden Temperaturen das chlorophyllreiche in den Beträgen der Assimilationsleistung. Gemäß der Annäherung in den Leistungen beider Blattsorten mit fallender Temperatur hat der Temperaturkoeffizient der Assimilationsreaktion bei dem chlorophyllarmen Blatt einen niedrigeren Wert als bei dem chlorophyllreichen, nämlich 1,34 anstatt 1,53.

Wenn man die Assimilationsfähigkeit der gelben Blätter in einigen Fällen durch die Vegetationsperiode verfolgt, so unterscheiden sich die Verhältnisse von der Entwicklung normal grüner Blätter eben dadurch, daß hier die Chlorophyllbildung frühzeitig zum Stillstand kommt. Durch sein weiteres Wachstum wird das Blatt verhältnismäßig ärmer an Chlorophyll, dennoch steigt die Leistung noch weiter (Nr. 4 und 5 der Tabelle 41),

Tabelle 40.

Assimilation von gelber und grüner Ulme bei 15 und 25°.

5 proz. CO_2, ungefähr 24 000 Lux.

Varietät	Temperatur	Gewicht der Blätter (g)	Trockengewicht (g)	Blattfläche (qcm)	Chlorophyllgehalt (mg)	Assimiliertes CO_2 (g) in 1 Stunde von 8 g frischen Blättern	1 qm Blattfläche
chlorophyllarm	25°	8,0	2,00	321	0,95	0,075	**2,3**
,,	15°	dieselben Blätter	2,00	321	0,95	**0,056**	**1,7**
chlorophyllreich	25°	8,0	2,35	421	13,0	0,089	**2,1**
,,	15°	dieselben Blätter	2,35	421	13,0	**0,058**	**1,4**

insofern es erlaubt ist, verschiedene Blätter zu vergleichen. Es läßt sich schließen, daß das enzymatische System an Leistungsfähigkeit gewinnt. Beim Vergleich eines herbstlichen mit einem sommerlichen Blatte (Nr. 2 und 3) finden wir Zunahme des Chlorophylls, Abnahme der Leistung.

Tabelle 41.

Assimilation gelbblätteriger Varietäten in verschiedenen Jahreszeiten.

25°, 5 proz. CO_2, ungefähr 48 000 Lux.

Nr.	Pflanzenart	Datum	Für den Versuch angewandtes Gewicht (g)	Von 10 g frischen Blättern: Trockengewicht (g)	Fläche (qcm)	Chlorophyll (mg)	Assimiliertes CO_2 (g) in 1 Stunde von 10 g frischen Blättern	1 g Trockensubstanz	1 qdm Blattfläche	Assimilationszahl
1	Sambucus nigra	19. Mai	8,0	1,90	426	1,90	0,100	0,053	0,023	**53**
2		10. Juli	8,0	1,94	457	0,81	0,097	0,050	0,021	**120**
3		24. Sept.	8,0	2,06	420	1,25	0,073	0,035	0,017	**58**
4	Ulmus	20. Mai	8,0	1,85	565	1,90	0,082	0,045	0,015	**44**
5		17. Juli	8,0	2,25	375	1,50	0,109	0,048	0,029	**73**

Die günstigen Assimilationsleistungen bei gelbblätterigen Varietäten sind nicht auf ihren Gehalt an Carotinoiden zurückzuführen. Es läßt sich an diesem Material, in welchem die Carotinoide überwiegen, am besten zeigen, daß die gelben Pigmente keinen unmittelbaren Einfluß auf den Assimilationsvorgang besitzen und es ist überhaupt noch kein Einfluß derselben auf die Lebensvorgänge nachgewiesen worden.

Der Gehalt an Carotinoiden ist bei den gelbblätterigen Sippen nicht etwa größer, er ist sogar erheblich kleiner als bei den Stammformen, das

Verhältnis des Chlorophylls zu den Carotinoiden aber zeigt natürlich eine außerordentliche Verschiebung. Dieses als Quotient der Mole ausgedrückte Verhältnis $Q_{\frac{a+b}{c+x}}$ von Chlorophyll $(a + b)$ zu Carotin + Xanthophyll ist von uns früher in vielen Beispielen bestimmt[1]) und im Mittel der Versuche bei Lichtblättern = 3,07, bei Schattenblättern = 4,68 gefunden worden, ohne daß die Differenzen bei normal grünen Blättern erheblich waren; bei den gelben Varietäten nun sinkt der Quotient auf 1,6 bis 0,3.

Tabelle 42.

Farbstoffgehalt normaler und gelbblätteriger Varietäten.

(In 10 g trockener Blattsubstanz.)

Nr.	Pflanzenart	Varietät	Datum	Chlorophyll $(a+b)$ (mg)	Carotin (mg)	Xanthophyll (mg)	Molekulares Verhältnis der grünen zu den gelben Pigmenten: $Q\frac{a+b}{c+x}$ [2])
1	Sambucus	Stammform	27. Mai	78,5	3,8	6,2	4,83
	nigra	gelbe Varietät	27. ,,	2,1	0,8	3,9	0,28
2	Sambucus	Stammform	13. Juli	80,9	3,6	5,9	5,24
	nigra	gelbe Varietät	9. ,,	4,8	1,0	1,3	1,28
3	Acer Negundo	Stammform	12. Juni	103,8	5,4	10,1	4,14
		gelbe Varietät	12. ,,	14,5	2,0	5,9	1,14
4	Quercus Robur	Stammform	14. Juni	56,2	2,7	4,4	4,87
		gelbe Varietät	14. ,,	5,0	0,8	1,2	1,54
5	Ulmus	Stammform	20. Juli	55,3	1,9	3,6	6,20
		gelbe Varietät	16. ,,	4,8	0,7	1,1	1,64

In zahlreichen Versuchen, von denen es genüge, ein Beispiel anzuführen (Tabelle 43), mit chlorophyllarmen und chlorophyllreichen Blättern wurde das violette Licht, für das allein die Carotinoide Absorptionsvermögen haben, durch Einführung eines Kaliumbichromatfilters zwischen Lampe und Assimilationskammer vollständig ausgeschaltet, und zwar mitten im Versuche. Daraufhin verriet die Assimilationsleistung keine Schwächung; eine Ausnahme von dem konstanten Verlauf wurde nicht gefunden.

[1]) R. Willstätter und A. Stoll, Untersuchungen über Chlorophyll (Berlin 1913), Kap. IV, S. 99; siehe auch die erste Abhandlung der vorliegenden Reihe, II. Abschnitt.

[2]) Zur Berechnung dieses Verhältnisses wurde das Molekulargewicht des natürlichen Gemisches von Chlorophyll a und b (= 903) herangezogen.

Tabelle 43.

Assimilationsversuch mit Ausschaltung des violetten Lichtes; Sambucus nigra var. aurea, 10. Juni.

10 g Blätter mit 0,37 mg Chlorophyll, 0,72 mg Xanthophyll, 0,18 mg Carotin, ungefähr 48 000 Lux, 5 proz. CO_2, 25°.

Intervall in Minuten	Austretende Luft in Liter	Assimiliertes CO_2 (g) im Intervall	in einer Stunde
..	...	.....	....
20	1,00	0,0055	0,017
22	1,10	0,0085	0,023
Kaliumbichromat (25 g in 2,5 l Wasser bei 4 cm Schichtdicke) wird eingeschaltet.			
18	0,90	0,0072	0,024
21	1,05	0,0082	0,023
19	1,00	0,0069	0,022
20	1,00	0,0076	0,023
Kaliumbichromat wird entfernt.			
20	1,05	0,0079	0,024
100	5,20	0,0396	0,024
..	...	.....	....

IX. Bemerkungen über die chemische Ausnützung der Lichtenergie.

Die im vorigen Abschnitt besprochene Assimilationsleistung der Blätter gelber Varietäten pflegt, obwohl ihr Chlorophyllgehalt oft bis unter 5 Prozent von demjenigen normal grüner Sorten heruntergeht, in starkem Lichte, selbst bei Darbietung einer hohen Kohlensäurekonzentration nur wenig und bei niederer Temperatur gar nicht hinter den Leistungen normal grüner Blätter zurückzustehen. Die Lichtausnützung ist daher bei den gelben Blättern, deren Pigment nur wenig Licht zu absorbieren vermag, eine besonders hohe. Gerade die gelben Varietäten eignen sich in besonderem Maße zur Untersuchung der assimilatorischen Lichtwirkung.

Assimilationszeiten.

Die Ausnützung der Lichtenergie ist bei Kohlensäureüberschuß von einer im folgenden näher zu erklärenden Funktion des Plasmas abhängig. Sie läßt sich anschaulich ausdrücken, indem man die Versuchsergebnisse anstatt wie sonst in Form der Assimilationszahlen in Umsetzungszeiten der Kohlensäure verzeichnet. Es seien die Zeiten, in denen bei einer gewählten Temperatur, überschüssigem Kohlendioxydgehalt des Gasstromes und im allgemeinen überschüssiger Belichtung das Molekül Kohlensäure durch die molekulare Chlorophyllmenge photosynthetisch umgesetzt wird, als Assimilationszeiten angegeben. Diese sind den Assimilationszahlen umgekehrt proportional. Die Zeiten sind also sehr klein bei Blättern gelber Varietäten, größer bei normal grünen, sehr groß bei herbstlichen Blättern.

Da das Chlorophyll im Blatte nicht in molarer Lösung, sondern in kolloider Verteilung vorkommt, so stellen diese Assimilationszeiten Mittelwerte dar aus den Leistungen der in den Kolloidteilchen außen gelegenen Moleküle, die der Einwirkung von Licht und Kohlensäure am günstigsten ausgesetzt sind, und aus der Beteiligung der tiefer befindlichen Moleküle. Die Assimilationszeiten werden für peripherische Moleküle der Kolloidteilchen kleiner sein, für Moleküle im Innern größer als die gefundenen Mittelwerte. Je feiner die Verteilung, also je größer die Oberfläche

Tabelle 44.

Assimilationszeiten von Blättern mit verschiedenem Chlorophyllgehalt.

10 g frische Blätter, bei 25°, 5proz. CO_2, ungefähr 48000 Lux.

Nr.	Pflanzenart	Beschreibung der Blätter	Datum	Chlorophyllgehalt (mg)	Assimiliertes CO_2 (g) in 1 Stunde	Assimilationszahl	Mittlere Umsetzungszeit in Sekunden
1	Sambucus nigra	gelbe Varietät	7. Juli	0,75	0,088	117	**1,5**
2	,, ,,	,, ,,	10. ,,	0,81	0,097	120	**1,5**
3	,, ,,	grüne Stammform	14. ,,	23,5	0,145	6,2	**28,4**
4	Ulmus	gelbe Varietät	16. Juli	1,2	0,098	82	**2,1**
5	,,	grüne Stammform	20. ,,	16,2	0,111	6,9	**25,6**
6	Tilia cordata	junge Blätter im Frühling	12. Mai	11,5	0,183	16,0	**11,0**
7	,, ,,	alte Sommerblätter	25. Juni	28,1	0,188	6,7	**26,2**
8	Ampelopsis quinquefolia	jüngere Blätter im Herbst	17. Okt.	12,7	0,100	7,9	**22,3**
9	Ampelopsis quinquefolia	ältere Blätter im Herbst	16. ,,	12,9	0,012	0,9	**189**

des Pigmentes, desto geringer werden die Unterschiede sein zwischen inneren und äußeren Molekülen in dem Kolloidteilchen, also auch desto geringer die Unterschiede zwischen molarem und kolloidem Pigment.

In der Tabelle 44 werden die Angaben von einigen Beispielen der früheren Abschnitte ergänzt durch Anführung der Assimilationszeiten (in Sekunden).

Die in der letzten Spalte angeführten Zeiten lassen erkennen, in wie weiten Grenzen sich die Ausnützung des absorbierten Lichtes bewegt, das bei der angewandten intensiven Beleuchtung dem Farbstoffgehalt etwa proportional sein dürfte. Beispielsweise benötigte das Chlorophyll in herbstlichen Blättern des wilden Weines zur Reduktion eines Kohlensäuremoleküls 120 mal mehr Zeit als in der Aureavarietät von Holunder. Die in besonderen Fällen beobachteten erstaunlich niederen Werte der Assimilationszeiten, zum Beispiel $1^1/_2$ Sekunden, werden besser zu verstehen sein mit der Annahme (Abhandlung IV) einer primären Bindung der Kohlensäure an den lichtempfangenden Farbstoff, der die Energie für die Reduktion der Kohlensäure nutzbar macht.

Da die assimilatorischen Leistungen der Blätter gelber Varietäten im Lichte von Sonnenintensität und im Strome von 200 fachem Kohlendioxydgehalt der Atmosphäre sich den Leistungen grüner Blätter unter denselben Versuchsbedingungen (vergleiche Nr. 4 und 5 der Tabelle) nähern, so werden die gelben Blätter um so viel eher das in der Atmosphäre spärlich zur Verfügung stehende Kohlendioxyd im Sonnenlichte aufbrauchen. Die Assimilationsleistungen gelber und grüner Blätter müssen also praktisch gleich werden.

Ausnützung schwächeren Lichtes.

Die Vegetation der Erde würde, da eine Schutzwirkung des Chlorophylls sehr unwahrscheinlich ist[1]), übermäßig chlorophyllreich erscheinen, wenn die Lichtverhältnisse im allgemeinen günstig wären. Allein die Leistungsfähigkeit der grünen Stammform und der gelben Varietäten

[1]) Vgl. den Schluß des dritten Abschnittes.

ist nur bei starkem Licht eine ähnliche. Es wird im XIII. Abschnitt gezeigt werden, daß die Assimilationsleistung gelber Blätter mit abnehmender Intensität des Lichtes sehr rasch sinkt, während die grünen Blätter selbst in hochprozentigem Kohlendioxyd zunächst, nämlich bis zu etwa einem Viertel des Sonnenlichtes noch annähernd konstante Assimilation zeigen. Das Erfordernis hohen Chlorophyllgehalts für normal grüne Laubblätter ist also bedingt durch die schwächere Belichtung in den Dämmerstunden und bei bedecktem Himmel. Diese häufig nur kleine Bruchteile der Sonnenstärke betragende Beleuchtung genügt infolge des hohen Chlorophyllgehaltes im normalen Laube noch zur vollkommenen Assimilation des verfügbaren Kohlendioxyds. Durch diese Betrachtung wird auch der besonders hohe Chlorophyllgehalt ausgeprägter Schattenpflanzen erklärt, die zum Beispiel im Halbdunkel des Waldinnern gewiß keines Lichtschutzes bedürfen, die aber das gesamte eindringende Licht absorbieren und ausnützen.

Untersuchungen von Brown und Escombe.

Daß in der Tat schon ein Zwölftel des Sonnenlichtes für die Assimilation des atmosphärischen Kohlendioxyds hinreicht und daß eine Erhöhung der Lichtstärke über diesen Bruchteil hinaus in Anbetracht der niedrigen Kohlensäurekonzentration ohne Einfluß auf die Assimilation ist, hat eine Untersuchung von H. T. Brown und F. Escombe[1]) gezeigt; die Schwächung des Sonnenlichtes ist durch die Anwendung gleichmäßig absorbierender Schichten und rotierender Sektoren erzielt worden.

Um nun für diesen Fall der günstigsten Lichtausnützung weiter zu ermitteln, mit welchem Ausnützungsfaktor die strahlende Energie der Sonne bei der Kohlensäureassimilation wirke, haben Brown und Escombe mit genauen thermoelektrischen Methoden den kalorischen Effekt des Sonnenlichts gemessen und mit der Verbrennungswärme der entstehenden Kohlehydrate verglichen; unter der Annahme der Verbrennungswärme von 3760 cal. für 1 g Hexose entspricht 1 ccm CO_2 5,02 cal. umgewandel-

[1]) H. T. Brown und F. Escombe, Proc. Roy. Soc. Ser. B, **76**, 29, 94 [1903].

ter Lichtenergie. Es ergab sich für den Fall bester Lichtausnützung, also bei $^1/_{12}$ Sonnenstärke, daß beispielsweise ein Blatt von Tropaeolum majus nur 4,1 Prozent der gesamten Strahlung in Form von chemischer Energie bindet. Die von einem Blatt bei durchfallendem Licht absorbierte Lichtenergie, die allein für die Photosynthese in Betracht kommt, beträgt nach den Messungen von Brown und Escombe 65—76 Prozent, so daß das Blatt in atmosphärischer Kohlensäure bei $^1/_{12}$ Sonnenlicht etwa 6 Prozent des absorbierten Lichtes in chemische Arbeit umzusetzen vermag.

Da das Licht im Blatte außer durch das Pigment auch durch Reflexion der farblosen Bestandteile am Durchgang gehindert wird, so trachteten Brown und Escombe auf Grund von Versuchen von W. E. Wilson allein die Absorption des Pigmentes zu ermitteln durch den Vergleich der Lichtdurchlässigkeit von Albinoblättern und grünen Blättern des Acer Negundo. Für helles Sonnenlicht wurde die Durchlässigkeit im Verhältnis folgender Zahlen gefunden:

Durch Glas allein	100
Weißes Blatt eingeschaltet	25,5
Grünes Blatt eingeschaltet	21,3

Hieraus wurde gefolgert, daß das Pigment des grünen Blattes $16^1/_2$ Prozent des Lichtes absorbiert, welches das weiße Blatt durchläßt. Diesen Wert verglichen Brown und Escombe mit den Ergebnissen von C. Timiriazeff[1]), der zur Bestimmung des Absorptionsvermögens den Blattfarbstoff mit Alkohol extrahierte und auf dieselbe Flächenkonzentration brachte, wie sie das Blatt aufweist. So fand Timiriazeff für mehrere Pflanzen eine Absorption von $^1/_5$ bis beinahe $^1/_3$ des direkten Sonnenlichts. Den nicht sehr bedeutenden Unterschied ihrer Zahl gegenüber den Befunden von Timiriazeff führten Brown und Escombe hauptsächlich auf die verschiedenartige Verteilung des Chlorophylls im Blatte und in der alkoholischen Lösung zurück. In dieser Beziehung zwischen den Versuchen von Brown und Escombe und von Timiriazeff ist aber ein Umstand mit Unrecht außer Betracht geblieben: Timiriazeff arbeitet mit dem

[1]) C. Timiriazeff, Croonian Lecture, Proc. Roy. Soc. **72**, 424, 449 [1903].

gesamten, beim Durchgang durch Glas nur sehr wenig geschwächten Sonnenlicht, hingegen legen Brown und Escombe das vom Albinoblatt durchgelassene, nämlich auf ein Viertel abgeschwächte Sonnenlicht als Lichtquelle ihrer Berechnung zugrunde. Auf das gesamte auffallende Licht bezogen, würde sich bei Brown und Escombe nur eine Absorptionsvermehrung durch das Pigment von 4,2 Prozent ergeben.

Ausnützungsfaktor nach Weigert.

Die Bestimmung des Lichtanteils, der zufolge dem Vergleich von weißen und grünen Blättern vom Blattfarbstoff allein absorbiert wird, schien ein Urteil über den Ausnützungsfaktor des Lichtes zu ermöglichen. Während Brown und Escombe sich darüber nicht äußern, vergleicht F. Weigert[1]) in seiner Abhandlung „Der Ausnützungsfaktor der Lichtenergie" das von den grünen Bestandteilen eines Blattes absorbierte (4,2 Proz.) und das zur Leistung chemischer Arbeit verwendete Licht (und zwar in die Rechnung eingesetzt als 4,1 Proz.). Durch diese Betrachtung ließ sich Weigert zu dem Schlusse führen, daß die vom Farbstoff absorbierte Lichtenergie zu 98 Prozent, also fast quantitativ, in chemische Arbeit umgesetzt werde.

Überlegene Lichtausnützung der chlorophyllarmen Blätter.

Der Auffassung von Weigert widersprechen die Ergebnisse, die aus unserer Untersuchung namentlich an chlorophyllarmen Blättern hervorgegangen sind. Bei den gelben Varietäten sinkt der Chlorophyllgehalt bis weit unter ein Zwölftel normal grüner Blätter und die Assimilationsleistung übersteigt dennoch bei Belichtung von Sonnenstärke in 5 proz. Kohlendioxyd die von Brown und Escombe unter atmosphärischen Bedingungen gefundenen Werte um ein Mehrfaches. Brown und Escombe geben nämlich für Tropaeolum majus, eine gut assimilierende Pflanze, unter den Bedingungen der Atmosphäre im Sonnenlicht die Assimilation

---

[1]) F. Weigert, Zeitschr. f. wissenschl. Photogr. 11, 381 [1912]; Die chemischen Wirkungen des Lichts, Stuttgart 1911, S. 98 u. 106.

eines Quadratdezimeters Blattfläche zu 2,07 ccm CO_2 in der Stunde an; die gelben Holunderblätter mit etwa 3 Prozent vom Chlorophyll der grünen Stammform vermögen unter unseren Versuchsbedingungen (Belichtung von Sonnenintensität, 5 proz. CO_2, siehe Tabelle 38 im Abschnitt VIII) etwa 9 ccm Kohlendioxyd zu assimilieren.

Die überlegene Ausnützung der Lichtenergie durch die chlorophyllarmen Blätter erhellt noch deutlicher aus den Versuchen mit schwacher Belichtung.

Aus den Versuchsreihen des XIII. Abschnittes seien hier Beispiele angeführt, bei welchen die Blätter einer Belichtung von nur $^1/_{16}$ bis $^1/_8$ Sonnenstärke ausgesetzt wurden. Es ist vorauszuschicken, daß unter solchen Verhältnissen ($^1/_{12}$ Sonnenstärke) mit grünen Blättern von Holunder und Ulme Assimilationsleistungen erzielt werden von 8 bis 9 ccm CO_2 für das Quadratdezimeter Blattfläche in der Stunde. Die gelbblätterigen Versuchspflanzen von Holunder und Ulme mit einem Chlorophyllgehalt von $^1/_{30}$ bzw. $^1/_{10}$ des normalen assimilierten in der Stunde, bezogen auf das Quadratdezimeter, 4,2 ccm CO_2 (Holunder, $^1/_8$ Sonnenstärke) und 3,4 ccm CO_2 (Ulme, $^1/_{16}$ Sonnenstärke). Bei diesen gelben Varietäten ergibt sich durch Interpolation aus den Versuchen mit verschiedener Belichtung die Assimilation bei $^1/_{12}$ Sonnenlicht (5 vol.-proz. CO_2, 25°) auf das Quadratdezimeter Blattfläche = 2,8 ccm (Holunder) und 4,5 ccm CO_2 (Ulme); die Zahl von Brown und Escombe für das grüne Blatt von Tropaeolum majus bei ähnlicher Temperatur in atmosphärischer Luft und bei $^1/_{12}$ Sonnenlicht ist, wie oben angeführt, 2,07 ccm CO_2. Die Lichtausnützung durch das Chlorophyll ist also unter den von uns gewählten Versuchsbedingungen, da man etwa die gleiche Flächenkonzentration des Farbstoffs bei den grünen Blättern von Ulmus, Sambucus und Tropaeolum annehmen darf, 40- und 20 mal größer bei den Aureavarietäten von Holunder und Ulme als bei grünem Tropaeolum unter atmosphärischen Bedingungen.

Die Ausnützung des absorbierten Lichtes ist bedingt durch das Verhältnis von assimilatorisch wirksamem Enzym zum Chlorophyll. Sie folgt, solange Licht und Kohlensäure im Überfluß vorhanden sind und die Temperatur konstant ist, bei gleich bleibendem Chlorophyllgehalt der enzymatischen Leistung und ist daher der Assimilationszahl einigermaßen proportional. Die Lichtausnützung bewegt sich also im allgemeinen mit wachsendem und abnehmendem Chlorophyllgehalt in entgegengesetztem Sinne.

Einfluß der anatomischen Verhältnisse auf die Lichtabsorption.

In der Untersuchung von Brown und Escombe und in der Betrachtung von Weigert scheint stillschweigend vorausgesetzt zu sein, es befinde sich das Chlorophyll auf der Unterseite des grünen Blattes, wie wenn es außerhalb des Blattgewebes wäre. Der Farbstoff würde dann nur von dem Licht, welches das weiße Blatt noch durchgelassen hat, d. i. etwa ein Viertel des Sonnenlichts, bestrahlt und absorbierte davon 16,5 Prozent oder, wie Weigert es ausdrückt, 4,2 Prozent des ganzen auffallenden Lichtes. Der von Weigert angegebene Ausnützungsfaktor der Lichtenergie hatte, da die Mehrabsorption durch das Chlorophyll des Blattes als Differenz von zwei großen Absorptionswerten gefunden war, nur den Sinn einer Schätzung; die Angabe kann aber nach den Versuchen mit chlorophyllarmen Blättern auch nicht der Größenordnung nach gelten. Die Schwierigkeit, die Energieausnützung zu bestimmen, wird durch eine anatomische Betrachtung des Blattes, im besonderen der Anordnung des assimilatorischen Farbstoffes im Blattinnern erklärt.

Bei gewöhnlichen Laubblättern steht die Spreite zumeist senkrecht zur Hauptstrahlenrichtung des Himmelslichtes. Betrachten wir nun zunächst am Beispiel des chlorophyllfreien Blattes von Acer Negundo den Gang der Lichtstrahlen. Sie treten durch die aus plattenförmigen Zellen bestehende obere Epidermis (Fig. 4) ein, passieren die dicht gedrängt und parallel zur Strahlenrichtung stehenden Zellen des Palisadengewebes und treten durch die mit den einzelnen Palisadenzellen in Verbindung stehenden Sammelzellen in das Schwammparenchym ein in nahezu ungeschwächter Intensität und, da sie das dichtere Medium senkrecht durchlaufen haben, ohne Ablenkung aus ihrer Richtung. Schon die Sammelzellen und noch mehr die tiefer liegenden Zellen des Schwammparenchyms umgeben mit ihren mannigfaltig gewölbten Flächen die Kanäle des Durchlüftungssystems. Die Lichtstrahlen treffen darin schief auf die Grenzschicht gegen das dünnere Medium Luft und werden von den als Spiegel wirkenden gewölbten Zellwänden großenteils total reflektiert und in alle möglichen Richtungen zerstreut. Ein Teil des Lichtes verläßt schließlich diffus durch die untere Epidermis das Blatt. Dies ist der Lichtanteil, den Brown und Escombe als ein Viertel des auffallenden Lichtes bestimmt haben. Ein Teil wird bei der vielfachen Reflexion und beim häufigen Passieren in seitlicher Richtung durch die natürlich nicht absolut farblose Blattsubstanz absorbiert. Ein besonders erheblicher Teil aber wird total reflektiert und tritt durch die obere Epidermis diffus wieder aus; diesen Teil des auffallenden Lichtes strahlt also das chlorophyllfreie Ahornblatt zurück, vergleichbar mit einer Schneefläche. Das vom weißen Blatt reflektierte Licht hätte in den besprochenen Messungen auch berücksichtigt und bestimmt werden müssen und dieser Anteil wäre wahrscheinlich größer gefunden worden als die Transmission, wie schon der einfache Helligkeitsvergleich eines Albinoblattes im auf- und im durchfallenden Lichte wenigstens für sichtbare Strahlen zeigt.

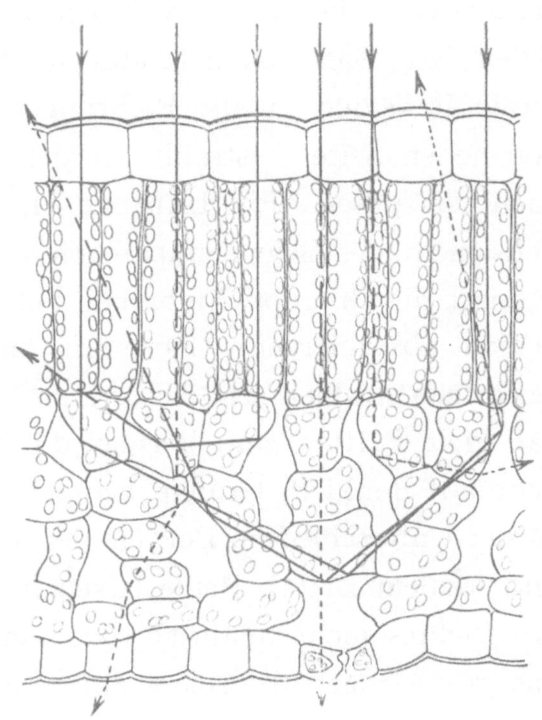

Fig. 4.
Gang der Lichtstrahlen im Blattgewebe.

Daß das fein verzweigte Durchlüftungssystem im Blatte an der Reflexion des Lichtes Schuld trägt, zeigt einfaches Pressen des Blattes oder das Vertreiben der Luft durch Auskochen. Dann erscheint das Blatt im durchfallenden Lichte heller, im auffallenden auf schwarzem Hintergrund dunkler; ein grünes Blatt wird durchsichtig grün, das weiße nahezu farblos.

Im grünen Blatt tritt das Licht (Fig. 4) mit unverminderter Intensität durch die farblose Epidermis in die Palisadenzellen ein und trifft hier auf die Chloroplasten, welche die Zellwände bei vielen Blättern ganz überdecken. Der durchgelassene Teil der Strahlen trifft weiter assimilatorischen Farbstoff in den Sammelzellen und in den eigentlichen Zellen des Schwammparenchyms, die freilich viel ärmer an Chloroplasten als die Palisadenzellen sind. Das noch nicht absorbierte Licht wird dann großenteils durch totale Reflexion in alle Richtungen verteilt, so daß die Chloroplasten von jeder Seite bestrahlt werden, die Körner im Palisadengewebe auch von unten. Ein Lichtbündel, das zum Beispiel an der untersten Zellschicht des Schwammparenchyms nach oben total reflektiert wird, passiert die chlorophyllführende Schicht wiederholt. Eine noch größere Schicht absorbierenden Farbstoffs durchlaufen schief nach oben zurückgeworfene Strahlen. Die Absorption der reflektierten Strahlen geht so weit, daß viele Blätter, zum Beispiel die der Roßkastanie, in hellem Sonnenlicht auf dunklem Grunde beinahe schwarzgrün erscheinen. Wie groß ist der Unterschied im Betrage des reflektierten Lichtes zwischen grünem und weißem Blatt! Beide lassen infolge totaler Reflexion einen Anteil des Lichtes nicht hindurch, das weiße Blatt strahlt denselben zurück, das grüne Blatt absorbiert ihn. In Anbetracht dieses Unterschiedes ist ein einfacher Vergleich der Lichtabsorption im grünen und weißen Blatt nicht zulässig.

Bemerkungen über die Untersuchungen von Timiriazeff und über die Bestimmung des Ausnützungsfaktors.

Die Bestimmung der Lichtabsorption im Blatte nach C. Timiriazeff erscheint uns gleich anderen Versuchen in dieser Richtung nicht einwandfrei, zunächst weil Timiriazeff die gewöhnliche Lösung des Pigmentes in Alkohol untersucht hat, während das Chlorophyll im Blatte sich in kolloidem Zustand befindet, und ferner, weil das Licht im Blatte den

Farbstoff nicht nur in einfacher, sondern infolge der totalen Reflexion in mehrfacher Schicht passiert.

Man wird dem wahren Werte der Lichtabsorption durch den Farbstoff im Blatte am nächsten kommen, wenn man von dem Werte des auffallenden Lichtes das durch das Blatt hindurchgehende Licht (nach Brown und Escombe bei Acer Negundo 21,3 Prozent) und das vom Blatt reflektierte Licht, welches noch nicht bestimmt worden ist, subtrahiert. Es wird dabei willkürlich angenommen, daß die Absorption durch das beinahe farblose Blattgewebe geradezu verschwindend klein ist und vernachlässigt werden darf. Dieser Anteil des Lichtes dürfte nicht an einem Albinoblatte bestimmt werden; er würde hier zu hoch ausfallen, da im Falle des grünen Blattes absorbierendes Pigment sich überall den Lichtstrahlen in den Weg stellt, bevor das Licht zur Absorption durch Zellwände, Vakuolen usw. gelangt.

Wollte man den Betrag des reflektierten Lichtes willkürlich gleich dem transmittierten setzen, was natürlich zu hoch wäre, so käme man zu dem Ende, daß mehr als die Hälfte des Lichtes, jedenfalls viel mehr als bisher angenommen wurde, vom assimilatorischen Farbstoff im grünen Blatte absorbiert werde. Die Absorption des Chlorophylls ist unterstützt durch die eigenartige Struktur des Schwammparenchyms, das außer seiner Funktion der Durchlüftung und der Ableitung von Assimilaten noch eine wesentliche Aufgabe in optischer Beziehung erfüllt, indem es mit seinen spiegelnden Zellwänden zur weitgehenden Absorption des Himmelslichtes hilft.

Untersuchung des Lichtdurchganges durch grüne Blätter.

Gemäß den anatomischen Verhältnissen absorbiert das grüne Blatt viel mehr Licht, als es unter den natürlichen Bedingungen in chemische Energie umsetzt. Trotzdem das Blatt mit einem Bruchteil, nämlich einem Zwölftel, des Sonnenlichtes seine Arbeit in der Natur zu leisten vermag, läßt es auch bei Sonnenintensität nur einen kleinen Teil des assimilatorisch wirksamen Lichtes passieren. Wenn man ein grünes Blatt mit einem zweiten

Blatte als Lichtfilter überdeckt, so vermag es bei Anwendung einer Lichtquelle von Sonnenstärke gemäß nachfolgendem Versuche nur noch schwach zu assimilieren.

Aus einem tiefgrünen Kürbisblatt von jungem Sproß (22. Juli) wurden zwischen Basis und Spitze 269 qcm Blattfläche von 8,0 g Gewicht und 14,0 mg Chlorophyllgehalt (bestimmt nach der Belichtung) herausgeschnitten. Wir legten das Blattstück sofort in die Mitte der Assimilationskammer auf das Silberdrahtnetz, so daß die schräg abgeschnittenen Hauptblattnerven den nassen Boden der Kammer berührten. Das anfangs etwas welke Blatt wurde wieder schön frisch während des Verdrängens der Luft aus dem Apparat durch 5 proz. Kohlendioxyd und der üblichen Vorperiode vor der ersten Assimilationszeit (Dauer der Vorperiode 40 Minuten, 1 l Luft bei 25° und 752 mm Hg entspricht 0,0852 g CO_2).

Die folgende Tabelle 45 verzeichnet die bemerkenswerteren Beobachtungen für die Assimilation erstens bei normaler Belichtung, zweitens bei Vorschaltung eines Kürbisblattes (von demselben Sproß gepflückt), drittens bei Vorschaltung von zwei derartigen Kürbisblättern. Um als Lichtschirm zu dienen, waren die Blätter im Apparate über der Assimilationskammer und unterhalb des oberen Kühlbades (*F* in Fig. 2) in dem schwarzen Blechzylinder *C* angebracht. Das Licht ist dadurch lückenlos abgeblendet worden. Die in der dritten Spalte der Tabelle angeführten Temperaturdifferenzen zwischen dem Versuchsblatt und dem die Assimilationskammer umgebenden Kühlwasser verminderte sich schon beim Einschalten des ersten Filterblattes, aber sie kam auch beim Einschalten des zweiten Filterblattes nicht zum Verschwinden. Es werden, wie man daraus erkennt, nicht alle Strahlen, wohl aber alle assimilatorisch nützlichen von den abblendenden Blättern zurückgehalten, trotzdem die wirksamen Strahlen in den Filterblättern bei weitem nicht vollständig zur Assimilation ausgenützt werden.

Die Assimilationsleistung ist beim Vorschalten eines grünen Blattes auf $^1/_{20}$ des ursprünglichen Betrages und beim Vorschalten von zwei Blättern auf Null gesunken; obwohl das Versuchsblatt in der langen

Tabelle 45.

Assimilationsleistung bei direktem und mit Blättern abgeblendetem Licht.

Ungefähr 48 000 Lux, 25°, 5 vol.-proz. CO_2, 8,0 g Blattspreite von Cucurbita Pepo mit 14,0 mg Chlorophyll.

Belichtung	Intervall in Minuten	Temperaturdifferenz zwischen Blatt und Kühlwasser	Austretende Luft (l)	CO_2 (g) im Gemisch mit 1 l austretender Luft	Assimiliertes CO_2 (g) für das Intervall	für 1 Stunde
Ungeschwächt	..	..	...	.....	.....	....
	20	2,3°	1,00	0,0303	0,0549	0,165
	20	2,3°	1,00	0,0287	0,0565	0,170
1 Blatt eingeschaltet	..	..	...	.....	.....	....
	20	0,8°	1,00	0,0799	0,0053	0,016
	20	0,7°	1,00	0,0822	0,0030	0,009
2 Blätter eingeschaltet	20	0,5°	1,00	0,0853	—0,0001	0,000
	140	0,5°	7,00	0,0846	0,0042	0,002
Ungeschwächt (beide Filterblätter entfernt)	..	..	...	.....	.....	....
	20	2,3°	1,00	0,0374	0,0478	0,143
	20	2,0°	1,00	0,0351	0,0501	0,150
	20	—	1,00	0,0343	0,0509	0,153

Dauer etwas welk geworden, stieg die Leistung nach dem Entfernen der Filterblätter beinahe wieder zu dem Betrag vom Versuchsbeginn.

Dieser Undurchlässigkeit der Blätter für assimilatorisch wirksame Strahlen wird von der Pflanze Rechnung getragen; der Kürbis breitet durch lange kriechende Stengel seine Blätter so nebeneinander aus, daß sie sich gegenseitig nicht überdecken.

X. Assimilationsleistung ergrünender etiolierter Blätter.

Die Versuchspflanzen, Phaseolus vulgaris und Zea Mays, züchteten wir im Gewächshause in den Monaten Mai und Juni. Die Samen wurden in mittelgroßen Töpfen, die mit gereinigtem und befeuchtetem Sägemehl gefüllt waren, zur Keimung gebracht. Nach dem Ankeimen bedeckte man einen Teil der Töpfe mit 50 cm hohen, aus schwarzem Papier gefalteten Hohlkegeln, die den Lichtzutritt ausschlossen, ohne die Luftzirkulation zu verhindern. Die schwarzen Hüte waren zum Schutz vor der Erwärmung durch Sonnenlicht mit Mänteln aus glattem weißem Papier überdeckt. Die ähnlich rasche Verdunstung des Gießwassers bei den bedeckten und den unbedeckten Kulturen ließ auf übereinstimmende Transpirationsverhältnisse bei den etiolierten Pflanzen und ihren Kontrollexemplaren schließen. Zehn Tage nach der Aussaat beschickten wir die Töpfe mit je 100 ccm van der Cronescher Nährlösung. Um diese Zeit trugen die Lichtpflanzen bereits gut entwickelte, schön grüne Blätter, während die etiolierten Bohnen an langen dünnen Stengeln nur sehr kleine, gefaltete Blätter aufwiesen. Bei den Assimilationsversuchen waren daher für das nötige Blattgewicht viel zahlreichere etiolierte Exemplare erforderlich als normale Pflanzen. Anders verhielt es sich mit den im Dunkeln gezogenen Maispflanzen. Diese trieben nämlich etwa gleich große und ähnlich ausgebreitete Blätter wie die normalen Gewächse; sie unterschieden sich nur durch das Fehlen des Chlorophylls, und sie eigneten sich daher in besonderem Maße für den Vergleich der assimilatorischen Leistung.

Die 15 Tage alten etiolierten Bohnenpflanzen wurden abgedeckt und dem Tageslicht, das auf etwa ein Drittel abgeblendet war, ausgesetzt; es herrschte nur zeitweise Sonnenschein. Schon in zwei Stunden erfolgte deutliches Ergrünen der Blätter und nach zwei Tagen waren die nun entfalteten, aber immer noch kleinen Blätter erst etwa so grün wie die frühesten Proben der in unseren quantitativen Versuchen geprüften Frühlingsblätter (s. Abschnitt V A.). Nach 4 Tagen endlich erreichten sie normal grüne Farbe, während die Blattfläche noch immer sehr klein blieb. Die etiolierten und 17 Tage nach der Aussaat dem teilweise abgeblendeten Tageslicht ausgesetzten Maispflanzen ergrünten in 9 stündiger Belichtung nur sehr wenig und waren auch nach drei Tagen wohl normal groß und ausgebreitet wie die Lichtgewächse, aber nur schwach gelbgrün. Selbst nach 5 Tagen unterschieden sich die Blätter noch durch ihr helleres Grün von den Kontrollexemplaren.

Bei der mikroskopischen Untersuchung erwies sich das kräftig gebaute Zellgewebe der am Licht gezogenen tief grünen Bohnenblätter mit verhältnismäßig großen und schön grünen Chloroplasten reichlich ausgestattet; namentlich die Wände der Palisadenzellen waren damit ganz überdeckt. In den unter Lichtausschluß gezogenen und zwei Tage belichteten, also noch hellgrünen Bohnenblättern zeigte sich das Blattgewebe viel schwächer gebaut. Die Chloroplasten waren kleiner, aber ebenso zahlreich wie bei den Lichtblättern und sie bedeckten im Palisadengewebe die Zellwände. Unterscheidend war hauptsächlich der Farbstoffgehalt. Die noch unbelichteten etiolierten Blätter, schön goldgelb und zusammengerollt, zeigten im Schnitte bei noch schwächerem Bau doch genau dieselbe Ausbildung von Palisadengewebe und Schwammparenchym, wenn es auch noch an deutlich abgegrenzten Chloroplasten fehlte. Das schwach grünlichgelbe Protoplasma ist in nahezu homogener Schicht an die Zellwände angelagert und grenzt namentlich in den Palisadenzellen durch Brückenbildung einzelne Vakuolen ab. An einigen Stellen erscheint die Protoplasmaschicht knötchenartig verdickt wie in angedeuteter Differenzierung zu Chloroplasten, die erst bei längerem Belichten auf dem Objektträger deutlicher wird. Der Fähigkeit zur Assimilation geht offenbar die vollständige Ausbildung der Assimilationsorgane voraus; erst in den Chloroplasten erfolgt die Bildung des Chlorophylls.

Von den im Abschnitt VIII beschriebenen chlorophyllarmen Blättern der Aureavarietäten unterscheiden sich die nun zu behandelnden gelben Blätter der etiolierten Gewächse. In jenen Fällen ist die Eigenart der Blätter, die, bezogen auf den Chlorophyllgehalt, eine außerordentliche Leistung vollbringen, eine dauernde, bei den etiolierten Pflanzen ist die Erscheinung vorübergehend, sie ist nach vollständigem Ergrünen nur eben noch bemerkbar. Durch die große Änderung, die ihre Assimilationsenergie in kurzer Zeit durchmacht, sind die etiolierten Gewächse ein besonders interessantes Versuchsobjekt.

Die assimilatorische Fähigkeit etiolierter Pflanzen während der Zeit des Ergrünens ist von Fräulein Irving [1]) in einer ausführlichen Arbeit unter der Leitung von Blackman untersucht worden [2]). A. A. Irving

[1]) A. A. Irving, Ann. of Botany **24**, 805 [1910].

[2]) Auch die wiederholt angeführte Abhandlung von A. J. Ewart (Journ. of the Linnean Soc., Botany, **31**, 554 [1897]) behandelt in ausführlicher Weise die Assimilation etiolierter Gewächse, ohne indessen einen einfachen Zusammenhang zwischen dem Chlorophyllgehalt und der Assimilation zu ergeben.

hat den Versuchspflanzen nicht kohlensäurehaltige Luft zugeführt, sondern ihnen nur die eigene Atmungskohlensäure geboten. In einer Reihe genau beschriebener Versuche findet sie, daß noch gar keine Assimilation stattfinde, selbst wenn die Pflanzen schon einen großen Teil vom Chlorophyll besitzen, so daß sie grasgrün aussehen. Die Versuche sind mit Schößlingen von Hordeum und von Vicia Faba ausgeführt; die von den Pflanzen abgegebene Kohlensäure wird in zweistündigen Perioden im Dunkeln und bei Belichtung verglichen und der Eintritt der Photosynthese am Kohlendioxydverbrauch in den Belichtungsintervallen erkannt.

Von den Irvingschen Tabellen sollen in Anbetracht der Wichtigkeit der aus den Resultaten gezogenen Schlußfolgerungen zwei Beispiele hier angeführt werden.

Nr. der Ablesung	(I) Etiolierte Blätter von Gerste (25,2°)			(V) Etiolierte Sproßenden von Vicia Faba (25°)		
	Abgegebenes CO_2 (g)	Belichtung	Farbe der Blätter	Abgegebenes CO_2 (g)	Belichtung	Farbe der Blätter
1	0,0035	Dunkel	orangegelb	0,0021	Dunkel	blaßgrün
2	0,0032	,,		0,0017	,,	
3	0,0036	Licht		0,0015	,,	
4	0,0035	,,	Spuren von Grün	0,0016	Licht	
5	0,0030	,,		0,0022	,,	
6	0,0028	Dunkel		0,0020	,,	grasgrün
7	0,0029	,,		0,0019	Dunkel	
8	0,0024	,,		0,0012	,,	
9	0,0028	,,		0,0011	,,	
10	0,0026	Licht		0,0012	,,	
11	0,0024	,,	blaßgrün	0,0011	,,	
12	0,0020	,,		0,0010	,,	
13	0,0022	Dunkel		0,0009	Licht	
14	0,0020	,,		0,0009	,,	
15	0,0021	,,		0,0007	,,	dunkler grün, doch
16	0,0019	,,		0,0009	Dunkel	nicht normal grün
17	0,0018	,,		0,0007	,,	
18	0,0018	Licht		0,0008	,,	
19	0,0020	,,	grasgrün	0,0008	,,	
20	0,0021	Dunkel		0,0009	,,	
21	0,0020	,,		—	—	

Es ist überraschend und schwer erklärlich, daß unsere Versuche mit den etiolierten Blättern zu gerade entgegengesetzten Ergebnissen führen. Während nach A. A. Irving die Fähigkeit zur Photosynthese ganz unabhängig von der Chlorophyllbildung sein und in Abhängigkeit von einer Komponente der photosynthetischen Maschine stehen soll, die sich bei der Belichtung später als das grüne Pigment ausbildet, beweist im Gegenteil unsere Messung, daß die spezifische Funktionstüchtigkeit des Plasmas bereits den Ausschlag gibt, bevor Chlorophyll reichlich gebildet ist. Die unter Bedingungen maximaler Assimilation ausgeführte Untersuchung der photosynthetischen Leistungsfähigkeit ergrünender etiolierter Blätter ergibt also eine Abweichung von der Norm im entgegengesetzten Sinn als Irving angenommen hat. Wir haben im Hinblick auf den Widerspruch zwischen den Beobachtungen von Irving und den unserigen einige Versuche auch unter den Bedingungen von Irving angestellt, nämlich die ergrünenden Blätter in kohlensäurefreier Luft geprüft, so daß denselben nur ihre Atmungskohlensäure zur Verfügung stand. Aber auch unter diesen Verhältnissen gelang es festzustellen, daß die Blätter bereits in einem sehr frühen Zustand des Ergrünens, nämlich mit 3—6 Prozent vom normalen Chlorophyllgehalt, ihre Atmungskohlensäure vollständig verbrauchen (Tabelle 46). Unsere Versuchsanordnung war in einer wichtigen Beziehung genauer als bei Irving. Wir beobachteten nämlich die Temperatur unmittelbar an den belichteten Blättern, nicht in einem umgebenden Bade, und unterdrückten durch geeignete Kühlung die durch Bestrahlung der Blätter bewirkte Temperatursteigerung, so daß vermehrter Atmung und erhöhter Kohlensäureabgabe vorgebeugt war. Diese Gefahr ist bei Irving nicht vermieden worden, aber es ist doch zu bezweifeln, daß diese Fehlerquelle allein für die abweichenden Resultate verantwortlich ist.

Erster Versuch. Mit Phaseolus vulgaris. 14 Tage nach der Aussaat. Von 10^h vorm. bis 4^h nachm. (Juni) mit etwa einem Drittel Tageslicht belichtet; nach drei Stunden waren die Blätter grünlichgelb, nach sechs Stunden gelbgrün etwa wie die von uns untersuchten Aureavarietäten. Man hielt sie wieder unter Lichtausschluß und verwendete in etwas ausgebreitetem Zustand 40 Blätter von 20 Pflanzen (4,4 g) am folgenden Tag zum Versuch.

Zweiter Versuch. Mit Zea Mays. 15 Tage nach der Aussaat. Von 10^h vorm. an 24 Stunden bei halbbedecktem Himmel (Juni) offen aufgestellte Blätter (8,0 g), von der Basis bis zur Mitte grünlich, in der oberen Hälfte gelb.

Tabelle 46.

25°, kohlensäurefreie Luft, ungefähr 48 000 Lux Belichtung

Intervall in Minuten	Belichtung	Abgegebenes CO_2 (g) 1. Versuch, Phaseolus	2. Versuch, Zea Mays
20	Dunkel	0,0021	0,0017
20	„	0,0017	0,0017
20	Licht	0,0006	0,0010
20	„	0,0000	0,0005
20	„	0,0000	0,0002
20	Dunkel	—	0,0010
60	„	0,0048	0,0042
20	„	0,0015	—

Besonders bei den chlorophyllarmen Blättern ist es zur Beobachtung der Assimilation viel zweckmäßiger, überschüssige Kohlensäure zuzuführen; man findet dann nicht nur, wie bei Irving und wie in den obenstehenden Versuchen, ob Assimilation eingetreten ist, sondern man gewinnt ein Maß für die Assimilationsenergie. Daher wurden die Assimilationszahlen unter den hier üblichen Bedingungen maximaler Assimilation ermittelt; dabei erreichten sogar die absoluten Beträge der von Phaseolus assimilierten Kohlensäure schon nach dem ersten Ergrünen die Leistungen der gelbblätterigen Varietäten und die Assimilationszahlen waren so hoch wie bei diesen.

In der Tabelle 47 sind die Beobachtungen mit den Blättern in verschiedenen Zuständen des Ergrünens und mit den am Licht gezogenen Vergleichsexemplaren zusammengestellt.

Die Blätter der Versuche Nr. 1 und 2 wurden nach dem Verweilen in kohlensäurefreier Luft mit 5 proz. Kohlendioxyd umspült und nach Ermittlung des CO_2-Wertes für 1 l im Dunkeln übergeleiteter Luft belichtet. Beim ersten Versuch der Tabelle sind zwei Reihen von Messungen ausgeführt worden, unterbrochen durch eine Ruhepause von 3 Stunden, mit wiederholter Kontrolle der Atmung, die konstant blieb. Man fand nämlich für 1 l austretender Luft des im Dunkeln durch die Assimilationskammer geleiteten Gasstromes 0,0922 g und 4 Stunden später wieder

0,0922 g CO_2. Der Kohlensäureverbrauch blieb während des Versuches, auch nach der Ruhepause, gleich tief, und zwar von 5 g Blättern 6 bis 7 mg in der Stunde. Die Blätter sind bei dreistündigem Belichten mit der Metallfadenlampe von etwa 48 000 Lux gelb geblieben, während gleichartige in diffusem Tageslicht sich in der nämlichen Zeit schon grünlichgelb färbten. Diese Erscheinung dürfte auf dem geringen Gehalt der Lichtquelle an violetten Strahlen beruhen, denen bei der Entstehung des Pigments eine Rolle zukommt. Hingegen machte die Chlorophyllbildung bei den schon etwas ergrünten etiolierten Blättern ebenso wie bei den Frühlingsblättern auch im Lichte der Metallfadenlampe rasch Fortschritte.

Im zweiten Versuch setzte bei noch sehr niedrigem Chlorophyllgehalt, der am Ende der Beobachtungszeit zu 0,3 mg bestimmt wurde, eine rege Assimilationstätigkeit ein, so daß sich in diesem einen Falle die ungewöhnlich hohe Assimilationszahl 133 ergab.

Das rasche Ergrünen in der Entwicklung der etiolierten Blätter vom Versuche Nr. 1—4 kommt in den Zahlen des Chlorophyllgehaltes weniger zum Ausdruck, weil die etiolierten Blättchen beim Belichten außergewöhnlich schnell wachsen. Man brauchte im Versuch 1 50 erste Laubblättchen, in Nr. 2 38, in Nr. 4 20 Blätter für 5 g. Die durchschnittliche Fläche eines Blattes nahm in den zwei Tagen vom dritten zum vierten Versuche von 8 auf 13 qcm zu. Am Lichte gezogene Blätter hatten 39 qcm Fläche.

Während bei Phaseolus das Zurückbleiben im Wachstum der Blattspreiten im Dunkeln den Vergleich etwas störte, waren die Zahlen für Chlorophyllgehalt und Leistung etiolierter und normaler Blätter bei Zea Mays unmittelbar vergleichbar; in den Versuchen 6—8 und im Versuch 9 mit der Lichtpflanze waren gleichviel Blätter erforderlich (8 g = 32 bis 34 Blätter).

Es ist eben bei Mais besonders bemerkenswert, daß die assimilatorische Leistung der etiolierten und in fünf Tagen ergrünten Blätter erheblich größer ist (0,085 g CO_2 gegenüber 0,060 g in der Stunde) als die Leistung der am Licht gezogenen, beträchtlich chlorophyllreicheren Blätter (8,7 mg Chlorophyll gegenüber 11,7). Das nämliche Ergebnis berechnet sich auch bei der Bohne, wenn man das Frischgewicht und die Blattfläche statt der Anzahl von Blättern in Rechnung zieht.

Daß die etiolierten Blätter, sobald sie nur Gelegenheit zur ersten Chlorophyllbildung[1]) erhalten haben, infolge der fertigen enzymatischen Ausrüstung ihres photosynthetischen Apparates die Lichtpflanzen an Leistungsfähigkeit sogar übertreffen, zeigt sich auch bei der Beobachtung der Gewichtszunahmen. Die stündliche Trockengewichtsvermehrung der etiolierten Bohnenblätter in den Versuchen 3 bis 5 betrug übereinstimmend 9 Prozent, trotzdem die Zustände der Versuchspflanzen, gemäß der starken Vermehrung des Blattfarbstoffes, so verschieden waren. Bei Mais erreichte

Tabelle 47.

Assimilationsleistungen ergrünender etiolierter Blätter.

25°, 5 proz. CO_2, ungefähr 48 000 Lux.

Nr.	Pflanzenart	Datum	Belichtung vor dem Versuch	Aussehen	Für d. Versuch angewandtes Gewicht g	Von 10 g frischen Blättern: Trockengewicht g	Fläche (qcm)	Chlorophyll (mg)	Assimiliertes CO_2 (g) in 1 Stunde von: 10 g frischen Blättern	1 g Trockengewicht	1 qdm Blattfläche	Assimilationszahl
1	Phaseolus vulgaris	11. VI.	unbelichtet	rein gelb	5,0	—	—	weniger als 0,2	0,014	—	—	>70
2	„ „	11. VI.	6 Stunden	grünlichgelb	4,4	—	—	0,7	0,091	—	—	133
3	„ „	29. V.	2 Tage	gelbgrün	5,0	1,40	432	8,0	0,192	0,137	0,044	24
4	„ „	31. V.	4 Tage	grasgrün	5,0	1,48	520	15,6	0,208	0,140	0,040	13,3
5	Am Licht gezogene Vergleichspflanze				5,0	1,28	552	18,6	0,174	0,136	0,032	9,4
6	Zea Mays	14. VI.	1 Tag	stellenweise grünlichgelb	8,0	0,80	567	0,4	0,007	0,008	0,001	18
7	„ „	31. V.	2 Tage	grüngelb	8,0	1,00	691	2,75	0,045	0,045	0,006	16,4
8	„ „	3. VI.	2 Tage	grasgrün	8,0	1,00	585	8,7	0,085	0,085	0,015	9,7
9	Am Licht gezogene Vergleichspflanze				8,0	1,35	642	11,7	0,060	0,044	0,009	5,1

[1]) Der in den etiolierten Bohnenblättern enthaltene gelbe Farbstoff ist weder Carotin noch Xanthophyll, er ist wasserlöslich, wird mit Alkalien tief gelb und durch Säure entfärbt, um dann beim Versetzen mit Lauge wieder Farbumschlag in Gelb zu geben. Das Blattgewebe hinterbleibt nach Extrahieren mit Wasser oder wasserhaltigem Aceton farblos, Aceton entzieht ihm weder nachweisbare Mengen von Chlorophyll noch Carotinoid. Der wässerige Auszug der etiolierten Blätter gibt an Äther auch beim Aussalzen kein Pigment ab.

Unsere etiolierten Maisblätter enthielten gleichfalls den wasserlöslichen Farbstoff sehr reichlich, neben demselben aber auch schon wasserunlösliches, ätherlösliches Carotinoid in erheblicher Menge.

Während der Belichtung schreitet die Carotinoidbildung rasch fort, anfangs aber scheint die Lichtabsorption durch den primär vorhandenen wasserlöslichen Farbstoff von Bedeutung zu sein, den wir auch allgemein bei jungen Frühlingsblättern beobachten.

die Trockengewichtszunahme schon in der frühen Ergrünungsphase des Versuches 7 den bei der Lichtpflanze (Nr. 9) gefundenen Wert von 3 Prozent, und die Gewichtsvermehrung der etiolierten Blätter stieg auf das Doppelte, nachdem sie 75 Prozent des normalen Chlorophyllgehaltes erreicht hatten.

Die ergrünenden etiolierten Blätter ergeben, solange ihr Chlorophyllgehalt noch gering ist, viel höhere Assimilationszahlen als andere jugendliche Blätter, zum Beispiel als die im Frühling aus den Knospen tretenden. Der Unterschied dürfte darauf beruhen, daß die Produktion des Chlorophylls durch den Lichtausschluß unterdrückt ist, aber nicht die Bildung des für die assimilatorische Leistung mitverantwortlichen enzymatischen Faktors. Diese Komponente des Systems scheint sogar angereichert oder begünstigt zu sein, denn die etiolierten und dann ergrünten Blätter übertreffen nicht nur im Verhältnis zum Chlorophyllgehalt, sondern auch in den absoluten Beträgen der assimilierten Kohlensäure die normalen Pflanzen.

Die etiolierten Blätter bei beginnendem Ergrünen sind in ihren Assimilationszahlen den Blättern gelber Varietäten (Abschnitt VIII) ähnlich.

XI. Untersuchung chlorotischer Blätter.

Die nachfolgenden Versuche betreffen eine vierte Gruppe chlorophyllarmer Blätter. Mit den herbstlich vergilbten Blättern, mit den Aureavarietäten, mit den etiolierten Blättern sollen hinsichtlich der Assimilationsenergien die chlorotischen Pflanzen verglichen werden, mit denen unseres Wissens noch keine quantitativen Beobachtungen angestellt worden sind. Bei chlorophyllarmen Blättern, also auch bei den chlorotischen, kann man nicht auffallend tiefe Assimilationszahlen erwarten, da selbst eine spärliche Leistung, bezogen auf die Chlorophyllmenge, schon einen ganz ansehnlichen Quotienten ergibt. Wenn das ganze assimilatorische System schlecht eingerichtet ist, wird man bei einem chlorophyllarmen Blatt doch noch zu mittleren oder nur mäßig deprimierten Assimilationszahlen gelangen. Es wäre aber auch möglich, daß dem infolge von Eisenmangel so spärlich gebildeten Pigment ein leistungsfähiger enzymatischer Apparat gegenüberstände; in diesem Falle würden sich hohe Assimilationszahlen ergeben. Es wird also gefragt, ob das Eisen lediglich zur Chlorophyllproduktion unentbehrlich ist oder ob eine Eisenverbindung mit dem Chlorophyll bei der Assimilation zusammenwirkt.

Die Versuchspflanzen wurden im Gewächshaus in Wasserkulturen gezogen. Die Samen von Pferdezahnmais und von Sonnenblume ließen wir, in reines, mit destilliertem Wasser befeuchtetes Filtrierpapier eingehüllt, im April bei etwa 20° ankeimen. Nach 4 Tagen, als die Würzelchen schon 2—3 cm lang waren, brachte man die Keimlinge in die richtige Lage, in senkrechte Falten von feuchtem Filtrierpapier, wo in 8 Tagen die Würzelchen bis zu einer Länge von 10—15 cm gediehen und grüne Blättchen zum Vorschein kamen. Darauf wurden die Keimlinge mit den in Watte gehüllten Samenüberresten paarweise oder zu dritt in durchlochte Korkplatten gesteckt und so über der Nährlösung angeordnet, daß die Wurzeln bis auf das oberste Zentimeter eintauchten. Mit der Nährlösung nach van der Crone[1]), worin das Ferrophosphat durch einen Mehrbetrag von Calciumphosphat ersetzt war, und für die Kontrollversuche mit der normalen Nährflüssigkeit waren Gefäße von 3—5 l Inhalt beschickt, die wir zum Lichtschutz mit Blechzylindern umgeben haben. Durch täglich zweimaliges Durchblasen von Luft wurden ungelöste Nährsalze aufgerührt und zugleich die Wurzeln mit Sauerstoff versorgt.

Drei Wochen alt zeigten die Keimlinge von Helianthus nur in den Samenlappen reichliche Chlorophyllbildung, schon das erste eigentliche Laubblattpaar war nur an den Spitzen schwach ergrünt. An den noch nicht vier Wochen alten Pflänzchen, und zwar bei verschiedenen Kulturen traten da und dort braune Fleckchen an den gelben Blättern auf. Zu diesem Zeitpunkt wurde das auf die Kotyledonen folgende und das übernächste Blätterpaar mit kurzen Stielchen abgeschnitten und zum Versuch verwendet. Diese Blätter enthielten in 10 g Frischgewicht 2,9 mg Chlorophyll, fünfmal weniger als gewöhnliche Sonnenblumen, ungefähr dreimal

[1]) Detmer, Pflanzenphysiologisches Praktikum, 3. Aufl., S. 8.

mehr als Aureablätter. Der gesamte Chlorophyllgehalt von 19 Pflanzen einer Kultur belief sich auf 11,5 mg.

Bei Mais war die Schädigung bis zum Alter von fünf Wochen weniger auffallend. Zu dieser Zeit haben die chlorotischen Blätter für die Messung gedient zugleich mit den kräftig entwickelten, tiefgrünen Blättern der Vergleichspflanzen.

Die Trockengewichte dieser aus den Wasserkulturen gewonnenen Pflanzen waren auffallend niedrig, nicht einmal 10 Prozent der Frischgewichte, während sonst der Trockengehalt zum Beispiel von Helianthus 20 Prozent ausmacht. Schon bei mäßiger Assimilationstätigkeit der Vergleichspflanzen war die Vermehrung der Trockensubstanz hoch, im Versuch 4 etwa 9 Prozent in der Stunde.

Tabelle 48.

Assimilationsleistungen chlorotischer Blätter.

25°, 5 proz. CO_2, ungefähr 48 000 Lux.

Nr.	Pflanzenart	Beschreibung	Für den Versuch angewandtes Gewicht (g)	Von 10 g frischen Blättern			Assimiliertes CO_2 (g) in 1 Stunde von			Assimilationszahl
				Trockengewicht (g)	Fläche (qcm)	Chlorophyll (mg)	10 g frischen Blättern	1 g Trockensubstanz	1 qdm Blattfläche	
1	Helianthus annuus	erstes Paar Laubblätter, grünlichgelb	5,6	—	345	1,9	0,025	—	0,007	**13**
2		ebenso (andere Kultur)	8,0	0,75	402	2,9	0,063	0,084	0,016	**21,7**
3		Samenlappen der Pflanzen vom ersten Versuch	11,6	—	157	3,8	0,074	—	0,047	**19,5**
4		Vergleichspflanze, in eisenhaltiger Lösung gezogen	8,0	0,95	392	11,6	0,134	0,141	0,034	**11,5**
5	Zea Mays	drittes und viertes Blatt, grüngelb	8,0	0,85	425	1,9	0,006	0,007	0,001	**3,2**
6		Vergleichspflanze, in eisenhaltiger Lösung gezogen	8,0	0,95	480	15,5	0,107	0,113	0,022	**6,9**

Nach den in der Tabelle 48 verzeichneten Bestimmungen unterscheiden sich die chlorotischen Gewächse in ihrer assimilatorischen Leistungsfähigkeit gänzlich von den gelben Varietäten und von etiolierten Blättern, indem bei ihnen das spärlich vorhandene Chlorophyll nur recht mäßig ausgenützt wird. Die Assimilationszahlen der chlorophyllarmen oberen

Blätter chlorotischer Pflanzen sind nämlich normal oder nur einigermaßen herabgedrückt.

Das enzymatische System funktioniert also schlecht. Das assimilatorische Verhalten stimmt recht gut zu der seit den Arbeiten von A.[1]) und E.[2]) Gris wohlbekannten Eigenart chlorotischer Blätter, die nur verkümmerte Assimilationsorgane, nur sehr wenig fertig gestaltete brauchbare Chloroplasten hervorbringen. Man darf aus dem assimilatorischen Verhalten hier keine weitgehenden Folgerungen ziehen. Es darf nicht aus den quantitativen Beobachtungen geschlossen werden, daß eine Eisenverbindung außer für die Bildung des Chlorophylls oder richtiger außer für die Bildung der Chloroplasten auch für ein Zusammenwirken mit dem Chlorophyll in der Photosynthese notwendig sei, daß also dem Eisen eine besondere Rolle im Assimilationsvorgang selbst zukomme.

Den chlorotischen Blättern fehlt es in dem nicht einmal besonders chlorophyllarmen Protoplasmaschlauch an ausgebildeten Chloroplasten, während die Aureablätter zahlreiche gut ausgebildete, aber chlorophyllarme Chloroplasten aufweisen. Die Ausbildung gelber Varietäten hat mit der Chlorosis nichts gemein.

In einer ausführlichen Abhandlung über: „The Presence of Inorganic Iron Compounds in the Chloroplasts of the Green Cells of Plants, considered in Relationship to Natural Photo-synthesis and the Origin of life" hat vor kurzem B. Moore[3]) sich mit dem wohlbekannten Nachweis des Eisens in chlorophyllhaltigen Pflanzen beschäftigt und hat dann mit empfindlichen Reaktionen (Hämatoxylinlösung nach Macallum) gezeigt, daß nach der Behandlung grüner Pflanzenteile mit siedendem Alkohol, wodurch das Chlorophyll extrahiert wird, das zurückbleibende entfärbte Gewebe eisenhaltig ist. Indem Moore von der mit Alkohol entfärbten Pflanzensubstanz so spricht, wie wenn sie mit dem farblosen Teile der Chloroplasten gleichbedeutend wäre, glaubt er bewiesen zu haben, daß in den farblosen Bestandteilen der Chlorophyllkörner Eisenverbindungen

---

[1]) A. Gris, „De l'action des composés ferrugineux solubles sur la végétation" [1843] und „Nouvelles expériences sur l'emploi des ferrugineux solubles appliqués à la végétation" [1844].

[2]) E. Gris, Ann. des Sc. nat. IV. sér. 7, 201 [1857].

[3]) B. Moore, Proc. Roy. Soc. Ser. B, 87, 556 [1914].

enthalten seien. In der Zusammenfassung dieser Abhandlung sind weitgehende Folgerungen, die mit dem experimentellen Inhalt der Arbeit in keinem Zusammenhang stehen, mit dem Scheine des Bewiesenen vorgetragen, namentlich die beiden Sätze[1]):

„Inorganic iron salts and iron or aluminium hydrates in colloidal solution possess the power of transforming the energy of the sunlight into chemical energy of organic compounds.“

Und: „The iron-containing substances of the colourless portion of the chloroplast, and the chlorophyll produced by them, then become associated in the functions of photo-synthesis as a complete mechanism for the energy transformation.“

Diese letzte These hat der experimentellen Begründung ermangelt und sie ist auch durch unsere Beobachtungen an chlorotischen Pflanzen noch unwahrscheinlicher geworden.

XII. Untersuchung fast chlorophyllfreier Blätter.

Wenn zahlreiche, in dieser Abhandlung beschriebene Versuche darauf hinzielen, die Abhängigkeit der Assimilation von einer Einrichtung des Blattes aufzudecken, die in keiner quantitativen Beziehung zum grünen (und auch zum gelben) Pigment des Blattes steht, so ist dabei keineswegs zu übersehen, daß die Assimilation der chlorophyllführenden Gewächse in notwendigem Zusammenhang mit dem Chlorophyll steht. Es wird wiederholt gefunden, daß ein Blatt mit geringem Chlorophyllgehalt mehr Kohlehydrat produziert, als ein Blatt mit größerem Chlorophyllgehalt unter gleichen Bedingungen, aber doch nur, weil eben die zusammengesetzte Einrichtung des Assimilationsapparates eine mehr oder weniger weitgehende Ausnützung des vorhandenen Chlorophylls für die Photosynthese ermöglicht.

Wir verfolgen nun die assimilatorische Leistung einer an und für sich schon chlorophyllarmen Aureavarietät mit noch weiter sinkendem Chlorophyllgehalt, indem wir ein besonders hellfarbiges Exemplar des Gold-

[1]) Zu dem ersten Satze siehe auch B. Moore und T. A. Webster, Proc. Roy. Soc. Ser. B, **87**, 163 [1913].

holunders auswählen. Es zeigt sich, daß Hand in Hand mit dem letzten Rückgang des Blattgrüns bis an die Grenze der noch bestimmbaren Menge auch die assimilatorische Leistung unter den günstigsten Bedingungen bis annähernd zum Verschwinden sinkt. Natürlich bleibt bei dem ausnehmend niedrigen Chlorophyllgehalt die Assimilationszahl, die eigentlich nur noch geschätzt werden kann, sehr hoch. Gemäß dem untenstehenden Beispiel ist der Chlorophyllgehalt der Versuchspflanzen von 0,60 mg in 8 g frischen Blättern des Vergleichsexemplares auf 0,1 mg und die stündliche Leistung von 70 mg verbrauchtem CO_2 auf 10 mg gefallen. Der Versuch bestätigt also die Unentbehrlichkeit des Chlorophylls.

Auch bei Albinoblättern eines panachierten Gewächses ist die Assimilation sehr geringfügig; die enzymatische Einrichtung eines solchen Exemplares ist gleichfalls minderwertig, so daß auch die Assimilationszahl niedrig ausfällt.

Erstes Beispiel. Sambucus nigra var. aurea.

Blätter: Vom 6. Juli, Frischgewicht 8,0 g, Fläche 316 qcm, Trockengewicht 1,35 g. Der grüne Farbstoff ließ sich colorimetrisch nicht mehr bestimmen; der auf 100 ccm gebrachte Acetonextrakt zeigte in 10 mm Schicht das Hauptabsorptionsband des Chlorophylls im Rot nur als Schatten, schwächer als die Lösung von 0,1 mg Chlorophyll. Die Carotinoidmenge war nach colorimetrischer Schätzung 0,15 mg; die strohgelbe Farbe der Versuchsblätter war durch wasserlösliches gelbes Pigment mit verursacht.

Versuchsbedingungen: 5 proz. CO_2, Gasstrom 3 l in der Stunde, 48000 Lux, 20 bis 30°.

Zusammensetzung des Gasstromes bei den Messungen im Dunkeln vor der Belichtung 0,1012 g, nach der Belichtung 0,1013 g CO_2 im Gemisch mit 1 l Luft (23°, 758 mm Hg).

Meßperiode in Minuten	Temperatur	Assimiliertes CO_2 (g) in 1 Stunde
80	25°	0,012
80	20°	0,009
80	30°	0,009
80	25°	0,009

Assimilationszahl mindestens 140.

Zweites Beispiel. Acer Negundo f. foliis albo variegatis hort.

Blätter: Vom 10. Juni, ohne grüne Flecken, Frischgewicht 5,0 g, Fläche 454 qcm, Trockengewicht 0,76 g, Chlorophyllgehalt 0,35 mg.

Versuchsbedingungen: 5 proz. CO_2, Gasstrom 3 l in der Stunde, 48 000 Lux, 25°.

Assimiliertes CO_2 in der Stunde 0,003 g CO_2, Assimilationszahl 8,6.

In diesen weißen Blättern fehlte der wasserlösliche gelbe Farbstoff, der sonst in allen von uns untersuchten Blattproben zu finden war.

Anders als bei den beschriebenen Aurea- und Albinoblättern sind die Verhältnisse bei anthocyanführendem Laub. Es kommt häufig vor, daß in Blättern, die nicht einmal chlorophyllarm zu sein brauchen und deren assimilatorische Leistung derjenigen normal grüner Blätter gleicht, das Chlorophyll vom Anthocyan völlig überdeckt ist. Beispielsweise prüften wir scheinbar chlorophyllfreie, tiefrote Blätter einer Varietät der roten Rübe, indem wir zunächst mit wasserhaltigem Aceton das Anthocyan entfernten und dann aus dem nun grünen Rückstand das Chlorophyll mit Aceton extrahierten; die Farbstofflösung war chlorophyllreicher als ein entsprechender Extrakt anthocyanfreier tiefgrüner Blätter derselben Art.

Vergleich der Assimilation anthocyanhaltiger und anthocyanfreier Blätter von Acer Pseudoplatanus.

Die Versuche wurden im Frühjahr ausgeführt, und zwar mit etwa gleich weit entwickelten Blättern von einem normal grünen Baum und von einer tiefroten Form. Die unter gleichen Versuchsbedingungen gewonnenen Ergebnisse sind in der folgenden Tabelle 49 zusammengestellt.

Die Versuche 1 (mit grünen Blättern) und 3 (mit anthocyanhaltigen Blättern) zeigen weitgehende Übereinstimmung sowohl in den Chlorophyllgehalten als auch in den Assimilationsbeträgen und folglich auch nur wenig verschiedene Assimilationszahlen. Bei den Blättern des Versuches 4 ist die Chlorophyllbildung und mit ihr, wenn auch etwas weniger, die Assimilationstüchtigkeit gegenüber den sich rasch entwickelnden normal

Tabelle 49.

Assimilationsleistungen normal grüner und roter Blätter von Acer Pseudoplatanus.

25°, 5 proz. CO_2, ungefähr 48 000 Lux.

Nr.	Datum	Aussehen der Blätter	Größe eines Blattes (qcm)	Angewandtes Gewicht (g	Von 10 g frischen Blättern: Trockengewicht (g)	Fläche (qcm)	Chlorophyll (mg)	Assimiliertes CO_2 (g) in 1 Stunde von: 10 g frischen Blättern	1 g Trockengewicht	1 qdm Blattfläche	Assimilationszahl
1	5. Mai	bräunlich-grün	13	6,0	2,60	523	10,7	0,091	0,035	0,017	**8,6**
2	14. „	reingrün	146	4,0	2,55	915	18,7	0,200	0,078	0,022	**10,7**
3	8. Mai	tiefrot	13	4,0	2,55	785	10,2	0,097	0,038	0,012	**9,5**
4	18. „	tiefrot	40	4,0	2,80	895	10,5	0,117	0,031	0,013	**11,2**

grünen Blättern vom Versuch 2 zurückgeblieben. Jedenfalls geht aus den Versuchen hervor, daß der Anthocyangehalt der Blätter ohne direkten Einfluß auf die Assimilationstätigkeit ist.

Im Gegensatz zum Verhalten solchen anthocyanführenden Laubes steht eine Wahrnehmung an der Schmarotzerpflanze Neottia nidus avis. In dieser Orchidacee ist das Chlorophyll maskiert; sie zeigt bekanntlich eine ähnliche Erscheinung des Ergrünens bei raschem Absterben wie Phäophyceen und Diatomeen. J. Wiesner[1]), der das Ergrünen dieser Pflanze beim Behandeln mit Alkohol zuerst beobachtet hat, war der Ansicht, daß in ihr das Chlorophyll präexistiere und mit einem anderen Farbstoff gemengt sei. Durch Untersuchungen von A. F. W. Schimper[2]) und von O. Lindt[3]) war aber das Vorkommen des fertigen Chlorophylls in der Nestwurz zweifelhaft gemacht. Nachdem H. Molisch[4]) die hier beobachtete Erscheinung mit dem Verhalten der Phäophyceen in Parallele gebracht und R. Willstätter und H. J. Page[5]) den Nachweis geführt haben, daß in der lebenden Braunalgenzelle die beiden Chlorophyllkomponenten *a* und *b* in kolloidem Zustand vorkommen, nur von Fucoxanthin teilweise überdeckt, war es anzunehmen, daß auch Neottia Chloro-

---

1) J. Wiesner, Pringsheims Jahrb. f. wissensch. Botanik **8**, 875 [1872].

2) A. F. W. Schimper, Pringsheims Jahrb. f. wissensch. Botanik **16**, 119 [1885].

3) O. Lindt, Botan. Ztg. **43**, 825 [1885].

4) H. Molisch, Botan. Ztg. **63**, 142 [1905].

5) R. Willstätter und H. J. Page, Ann. d. Chem. **404**, 237 [1914].

phyll enthält. Man bekommt in der Tat mit Lösungsmitteln daraus einen schön grünen Extrakt.

50 g der gelbbraunen Blüten- und Fruchtstände von Neottia wurden in der Assimilationskammer bei 30° in 5 proz. Kohlendioxyd mit Belichtung von Sonnenstärke untersucht. Es fand keine Spur Kohlendioxydverbrauch statt.

Messung	Intervall in Minuten	Temperatur	CO_2 (g) im Gemisch mit 1 l Luft
im Dunkeln	20	30°	0,1055
„ Licht	20	30°	0,1061
„ „	20	30°	0,1057
„ „	20	29°	0,1059
„ „	20	28°	0,1046

Das Ausbleiben der Assimilation bei der Schmarotzerpflanze kann auf der Unvollkommenheit des für die Photosynthese verantwortlichen enzymatischen Systems beruhen.

XIII. Vergleich an Chlorophyll armer und reicher Blätter bei Änderung der Temperatur und der Beleuchtung.

Die Assimilationsversuche in allen voranstehenden Abschnitten sind bei einer zum Zwecke des Vergleichs gewählten günstigen Temperatur unter Bedingungen überschüssiger Kohlensäureversorgung und überschüssiger Lichtzufuhr vorgenommen worden. Infolgedessen waren die äußeren Faktoren der Assimilation ohne Bedeutung für die zu vergleichende Leistung verschiedenartiger Blätter. Es brauchte die Abhängigkeit der assimilatorischen Leistung vom Lichte, da dessen Steigerung die erhaltenen Werte nicht geändert hätte, und von der Temperatur, obwohl deren Steigerung die Zahlen beeinflußt hätte, nicht beachtet zu werden. Der hauptsächliche Zweck der Arbeit war, die Leistung im Verhältnis zur Menge des assimilatorischen Farbstoffs zu verfolgen. Dadurch sind Fälle von außerordentlicher Disproportionalität aufgedeckt und es ist die Folgerung ermöglicht worden, daß nicht allein von der Chlorophyllmenge, sondern durch das Zusammenwirken zweier variabler Komponenten des assimilatorischen Systems die Leistung bestimmt wird, nämlich:

a) durch den grünen Farbstoff und

b) durch ein anderes dem Protoplasma angehörendes Agens.

Der erste Befund über die Natur dieses zweiten inneren Faktors ging dahin, daß er kein Farbstoff ist. Es sind die Carotinoide nicht an der Assimilation mitbeteiligt oder wenigstens nicht mit ihren Farbstoffeigenschaften; die Ausschaltung der von ihnen absorbierten Lichtstrahlen bewirkt bei den für den Versuch besonders geeigneten Objekten keine Änderung der Assimilation.

Um die Beteiligung des Protoplasmas an der Photosynthese, oder genauer gesagt, um die Art des mit dem Chlorophyll zusammenwirkenden Assimilationsagens näher zu kennzeichnen, wird in den folgenden Versuchen geprüft, ob diese beiden inneren Faktoren gleiche oder verschiedene Abhängigkeit von den äußeren Faktoren zeigen, von Temperatur und Beleuchtung.

Die Voraussetzung für dieses nähere Eingehen auf die Rolle des Protoplasmas ist die gewonnene Kenntnis der Fälle, in denen die assimilatorische Leistung in auffallendem Mißverhältnis zum Chlorophyll steht. Das sind die Fälle, in denen die Wirkung der zu beschreibenden Komponente, sei es durch ihr Überwiegen oder ihr Zurücktreten, am besten zum Vorschein kommt. Die Objekte mit überwiegendem Chlorophyll und die mit vorwiegendem zweiten Agens sind für die vergleichenden Versuche über den Einfluß der physikalischen Verhältnisse besonders geeignet. Daher bilden im folgenden das Versuchsmaterial: erstens die Blätter der Aureavarietäten mit wenig, aber sehr gut arbeitendem Chlorophyll, neben welchen die normalen Blätter der Stammform vergleichsweise zu prüfen sind (wir wählten für die Versuche Ulmus und Sambucus im Monat Juli) und zweitens die noch schönen Herbstblätter (von Ampelopsis Veitchii im November) von geschwächter Assimilationsenergie, also mit ziemlich viel, aber schlecht arbeitendem Chlorophyll.

Die Variation der Beleuchtungsstärke wurde bewirkt durch Höher- oder Tieferhängen der Lampe, deren gewöhnlicher Abstand — der Glühkörper 25 cm über den Blättern — die Intensität von etwa 48 000 Lux, ungefähr von Sonnenstärke, ergab. Die Temperatur wurde so geändert, daß innerhalb 5 Minuten die Konstanz an den Blättern erreicht war. Die Versuchsbedingungen ließ man gewöhnlich eine Stunde lang konstant und führte in dieser Zeit drei Messungen aus, wovon die erste in dem Fall, daß sich die Assimilation änderte, wegen der schädlichen Räume der Apparatur außer Betracht blieb für die Berechnung der stündlichen Leistung. Erst aus den nachfolgenden Intervallbeobachtungen war der Mittelwert für die Stunde zu berechnen.

Eine Erscheinung, die den Vergleich der Leistungen bei wechselnden Temperaturen und Lichtstärken erschwert, ist während der erforderlichen sehr langen Versuchsdauer und bei der hochgesteigerten Leistung die Inkonstanz der Assimilationstätigkeit der Blätter, die sehr wahrscheinlich auf der Anhäufung von Assimilaten beruht (s. Abschnitt III, D). Die Leistung läßt schon in der ersten Stunde nach bei den sommerlichen Blättern, mehr bei grünen als bei gelben, und umgekehrt nimmt sie bei den herbstlichen Blättern zu infolge der Erholung des Assimilationsapparates. Dieser Gang der Assimilationstüchtigkeit muß festgestellt und in Rechnung gezogen werden. Wir schalteten daher wiederholt zwischen die abgeänderten Bedingungen und am Ende derselben Meßperioden ein mit den Verhältnissen des Versuchsanfangs. Für alle Zwischenzeiten wurde der Gang der Assimilationsleistung unter der Voraussetzung fortdauernder Anfangsbedingungen graphisch ermittelt. Mit den Koordinaten: Versuchszeiten und Assimilationsleistungen unter Anfangsbedingungen wurden also Kurven gebildet, denen wir die Vergleichswerte für die Beobachtungen unter den geänderten Bedingungen des Versuchs entnahmen, um deren Einfluß in allen Fällen unabhängig von der Ermüdung oder Erholung der Objekte zu finden (Fig. 5 für die Versuche 1, 2, 3 und 4, Fig. 6 für die Versuche 5, 6, 7 a, 7 b und 8). Die in den Versuchen gefundenen Werte korrigierten wir dann nach dem Verhältnis, in welchem sich die Anfangsleistung für den betreffenden Zeitpunkt verändert hätte. Der Gang eines Versuches und die Korrektur der beobachteten Werte wird an dem ausführlicher mitgeteilten Beispiel ersichtlich.

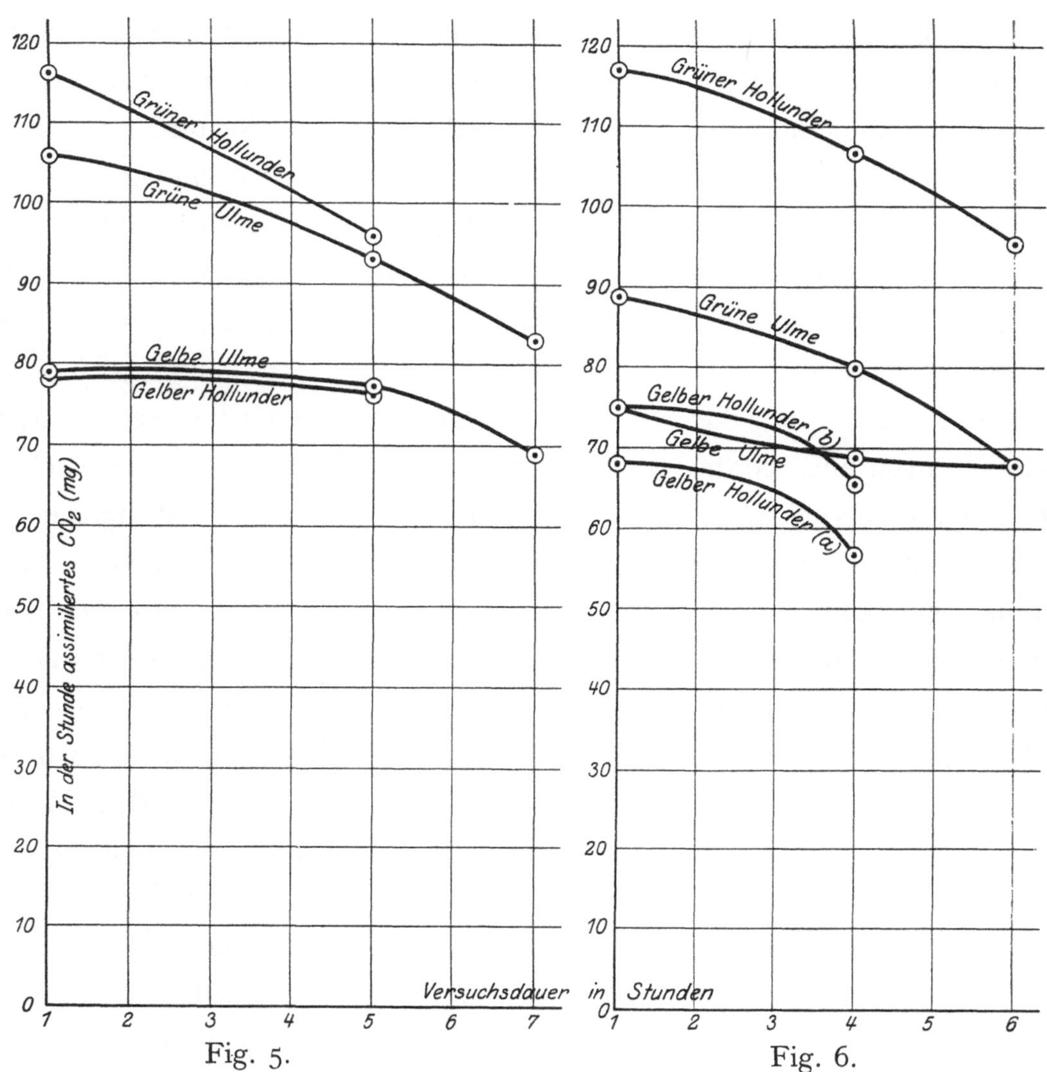

Fig. 5.
Änderung der Assimilationstüchtigkeit (die Vergleichswerte unter Anfangsbedingungen, Versuch 1, 2, 3 u. 4).

Fig. 6.
Änderung der Assimilationstüchtigkeit (die Vergleichswerte unter Anfangsbedingungen, Versuch 5, 6, 7a, 7b u. 8).

A. Einfluß verschiedener Beleuchtung auf gelbe und grüne Blätter.

Erster Versuch. Ulmus var. aurea (Tabelle 50).

Blätter: Vom 17. Juli, Frischgewicht 8,0 g, Fläche 300 qcm, Trockengewicht 1,80 g, Chlorophyllgehalt **1,2** mg.

Versuchsbedingungen: 4,5 vol.-proz. CO_2, Gasstrom 3 l in der Stunde, 25°.

Zusammensetzung des Gasstroms im Dunkelversuch: 0,0885 g CO_2 im Gemisch mit 1 l feuchter Luft (23°, 757 mm).

Tabelle 50.

Beleuchtung (ungefähre Anzahl Lux)	Temperatur der Blätter	Intervall in Minuten	Austretende Luft in Liter	CO_2 (g) im Gemisch mit 1 austretender Luft	Assimiliertes CO_2 (g)		Assimilationsleistung (g CO_2) in der Stunde		
					im Intervall	in der Stunde	Mittelwert im Versuch	bei fortdauernden Anfangsbedingungen	im Versuch, korrigiert gemäß der geänderten Assimilationstüchtigkeit
24 000	25,0°	20	1,00	0,0795	0,0090	—			
24 000	25,0°	20	1,00	0,0630	0,0255	0,077			
24 000	25,0°	20	1,05	0,0633	0,0265	0,080	0,079	0,079	0,079
24 000	25,0°	20	1,00	0,0626	0,0259	0,078			
12 000	25,0°	20	1,00	0,0657	0,0228	—			
12 000	25,0°	20	1,00	0,0694	0,0191	0,057	0,056	(0,079)	0,056
12 000	25,0°	20	1,00	0,0701	0,0183	0,055			
6 000	25,0°	20	1,00	0,0736	0,0147	—			
6 000	25,0°	21	1,05	0,0772	0,0116	0,033	0,034	(0,079)	0,034
6 000	25,0°	19	0,95	0,0767	0,0109	0,035			
3 000	25,0°	20	1,00	0,0797	0,0084	—			
3 000	25,0°	20	1,00	0,0810	0,0071	0,021	0,020	(0,078)	0,020
3 000	25,0°	20	1,00	0,0816	0,0065	0,019			
24 000	25,0°	20	1,00	0,0706	0,0174	—			
24 000	25,0°	40	2,10	0,0633	0,0516	0,077	0,077	0,077	0,079
48 000	25,0°	41	2,05	0,0602	0,0566	0,083	0,082	(0,074)	0,088
48 000	25,0°	19	0,95	0,0610	0,0254	0,080			
24 000	25,0°	21	1,05	0,0634	0,0256	—			
24 000	25,0°	20	1,05	0,0660	0,0228	0,068	0,069	0,069	0,079
24 000	25,0°	20	1,05	0,0659	0,0229	0,069			

Die Abhängigkeit der assimilatorischen Leistung von der Beleuchtung ist hier schon bei starker Lichtintensität groß; bei Verminderung der Lichtstärke auf $^1/_8$, nämlich von 24 000 auf 3000 Lux, ist die Assimilation auf $^1/_4$ zurückgegangen, dagegen erfolgt Vermehrung bei der Steigerung des Lichtes auf die gewöhnliche Beleuchtungsstärke von 48 000 Lux nicht in gleichem Maße.

Zweiter Versuch. Vergleichsbeispiel der grünen Stammform von Ulmus (Tabelle 51).

Blätter: Vom 21. Juli, Frischgewicht 8,0 g, Fläche 358 qcm, Trockengewicht 2,45 g, Chlorophyllgehalt **11,0** mg.

Versuchsbedingungen: 4,5 vol.-proz. CO_2, Gasstrom 3 l in der Stunde, 25°.

Zusammensetzung des Gasstroms im Dunkelversuch: 0,0872 g CO_2 im Gemisch mit 1 l feuchter Luft (24,5°, 755 mm).

Tabelle 51.

Meßperiode	Beleuchtung (ungefähre Anzahl Lux)	Assimilationsleistung (g CO_2) in der Stunde		
		Mittelwert im Versuch	bei fortdauernden Anfangsbedingungen	im Versuch, korrigiert gemäß der geänderten Assimilationstüchtigkeit
1. Stunde	24 000	0,106	0,106	0,106
2. ,,	12 000	0,093	(0,104)	0,095
3. ,,	6 000	0,052	(0,101)	0,055
4. ,,	3 000	0,036	(0,097)	0,039
5. ,,	24 000	0,093	0,093	0,106
6. ,,	48 000	0,087	(0,088)	0,105
7. ,,	24 000	0,083	0,083	0,106

Es zeigt sich bei den chlorophyllreichen Blättern, daß die Assimilation mit der Vermehrung des Lichtes von 24 000 Lux auf das Doppelte keine Steigerung erfährt.

Dritter Versuch. Sambucus nigra var. aurea (Tabelle 52).

Blätter: Vom 10. Juli, Frischgewicht 8,0 g, Fläche 366 qcm, Trockengewicht 1,55 g, Chlorophyllgehalt **0,65** mg.

Versuchsbedingungen: 4,5 vol.-proz. CO_2, Gasstrom 3 l in der Stunde, 25°.

Zusammensetzung des Gasstroms im Dunkelversuch: 0,0895 g CO_2 im Gemisch mit 1 l feuchter Luft (22,0°, 764 mm).

Tabelle 52.

Meßperiode	Beleuchtung (ungefähre Anzahl Lux)	Assimilationsleistung (g CO_2) in der Stunde		
		Mittelwert im Versuch	bei fortdauernden Anfangsbedingungen	im Versuch, korrigiert gemäß der geänderten Assimilationstüchtigkeit
1. Stunde	48 000	0,078	0,078	0,078
2. ,,	24 000	0,068	(0,078)	0,068
3. ,,	12 000	0,050	(0,078)	0,050
4. ,,	6 000	0,030	(0,077)	0,030
5. ,,	48 000	0,076	0,076	0,078

Vierter Versuch. Vergleichsbeispiel der grünen Stammform von Sambucus (Tabelle 53).

Blätter: Vom 14. Juli, Frischgewicht 8,0 g, Fläche 359 qcm, Trockengewicht 2,05 g, Chlorophyllgehalt **18,8** mg.

Versuchsbedingungen: 4,5 vol.-proz. CO_2, Gasstrom 3 l in der Stunde, 25°.

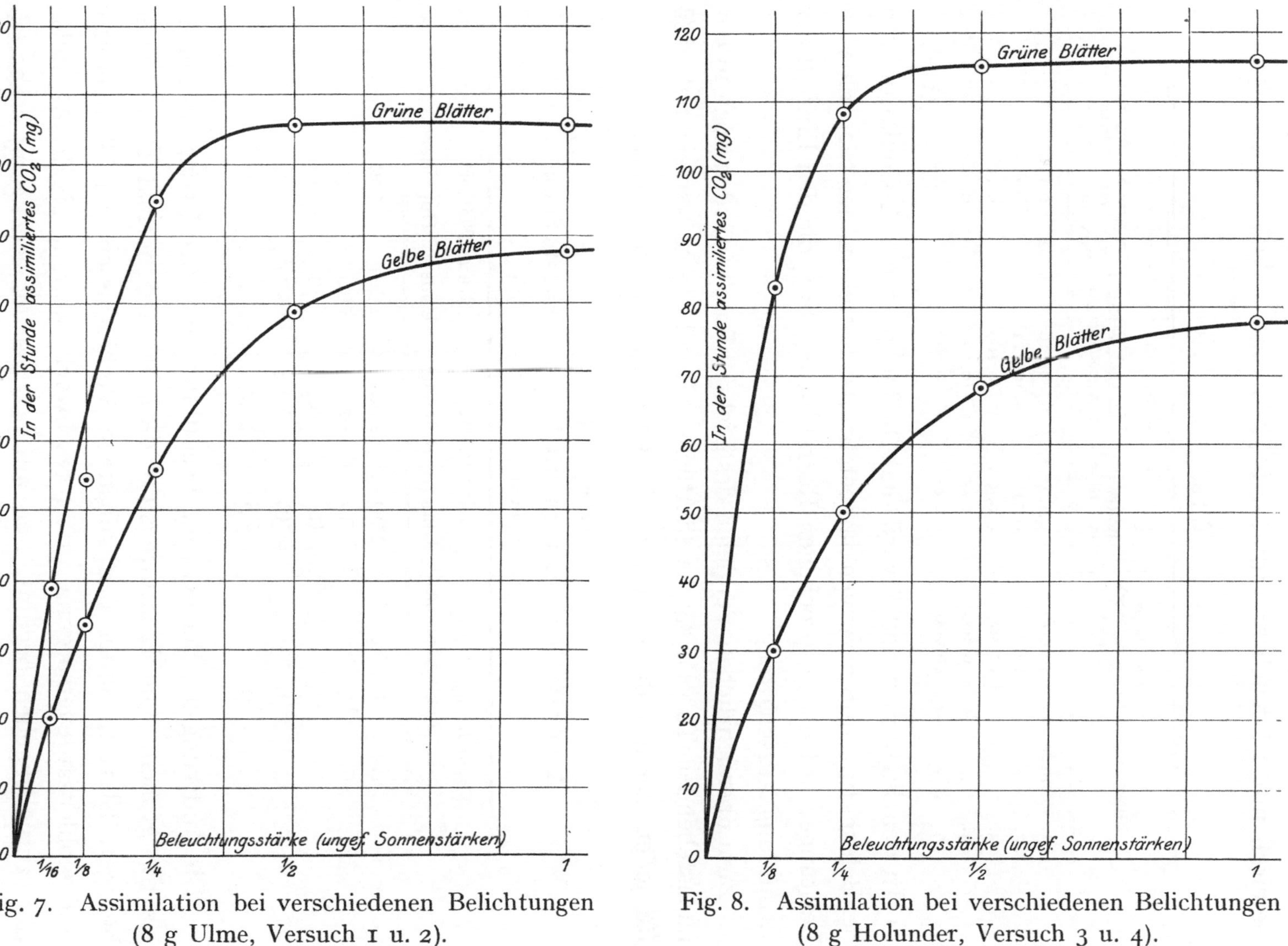

Fig. 7. Assimilation bei verschiedenen Belichtungen (8 g Ulme, Versuch 1 u. 2).

Fig. 8. Assimilation bei verschiedenen Belichtungen (8 g Holunder, Versuch 3 u. 4).

Zusammensetzung des Gasstroms im Dunkelversuch: 0,0874 g CO_2 im Gemisch mit 1 l feuchter Luft (24,0°, 761 mm).

Tabelle 53.

Meßperiode	Beleuchtung (ungefähre Anzahl Lux)	Assimilationsleistung (g CO_2) in der Stunde Mittelwert im Versuch	bei fortdauernden Anfangsbedingungen	im Versuch, korrigiert gemäß der geänderten Assimilationstüchtigkeit
1. Stunde	48 000	0,116	0,116	0,116
2. „	24 000	0,110	(0,111)	0,115
3. „	12 000	0,099	(0,106)	0,108
4. „	6 000	0,072	(0,101)	0,083
5. „	48 000	0,096	0,096	0,116

In den Figuren 7 und 8 wird die Abhängigkeit der Assimilation von der Beleuchtung durch Kurven dargestellt, welche sich aus den beobachteten Leistungen mit der besprochenen Korrektur ergeben, die den Einfluß der Ermüdung ausschaltet.

Zum übersichtlichen Vergleich des Lichteinflusses werden noch in der nachstehenden Tabelle 54 die sämtlichen Resultate so verzeichnet, daß für jeden Versuch die Leistung bei 48 000 Lux = 100 gesetzt ist.

Tabelle 54.
Assimilation bei verschiedenen Lichtstärken.
(25°, 4,5 vol.-proz. CO_2.)

Beleuchtung in ungefähren Sonnenstärken	Gelbe Blätter Ulme	Gelbe Blätter Holunder	Grüne Blätter Ulme	Grüne Blätter Holunder
1	100	100	100	100
$^1/_2$	90	87	100	99
$^1/_4$	64	64	90	93
$^1/_8$	39	39	(52)[1])	72
$^1/_{16}$	23	—	37	—

Die Änderung der Beleuchtung beeinflußt die gelben Blätter viel mehr als die grünen. Die Lichtintensität darf bei den normal chlorophyllhaltigen Blättern unter den günstigen Verhältnissen von Temperatur und Kohlensäureversorgung auf $^3/_8$ geschwächt werden, bis die Assimilation zurückzugehen beginnt, und auf $^1/_4$, bis der Rückgang erheblich

[1]) Dieser Wert ist, wie aus dem Verlaufe der Kurve zu schließen, zu tief gefunden worden.

wird. Hingegen sinkt bei den chlorophyllarmen Blättern die Assimilation sofort mit der Abnahme des Lichtes. Die Erniedrigung beträgt beim Übergang von 48 000 zu 12 000 Lux bei gelber Ulme und bei Goldholunder 36 Prozent, während ein entsprechender Rückgang bei den chlorophyllreichen Vergleichsobjekten nur 10 und 7 Prozent ausmacht.

Bei den grünen Blättern ist der letzte Teil der Kurve in Fig. 7 und 8 horizontal, bei den gelben läßt der Verlauf der Kurven weitere Zunahme der Assimilation bei der Steigerung des Lichtes über Sonnenstärke hinaus erwarten. Das hat sich auch bei einem Versuch der Belichtung mit 75 000 Lux bestätigt, aber die gefundenen Zahlen waren nicht einwandfrei, weil die Lampe den Blättern so genähert werden mußte, daß nicht mehr genug Raum für das zur Kühlung dienende (obere) Strahlenfilter zur Verfügung stand.

Der Unterschied zwischen gelben und grünen Blättern bei veränderlicher Belichtung ist nicht ganz so groß wie zu erwarten gewesen wäre. Der immerhin rasche Rückgang der Assimilationsleistung auch von grünen Blättern bei verminderter, aber noch erheblicher Lichtintensität bedarf der Erklärung. Die gesamte von einem Blatt absorbierte Lichtenergie ist doch noch weit größer als die verarbeitete, was man beim Vergleich mit der hohen Leistung und dem geringeren Absorptionsvermögen der gelben Blätter findet. Die Erscheinung beruht wahrscheinlich auf der Anordnung des Farbstoffs im Blattgewebe (vgl. Abschnitt IX). Die der bestrahlten Blattoberfläche am nächsten gelegenen Chloroplasten absorbieren in den grünen Blättern allerdings auch bei geringeren Intensitäten immer noch mehr Licht als sie verarbeiten können. Aber die tiefer gelegenen Anteile des Farbstoffes werden von ihnen beschattet und das macht sich bei abnehmender Beleuchtung bald so stark geltend, daß das Licht in den tieferen Schichten des Blattes nicht mehr für die maximale Assimilation ausreicht. Deshalb blieb die assimilatorische Leistung der grünen Blätter bei abnehmender Beleuchtungsstärke nicht so lange konstant, bis sich diese zur Anfangsbelichtung (48 000 Lux) ebenso verhält wie die Chlorophyllmenge in den gelben Blättern zu derjenigen in den grünen.

B. Einfluß verschiedener Temperaturen auf gelbe und grüne Blätter.

Fünfter Versuch. Ulmus var. aurea (Tabelle 55).

Blätter: Vom 16. Juli, Frischgewicht 8,0 g, Fläche 321 qcm, Trockengewicht 2,00 g, Chlorophyllgehalt **0,95** mg.

Versuchsbedingungen: 4,5 vol.-proz. CO_2, Gasstrom 3 l in der Stunde, Beleuchtungsstärke ungefähr 24 000 Lux.

Zusammensetzung des Gasstroms im Dunkelversuch: 0,0870 g CO_2 im Gemisch mit 1 l feuchter Luft (24,5°, 758 mm).

Tabelle 55.

Meßperiode	Temperatur	Assimilationsleistung (g CO_2) in der Stunde		
		Mittelwert im Versuch	bei fortdauernden Anfangsbedingungen	im Versuch, korrigiert gemäß der geänderten Assimilationstüchtigkeit
1. Stunde	25°	0,075	0,075	0,075
2. ,,	15°	0,056	(0,072)	0,058
3. ,,	20°	0,065	(0,070)	0,070
4. ,,	25°	0,069	0,069	0,075
5. ,,	30°	0,069	(0,069)	0,075
6. ,,	25°	0,068	0,068	0,075

Sechster Versuch. Vergleichsbeispiel der grünen Stammform von Ulmus (Tabelle 56).

Blätter: Vom 20. Juli, Frischgewicht 8,0 g, Fläche 421 qcm, Trockengewicht 2,35 g, Chlorophyllgehalt **13,0** mg.

Versuchsbedingungen: 4,5 vol.-proz. CO_2, Gasstrom 3 l in der Stunde, Beleuchtungsstärke ungefähr 24 000 Lux.

Zusammensetzung des Gasstroms im Dunkelversuch: 0,0879 g CO_2 im Gemisch mit 1 l feuchter Luft (24,0°, 755 mm).

Tabelle 56.

Meßperiode	Temperatur	Assimilationsleistung (g CO_2) in der Stunde		
		Mittelwert im Versuch	bei fortdauernden Anfangsbedingungen	im Versuch, korrigiert gemäß der geänderten Assimilationstüchtigkeit
1. Stunde	25°	0,089	0,089	0,089
2. ,,	15°	0,058	(0,086)	0,060
3. ,,	20°	0,067	(0,083)	0,072
4. ,,	25°	0,080	0,080	0,089
5. ,,	30°	0,077	(0,074)	0,093
6. ,,	25°	0,068	0,068	0,089

Die Assimilationsleistung, die in diesem Beispiel grüner Blätter anfangs um 1/5 größer war als bei den gelben Blättern des entsprechenden fünften Versuchs, hat bis zur sechsten Stunde des Experiments eine solche Schwächung erlitten, daß die Leistung der grünen und der gelben Blätter unter denselben Bedingungen gleich geworden ist.

Siebenter Versuch. Beispiel a der gelbblätterigen Varietät von Sambucus (Tabelle 57).

Blätter: Vom 7. Juli, Frischgewicht 8,0 g, Fläche 378 qcm, Trockengewicht 1,50 g, Chlorophyllgehalt **0,6** mg.

Versuchsbedingungen: 5 vol.-proz. CO_2, Gasstrom 3 l in der Stunde, Beleuchtungsstärke ungefähr 48 000 Lux.

Zusammensetzung des Gasstroms im Dunkelversuch: 0,1019 g CO_2 im Gemisch mit 1 l feuchter Luft (24,0°, 758 mm).

Tabelle 57.

Meßperiode	Temperatur	Assimilationsleistung (g CO_2) in der Stunde		
		Mittelwert im Versuch	bei fortdauernden Anfangsbedingungen	im Versuch, korrigiert gemäß der geänderten Assimilationstüchtigkeit
1. Stunde	25°	0,068	0,068	0,068
2. ,,	20°	0,058	(0,068)	0,058
3. ,,	30°	0,068	(0,065)[1]	0,071
4. ,,	25°	0,057	0,057	0,068

Beispiel b der gelbblätterigen Varietät von Sambucus (Tabelle 58).

Blätter: Vom 9. Juli, Frischgewicht 8,0 g, Fläche 382 qcm, Trockengewicht 1,55 g, Chlorophyllgehalt **0,75** mg.

Versuchsbedingungen: 4,5 vol.-proz. CO_2, 3 l in der Stunde, Beleuchtungsstärke ungefähr 48 000 Lux.

Zusammensetzung des Gasstroms im Dunkelversuch: 0,0895 g CO_2 im Gemisch mit 1 l feuchter Luft (21,0°, 761 mm).

Achter Versuch. Vergleichsbeispiel der grünen Stammform von Sambucus (Tabelle 59).

[1]) Diese Interpolation ist nach dem Verlauf der Kurve im Lichtversuch mit gelben Holunderblättern (3. Vers., Fig. 8) begründet, erst die hohe Temperatur von 30° wirkt so stark schädigend ein.

Tabelle 58.

Meßperiode	Temperatur	Assimilationsleistung (g CO_2) in der Stunde: Mittelwert im Versuch	bei fortdauernden Anfangsbedingungen	im Versuch, korrigiert gemäß der geänderten Assimilationstüchtigkeit
1. Stunde	25°	0,075	0,075	0,075
2. ,,	20°	0,065	(0,075)	0,065
3. ,,	30°	0,079	(0,073)	0,081
4. ,,	25°	0,066	0,066	0,075

Blätter: Vom 13. Juli, Frischgewicht 8,0 g, Fläche 343 qcm, Trockengewicht 2,20 g, Chlorophyllgehalt **17,8** mg.

Versuchsbedingungen: 4,5 vol.-proz. CO_2, 3 l in der Stunde, Beleuchtungsstärke ungefähr 48 000 Lux.

Zusammensetzung des Gasstroms im Dunkelversuch: 0,0878 g CO_2 im Gemisch mit 1 l feuchter Luft (23,0°, 761 mm).

Tabelle 59.

Meßperiode	Temperatur	Assimilationsleistung (g CO_2) in der Stunde: Mittelwert im Versuch	bei fortdauernden Anfangsbedingungen	im Versuch, korrigiert gemäß der geänderten Assimilationstüchtigkeit
1. Stunde	25°	0,117	0,117	0,117
2. ,,	20°	0,097	(0,115)	0,099
3. ,,	30°	0,138	(0,112)	0,144
4. ,,	25°	0,107	0,107	0,117
5. ,,	15°	0,067	(0,102)	0,077
6. ,,	25°	0,095	0,095	0,117

Infolge der starken Schädigung, die das Erwärmen auf 30° bei längerer Dauer bewirkt hat, ist der Vergleich bei dieser Temperatur in unserem Versuche ungenau. Darum sind in der folgenden Tabelle 60 die Ergeb-

Tabelle 60.

Assimilation bei verschiedenen Temperaturen.

(4,5 vol.-proz. CO_2, ungefähr 48 000 Lux.)

Temperatur	Ulme: Gelbe Blätter	Ulme: Grüne Blätter	Holunder: Gelbe Blätter a)	Holunder: Gelbe Blätter b)	Holunder: Grüne Blätter
30°	100	104	104	108	123
25°	100	100	100	100	100
20°	93	81	85	87	85
15°	77	67	—	—	66

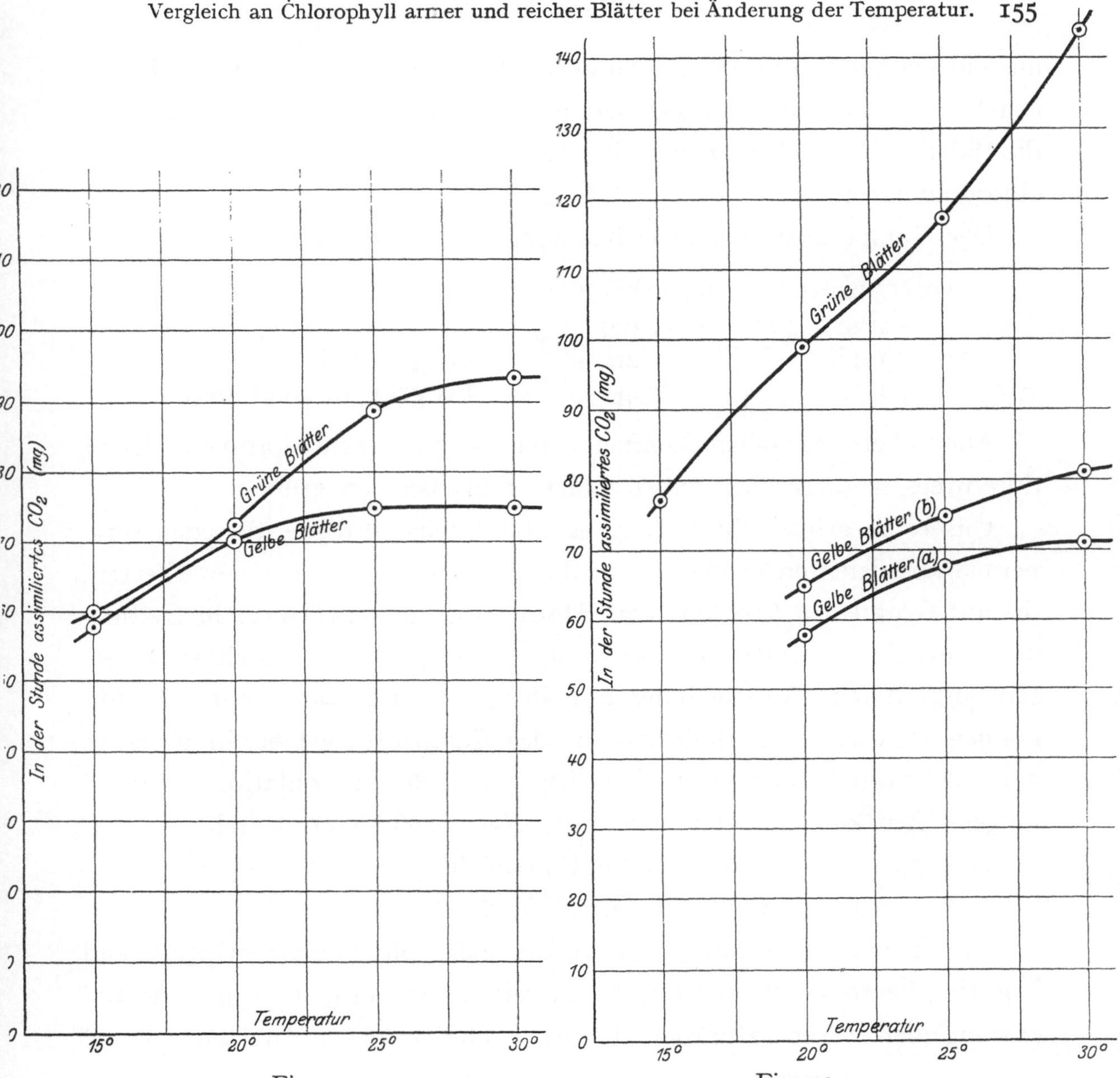

Fig. 9.
Assimilation bei verschiedenen Temperaturen (8 g Ulme, Versuch 5 u. 6.)

Fig. 10.
Assimilation bei verschiedenen Temperaturen (8 g Holunder, Versuch 7a, 7b u. 8).

nisse der Temperaturabhängigkeit so angeordnet, daß für jedes Beispiel die Leistung bei 25° = 100 gesetzt ist. Hier und in den Figuren 9 und 10 sind die mit Rücksicht auf die Ermüdung korrigierten Werte eingesetzt.

Die Temperaturerhöhung von 25 auf 30° hat bei den Blättern der gelben Ulme keinen, des gelben Holunders nur einen geringen Einfluß auf die Leistung, während sie bei den grünen Holunderblättern noch eine erhebliche Steigerung bewirkt. Auch im Gebiet tieferer Temperatur ist die Beeinflussung bei grünen Blättern gleichfalls bedeutender als bei chlorophyllarmen.

Der Temperaturkoeffizient ist dann für den Bereich

von 15 bis 25°:	von 20 bis 30°:	
1,30	1,07	bei gelber Ulme,
1,48	1,29	bei grüner Ulme,
1,52	1,45	bei grünem Holunder.

Auch über diese Beispiele hinaus ergab sich der Temperaturkoeffizient durchwegs niedriger bei gelben Blättern als bei den grünen.

Unsere an grünen Blättern gemachten Beobachtungen über den Temperaturkoeffizienten erscheinen auffällig im Vergleich mit den Werten, die auf Grund der Arbeiten von Blackman und Matthaei in Geltung sind. Fräulein Matthaei[1]) hat in der schon im ersten Abschnitt zitierten sorgfältigen Untersuchung mit Prunus Laurocerasus unter Bedingungen maximaler Assimilation für das Temperaturgebiet, in welchem der „Zeitfaktor" keinen Einfluß hat, d. h. die Assimilation während längerer Zeit konstant gefunden wird, folgende Zahlen ermittelt:

15°, 7,05 mg CO_2 auf 50 qcm Blattfläche.

23,7°, 10,1 mg CO_2 auf 50 qcm Blattfläche.

Blackman[2]) berechnete hierauf in seiner Abhandlung: „Optima and Limiting Factors" aus den etwas anderen Zahlen für 9° (3,8 mg) und 19° (8,0 mg) den Temperaturkoeffizienten nach der van't Hoffschen Regel zu 2,1 und übertrug denselben durch eine weitgehende Extrapolation auf den ganzen Temperaturbereich der Assimilation. Fast um dieselbe Zeit hat auch A. Kanitz[3]) die van't Hoffsche Berechnungsweise auf die Versuchsergebnisse von G. L. C. Matthaei angewandt und für die Intervalle von 0—10°, 10—20°, 20—30°, 30—37° die Quotienten für 10° Er-

---

[1]) G. L. C. Matthaei, Phil. Trans. Roy. Soc. Ser. B, **197**, 47 [1904]; siehe namentlich die Fig. 5 und die Experimente LVI u. LVII.

[2]) F. F. Blackmann, Ann. of Botany **19**, 281 [1905].

[3]) A. Kanitz, Zeitschr. f. Elektrochemie **11**, 689 [1905]; „Temperatur und Lebensvorgänge" von A. Kanitz, Berlin 1915, S. 15.

höhung: 2,40 und 2,12 und 1,76 und 1,81 angegeben. Endlich findet sich bei Blackman und Matthaei[1]) nicht die beobachtete Kurve für die Assimilation bei Temperaturerhöhung, sondern statt derselben eine ausgeglichene („smoothed out by free-hand") mit hypothetischen Werten für 15 und 25° von 6,1 und 11,5 mg CO_2.

Wenn wir aber auf die zugrundeliegenden Versuche (15 und 23,7°) zurückgreifen und mit dem durch Extrapolieren abgeleiteten Werte für 25° 10,75 mg den Temperaturkoeffizienten berechnen, so ergibt sich für Prunus Laurocerasus die Zahl **1,52**, mit der unsere Beobachtungen an den grünen Blättern zweier anderer Pflanzen in guter Übereinstimmung stehen. Also auch nach der Arbeit von G. L. C. Matthaei ist für den wichtigen Bereich von 15 bis 25° der Quotient bedeutend niedriger als man anzunehmen pflegt. Leider hat Matthaei nach sehr gründlicher Vorbereitung nur wenige Experimente mit der endgültigen exakten Meßmethode ausgeführt, und zwar nur mit einer einzigen Pflanze (Prunus Laurocerasus var. rotundifolium) bei fünf verschiedenen Temperaturen je einen Versuch. Diesem Umstand ist es wohl zuzuschreiben, daß man auf die Abweichungen der Assimilationsleistung bei 15 und bei 23,7° von den Werten, die von der van't Hoffschen Regel verlangt werden, bisher nicht aufmerksam geworden ist, trotzdem gerade diese Versuchstemperaturen zu den günstigen natürlichen Lebensbedingungen der Pflanzen zählen.

Übrigens dürfte für die Assimilation der Kohlensäure ein niedrigerer Quotient zu erwarten sein, als bei der Beschleunigung einer einfachen chemischen Reaktion. Die Kohlensäureassimilation ist nicht unbeeinflußt durch andere Erscheinungen. Die Versorgung der Chloroplasten mit Kohlendioxyd wird wahrscheinlich durch die Temperaturerhöhung verschlechtert. In der folgenden Abhandlung wird eine Erscheinung der Kohlensäureabsorption durch das unbelichtete Blatt beschrieben, die mit steigender Temperatur abnimmt und daher der Reaktionsbeschleunigung entgegenwirkt.

---

[1]) F. F. Blackman und G. L. C. Matthaei, Proc. Roy. Soc. Ser. B, **76**, 402, 413 [1905].

C. Einfluß verschiedener Temperaturen und Beleuchtungen auf herbstliche Blätter.

Das untersuchte Beispiel eines herbstlichen Blattes mit geschwächter Assimilationsenergie war noch schön grün, wenn auch nicht chlorophyllreich; es enthielt 0,33 Prozent Chlorophyll vom Trockengewicht, die Assimilationszahl bei Versuchsbeginn war 2,2. Die Ergebnisse bei wechselnder Beleuchtung und Temperatur sind mit den oben angeführten Beobachtungen an normal grünen und an gelben Blättern zu vergleichen.

Neunter Versuch. Ampelopsis Veitchii (Tabelle 61).

Blätter: Vom 13. November, Frischgewicht 7,0 g, Fläche 296 qcm, Trockengewicht 1,60 g, Chlorophyllgehalt 5,3 mg.

Versuchsbedingungen: 5 vol.-proz. CO_2, Gasstrom 3 l in der Stunde.

Zusammensetzung des Gasstroms im Dunkelversuch: 0,0945 g CO_2, im Gemisch mit 1 l feuchter Luft (19°, 751 mm).

Tabelle 61.

Meßperiode	Beleuchtung (ungefähre Anzahl Lux)	Temperatur	Assimilationsleistung (g CO_2) in der Stunde		
			Mittelwert im Versuch	bei fortdauernden Anfangsbedingungen	im Versuch, korrigiert gemäß der zunehmenden Assimilationstüchtigkeit
1. Stunde	48 000	25°	0,0117	0,0117	0,0117
2. „	48 000	15°	0,0067	(0,0123)	0,0064
3. „	48 000	25°	0,0129	0,0129	0,0117
4. „	12 000	25°	0,0138	(0,0140)	0,0115
5. „	6 000	25°	0,0132	(0,0160)	0,0097
6. „	3 000	25°	0,0102	(0,0185)	0,0065
7. „	48 000	25°	0,0220	0,0220	0,0117

Die Verminderung des Lichtes ist, da hier die Leistung des Chlorophylls gegenüber der Beteiligung des Protoplasmas überwiegt, von geringem Einfluß. Bei der Schwächung auf ungefähr $^1/_8$ Sonnenstärke wurde die Assimilation um 17 Prozent verringert gegenüber 61 Prozent Abschwächung bei gelben Blättern von Ulme und Holunder und von 28 Prozent bei grünem Holunder (Tabelle 62).

Bemerkenswert ist der Einfluß der Temperatur. Das herbstliche Blatt zeigt bei der Beeinflussung seines enzymatischen Systems einen größeren Ausschlag, so daß für das Intervall von 15 bis 25° der Temperaturkoeffizient

1,83 gefunden wird, der höchste, den wir in diesem Bereich beobachtet haben.

Tabelle 62.
Assimilation von herbstlicher Ampelopsis unter verschiedenen Bedingungen (5 vol.-proz. CO_2).

Beleuchtung in ungefähren Sonnenstärken	Temperatur	Leistung in Prozenten des Anfangswertes
1	25°	100
1	15°	54
1	25°	100
$^1/_4$	25°	98
$^1/_8$	25°	83
$^1/_{16}$	25°	55

D. Zusammenfassung.

Das Ergebnis dieses Abschnittes ist, daß die gelben Blätter eine größere Abhängigkeit der Assimilation von der Beleuchtung, die grünen Blätter von der Temperatur zeigen.

Um diese Verhältnisse noch eindringender zu erläutern, knüpfen wir an das Beispiel der gelben und der grünen Blätter der Ulme an, die im Intervall von 15 bis 20° unter Bedingungen maximaler Assimilation ungefähr gleiche assimilatorische Leistung ergaben, wie das Zusammentreffen der beiden, die Assimilationsleistungen gleicher Blattgewichte ausdrückenden Kurven in der Figur 9 und wie ferner die folgende, gleiche Blattflächen betreffende Tabelle 63 zeigt.

Tabelle 63.
Assimilationsleistungen gleicher Blattflächen.

Temperatur	Assimiliertes CO_2 (mg) in der Stunde von 100 qcm	
	Gelbe Ulme (Chlorophyllgehalt 0,3 mg)	Grüne Ulme (Chlorophyllgehalt 3,1 mg)
15°	18	14
20°	22	17
25°	23	21
30°	23	22

Da mit dem Mehrbetrage des assimilatorischen Farbstoffes in der normalen Blattsorte keine größere Assimilationsleistung erzielt wird, so sind die gelben Blätter in diesem Beispiel in bezug auf die Leistungsfähigkeit des protoplasmatischen Agens den grünen gleich oder mindestens gleich ausgestattet. Durch Temperatursteigerung wird die Wirksamkeit dieses inneren Faktors erhöht. Doch kann die Erhöhung nur bei den grünen Blättern zur Geltung kommen, nämlich da, wo die entsprechende Lichtenergie durch den hohen Chlorophyllgehalt für die gesteigerte Assimilation geliefert wird. Bei den gelben Blättern nützt die erhöhte Temperatur mangels hinreichender Energieversorgung nichts mehr (vgl. den oberen Teil in den Kurven der Figur 9).

Da den grünen Blättern unter den gewöhnlichen Versuchsbedingungen immer mehr Energie zur Verfügung steht, als sie für die Kohlensäureassimilation auszunützen vermögen, so ist die Mitwirkung des hier im Minimum vorhandenen zweiten Assimilationsfaktors immer voll beansprucht, aber nicht ausreichend.

Die Reaktion gibt daher besonders in diesem Falle Ausschläge bei der Beeinflussung des mit dem Chlorophyll assoziierten Faktors, am meisten bei den funktionell karg ausgestatteten herbstlichen Blättern. Der Temperatureinfluß entspricht den an enzymatischen Reaktionen gewonnenen Erfahrungen, wenn auch der Temperaturkoeffizient hier noch von anderen Einflüssen mit abhängig ist.

Bei den chlorophyllarmen Blättern genügt die Energieversorgung nicht zu gesteigerter Enzymausnützung (vgl. die Divergenz der Kurven von 20° an in der Figur 9), überhaupt ist bei den gelben Blättern das Enzym im allgemeinen nicht hinreichend ausgenützt. Es war mit den verfügbaren Hilfsmitteln der Beleuchtung für die höheren Temperaturgebiete nicht möglich, die Bedingungen maximaler Assimilation bei diesen Blättern zu verwirklichen. Die Leistung der Komponente Chlorophyll gibt bei Vermehrung des Lichtes über Sonnenstärke hinaus weitere Ausschläge in der Assimilation, während umgekehrt die Beleuchtungsstärke bei grünen Blättern auf $^3/_8$ Sonnenintensität herabgesetzt werden darf ohne Beeinträchtigung der Assimilation.

Die grünen und gelben Blätter sind unter geeignet gewählten Bedingungen so zum Vergleiche gebracht, daß in gewissen Fällen die chlorophyllarmen Blätter allein auf Änderung der Belichtung, die chlorophyllreichen allein auf Änderung der Temperatur Ausschläge in der Assimilation geben. Hieraus ergibt sich ein Bild vom Zusammenwirken zweier in sehr verschiedenem Verhältnis vorhandener Komponenten des Assimilationsapparates, von welchen die eine, das Pigment, mehr im Falle der chlorophyllarmen als der chlorophyllreichen Blätter auf Änderung der Lichtzufuhr reagiert, während das andere Agens, das protoplasmatische, auf Temperaturänderungen Ausschlag gibt, und zwar bedeutender im Falle der chlorophyllreichen, relativ an diesem Faktor armen Blätter.

Der von der Temperatur abhängige Faktor des Assimilationssystems ist nach diesen Beobachtungen als ein enzymatischer Bestandteil des Protoplasmas zu verstehen.

XIV. Assimilationsversuche mit beschädigten Blättern und mit isoliertem Chlorophyll.

A. Versuche mit Chlorophyll.

Die Versuche sind unternommen worden, um zu prüfen, ob reines Chlorophyll mitsamt den gelben Pigmenten und anderen Begleitstoffen in kolloider Verteilung und in einer Anordnung, die dem natürlichen Zustand in den Chloroplasten ähnlich ist, Kohlensäure zu assimilieren vermag. Das Ergebnis ist vollkommen negativ. Die Versuche werden in einer späteren, der siebenten Arbeit mit einer besonderen Fragestellung und empfindlicheren Methoden für den Nachweis der Kohlensäurereduktion fortgesetzt.

In der gleichen Absicht sind schon wiederholt Untersuchungen[1]) von anderen Forschern ausgeführt worden, allerdings nie mit reinen Chlorophyllpräparaten. Soweit die Ergebnisse für die Verwirklichung der Assimilation außerhalb der Zelle sprachen, gelten sie mit Recht als unsicher. Jene Versuche bestanden nicht in der Messung der verbrauchten Kohlensäure, sondern sie zielten im allgemeinen auf den Nachweis von Spuren eines Aldehyds hin, den man als Formaldehyd anzusehen pflegte.

Dagegen bleibt in den folgenden Experimenten spurenweiser Ver-

---

[1]) Vergleiche hierzu die siebente Abhandlung.

brauch von Kohlensäure außer Betracht, da daraus keine sicheren Folgerungen abgeleitet werden könnten. Die Bestimmung betraf hier wägbare Ausschläge im Kohlendioxydgehalt der angewandten Gasströme.

Den Farbstoff wandten wir in kolloider Lösung an, die durch Aufnehmen von 0,1 g Chlorophyll in 2 ccm Aceton, durch rasches Verdünnen mit 20 ccm Wasser und Abdampfen bei niedriger Temperatur im Vakuum bis auf ein Volumen von 10 ccm dargestellt wurde. In manchen Fällen versetzten wir die Flüssigkeit mit einem Schutzkolloid, zum Beispiel Gummi arabicum, Stärke oder Lecithin, um ohne Ausflockung des Chlorophylls die Lösung mit Elektrolyten vermischen zu können.

Die Assimilationskammer wurde in niedriger Schicht beschickt mit 10 ccm Lösung von 0,1 g Chlorophyll ($a + b$) und beispielsweise mit 0,1 g Gummi arabicum. Der CO_2-haltige Gasstrom von 3 l in der Stunde wurde bei 30° und einer Beleuchtung von 30 000 bis zu 130 000 Lux durch den Apparat geleitet. Er enthielt auf 1 l durch die Gasuhr austretender Luft vor der Belichtung 0,0839 g, während der Belichtung 0,0837 g CO_2.

In ähnlichen Versuchen gab man dem Chlorophyll mit Hilfe von Glaswolle oder Watte größere Oberfläche. So wurde im Dunkeln gefunden: 0,0822 g, bei Belichtung 0,0822 g CO_2 für 1 l austretender Luft.

In anderen Versuchen enthielt die Chlorophyllösung Zusätze von Bicarbonaten, zum Beispiel von 0,05 g Ammoniumbicarbonat neben Stärke oder Lecithin. Durch die Assimilationskammer ging 12 Stunden lang vor dem Versuche ein Luftstrom mit $2^1/_2$ Vol.-Proz. CO_2. Auch hier änderte sich die Zusammensetzung des Stromes nicht bei der Belichtung.

Ein weiterer Versuch betraf die Wirkung des Zusatzes von kolloidem Ferrihydroxyd, das in mehr als molekularem Betrag zum gummihaltigen Chlorophyll zugefügt wurde. Der Gasstrom von 5 vol.-proz. CO_2 ging unter Belichtung mit 75 000 Lux bei 30° durch die Assimilationskammer. Das Chlorophyll war nach 4 Stunden zerstört; Verbrauch von Kohlensäure konnte nicht nachgewiesen werden.

Die Anregung zu diesem Versuch hatte die Abhandlung von B. Moore und T. A. Webster[1]) „Synthesis by Sunlight in Relationship to the Origin of Life“ gegeben, in der die Wirkung von kolloider Uranlösung oder Eisenhydroxydlösung auf Kohlensäure im Licht untersucht und auf Grund von Farbreaktionen die Entstehung von Formaldehyd behauptet wird.

Für die folgenden Versuche dienten Präparate des Pigmentes mitsamt seinen Begleitstoffen von ähnlicher Löslichkeit.

Pelargonienblätter wurden mit Quarzsand und Schlämmkreide zerrieben, an der Pumpe über Sand abgesaugt und mit Wasser gewaschen. Der so entstehende Vorextrakt ließ sich nicht zusammen mit kolloidem Chlorophyll anwenden, da er durch seinen Gehalt an Salzen fällend wirkte. Den Blattbrei extrahierten wir mit einem Gemisch von Aceton und Äther und führten das Rohchlorophyll mit etwas Gummi in kolloide Lösung über, die nach Verjagen der organischen Lösungsmittel prächtig opalisierte und in der Durchsicht ganz klar war.

Der kohlensäurehaltige Luftstrom verlor beim Durchgang durch die belichtete Assimilationskammer, die mit der Chlorophyllösung auf Watte beschickt war, in 3 Stunden je 1,5 mg CO_2. Da indessen die kolloide Lösung verdarb, so erklärt sich der Verbrauch an Kohlensäure durch Zersetzung von Chlorophyll. Als unter denselben Versuchsbedingungen die Chlorophyllösung mit dem Zusatz eines Carbamatbildners (nämlich 0,25 g Glykokoll in 25 ccm $\frac{n}{10}$ KOH) angewandt wurde, blieb sie bei stundenlanger Belichtung unversehrt und der Luftstrom gab keine Kohlensäuredifferenz.

B. Versuche über den störenden Einfluß des Formaldehyds.

Über die Wirkung des Formaldehyds auf die grünen Gewächse gibt es eine sehr bedeutende Literatur, in der die Arbeiten von Th. Bokorny[2]),

---

[1]) B. Moore und T. A. Webster, Proc. Roy. Soc. Ser. B, **87**, 163 [1913]; siehe ferner die in der siebenten Abhandlung besprochenen Untersuchungen von R. Chodat und K. Schweizer, Arch. des Sc. phys. et natur. IVe Pér. **39**, 334 [1915] und von anderen Autoren.

[2]) Th. Bokorny, Ber. d. deutsch. bot. Ges. **9**, 103 [1891]; Pflügers Arch. f. Physiol. **125**, 467 [1908] und **128**, 565 [1909]; Biochem. Zeitschr. **36**, 83 [1911].

V. Grafe[1]) und von S. M. Baker[2]) hervorragen. Die Untersuchungen von Bokorny haben zuerst den Nachweis erbracht, daß Algen aus Formaldehydderivaten und aus Formaldehyd selbst Stärke zu bilden vermögen. Dann ist von Grafe gefunden worden, daß für die Ausnützung des Formaldehyds in den Pflanzen Licht erforderlich ist, und daß nur die chlorophyllführenden Teile der Pflanzen im Lichte nicht geschädigt werden, während der Aldehyd im Dunkeln für alle Pflanzenteile giftig ist. Baker hat Trockengewichtsvermehrung bei Formaldehydzufuhr im Lichte in quantitativen Versuchen festgestellt und auch gezeigt, daß allein im Lichte der Formaldehyd nicht hochgradig giftig ist.

Man hat aus diesen Resultaten schließen wollen, daß Formaldehyd, wenn er im Assimilationsvorgang entsprechend der Baeyerschen Vorstellung das Zwischenglied bilde, weiter unter Mitwirkung des Lichtes in den photosynthetischen Vorgang eintrete. Eine solche Annahme wäre aber zu verwerfen. Wenn Formaldehyd als Assimilat gebildet wird, so entfernen ihn Kondensationsvorgänge, die keine Energiezufuhr benötigen; wird von außen der Pflanze Formaldehyd geboten, so ist seine Entgiftung durch Oxydation anzunehmen. Die entstehende Säure wird photosynthetisch assimiliert; nur diese Verarbeitung des Formaldehyds ist auf die Lichtausnützung des Chlorophylls angewiesen[3]).

Es ist mit der Möglichkeit zu rechnen, daß bei Assimilationsversuchen unter künstlichen Bedingungen Formaldehyd entsteht, ohne sogleich beseitigt zu werden, und daß er die Assimilationseinrichtung schädigt; deshalb sollte der Einfluß von Formaldehyd auf die Kohlensäureassimilation unter den Bedingungen gesteigerter Photosynthese[4]) geprüft werden. Es handelt sich dabei also weder um die Frage der Formaldehydassimilation, noch um die bekannte allgemeine Giftwirkung dieses Aldehyds auf die Pflanzen.

---

[1]) V. Grafe und E. Vieser, Ber. d. deutsch. bot. Ges. **27**, 431 [1909]; V. Grafe, Ber. d. deutsch. bot. Ges. **29**, 19 [1911] und Biochem. Zeitschr. **32**, 114 [1911].

[2]) S. M. Baker, Ann. of Botany **27**, 411 [1913].

[3]) Vgl. hierzu die Bemerkungen der siebenten Abhandlung, Abschn. II.

[4]) Vgl. dazu das Kap. Formaldehyd bei O. Treboux, Flora **92**, 49, 73 [1903], mit dem Ergebnis: „Das Auftreten geringer Mengen freien Formaldehyds in der Zelle kann von derselben ungefährdet und ohne Beeinträchtigung der Assimilation vertragen werden.“

In den Gasweg wurde vor der Assimilationskammer eine Gaswaschflasche mit Formaldehydlösung und nach der Kammer eine Absorptionsflasche mit p-Nitrophenylhydrazinlösung eingeschaltet. Im Dunkelversuche wurde wie üblich der rasche Gasstrom von 5 proz. Kohlendioxyd durch die Apparatur geleitet, wobei er die Formaldehydvorlage passierte. Auch beim Vorschalten von 8 proz. Formaldehyd gelangten nur bei sehr raschem Strom (3 l Gas in 7 Minuten) geringe Aldehydspuren über die Blätter hinaus bis in die Hydrazinlösung. In allen anderen Fällen, also in dem langsamen Gasstrom bei den Assimilationsversuchen selbst, kamen auch keine Geruchspuren des Aldehyds über die Blätter hinweg. Damit der im Gasstrom eintretende Aldehyd vollständig den Blättern zugeführt wurde, enthielt die Assimilationskammer keine freie Wasserfläche, sondern die Blattstiele waren in oben verengte Wassergläschen gestellt.

Nach F. Auerbach und H. Barschall[1]) ist der Partialdruck von 8 proz. Formaldehyd 0,17 mm Hg (18°), 1 cbm des gesättigten Dampfes enthält 0,28 g Aldehyd, so daß die Blätter im zweiten Versuch etwa 3 mg Formaldehyd aufgenommen hatten.

Versuche mit Pelargonium peltatum (10 g) in 5 proz. CO_2 von 3 l Stundengeschwindigkeit, bei 30° mit Belichtung von ungefähr 75000 Lux.

Tabelle 64.

Vorgeschaltete Formaldehydlösung, Gew.-Proz.	Stündliche Assimilationsleistung in der 1. Stunde	2. Stunde	3. Stunde
0	0,074	0,065	—
4	0,079	0,065	0,060
0	0,084	0,087	0,087
8	0,026	0,028	—

Der Dampf der 4 proz. Formaldehydlösung bewirkt gegenüber dem Versuch mit gleichen Blättern in formaldehydfreiem Gasstrom keinen, derjenige der 8 prozentigen einen bedeutenden Rückgang in der Assimilation, zugleich starke Schädigung der Blätter. In diesem Fall war das Chlorophyll teilweise zersetzt, nämlich nach einer Stunde Belichtung $^1/_5$,

[1]) F. Auerbach und H. Barschall, Arb. a. d. Kaiserl. Gesundheitsamte 22, Heft 3 [1905].

nach 2 Stunden die Hälfte der Blattfläche braun gefärbt, wie durch Säurewirkung. Da nach der weitgehenden Ausschaltung der leistungsfähigen Blattfläche der grün gebliebene Teil gut weiter assimiliert hatte, so schien der beobachtete Rückgang der Leistung nicht auf unmittelbarer Schädigung des Assimilationsapparates, also nicht auf einer Vergiftung hinsichtlich der enzymatischen Funktion zu beruhen.

C. Versuche mit beschädigten Blättern.

Beim Zerreiben von Blättern der Landpflanzen geht natürlich das für den Gasaustausch geeignete feinverzweigte Intercellularsystem zugrunde. Um einen Maßstab für die in wässerigem Medium zu versuchende Assimilation von Blättern nach Eingriffen in ihre Struktur zu finden, wurden die Leistungen der Alge Cladophora in Wasser und von Pelargonienblättern, ganzen und zerschnittenen, in Luft und in Wasser vergleichsweise bestimmt.

In einigen Versuchen sind Pelargonienblätter angewandt worden ohne untere Epidermis mit den Spaltöffnungszellen. Man entfernte sie sorgfältig, ohne das tieferliegende Blattgewebe zu verletzen, in kleinen Stückchen durch Anfassen mit einer spitzen Pinzette und verhütete während der langwierigen Operation das Austrocknen der Blätter durch besondere Vorsichtsmaßregeln. Das Enthäuten bewirkte freieren Gaseintritt in die Intercellularen.

10 g Blätter bzw. 8 g Algenfäden sind in 5 vol.-proz. Kohlendioxyd mit 3 l Stundengeschwindigkeit des Gasstroms bei 30° und mit Beleuchtung von 75000 Lux untersucht worden. Die Tabelle 65 verzeichnet die Höchstleistungen, die bei den Versuchen in Luft zu Anfang, bei den Versuchen in Wasser infolge des erschwerten Gasaustausches erst später erreicht wurden.

Die Assimilationsleistung der Blätter ohne Epidermis und der Blattstücke ist im Medium Luft gleich wie bei den unverletzten Blättern; dies gilt für verdünntere wie für 5 proz. Kohlensäure. Bei den in Wasser eingetauchten zerschnittenen, aber sonst unversehrten Blättern betrug die Assimilation nur 10 Prozent des normalen Wertes. Dagegen erhöhte das Entfernen der

Tabelle 65.
Vergleich der Assimilation in Luft und in Wasser.

Nr.	Pflanzenart	Beschreibung der Blätter	Medium	Von 10 g Blattsubstanz in der Stunde assimiliertes CO_2 (g)
1	Pelargonium peltatum	unversehrte Blätter	Luft	0,119
2	,, ,,	in etwa 2 qcm großen Stücken	,,	0,110
3	,, ,,	ohne untere Epidermis	,,	0,118
4	,, ,,	in 2—3 qcm großen Stücken	Wasser	0,011
5	,, ,,	ohne untere Epidermis, in Stücken	,,	0,035
6	Cladophora	unversehrte Fäden	,,	0,021

unteren Epidermis die assimilatorische Leistung unter Wasser auf das Dreifache. Diese übertraf sogar die Assimilation der an Wasser völlig angepaßten Cladophora, obwohl die Algenfäden ein dreimal so großes Trockengewicht besitzen (18 Prozent) wie die besonders wasserreichen Pelargonienblätter.

Die Assimilation der enthäuteten Pelargonienblätter unter Wasser ließ sich nicht beeinflussen durch Zusatz gewisser Carbaminoverbindungen, der Kohlensäureverbindungen aus Asparaginkalium und Glykokollkalium, die möglicherweise als Kohlensäureüberträger wirken könnten; es scheint, daß diese Stoffe nicht bis zu den Chloroplasten vordringen.

Bei denselben Versuchsobjekten war die Assimilationstätigkeit durch Erhöhung der Kohlensäurekonzentration des Gasstromes bis auf 25 Vol.-Prozent nicht zu steigern. Unter so hohem Teildruck wirkt die Kohlensäure bereits schädigend auf den Assimilationsvorgang. Die Blattstücke in Wasser zeigten niedrigere Leistung: 10 g Blätter assimilierten nämlich 0,020 g CO_2 in der Stunde unter den Bedingungen der früheren Versuche. Beim Versuche in Luft ging die Leistung vom Anfangswerte, der 0,120 g wie in 5 proz. CO_2 betrug, bald auf $^2/_3$ zurück; nach einigen Stunden Belichtung wiesen die Blätter braune Flecken auf.

Die Assimilationsleistung in Wasser war bei tieferer Temperatur trotz der größeren Löslichkeit des Kohlendioxyds nicht höher. Bei 22° (anstatt 30°) gaben Parallelversuche zu Nr. 1 und 5 der Tabelle 65 0,119 g stündliche Assimilation von normalen Blättern in Luft, 0,035 g CO_2 von denselben Blättern, enthäutet, in Wasser.

Bei diesen Versuchen hat es sich um Objekte mit unversehrten Chloroplasten gehandelt. Wurden die Blätter aber zerrieben, dann bestätigte sich wieder wie in älteren Arbeiten[1]) der Satz von Th. W. Engelmann[2]): „Sobald die Struktur des Chlorophyllkornes überall zerstört ist, hört die Möglichkeit der Sauerstoffproduktion sofort und definitiv auf."

Freilich scheint diesem Satze eine Beobachtung entgegenzustehen, die M. W. Beijerinck[3]) mit seiner eleganten Leuchtbakterienmethode geglückt ist. Frische Blätter (von Klee) wurden mit destilliertem Wasser zerrieben und ein Filtrat davon abgetrennt, das beim Belichten infolge von assimilatorischer Sauerstoffentwicklung Aufleuchten der Photobakterien bewirkte. Beijerinck hat aus dieser Erscheinung gefolgert, daß zur Kohlensäureassimilation die Gegenwart von lebendem Protoplasma notwendig sei und daß in dem Filtrat derjenige Teil, welcher die Kohlensäureassimilation bedinge, gelöst vorkomme. Es ist indessen nur eine spurenweise Assimilation, die bei diesen Versuchen durch die empfindliche Methode nachgewiesen wird, und ihre Voraussetzungen können in verschiedener Weise erklärt werden, da die Blattflüssigkeit nach der Angabe von Beijerinck noch Chloroplasten und nach den Beobachtungen von H. Molisch[4]) geformte Zellbestandteile enthält.

Anders als bei diesem Nachweis beabsichtigt war, betrafen unsere Versuche die Frage meßbarer Kohlensäurezerlegung.

Pelargonienblätter wurden im Porzellanmörser zerrieben und dabei zur Neutralisation von Pflanzensäure mit einer Lösung von Kaliumbicarbonat[5]) vermischt, die zur Verhütung osmotischer Störungen noch mit etwas Glucose versetzt war. Im Belichtungsversuch in 5 proz. CO_2 erfolgte bei 30° nicht der geringste Kohlensäureverbrauch, wennschon der Blattbrei längere Zeit tadellos grün blieb. Bei einem analogen Versuche nahm ein Blattbrei, der ohne irgendwelche Zusätze hergestellt war, bei $1^1/_2$ stündiger Belichtung 7 mg CO_2 auf, aber diese geringe Ab-

---

[1]) Siehe die Wiederholung des Assimilationsversuches nach J. Friedel bei R. O. Herzog, Zeitschr. f. physiol. Chem. **35**, 459 [1902].

[2]) Th. W. Engelmann, Bot. Ztg. 1881, S. 446.

[3]) M. W. Beijerinck, Adak. van Weetensch. te Amsterdam 1901, S. 45.

[4]) H. Molisch, Bot. Ztg. **62**, 1 [1904].

[5]) Besondere Versuche mit Blättern ohne Epidermis hatten gelehrt, daß die Assimilation durch Kaliumbicarbonat nicht, durch Ammoniumbicarbonat stark geschädigt wird.

sorption konnte noch unzerstörten Blattbestandteilen zugeschrieben werden.

Man braucht aber nicht so weit zu gehen, daß die Blätter ganz zerstört sind, schon gelindes Pressen beschädigt die Struktur so, daß dauernde Inaktivierung eintritt. Blätter von Pelargonium peltatum wurden unter Schonung der Epidermis mit einem flachen aber gerundeten Werkzeug einmal so überfahren, daß sie an allen Stellen ölig durchscheinend waren. Da die Intercellularen sich dabei mit Zellsaft füllten, war es zur Erleichterung des Gasaustausches nötig, die untere Epidermis mit den Spaltöffnungen zu entfernen. Die bloßgelegte Unterseite war naß und der Zellsaft reagierte sauer. Die Farbe der Blätter blieb aber in der ersten Zeit der Belichtung schön grün. Die maximale Assimilation der trotz starker Transpiration ziemlich frisch bleibenden Blätter betrug in der Stunde nur 8 mg CO_2, die teilweise oder ganz auf Rechnung der zu wenig gepreßten Zellen längs der Blattnerven zu setzen waren.

Ähnliches Aussehen wie beim Pressen nahmen die Blätter beim Abbrühen oder bei kurzem Gefrieren an, auch die Wirkung war dieselbe. Schon 15 Minuten langes Verweilen von Pelargonienblättern bei —25° bewirkte, daß die beim Auftauen nassen und welken Blätter unter günstigsten Bedingungen nicht mehr assimilierten. Beim Eintauchen der Blätter in flüssige Luft und raschem Auftauen mit Wasser wird der Assimilationsapparat gleichfalls zerstört, die Kolloide gänzlich gefällt, die Beschaffenheit der Zellwände in den spröde gewordenen Blättern verändert. Da auch bei den Versuchen der Assimilation mit dem Blattbrei die Fällung der Kolloide ähnlich störend ist, so kombinierten wir noch den Blattbrei mit reinen kolloiden Lösungen von Chlorophyll; die Assimilation blieb auch in diesem Falle aus, das Chlorophyll erlitt Ausflockung und Zersetzung.

Vorsichtiges Trocknen der Blätter bei gewöhnlicher Temperatur läßt die Anordnung und Isolierung der Zellelemente ungestört, das Chlorophyll bleibt in kolloidem Zustand. Der Rückgang der Assimilation bei dem Verlust von Wasser ist langsam. Der Feuchtigkeitsgrad der Blätter ist weniger wichtig, als nach den Arbeiten von U. Kreusler[1]) zu erwarten war.

Blattstücke von Pelargonium peltatum (10 g) wurden, auf dem Silberdrahtnetz der Assimilationskammer liegend, bei 30° im Strom von 5 proz. Kohlendioxyd der Beleuchtung von Sonnenstärke ausgesetzt. Der Assimilationsbetrag war in der zweiten Halbstunde 41, in der dritten 44 und in der vierten 39 mg CO_2. Das Gewicht der Blätter betrug dann nur noch 7,0 g. Bei dem Wasserverlust von 30 Prozent des Blattgewichts war die Assimilationsleistung also unverändert.

Noch viel bedeutender ist die Transpiration nach Entfernung der unteren Epidermis. In diesem Falle büßten die Blattstücke, unter denselben Bedingungen wie im Vorversuche assimilierend, in $1^1/_2$ Stunden 70 Prozent ihres Gewichtes durch Austrocknen ein. Die Assimilation sank von 38 mg in der zweiten Halbstunde der Belichtung auf 17 mg CO_2 in der dritten. Die Blattstücke schrumpften zugleich um mehr als die Hälfte ihrer Fläche ein und rollten sich zusammen, so daß die geringere Assimilationsleistung auch teilweise der verminderten Lichtzufuhr und der erschwerten Gasdurchlässigkeit der eingetrockneten Zellen zuzuschreiben war.

Es ist daher wohl zu verstehen, daß es gelingen kann, auch bei weitgehendem Trocknen der Blätter noch einen kleinen Rest der Chloroplasten funktionstüchtig zu erhalten. Dieser interessante Versuch ist von H. Molisch[2]) ausgeführt worden. Die Blätter von Lamium album, die an der Luft langsam bei gewöhnlicher Temperatur oder im Luftbad bei 35° vollständig eingetrocknet waren, lieferten beim Verreiben mit Wasser ein grünes Filtrat, das Chlorophyllkörner und plasmatische Teile enthielt und das, wie bei den Versuchen von Beijerinck mit frischen Blättern, indessen schwächer, die Photobakterien zum Aufleuchten brachte. Molisch zog daraus die Schlußfolgerung: „Hierdurch wird bewiesen, daß der Anschauung, die Kohlensäureassimilation sei an die lebende Substanz geknüpft, keine generelle Bedeutung zukommt.“

---

[1]) U. Kreusler, Landw. Jahrb. **16**, 711, 728 [1887].

[2]) H. Molisch, Bot. Ztg. **62**, 1 [1904].

Es handelt sich indessen in der Untersuchung Molischs um eine Grenzerscheinung, deren erfolgreicher Nachweis der Empfindlichkeit der Untersuchungsmethode zu danken war.

Bei den Versuchen mit quantitativer Methode an getrockneten Blättern läßt sich die Gefahr kaum vermeiden, daß sich beim Wiederanfeuchten eine Lösung von Elektrolyten bildet, die den kolloiden Zustand[1]) des Chlorophylls stört. Wir führten bei solchen Assimilationsversuchen mit dem Pulver zu Gewichtskonstanz getrockneter Holunderblätter in die Assimilationskammer Feuchtigkeit mit einem kohlensäurehaltigen Luftstrom ein, indem wir ihn durch eine Gaswaschflasche mit Wasser von 32 bis 40° streichen ließen.

Die angefeuchtete Blattsubstanz nahm in der Tat Kohlendioxyd während mehrerer Stunden auf, allein ohne Einfluß des Lichtes. Die beobachtete Absorptionserscheinung ist keine assimilatorische, sie ist eine wichtige Eigenschaft des unbelichteten Blattes, die eingehender in der dritten Abhandlung beschrieben werden soll.

---

[1]) R. Willstätter und A. Stoll, Untersuchungen über Chlorophyll, Berlin 1913. III. Kap. Abschn. 2; siehe auch die vierte Abhandlung dieser Reihe, Abschn. II.

Dritte Abhandlung.

Über Absorption der Kohlensäure durch das unbelichtete Blatt.

Theoretischer Teil.

Einleitung.

Um die Größe der assimilatorischen Leistung der Blätter in atmosphärischer Luft anschaulich auszudrücken, vergleichen H. T. Brown und F. Escombe[1]) den Kohlensäureverbrauch eines assimilierenden Blattes mit der Absorption durch eine gleiche Fläche von frei aufgestellter Kalilauge. Bei der Produktion von einem Gramm Kohlehydrat auf das Quadratmeter in der Stunde leistet ein Blatt eine mehr als halb so rasche Absorption des atmosphärischen Kohlendioxyds als eine gleiche Fläche, die mit einer beständig erneuerten Schicht von starker Kalilauge benetzt würde. Diesem Vergleich ist die beobachtete Absorptionsleistung der Kalilauge von 0,15 ccm CO_2 in einer Stunde auf das Quadratzentimeter in stark bewegter atmosphärischer Luft zugrunde gelegt. Brown und Escombe haben die Zahl der Spaltöffnungen und ihre Dimensionen bestimmt und gefunden, daß die ganze Fläche der Stomata bei voller Öffnung gleich einem Hundertstel der Blattoberfläche ist. Hieraus ergab sich, daß der Eintritt der Kohlensäure in diese Öffnungen mit fünfzigmal größerer Geschwindigkeit erfolgt, als in eine frei aufgestellte absorbierende Fläche von Alkali. Setzt man also voraus, die Spaltöffnungen eines

[1]) H. T. Brown und F. Escombe, Phil. Trans. Roy. Soc. Ser. B **193**, 223 [1900]; H. T. Brown, Report of the British Association for the Advancement of Science, Dover 1899, S. 664.

Blattes würden mit einer Lösung von Kaliumhydroxyd gefüllt, so wäre das Absorptionsvermögen einer einzigen daraus zusammengesetzten alkalischen Fläche nur ein Fünfzigstel vom Absorptionsvermögen des assimilierenden Blattes.

Es gelang Brown und Escombe, für dieses auffallende Verhältnis eine Erklärung in ihren Versuchen über die Diffusion von Gasen durch enge Öffnungen zu finden. Sie zeigten, daß sich die Diffusion durch eine durchlöcherte Scheidewand ebenso vollzieht, wie wenn keine Scheidewand vorhanden wäre, insofern nur die zahlreichen Sieblöcher genügend weit auseinander liegen, um sich in ihrer Wirkung nicht gegenseitig zu beeinträchtigen. Durch die gründliche Untersuchung von Brown und Escombe wird es verständlich, daß die Epidermis mit ihren Einrichtungen den Eintritt der Luft nicht erschwert.

Dadurch ist indessen nicht erklärt, mit welchen Mitteln die Absorption im Mesophyll der Geschwindigkeit des Einströmens kohlensäurehaltiger Luft angepaßt ist, so daß das herein diffundierende Kohlendioxyd beispielsweise mit ähnlicher Geschwindigkeit wie durch die gleiche Fläche konzentrierter Kalilauge während der Assimilation absorbiert wird. Es ist allerdings noch zu berücksichtigen, daß die Blattfläche nicht mit derselben Fläche von Kalilauge zu vergleichen ist, sondern daß die wirksame Oberfläche vervielfacht wird durch die eigenartige Struktur des Mesophylls, durch das in den Intercellularen, namentlich im Schwammparenchym, angeordnete sehr fein verzweigte System von Kanälen.

Durch die große Oberfläche der mit Wasser durchtränkten Zellmembran wird die Ausnützung der atmosphärischen Kohlensäure wesentlich begünstigt. Allein auch bei ausreichender Oberflächenwirkung würde das Kohlendioxyd in der entstehenden wässerigen Lösung den Chloroplasten noch in einer für die Verarbeitung so ungünstigen niedrigen Konzentration zugeführt werden, daß es schwierig bliebe, den raschen Verlauf des Assimilationsvorganges zu erklären.

In der vorliegenden Untersuchung wird eine chemische Vorrichtung des Blattes beschrieben, vermöge deren es ohne Belichtung Kohlendioxyd in leicht dissoziierender Bindung aufnimmt. Die Affinität von Bestandteilen der Blattsubstanz zu Kohlensäure, deren Betätigung durch die schwammartige Struktur der Intercellularen begünstigt wird, steigert das Absorptionsvermögen des Mesophylls für die Kohlensäure. Es wird geprüft, in welchem Maße durch die beobachtete Erscheinung die Konzentration der Kohlensäure im Vergleiche zu ihrer wässerigen Lösung erhöht wird. Unsere Versuche machen es wahrscheinlich, daß dieses Verhalten des Blattes eine Einrichtung des Assimilationsapparates darstellt.

Das Absorptionsvermögen der Blattsubstanz.

Zur Geschichte. In der Literatur finden sich einige ältere Angaben, welche die hier behandelte Frage leichthin berühren. In den „Untersuchungen über die Pflanzenatmung" von J. Borodin[1]) sind anhangsweise bemerkenswerte Beobachtungen über Kohlensäureabsorption durch die Substanz der Pflanzensamen enthalten, die an nur wenige frühere Angaben anknüpfen. Schon Th. de Saussure[2]) hatte eine Absorption von Kohlendioxyd durch saftige Pflanzenteile (ein Stück von Cactus Opuntia) bemerkt und J. Böhm[3]) hat gefunden, daß die Absorption von Kohlensäure durch frische Pflanzenteile nicht ausschließlich durch den Zellsaft bedingt ist, sondern daß dieselbe, ähnlich wie bei Kohle, auch durch Zweige bewirkt wird, die zuvor bei 100° getrocknet waren.

Diese Beobachtung ist von Borodin mit ausführlicheren Angaben über das Verhalten von Pflanzensamen bestätigt worden. Borodin brachte zum Beispiel in eine graduierte Röhre 15 Samen von Vicia Faba, die ein Volumen von 17 ccm ausmachten, und er verdrängte die Luft durch einen 8 Minuten dauernden, raschen Strom von Kohlendioxyd; beim Verschließen mit Quecksilber wurden mehr als 3 ccm CO_2 absorbiert, trotzdem bei dieser Versuchsanordnung vor der ersten Volumenmessung einige Zeit, in der die Absorption besonders energisch stattfand, verstrich, ohne in Betracht zu kommen. In einem anderen Versuch ließ Borodin 15 Samen von Phaseolus multiflorus eine Woche lang in Kohlensäureatmosphäre

[1]) J. Borodin, Mém. Acad. Imp. d. Sc. St. Petersburg VII. Ser. **28**, 4 [1881].

[2]) Th. de Saussure, Chemische Untersuchung über die Vegetation [1804], III. Kap. § 2; Ausgabe in Ostwalds Klassikern Nr. 15, S. 43.

[3]) J. Böhm, Ann. d. Chem. **185**, 248 [1876].

verweilen und beobachtete dann, als er das Gas rasch durch Luft verdrängte, eine Entbindung von 5,5 ccm. Diese Versuche sind in unverdünntem Kohlendioxyd vorgenommen.

Es scheint, daß diese Absorptionserscheinung an Blättern nicht beobachtet und daß sie mit dem Assimilationsprozeß nicht in Beziehung gebracht worden ist.

Bei Assimilationsversuchen mit erfrorenen Blättern wurden wir auf die Absorptionserscheinung zum ersten Male aufmerksam; die nahezu dürren Blätter ließen wir bei 25° unter Lichtausschluß in einem kohlensäurehaltigen Luftstrom allmählich Feuchtigkeit aufnehmen und beobachteten ein langsames Ansteigen des Kohlensäuregehaltes im Strome, zum Beispiel um 3 mg, bis zu einem konstanten Endwerte. Darauf zeigte es sich, daß Blätter in getrocknetem Zustand oder Pulver von Blättern keine Absorption bewirken, daß sie aber beim Anfeuchten mit kohlensäuregesättigtem Wasser sofort aus dem Gasstrom Kohlendioxyd anziehen, und zwar in erheblichem Maße, beispielsweise 0,3 Prozent vom Gewicht der trockenen Blattsubstanz.

Eine solche Absorption der Kohlensäure erscheint nur dann biologisch sinngemäß im Hinblick auf eine Vermittlung zwischen der kohlendioxydhaltigen Atmosphäre und den Chloroplasten, wenn es sich um eine umkehrbare Reaktion handelt. Es war daher Abhängigkeit der Kohlensäureaufnahme von der Temperatur zu erwarten. In der Tat ist es möglich gewesen, noch ehe ein Verfahren gegeben war, um die Absorption in ihrem absoluten Betrage zu bestimmen, die Aufnahme und Abgabe von Kohlendioxyd in Versuchen mit verschiedenen Temperaturen im Strom von konstantem Kohlendioxydgehalt herbeizuführen und zu messen.

Die Methode gestattet leicht auch für das lebende Blatt den Nachweis der Kohlensäureabsorption bei Lichtausschluß. Die Beträge von Kohlendioxyd, die nach der Sättigung bei niedriger Temperatur durch gelindes Erwärmen entbunden werden, sind so bedeutend, daß von vornherein eine Beziehung der Absorption zum Wassergehalt und zum Pigment des Blattes ausgeschlossen ist.

Um den Einfluß des Temperaturwechsels auf die Atmung, der sich im Blatte nur allmählich geltend machen kann, Rechnung zu tragen, ist es erforderlich, neben den Absorptionsversuchen parallele Atmungsversuche in kohlensäurefreier Luft bei der niedrigeren und höheren Versuchstemperatur und mit möglichst ähnlichem Verlauf der Temperaturänderungen vorzunehmen. Für den Absorptionsversuch dient ein Strom von 5 bis 10 proz. Kohlendioxyd, in den eine mit 20 g Blättern beschickte Dose eingeschaltet wird. Beim Erwärmen von 5 auf 30° erfolgt eine viel bedeutendere Kohlensäureabgabe, als nach der gesteigerten Atmung zu erwarten ist, nämlich ein Ansteigen des Kohlendioxydgehaltes von 5 auf $5^1/_2$, von 10 auf 11 Prozent, und beim Wiederabkühlen tritt umgekehrt für einige Zeit ein Sinken des Kohlendioxyds auf $^9/_{10}$ vom Prozentgehalt der angewandten Gasmischung ein.

In 5 proz. Kohlendioxyd gaben zum Beispiel 20 g Blätter beim Übergang von 0 auf 30° 8,0 mg CO_2 ab, und derselbe Betrag wurde beim Zurückgehen auf 5° von neuem absorbiert; in einem anderen Beispiel betrug in 10 proz. Kohlendioxyd beim Erwärmen von 5 auf 30° das entbundene CO_2 10,2 mg, beim Abkühlen das wiederaufgenommene 9,2 mg.

Der Gang des Versuchs mit getrockneten Blättern ist ähnlich. Da hier die Absorption erst mit dem Anfeuchten einsetzt, ist es bei diesem Material möglich, auch eine annäherungsweise Messung der Absorption im absoluten Betrage auszuführen, indem man die gepulverte Blattsubstanz bei 0° eine Zeitlang dem kohlendioxydhaltigen Gasstrom aussetzt und den Kohlensäureverbrauch im Strom ermittelt.

Auf das lebende Blatt lassen sich zur Bestimmung des absoluten Betrages der absorbierten und entbundenen Kohlensäure nicht die von der Untersuchung der Flüssigkeiten bekannten Methoden übertragen in Anbetracht der Form des Blattes, die einen umgebenden Gasraum erforderlich macht und wegen der raschen Dissoziation des entstehenden Additionsproduktes, die eine langsame Verdrängung des Gases aus dem schädlichen Raum allein, wie sie zur Analyse erforderlich wäre, nicht zuläßt. Bei Berücksichtigung dieser besonderen Verhältnisse kommen verschiedene Verfahren für die Bestimmung in Betracht, die zwar prinzipiell einfach sind, die aber durch Nebenumstände kompliziert werden.

In einem mit den Blättern beschickten Gefäße von bestimmtem Volumen läßt sich die Luft rasch durch Kohlendioxyd verdrängen und dann der durch die Absorption entstehende Unterdruck im Gefäße messen. Ferner kann man in einem die Blätter enthaltenden Gefäße einen Teil der Luft wegsaugen und dann eine bestimmte Menge Kohlendioxyd und zum Druckausgleich noch Luft eintreten lassen, um nach erfolgter Absorption in einem Teil des Luftvolumens den Prozentgehalt an Kohlendioxyd zu ermitteln.

Das Verfahren, dem wir hier den Vorzug gegeben haben, beruht im Falle der Absorption auf der Erniedrigung des Kohlendioxydgehaltes eines Gasstromes von bekannter Zusammensetzung. Die Blätter von bestimmtem Gewicht und Volumen befinden sich in einem Gefäß von bekanntem Raum. Nach einem Vorversuch zur Messung der Atmung unter Anwendung kohlensäurefreier Luft wird ein Strom von gewissem Kohlendioxydgehalt über die Blätter geleitet und die Differenz zwischen eingeführtem und austretendem Kohlendioxyd ermittelt. Diese setzt sich aus dem Kohlensäuregehalt des schädlichen Raumes und dem Betrag der Absorption zusammen. Dabei wird natürlich die während der Versuchsdauer durch die Atmung erzeugte Kohlensäure in Rechnung gezogen. Für die darauf folgende Bestimmung der Kohlensäureentbindung wird das Kohlendioxyd aus den Blättern und dem umgebenden Raum durch einen Strom reiner Luft verdrängt.

Die Blätter absorbieren zum Beispiel bei 5° in 10 proz. Kohlendioxyd ungefähr 0,3 Prozent ihres Trockengewichtes Kohlendioxyd, das ist etwa doppelt soviel, als sie bei der Temperatursteigerung von 5 auf 30° zu entbinden vermögen.

Die Unabhängigkeit der Erscheinung vom Pigmentgehalt des Blattes zeigt sich am deutlichsten beim Vergleiche der Absorption mit dem gewöhnlichen grünen Holunder oder der Ulme und mit ihren gelbblätterigen Varietäten. Die Absorption der grünen und gelben Blätter war, auf ihr Frischgewicht bezogen, im Betrage ungefähr gleich, sie entsprach bei den pigmentarmen Blättern, berechnet auf den Chlorophyllgehalt, nicht weniger als 70 bis 170 Molekülen CO_2.

Die Abhängigkeit der Absorption vom Teildruck des Kohlendioxyds wurde mit Blättern der Sonnenblume und der Brennessel in 1 bis 19 vol.-proz. Kohlendioxyd, also mit Teildrucken von $7^1/_2$ bis 143 mm Quecksilber untersucht. Bei noch niedrigerer Konzentration des Kohlendioxyds würde der Einfluß der Atmung zu sehr stören, bei höherem Teildruck die Genauigkeit durch die große Löslichkeit des Kohlendioxyds in Wasser beeinträchtigt.

Das Verhältnis zwischen dem Teildruck des Kohlendioxyds und der absorbierten Menge wird in den beiden Figuren für je ein Beispiel von Helianthus (durchschnittlich etwa 20 g Blätter, 4,0 g Trockensubstanz) und Brennessel (etwa 20 g Blätter, 4,5 g Trockensubstanz) durch die Spannungskurve dargestellt, neben welche wir auch die Löslichkeit des Kohlendioxyds im Wasser der Blattsubstanz eintragen. Von den beiden Teilen, aus welchen die absorbierte Gasmenge besteht, dem gelösten und dem dissoziierbar chemisch gebundenen, ist die Größe des letzteren zu kennen von Wichtigkeit, denn nicht der einfach gelöste Anteil, wie man bei ähnlichen physiologischen Erscheinungen annimmt, sondern gerade die Konzentration des dissoziierbar gebundenen Kohlendioxyds wird für die im Plasma des Blattes verlaufenden chemischen Vorgänge maßgebend sein. Wir ergänzen deshalb die Spannungskurve durch eine zweite Sättigungskurve für Kohlendioxyd in der Blattsubstanz, die sich durch Abzug des im Wasser derselben gelösten Kohlendioxyds ergibt, die also die Absorption von Kohlendioxyd durch die Trockensubstanz des Blattes ausdrückt. Dabei ist die für das Bild der Erscheinung zu ungünstige Voraussetzung gemacht, daß die Löslichkeit von Kohlensäureanhydrid im Wasser des Blattes durch die darin gelösten Salze und die organischen Stoffe nicht erniedrigt werde.

Man erkennt, daß die Kurve dem allgemeinen Bild für die Lösung eines Gases unter Bildung einer dissoziierenden chemischen Verbindung entspricht. Bei höherem Teildruck ist die chemische Sättigung erreicht und die Zunahme der Löslichkeit des Gases in Wasser macht sich so geltend, daß die Spannungskurve der Löslichkeitslinie von Kohlendioxyd in Wasser annähernd gleich läuft. Der Unterschied in der Absorption zwischen Wasser und der Blattsubstanz wird um so größer, je niedriger

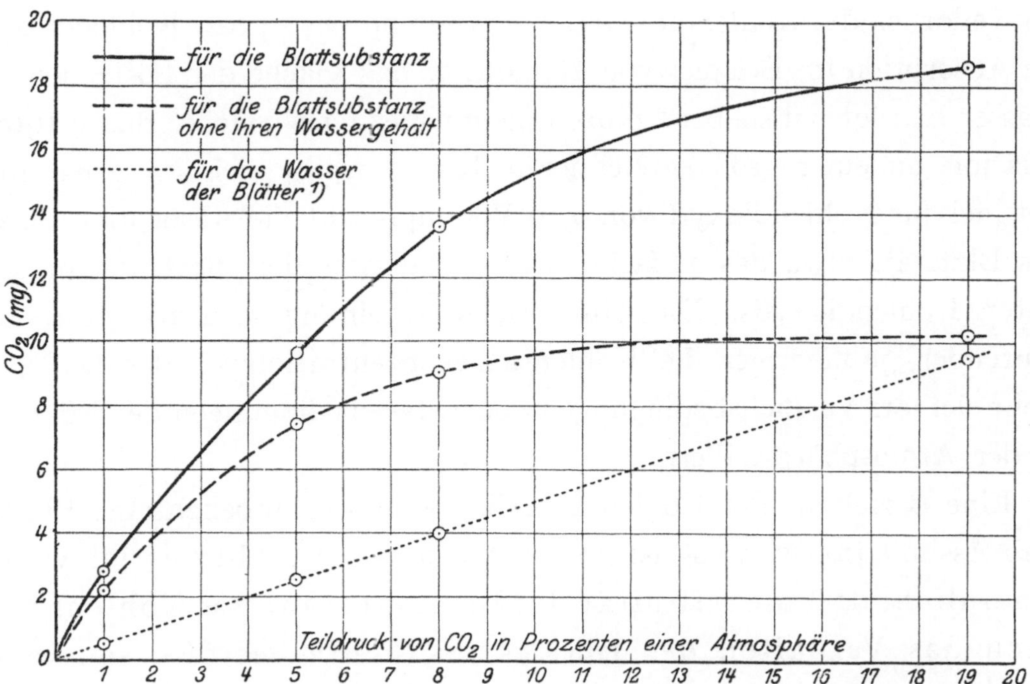

Fig. 11. Absorption des Kohlendioxyds bei 5°; Helianthus annuus (etwa 20 g frische Blätter).

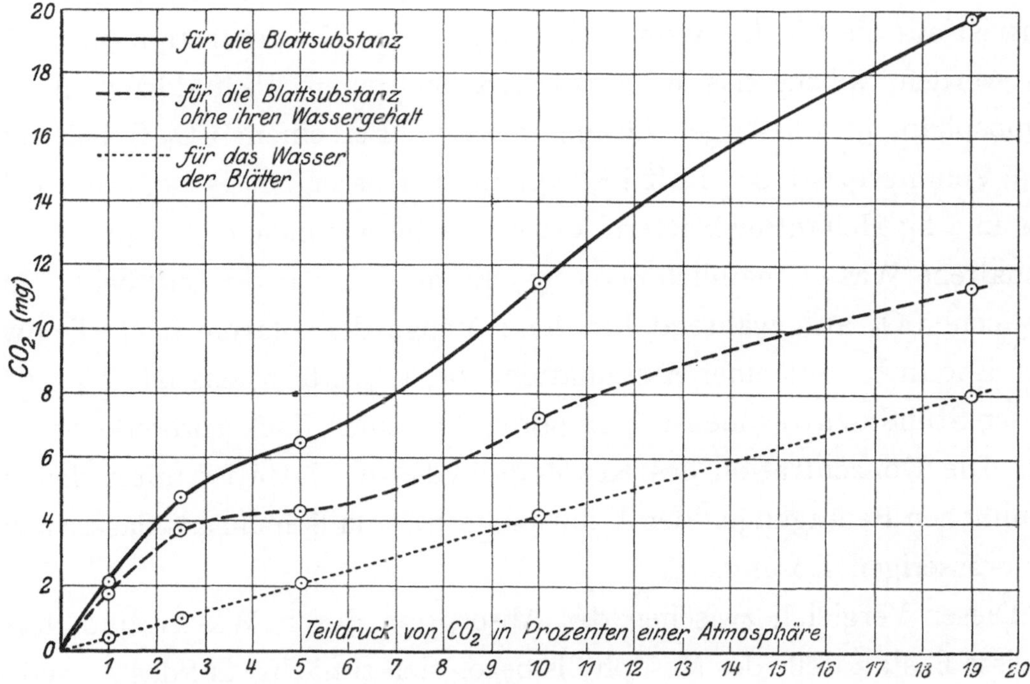

Fig. 12. Absorption des Kohlendioxyds bei 5°; Urtica dioica (etwa 20 g frische Blätter).

der Teildruck des Kohlendioxyds ist. Während bei 5 proz. Kohlendioxyd die Absorption im Beispiel von Helianthus das 4 fache der Löslichkeit in Wasser beträgt, ist sie bei 1 prozentigem nahezu das 6 fache; durch Interpolation an einer groß gezeichneten Kurve ergibt sich im genannten Beispiel für Kohlendioxyd von 0,10 Volumprozent die Absorption durch das Blatt als etwa das 12 fache des vom Wasser der Blattsubstanz gelösten Kohlendioxyds. Die Absorptionserscheinung wird also desto bedeutender, je niedriger die Kohlensäurekonzentration ist, das heißt, je mehr sich die Versuchsbedingungen den Lebensbedingungen der Pflanzen in der Atmosphäre nähern.

Eine Beziehung der Kohlensäureabsorption des unbelichteten Blattes zum Assimilationsvorgang ist noch nicht bewiesen. Aber es ist wahrscheinlich, daß die Affinität der Blattsubstanz zur Kohlensäure auch das Verhalten des Blattes im Lichte beeinflussen wird, dadurch, daß die Kohlensäureabsorption beschleunigt, die Konzentration der Kohlensäure erhöht und die Form, in welcher die Kohlensäure vorliegt, verändert wird. In der Einleitung ist auf die für die Assimilation ungünstige Konzentration hingewiesen worden, welche das Kohlendioxyd bei seinem Partialdruck in der Atmosphäre in wässeriger Lösung besitzt. Bei einem CO_2-Gehalt von 0,03 Volumprozent der Luft löst ein Liter Wasser bei 15° 0,3 ccm CO_2. Das in 1 kg Helianthusblättern, deren Fläche wir gleich $3^1/_3$ qm finden, enthaltene Wasser, nämlich 800 ccm, nimmt daher an der Luft bei 15° nur 0,25 ccm CO_2 auf, während für diese Menge der Blätter nach Brown und Escombe mit einer Assimilation von $1^2/_3$ Litern, das ist $3^1/_3$ g CO_2 in der Stunde zu rechnen ist, entsprechend einer Zuckerproduktion von 2 g. Die Konzentration des Kohlendioxyds im Blatte ist unter den gewöhnlichen Bedingungen der Atmosphäre jedenfalls mehr als das 12 fache der wässerigen Lösung.

Dieser Vergleich zwischen der Absorption durch Wasser und durch gewisse Bestandteile des Mesophylls bezog sich zunächst auf das Anhydrid der Kohlensäure. Für die Assimilationsreaktion handelt es sich aber nicht um die Konzentration des Kohlendioxyds selbst. In der nachfolgenden vierten Abhandlung dieser Reihe wird mitgeteilt, daß Chlorophyll gegen Kohlendioxyd indifferent ist, daß es aber mit der Kohlensäure ein dissoziierbares Additionsprodukt bildet, welches mit den primären Carbonaten verglichen werden kann. Bei der Aufnahme durch das Absorbens im Blatte wird das Kohlensäureanhydrid schwerlich in einer chemisch indifferenten Form bleiben, da sich das Anhydrid in denjenigen Fällen, wo es von organischen Verbindungen dissoziierbar addiert wird, mit ihnen zu Säuren verbindet. Während in der wässerigen Lösung des Dioxyds nur ein kleiner Bruchteil in der chemisch wirksamen Form der Säure existiert, wird also wahrscheinlich durch die Addition des Kohlendioxyds an eine organische Substanz die Konzentration des wirksamen Anteils erhöht und dadurch die Einführung der Kohlensäure in die photosynthetische Reaktion gefördert.

Es soll damit nicht ausgesprochen werden, daß die entstehende Carboxylverbindung von stark saurer Natur sei. Vielmehr ist daran zu erinnern, daß wir eine viel geringere Beständigkeit des Chlorophylls in kolloider wässeriger Lösung als des Chlorophylls im Blatte gegen Kohlensäure beobachten. Möglicherweise beruht der Schutz, den das Chlorophyll im Blatte genießt, auf der besonderen Form, welche die Kohlensäure annimmt. Auch unter gewissen natürlichen Verhältnissen ist das Chlorophyll größerer Kohlendioxydkonzentration ausgesetzt, zum Beispiel wird bei der starken Atmung junger Blätter in warmen Nächten der Kohlendioxydgehalt in den Intercellularräumen den Kohlensäureteildruck der Luft bedeutend überschreiten.

Eine weitere Eigentümlichkeit der Absorptionsvorrichtung besteht darin, daß sie eine gewisse Regulierung der assimilatorischen Leistung bei Temperaturschwankungen bewirken kann. Die Photosynthese geht natürlich mit fallender Temperatur zurück, die Absorptionsleistung steigt. Wie gezeigt wird, ist der Betrag der absorbierten Kohlensäure bei 5° etwa doppelt so groß wie bei 25°. Die verminderte Reaktionsgeschwindigkeit bei der Temperaturerniedrigung kann also teilweise ausgeglichen werden durch die Konzentrationserhöhung der Kohlensäure. In der Tat hat es sich in der zweiten Abhandlung (Abschnitt XIII) bei Assimilationsversuchen mit hoher Konzentration von Kohlendioxyd gezeigt, daß der Temperaturkoeffizient der Assimilation nur 1,5 war, was mit einer verminderten Kohlensäurekonzentration im Blatte bei höherer Temperatur in Einklang steht.

Die chemische Natur des Stoffes oder der Stoffe, die im Blatte Kohlendioxyd absorbieren, ist noch unbekannt; daher bietet sich hier der analytischen und präparativen Arbeit eine wichtige Aufgabe.

Die Dissoziationsverhältnisse lassen die Annahme von Alkali- und Erdalkalibicarbonaten allein, da diese geringere Dissoziationsspannungen besitzen, nicht zu, aber sie sprechen doch nicht gegen das Auftreten derartiger Verbindungen, wie Magnesiumbicarbonat, wenn wir zugleich die Voraussetzung machen, daß das Erdalkali im Blatte gebunden an organische Stoffe mit Säurefunktion existiere. Magnesiumbicarbonat allein ist schon bei einem Teildruck von 15 bis 30 mm[1]) des Kohlendioxyds gesättigt.

Die Substanz getrockneter Blätter zeigt, wie in Untersuchungen über die Chlorophyllase beschrieben worden ist[2]), amphotere Reaktion. Sie enthält säure- und alkalibindende Stoffe, so daß eine erhebliche Menge von Mineralsäure und von Alkalilauge bis zum Eintritt saurer bzw. alkalischer Reaktion verbraucht wird. Es scheint übrigens nach den Absorptionsversuchen mit getrockneten Blättern, die im folgenden beschrieben werden, daß in der getrockneten Blattsubstanz der Dissoziationsdruck des Kohlendioxyds kleiner ist als bei frischen Blättern, daß ihr Verhalten also dem anorganischer Bicarbonate ähnlicher ist.

Es ist nach den Dissoziationsverhältnissen und nach den im Plasma gegebenen chemischen Bedingungen wahrscheinlich, daß das Kohlensäureanhydrid von organischen Stoffen aufgenommen wird. Die Zahl organischer Verbindungen, die für diese Reaktion in Betracht kommen, ist eine ungemein große.

Seit alters ist es bekannt, daß Kohlendioxyd addiert wird einerseits durch Aminogruppen von ausgesprochen basischer Art unter Carbamatbildung, andererseits von Alkoholaten und Enolaten unter Bildung von

---

1) F. P. Treadwell und M. Reuter, Zeitschr. f. anorg. Chem. **17**, 170 [1898].

2) R. Willstätter und A. Stoll, Ann. d. Chem. **378**, 18, 50 [1910].

Salzen primärer Kohlensäureester; die freien Carbaminosäuren und Alkylkohlensäuren sind leicht dissoziierend. Der Kreis kohlendioxydaddierender organischer Verbindungen, und zwar im besonderen von solchen einfacher Konstitution, ist in wichtigen Untersuchungen von M. Siegfried[1]) sehr erweitert worden durch den Nachweis, daß bei Gegenwart von Basen sowohl Aminosäuren wie Verbindungen mit alkoholischen Hydroxylgruppen (Alkohole, Zucker und Oxysäuren) mit Kohlendioxyd in Salze der primären Amide bezw. der primären Ester der Kohlensäure übergehen.

In so ausgedehnten Reihen von Kohlendioxyd addierenden Stoffen ergibt sich für die Dissoziationsverhältnisse der Carboxylverbindungen von den Formeln HN — COOH und O — COOH die denkbar größte Mannigfaltigkeit, wenn man noch berücksichtigt, daß jeder beliebige Grad der Neutralisation, beginnend von den freien Carboxylderivaten der Aminosäuren, deren Bildung an der Erhöhung der Leitfähigkeit von Kohlensäure erkannt wurde, bis zu den Neutralsalzen der Carbaminosäuren und der Kohlenestersäuren, die ausschließlich untersucht zu sein scheinen, vorkommen kann. Besonderes Interesse beanspruchen für den Vergleich mit den Verhältnissen, unter denen die Kohlensäure im pflanzlichen Plasma und in tierischen Gewebsflüssigkeiten vorkommt, die Dissoziationsspannungen der noch nicht untersuchten primären Alkalisalze von Carbaminosäuren z. B.

$$HOOC — NH — CH_2 — COOK$$

und die Dissoziationsverhältnisse dieser Kohlensäureverbindungen bei Gegenwart von Salzen organischer Säuren, die eine Pufferrolle auszuüben vermögen.

Bei der Beschreibung der Carbaminreaktion deutete M. Siegfried[2]) bereits die Folgerungen an, welche daraus hinsichtlich der Reduktion

---

[1]) M. Siegfried, Über die Bindung von Kohlensäure durch amphotere Amidokörper I., Zeitschr. f. physiol. Chem. **44**, 85 [1905]; II., Zeitschr. f. physiol. Chem. **46**, 401 [1905]; III., M. Siegfried und C. Neumann, Zeitschr. f. physiol. Chem. **54**, 423 [1908]; IV., M. Siegfried und H. Liebermann, Zeitschr. f. physiol. Chem. **54**, 437 [1908]. Über die Bindung von Kohlensäure durch Alkohole, Zucker und Oxysäuren, M. Siegfried und S. Howwjanz, Zeitschr. f. physiol. Chem. **59**, 376 [1909].

[2]) M. Siegfried, Zeitschr. f. physiol. Chem. **44**, 85, 96 [1905].

der Kohlensäure in der Pflanze gezogen werden können: „Wo Chlorophyll ist, ist auch Protoplasma. Entstehen auch hier bei der Aufnahme von Kohlensäure durch die Pflanze Carbaminogruppen, so wird die Aufnahme von Kohlensäure hierdurch begünstigt. An Stelle oder neben der Frage: Wie wird Kohlensäure reduziert? müßte die Frage gelöst werden: Wie werden Carbonsäuren reduziert?" und Siegfried[1]) fügte später hinzu: „Man hat sich also vorzustellen, daß die Kohlensäure nicht als solche reduziert wird, eine Annahme, die allen früheren Bearbeitungen des Problems der Reduktion der Kohlensäure zugrunde lag, sondern, daß aus ihr Carbonsäuren entstehen und daß diese reduziert werden."

Bei den Versuchen an der Pflanze hat es sich nun gezeigt, daß in der Tat im Protoplasma Kohlensäureverbindungen entstehen, die wahrscheinlich den Übergang des Kohlendioxyds aus der Luft zum Chlorophyll vermitteln. Die Frage, ob diese Kohlensäureverbindungen als solche für den Reduktionsprozeß vom Chlorophyll addiert werden, oder ob sie Kohlensäure an Chlorophyll abgeben, ist experimentell noch nicht behandelt worden.

In anderem Zusammenhang, nämlich in Betrachtungen über die asymmetrische Synthese, die an einer folgenden Stelle gewürdigt werden sollen, ist E. Fischer[2]) zu der Anschauung gelangt, daß Kohlendioxyd mit den optisch aktiven Substanzen des Chlorophyllkornes eine Vereinigung eingehe, für welche die Proteine Gelegenheit bieten und daß die Kohlensäureverbindung weiter in Sauerstoff und ein Reduktionsprodukt, wahrscheinlich ein Formaldehydderivat, zerlegt werde.

Vergleich der Kohlensäureabsorption im Blut und im Blatt.

Die Einrichtung für die Kohlensäureabsorption im Blatte ist der Vermittlung zwischen der Atmosphäre und dem Blatte angepaßt. Bei dem niederen Teildruck des Kohlendioxyds in der Luft wäre eine Absorptionsvorrichtung mit geringerer Dissoziationsspannung geeigneter, um die

[1]) M. Siegfried, Ergebnisse der Physiologie, herausgegeben von Asher und Spiro, IX, 334, und zwar 350 [1910].

[2]) E. Fischer, Synthesen in der Zuckergruppe II, Ber. d. deutsch. chem. Ges. **27**, 3189, und zwar 3231 [1894]; Organische Synthese und Biologie S. 8 (Berlin, J. Springer, 1908).

Kohlensäure auf hohe Konzentration zu bringen; aber die Vorrichtung soll sich andererseits für die leichte Abgabe der Kohlensäure, wahrscheinlich noch vor ihrer Desoxydation, eignen. Aus diesem Grunde müssen Additionsprodukte gebildet werden, die chemisch reaktionsfähig und leicht dissoziierbar sind; beide Eigenschaften treffen bei vielen Kohlensäureverbindungen, zum Beispiel bei den freien Carbaminosäuren, zusammen. Wie auch die Überleitung des Kohlendioxyds an die Chloroplasten erfolge, sei es durch Abgabe von Kohlensäure selbst oder durch Addition einer Kohlensäureverbindung an das Chlorophyll, in beiden Fällen ist eine Verbindung mit freier Carboxylgruppe nötig. Aus dieser Betrachtung ergibt sich in Übereinstimmung mit den beobachteten Dissoziationsverhältnissen, daß die Kohlensäureverbindung im Blatte vom Neutralisationspunkt erheblich entfernt ist.

Im Säugetierblut, wo die Absorptionsvorrichtung der einfacheren Aufgabe zu genügen hat, das Kohlendioxyd zur Lunge zu befördern und dort zu entbinden, ist die Dissoziationsspannung für Kohlendioxyd viel kleiner als im Blatte, da die hohe Körpertemperatur eine beständigere Additionsverbindung fordert. Bei der Temperatur von 38° und bei einem Teildruck von 30 mm Quecksilber ist die Kohlensäureabsorption der Blattsubstanz sehr klein, während das Blut bei dieser Temperatur und bei demselben Teildruck, nämlich unter den natürlichen Bedingungen des Blutgaswechsels von Warmblütern, noch mehr als zur Hälfte gesättigt ist.

In bezug auf die quantitative Leistung sind die Absorptionseinrichtungen im Blute bei 38° und im Blatte bei 5 bis 15° ähnlich, insbesondere dann, wenn wir zum Vergleich den Partialdruck des Kohlendioxyds, wie er im Blut gegeben ist, auf das Blatt anwenden.

Die Menge des von 100 ccm Blut chemisch absorbierten Kohlendioxyds ist 38,1 Volumprozent, wovon 14,3 ccm auf die zelligen Elemente (Trockengewicht 29 g), 23,8 ccm auf das Plasma (Trockengewicht 34 g) treffen[1]). Durch 100 g Trockensubstanz von Blut werden daher unter den angegebenen Bedingungen chemisch gebunden 119,2 mg.

---

[1]) Vgl. A. Loewy, Die Gase des Körpers und der Gaswechsel, C. Oppenheimers Handb. d. Biochemie d. Menschen u. d. Tiere, Bd. IV, 1. Hälfte, Jena 1911, S. 64.

100 g Blatt nehmen bei 5° und 30 mm Teildruck ungefähr 40 mg Kohlendioxyd auf; davon kommen nach Abzug von 8 mg für das Wasser des Blattes etwa 32 mg auf die gesamte Trockensubstanz (20 g), daher auf 100 g trockene Blattsubstanz 160 mg Kohlendioxyd.

Hinsichtlich der Form des chemisch gebundenen Kohlendioxyds im Blute wird allgemein angenommen, daß es teils an Alkalien, teils an Eiweißstoffe gebunden sei. In Form von Alkalibicarbonat soll rund die Hälfte des Kohlendioxyds existieren, nämlich in den Blutzellen 17, im Plasma 20 Volumprozent, während das übrige Kohlendioxyd, das ist in 100 ccm Blut 19,3 ccm, in dissoziabler organischer Bindung angenommen wird.

Das Vorkommen so großer Mengen Alkalibicarbonat wird beispielsweise aus dem Zurückbleiben von sekundärem Carbonat bei vollständigem Auspumpen des Serums gefolgert; indem man die in gebundener Form hinterbleibende, erst auf Zusatz von Säure freiwerdende Kohlensäure verdoppelt, kommt man zu dem angegebenen Betrag von primärem kohlensaurem Salze.

Viel besser ist die Annahme gestützt, daß ein Teil des Kohlendioxyds im Blut von den Eiweißstoffen gebunden wird[1]). Den Nachweis hat J. Setschenow[2]) in eingehenden Untersuchungen für das Serum erbracht, in welchem die Globulinalkaliverbindungen als Träger der Kohlensäure fungieren, und Chr. Bohr[3]) hat für die Blutzellen gezeigt, daß sich die alkalifreie Globulinkomponente des Hämoglobins mit Kohlendioxyd verbindet. Die wohl begründeten Ansichten von Setschenow und von Bohr hinsichtlich der chemischen Bindung des Kohlendioxyds durch die Proteïne des Serums und des Hämochroms sind durch die oben zitierten Arbeiten von Siegfried auf einfache chemische Vorbilder zurückgeführt worden.

Über die Wechselwirkung zwischen anorganischen und organischen

---

[1]) Die Frage, „wieviel von der im Blut vorhandenen Kohlensäure frei und wieviel als Bicarbonat enthalten ist", behandelt L. Michaelis in seiner Abhandlung „Die allgemeine Bedeutung der Wasserstoffionenkonzentration für die Biologie" (im Ergänzungsband von C. Oppenheimers Handbuch d. Biochemie d. Menschen u. d. Tiere, Jena 1913, S. 10, und zwar S. 20) unter der Voraussetzung, daß sich die Eiweißstoffe an der Bindung der Kohlensäure nicht beteiligen.

[2]) J. Setschenow, Mém. Acad. Imp. d. Sc. d. St. Pétersbourg VII. Ser., **26**, 1 [1879].

[3]) Chr. Bohr, Skand. Archiv f. Physiol. **3**, 47 [1892] und **8**, 363 [1898].

Bindungen der Kohlensäure im Blute ist folgende Vorstellung üblich[1]: „Ein Teil der Kohlensäure ist auch bei niedrigen Spannungen (etwa 0,6 mm) als Bicarbonat an Alkali gebunden. Wächst die CO_2-Spannung an, so wird die Menge der Bicarbonate zunehmen, indem sich in steigendem Grade Alkali aus den Albuminalkalien abspaltet. ... erst bei höheren CO_2-Spannungen ist ... von den Albuminalkalien anzunehmen, daß sie in bedeutendem Grade gespalten werden, und diese Verbindungen bilden dann eine Regulation der zu starken Zunahme der Kohlensäurespannung, deren Steigen über die normale Grenze hinaus hierdurch gehemmt wird."

Die Vorstellung[2]), daß die Proteine aus ihren Alkaliverbindungen durch Kohlendioxyd verdrängt werden, daß mit wachsender Kohlensäurespannung im Plasma ein weiterer Teil der Kohlensäure von dem an die Albuminate gebundenen Alkali Besitz ergreife, halten wir für ungerechtfertigt und die Annahme des Vorkommens von Alkalibicarbonat im Blute für unzutreffend. Für die Deutung der die Spannungsverhältnisse betreffenden Beobachtungen scheint uns die einfache Erklärung zu genügen, daß die Hauptmenge gebundener Kohlensäure im Blut von den Eiweißstoffen und ihren Alkaliverbindungen aufgenommen werde.

Aus dem bekannten Verhalten der Aminosäuren ergibt sich: Je höher der Teildruck des Kohlendioxyds, desto mehr Kohlensäure tritt in ihre Aminogruppen ein, desto saurer werden sie, desto mehr Bicarbonat wird von ihnen verbraucht.

Die Carbaminoreaktion läßt sich auch folgendermaßen darstellen: Neutrale Aminosäuren oder Eiweißstoffe und Bicarbonat existieren nicht nebeneinander, ohne auch miteinander zu reagieren, sie addieren sich nach der Gleichung:

$$NH_2-CH_2-COOH + MeHCO_3 \rightleftarrows \underset{\displaystyle COOH}{\underset{|}{NH}}-CH_2-COOMe + H_2O$$

Die Additionsprodukte sind einbasische Säuren; durch basische Grup-

---

[1]) Chr. Bohr, Blutgase und respiratorischer Gaswechsel im Handb. d. Physiol. d. Menschen von W. Nagel, I. Bd., S. 113, Braunschweig 1909.

[2]) Vgl. E. Abderhalden, Lehrb. d. physiol. Chem. 3. Aufl., 2. Teil, S. 972 (Berlin und Wien 1915).

pen oder Absättigung der Carboxyle mit Alkali wird die Reaktion begünstigt, sie führt dann zu den sekundären Salzen.

Es werde angenommen, bei niedriger Spannung (etwa 0,6 mm) sei ein Teil der Alkalien mit Kohlendioxyd (als Bicarbonat) verbunden und ein anderer Teil existiere in Verbindung mit Aminosäuren oder Albuminen. Lassen wir nun den Kohlensäuredruck ansteigen, so wird nicht die Menge des Bicarbonates zunehmen, sondern im Gegenteil wird mehr Kohlendioxyd von den Proteinen aufgenommen werden unter Bildung von Gruppen, welche stärker sauer sind als Kohlensäure und die das Bicarbonat zersetzen. Wird andererseits nach dem bekannten Versuche von E. Pflüger[1]) das Serum vollständig evakuiert, so zerfällt infolge der Erniedrigung des Teildrucks die Carbaminoverbindung im Sinne der oben stehenden Gleichung (von rechts nach links) und liefert Alkalibicarbonat und weiterhin Carbonat.

Die Kohlendioxyd absorbierenden Systeme im Blut und im Blatt können sich daher aus den gleichen chemischen Mitteln zusammensetzen und ihre Verschiedenheit in den Dissoziationsverhältnissen läßt sich darauf zurückführen, daß die Kohlensäureverbindungen im Blute in weitergehendem Maße durch Alkalien abgesättigt sind als diejenigen im pflanzlichen Plasma. Der Unterschied läßt sich durch folgende sehr vereinfachte Modelle ausdrücken:

I.	II.
$NH—CH_2—COOMe$ $\vert$ $COOH$	$NH—CH_2—COOMe$ $\vert$ $COOMe$

von denen das erste mehr den Dissoziationsverhältnissen im Blatte, das zweite eher demjenigen im Blute nahe kommt.

Zur Abstufung der Neutralisation trägt noch bei die Ungleichheit der absättigenden Metallhydroxyde und die Verschiedenheit in den beigemischten, die Regulierung beeinflussenden Salzen organischer Säuren.

---

[1]) E. Pflüger, Die Kohlensäure des Blutes, S. 11, Bonn 1864.

Experimenteller Teil.

I. Einfluß der Temperatur auf die Sättigung der Blätter mit Kohlensäure.

A. Die Versuchsanordnung.

Die vom Chlorophyll unabhängige Absorption der Kohlensäure wird beobachtet, indem man die Blätter in einem Strom von konstantem Kohlensäuregehalt Änderungen der Temperatur aussetzt. Bei Temperaturerhöhung wird Entbindung, beim Abkühlen Aufnahme von Kohlensäure gefunden. Die Unterschiede in der Sättigung der Blätter mit dem Gase werden an der Erhöhung oder Erniedrigung des Kohlendioxydgehaltes im Gasstrom gemessen. Daraus ergibt sich ein Bild von der Absorptionserscheinung und vom Verhalten des auftretenden Additionsproduktes, aber nicht eine Messung des absoluten Betrages der absorbierten Kohlensäure.

Für diese Untersuchung eignet sich nur Kohlendioxyd von ziemlich geringem Partialdruck, nämlich ein Luftstrom mit 5 bis 10 Volumprozent Gehalt an diesem Gase, womit im folgenden gearbeitet wird. Zu hoher Kohlensäuregehalt entspricht nicht den Bedingungen des biologischen Versuchs, auch würde bei stärkerer Kohlensäure die Genauigkeit infolge der großen Löslichkeit von Kohlendioxyd in Wasser vermindert und die Volumbestimmung der kohlendioxydführenden Luft erschwert. Die Gefahr, daß durch Kohlensäure von der angegebenen Konzentration das Chlorophyll im Blatte zerstört wird, kann außer Betracht bleiben; wir fanden nämlich, daß Erdbeerblätter ein viel längeres Verweilen, sogar 24 Stunden bei Zimmertemperatur in Luft mit 10 Prozent Kohlendioxyd, ohne Schaden ertragen.

Ein hauptsächlicher Umstand, dem die Methode Rechnung tragen muß, ist die Beeinflussung, welche auch die Atmung durch Änderung der Temperatur erfährt, das rasche Ansteigen beim Erwärmen und Sinken beim Abkühlen. Um den Einfluß der Atmung rechnerisch ausschalten zu können, bestimmen wir diese in Parallelversuchen in kohlensäurefreier Luft für die niedrigere und die höhere Versuchstemperatur und beim Übergang von einer Stufe zur anderen. Ein wichtiges Erfordernis ist es, bei den Absorptions- und den Atmungsversuchen die Temperaturänderungen genau gleich rasch vorzunehmen.

Es war eine Frage, ob nicht die Änderung der Teildrucke von Sauerstoff und Kohlendioxyd die Atmung beeinflußt, aber es ist bestätigt worden, daß die Atmung die nämliche Menge von Kohlensäure liefert, sei es, daß sie in reiner Luft oder in 5 bis 10 Volumprozent Kohlendioxyd enthaltender erfolgt.

Man bestimmt die mit einem Liter reiner Luft vermischte Menge von Kohlendioxyd durch Wägung. Nach der Sättigung der Blätter mit Kohlensäure erhält man dafür eine Zahl, die sich aus dem Gehalt der angewandten Gasmischung an Kohlendioxyd + Atmungskohlensäure zusammensetzt.

Nach den Parallelversuchen für die Atmung und der Analyse des Gasstroms sind bestimmte Werte von CO_2 aus 1 l Luft für die Versuchstemperaturen zum Beispiel von 0 und 30° zu erwarten. Die gefundenen Zahlen sind demgegenüber bei der Temperatursteigerung zu hoch, bei der Abkühlung zu niedrig.

Über die Blätter wird bei 0° oder 5° ein Strom von 5- bzw. 10 proz. Kohlensäure geleitet; sodann erhöht man die Temperatur rasch auf 30°. Infolge der gesteigerten Atmung ist eine gewisse Erhöhung des Kohlensäuregehaltes zu erwarten, die sich wegen der schädlichen Räume und in Anbetracht der zur Erwärmung der Blätter erforderlichen Zeit erst allmählich einstellen sollte. Es findet aber eine sehr rasche und viel bedeutendere Kohlensäureabgabe statt, die vorübergehend den Kohlendioxydgehalt des Gasstromes von 5 auf 5,5 Prozent oder von 10 auf etwa 11 Prozent steigen läßt. Der entgegengesetzte Vorgang erfolgt beim Wiederabkühlen auf 0°. Der Kohlensäuregehalt sinkt rasch für eine gewisse Zeit auf etwa 4,5 bzw. 9 Prozent. Hier erkennt man sogleich, daß die Erscheinung keinen Zusammenhang mit der Atmung hat; denn wenn die Atmung schwächer wird, so kann doch der Gasstrom dadurch nicht kohlensäureärmer werden, als er der Druckflasche entströmt.

Für die Sättigung mit Kohlensäure arbeiten wir unter Lichtausschluß und ordnen die Blätter in ähnlicher Weise an wie in der zweiten Abhandlung dieser Reihe für die Assimilationsversuche.

20 g frische Blätter werden ohne Zusatz von Wasser in eine möglichst flache Glasdose eingefüllt, die wir zur Verminderung des schädlichen Raumes noch mit beiderseits zugeschmolzenen Glasröhren anfüllen, auf welchen die Blätter liegen. Eine auf den geschliffenen Rand mit Paraffindichtung gepreßte Glasplatte, durch deren zentrale Bohrung der Gasstrom ein- und austritt, schließt den Raum luftdicht ab. Die Dose wird zum Lichtschutz mit einem Blechmantel umgeben und in ein Wasserbad von annähernd konstanter Temperatur eingesenkt. Mittels eines Rührwerkes und durch Eintragen von Eis wurden die Temperaturen von 0° und 5° mit Schwankungen von $\pm$ 0,2° gehalten; für 30° erfolgte die Einstellung mit einer automatisch regulierten elektrischen Heizplatte.

Die kohlensäurehaltige Luft wurde einer Druckflasche entnommen und der Gasstrom durch Reduzierventil und Strömungsmanometer annähernd konstant gehalten. Die Gasmischung durchströmte eine Waschflasche, um für sämtliche Fälle bei der konstanten Temperatur von 30° mit Wasserdampf gesättigt zu werden, dann trat sie in die Glasdose ein und mußte die Blätter umspülen. Nach dem Austritt ging das Gas durch einen Trockenapparat, ein mit Chlorcalcium und Phosphorpentoxyd beschicktes Kugelrohr, sodann zur Abgabe der Kohlensäure durch einen Natronkalkapparat. Derselbe bestand aus zwei U-Röhren und enthielt wie bei den Assimilationsversuchen die Beschickung von Natronkalk und von Phosphorpentoxyd. Die kohlendioxydfreie Luft passierte schließlich ein Manometer, das zur Prüfung auf dichte Apparatur diente und eine Präzisionsgasuhr, mittels deren sie unter Berücksichtigung von Temperatur und Barometeränderung exakt gemessen wurde.

Die Zuverlässigkeit der Versuchsanordnung und des Apparates, der möglicherweise schon allein infolge der Alkalinität des Glases Kohlensäure absorbieren könnte, wurde in einem Strom von ungefähr 5 vol.-proz. Kohlensäure geprüft. Beim Durchleiten bei 0° fanden wir mit einem Liter Luft 0,1054 g CO_2, nach raschem Erwärmen auf 30° 0,1056 g und bei erneutem Abkühlen auf 0° 0,1055 g. Es zeigte sich, daß die Absorption der Kohlensäure an den Glasflächen keinen Einfluß hat. Übrigens ist die Glasdose mitsamt den eingefüllten Röhren vor jedem Versuche mit verdünnter Säure und destilliertem Wasser gespült worden.

B. Versuche mit lebenden Blättern.

Um den Gang der Versuche anschaulich zu machen, teilen wir das erste der Beispiele ausführlicher mit.

Erstes Beispiel; mit 10 vol.-proz. Kohlensäure.

Absorptionsversuch.

Von jungen Erdbeerblättern mit kurzen Stielchen wurden am 21. Dezember 28 g gesammelt, wovon wir 20 g für den Versuch in der Glasdose in gleichmäßiger Schicht ausbreiteten. Der durch die zugeschmolzenen Röhren verminderte Raum betrug etwa 250 ccm.

Von den Blättern dienten 4,0 g wie in der zweiten Abhandlung zur Bestimmung der Blattfläche und weiter, indem sie im Vakuum über Schwefelsäure zur Konstanz getrocknet wurden, zur Ermittlung der Trockensubstanz. Diese betrug für 20 g Blätter 7,0 g, die Fläche 744 qcm. Mit einer zweiten 4 g-Probe derselben Blätter im frischen Zustand bestimmten wir durch quantitatives Extrahieren und colorimetrischen Vergleich den Chlorophyllgehalt; er betrug in 20 g Blättern 37,0 mg.

Die Dose wurde im Thermostaten auf 5° abgekühlt und die Luft in 10 Minuten aus dem Raum verdrängt mit einem Strom von einem Liter etwa 10 proz. Kohlendioxyds in der Minute. Nun wurde der Gasstrom mit einer Niveaudifferenz von 50 mm Quecksilber am Strömungsmanometer auf die Stundengeschwindigkeit von 4 Litern aller Versuche eingestellt; nach 20 Minuten begann die Bestimmung des Kohlendioxydgehaltes der aus der Glasdose austretenden Luft.

Der Kohlendioxydgehalt des angewandten Gasgemisches war zuvor für die einer ganzen Umdrehung der Gasuhr entsprechende Luftmenge (1 l) und auch für die einzelnen Drittel des Zifferblattes bei bestimmten Temperatur- und Druckverhältnissen ermittelt und er wird umgerechnet auf die bei den Versuchen jeweils gegebenen äußeren Bedingungen. Die

Differenz des Kohlensäuregehaltes im Versuche gegenüber den so berechneten Werten gibt nach erfolgter Sättigung der Blätter mit Kohlensäure schon den Betrag der Atmungskohlensäure an, der später mit der Atmung in reiner Luft verglichen werden soll.

Nach einer für die Sättigung der Blätter erforderlichen Vorperiode von $1^1/_2$ Stunden brachten wir durch Erwärmen des Wasserbades die Temperatur unmittelbar an den Blättern innerhalb 5 Minuten auf 30° und nach einer Beobachtungsperiode von 2 Stunden durch Eintragen von Eis in ebenso kurzer Zeit wieder auf 5°. Die Natronkalkapparate wurden im allgemeinen in Intervallen von 15 Minuten ausgewechselt, aber unmittelbar nach den Temperaturänderungen kürzten wir die Meßintervalle zur Vergrößerung der Ausschläge auf nur 5 Minuten ab. Die nachfolgende Tabelle 66 enthält in gekürzter Form die Beobachtungen des Versuchs.

Atmungsversuch.

Die folgenden Beobachtungen werden als Beispiel für die parallele Bestimmung der Atmung in der Tabelle 67 angeführt.

20 g junge Erdbeerblätter am 22. Dezember, Fläche derselben 700 qcm, Trockengewicht 7,0 g, Chlorophyllgehalt 37,5 mg.

Die Beziehung zwischen Absorptions- und Atmungsversuch.

Zur Berechnung subtrahieren wir zunächst für jedes Intervall des Absorptionsversuches vom gefundenen CO_2 das dem gemessenen Luftvolumen des angewandten Gasstromes entsprechende CO_2. Die Summe der Differenzen gibt für die Beobachtungsperiode einer Temperaturänderung und des Verweilens bei der erreichten Temperatur eine Kohlensäurebilanz, die sich aus der Atmungskohlensäure plus entwickeltem oder minus absorbiertem Kohlendioxyd der Blätter zusammensetzt. Aus dem parallelen Atmungsversuch in reiner Luft entnehmen wir für den gleichen Zeitraum die Summe der Atmungsbeträge. Die Differenz aus der Kohlensäurebilanz und der Atmungssumme einer Periode gibt die Kohlensäuregehaltsänderung der Blätter an. Dafür finden wir nach der Temperaturerhöhung einen positiven Wert, Kohlensäureabgabe, nach der Temperaturerniedrigung einen negativen Wert, Kohlensäureabsorption.

Die Ergebnisse werden für unser Beispiel in der Tabelle 68 zusammen-

Tabelle 66.

Absorptionsversuch.

Versuchsdauer in Stunden	Intervall in Minuten	Temperatur	Eingeführtes CO_2 (g)	Gefundenes CO_2 (g)	Kohlensäuredifferenz (mg)	
					im Intervall	für 1 l austretender Luft
0	15	5,0°	0,1860	0,1869	0,9	0,9
	15	5,0°	0,1860	0,1875	1,5	1,5
	15	4,9°	0,1859	0,1877	1,8	1,8
	15	5,0°	0,1859	0,1872	1,3	1,3
	15	5,0°	0,1859	0,1874	1,5	1,5
	15	5,0°	0,1859	0,1870	1,1	1,1
$1^1/_2$	5	5—30°	0,0607	0,0617	1,0	
	5	30,0°	0,0639	0,0699	6,0	11,7
	5	30,0°	0,0613	0,0660	4,7	
	5	30,0°	0,0607	0,0630	2,3	
	5	29,9°	0,0638	0,0668	3,0	8,7
	5	30,0°	0,0612	0,0646	3,4	
	15	30,0°	0,1857	0,1939	8,2	8,2
	15	30,0°	0,1858	0,1931	7,3	7,3
	15	30,0°	0,1858	0,1923	6,5	6,5
	15	30,0°	0,1858	0,1926	6,8	6,8
	15	30,1°	0,1858	0,1927	6,9	6,9
	15	30,0°	0,1858	0,1922	6,4	6,4
$3^1/_2$	5	30—5°	0,0606	0,0592	— 1,4	
	5	4,9°	0,0638	0,0626	— 1,2	— 2,3
	5	5,1°	0,0612	0,0615	+ 0,3	
	5	5,0°	0,0606	0,0598	— 0,8	
	5	5,0°	0,0638	0,0638	0,0	+ 0,3
	5	5,0°	0,0612	0,0623	1,1	
	15	4,9°	0,1857	0,1863	0,6	0,6
	15	5,0°	0,1858	0,1865	0,7	0,7
	15	5,0°	0,1858	0,1868	1,0	1,0
	15	5,0°	0,1858	0,1866	0,8	0,8
	15	5,2°	0,1858	0,1868	1,0	1,0
$5^1/_2$	15	4,9°	0,1858	0,1862	0,4	0,4

gestellt. Die Entbindung von Kohlendioxyd beim Übergang von 5 auf 30° betrug 10,2 mg, die Absorption bei der Temperaturerniedrigung 9,2 mg.

Das in den Blättern enthaltene Wasser würde, wenn es als reines Wasser vorhanden wäre, beim Erwärmen von 5 auf 30° nur 1,9 mg CO_2 entbinden.

Auf das vorhandene Chlorophyll berechnet, entsprach die Gasentwicklung beim Erwärmen etwa $5^1/_2$ Molen CO_2.

Um die Erscheinung anschaulich zu machen, stellen wir das Ergebnis dieses Beispiels in der Figur 13 so dar, daß die Teilstrecken auf der Abszisse

Tabelle 67.

Atmungsversuch.

Versuchsdauer in Stunden	Intervall in Minuten	Temperatur	Gefundenes CO_2 (g)	Atmungsbetrag (mg) im Intervall	Atmungsbetrag (mg) für 1 l austretender Luft
0	15	5°	0,0012	1,2	1,2
	15	4,9°	0,0010	1,0	1,0
	15	5,0°	0,0011	1,1	1,1
	15	5,1°	0,0010	1,0	1,0
	15	5,0°	0,0010	1,0	1,0
	15	5,0°	0,0011	1,1	1,1
1½	5	5—30°	0,0007	0,7	
	5	30,0°	0,0016	1,6	4,3
	5	30,0°	0,0020	2,0	
	5	30,0°	0,0021	2,1	
	5	30,0°	0,0026	2,6	7,1
	5	30,0°	0,0024	2,4	
	15	30,0°	0,0070	7,0	7,0
	15	30,0°	0,0068	6,8	6,8
	15	30,2°	0,0069	6,9	6,9
	15	30,0°	0,0068	6,8	6,8
	15	30,0°	0,0067	6,7	6,7
	15	30,0°	0,0067	6,7	6,7
3½	5	30—5°	0,0017	1,7	
	5	5,0°	0,0009	0,9	3,2
	5	5,0°	0,0006	0,6	
	5	5,0°	0,0005	0,5	
	5	5,0°	0,0007	0,7	2,1
	5	5,1°	0,0007	0,7	
	15	5,0°	0,0011	1,1	1,1
	15	5,0°	0,0009	0,9	0,9
	15	5,0°	0,0012	1,2	1,2
	15	5,0°	0,0011	1,1	1,1
	15	5,0°	0,0010	1,0	1,0
5½	15	5,0°	0,0011	1,1	1,1

Tabelle 68.

20 g junge Erdbeerblätter, 10 vol.-proz. CO_2.

Temperaturänderung	Beobachtungsperiode	Kohlensäurebilanz	Atmungssumme	Kohlensäuregehaltsänderung der Blätter
Von 5 auf 30°	2 Stunden	62,5 mg	52,3 mg	+ 10,2 mg
„ 30 „ 5°	2 „	2,5 mg	11,7 mg	— 9,2 mg

die Zeit von 5 Minuten bedeuten; die in dieser Zeit gemessenen Kohlensäuremengen werden als Flächen aufgetragen, so daß ein Quadrat 1 mg CO_2 entspricht. Die Fläche zwischen der ausgezogenen Linie und der Abszisse gibt für die Blätter in der 10 proz. Kohlensäure die Abgabe und Aufnahme von CO_2 einschließlich der Atmung an; die punktierte Linie schließt die Kohlensäureabgabe in Luft ein, also die Atmung allein. Die Differenz beider Flächen gibt die Mengen der abgegebenen und absorbierten Kohlensäure an.

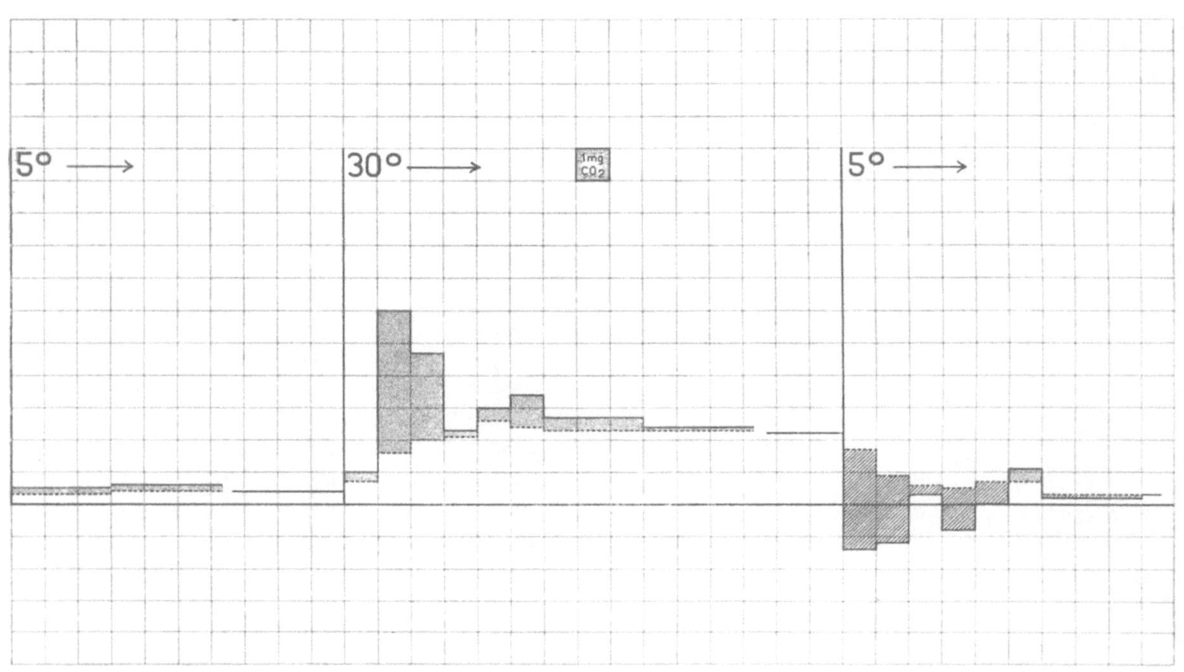

Fig. 13. Kohlensäureabsorption der Blattsubstanz in ihrer Abhängigkeit von der Temperatur.

Atmung in kohlendioxydhaltiger und in reiner Luft.

Neben dem Vorgange, der in diesem Versuche bestimmt worden ist, ergibt sich auch ein Vergleich der Atmung in reiner und in kohlensäurehaltiger Luft. Die hier angeführten Beträge (Tabelle 69) erweisen einen konstanten Verlauf der Atmung, die noch durch einen Gehalt von 10 Prozent Kohlendioxyd nicht beeinflußt wird. Es ist aber nach unseren Beobachtungen zweifelhaft, ob dasselbe auch bei erheblich höherem Kohlendioxydgehalt zutrifft.

Zweites Beispiel; mit 5 vol.-proz. Kohlensäure.

Absorptionsversuch.

20 g junge Erdbeerblätter, Anfang Dezember, Blattfläche 990 qcm,

Tabelle 69.

Atmung (mg CO_2) in Intervallen von 15 Minuten (20 g Erdbeerblätter).

Temperatur	Atmung in reiner Luft	Atmung in 10 proz. CO_2
30°	6,9	6,5
30°	6,8	6,8
30°	6,7	6,9
30°	6,7	6,4
5°	1,2	1,0
5°	1,1	0,8
5°	1,0	1,0
5°	1,1	(0,4)

Trockengewicht 6,25 g.

CO_2, abgegeben nach der Sättigung in der Periode des Übergangs von 0 auf 30° und in 45 Minuten bei dieser Temperatur: 25,5 mg; beim Übergang von 30 auf 0° und in 45 Minuten bei dieser Temperatur aufgenommen: 2,8 mg; beim erneuten Übergang von 0 auf 30° abgegeben: 27,9 mg.

Vergleichsversuch für die Atmung.

20 g Blätter; Fläche derselben 780 qcm, Trockengewicht 6,75 g; die folgenden Zahlen für CO_2 sind auf das Trockengewicht der für den Absorptionsversuch angewandten Blätter umgerechnet.

CO_2, abgegeben in der Periode des Übergangs von 0 auf 30° und in 45 Minuten bei dieser Temperatur: 18,9 mg; beim Übergang von 30 auf 0° und in 45 Minuten bei dieser Temperatur 5,2 mg; bei erneutem Übergang von 0 auf 30° und in 45 Minuten bei dieser Temperatur: 19,9 mg.

Die Entbindung von CO_2 beim Erwärmen von 0 auf 30° betrug daher 6,6 mg, die Absorption bei der Temperaturerniedrigung 8,0 mg und die Wiederabgabe bei abermaligem Erwärmen 8,0 mg.

Das in den Blättern enthaltene Wasser (13,75 ccm) würde, wenn es als reines Wasser vorhanden wäre, beim Erwärmen von 0 auf 30° 1,4 mg CO_2 entbinden.

Drittes Beispiel; mit 10 vol.-proz. Kohlensäure.

20 g alte Erdbeerblätter; Fläche derselben 724 qcm, Trockengewicht 6,75 g, Chlorophyllgehalt 51,6 mg.

Beim Übergang von 5 auf 30° und in darauffolgenden 75 Minuten betrug die Kohlensäureabgabe (ohne Atmungskohlensäure) 8,9 mg, von 30 auf 5° und in weiteren 75 Minuten war die Absorption 7,9 mg; beim Wiedererwärmen von 5 auf 30° und in folgenden 75 Minuten erfolgte erneute Abgabe von 9,1 mg.

Der Vergleich dieses Versuchs und des unter gleichen Bedingungen ausgeführten ersten Beispiels ist von Bedeutung, weil im ersten Versuch junge verhältnismäßig chlorophyllarme Blätter, im dritten dagegen chlorophyllreiche Blätter derselben Pflanze angewandt waren. Die jungen Erdbeerblätter mit 37,0 mg Chlorophyll zeigten bei der Temperaturänderung von 5 auf 30° und von 30 auf 5° eine Kohlensäuregehaltsänderung von ± 9,7 mg, die alten Blätter mit 51,6 mg Chlorophyll die Differenz von ± 8,6 mg. Es zeigt sich also kein Zusammenhang zwischen Absorptionserscheinung und dem Chlorophyllgehalt.

C. Versuche mit getrockneter Blattsubstanz.

Die Kohlensäureaufnahme der Blattsubstanz ist unabhängig von der Lebenstätigkeit und der Struktur der Zelle; im folgenden wird gezeigt, daß die Blätter in abgetötetem Zustand, nämlich getrocknet und zerkleinert, sobald man sie wieder anfeuchtet, ebenso wie frische Blätter Kohlensäure absorbieren. Aus dem Verhalten gepulverter Blätter gegen Lösungsmittel erkennt man[1]), daß beim Durchfeuchten infolge der Auflösung von Mineralsalzen der kolloide Zustand des Chlorophylls aufgehoben wird. Vielleicht trägt dieser Umstand dazu bei, das Chlorophyll gegen die Kohlensäure widerstandsfähig zu machen. Jedenfalls erweist sich der Farbstoff unter den Versuchsbedingungen, nämlich bei tagelangem Einwirken der 5 proz. Kohlensäure, merkwürdig beständig.

Die Versuchsanordnung ist dieselbe wie bei frischen Blättern. Wir arbeiteten mit Brennesselblättern, die anderthalb Jahre zuvor gesammelt und an der Luft getrocknet waren. Für den Versuch wurden sie vollends im Exsiccator getrocknet, wobei sie noch 8 Prozent Feuchtigkeit verloren, und kurz vor der Verwendung im Mörser fein gepulvert.

---

[1]) Unsere „Untersuchungen über Chlorophyll", S. 63.

10 g Blattmehl, die etwa 40 g frischen Brennesselblättern entsprechen, werden in gleichmäßiger Schicht über die Röhreneinsätze der Absorptionsdose ausgebreitet, die den schädlichen Raum verkleinern und die Oberfläche des Pulvers vermehren. Zum Anfeuchten dienen 30 ccm Wasser, soviel als der angewandten Blattsubstanz entspricht. Es befindet sich in einem der Dose vorgeschalteten Kugelrohre und wird mit dem anzuwendenden verdünnten Kohlendioxyd bei der Versuchstemperatur gesättigt, um im richtigen Augenblick durch Neigen des Kugelrohrs zum Pulver geleitet und durch lebhaftes Umschwenken sehr rasch mit ihm vermischt zu werden.

Da das trockene Blattmehl nur sehr langsam Kohlendioxyd aufnimmt, so gelingt es, den Apparat ohne erhebliche Absorption mit dem Gasstrom zu spülen und bei einer vor dem Anfeuchten vorgenommenen Bestimmung einen nur wenig niedrigeren Wert des Kohlendioxyds zu erhalten, als der Zusammensetzung des Gasstroms vor dem Eintritt in die Absorptionskammer entspricht. Sofort nach der Befeuchtung des Blattpulvers mit dem kohlensäuregesättigten Wasser sinkt der Kohlensäuregehalt des Stromes bedeutend.

Erstes Beispiel; mit 5 vol.-proz. Kohlensäure.

Nach dem Einfüllen von 10 g Blattpulver setzen wir die Absorptionsdose in den Thermostaten von 0° ein; die Luft wurde mit dem 5 proz. Kohlendioxyd verdrängt, zuerst 5 Minuten lang mit einem Strom von 5 l und dann während 10 Minuten mit der Strömungsgeschwindigkeit des Versuches von 4 l in der Stunde. Hierauf begann die Bestimmung für ein Intervall vor der Anfeuchtung; 1 l durch die Gasuhr austretende Luft gab im Natronkalkapparat 0,1019 g CO_2 ab. Nach diesem Meßbereich von 15 Minuten erfolgte das Anfeuchten, das in den drei folgenden Intervallen das Sinken des Kohlensäurebetrages auf 0,0975, 0,0983 und 0,0995 g CO_2 zur Folge hatte. Die feuchte Blattsubstanz hatte also in 45 Minuten schon 10,4 mg Kohlendioxyd aufgenommen; diese Zahl hat freilich nur die Bedeutung eines Minimalwertes.

Die Temperatur wurde von 0° möglichst rasch auf 30° gesteigert. Die Kohlensäurezahlen der drei folgenden 15-Minuten-Intervalle stiegen auf 0,1110, 0,1047 und 0,1032 g und sie gingen beim Wiederabkühlen auf 0° in den nächsten Intervallen zurück auf 0,0928, 0,0986 und 0,0997 g CO_2.

Die Voraussetzung für die Bestimmung der Kohlensäuregehaltsänderung der Blätter beim Temperaturwechsel ist die Kenntnis ihrer Kohlensäureerzeugung in reiner Luft. Wäre bei den getrockneten Blättern der Oxydationsvorgang ähnlich wie bei den lebenden, so würde der Parallelversuch in der kohlensäurefreien Luft konstante Werte für die Kohlensäureproduktion bei den Versuchstemperaturen 0 und 30° liefern. Die postmortale Oxydation verläuft aber nicht mit der Konstanz, welche die Atmung der lebenden Blätter zeigt. Dieser Umstand macht die Übertragung der Beobachtungen vom Vergleichsversuche auf den Absorptionsversuch ungenau. Dazu kommt noch, daß die bei dem Blattpulver zur Sättigung mit Kohlendioxyd und zur Entbindung desselben nötigen Zeiten sehr bedeutend sind.

Im Vergleichsversuch gab das Brennesselpulver (10 g), solange es trocken war, bei 0° in 15 Minuten 0,2 mg CO_2 an den Luftstrom ab; durch das Verreiben haben die Enzyme Zutritt zu den Substraten für die Oxydation erlangt. Beim Anfeuchten wird die Oxydation lebhaft; sie gab schon bei 0° in drei Intervallen 0,7, 1,0 und 0,9 mg und in den folgenden Zeiten beim Erwärmen auf 30° und bei dieser Temperatur 5,3, 4,1, 3,7 mg, dann beim Wiederabkühlen auf 0° 1,6, 0,9 und 0,9 mg.

Übertragen wir diese Beobachtungen auf den Absorptionsversuch, so ergibt sich für die Periode von 30° und 45 Minuten scheinbar keine Kohlensäuregehaltsänderung der Blätter (nur in der ersten Viertelstunde Abgabe von 3,8 mg), für die nachfolgende Periode bei 0° eine Kohlensäureabsorption von 18 mg.

Ungestört vom unregelmäßigen Oxydationsvorgang wurde ermittelt, daß in der ersten Periode von 45 Minuten bei 0° 13 mg, im ganzen in $2^1/_4$ Stunden mindestens 28 mg CO_2 absorbiert wurden.

Zweites Beispiel; 5 vol.-proz. Kohlensäure.

Die Absicht des Versuches war, die postmortale Oxydation durch lange Dauer der Erschöpfung zu nähern, so daß die Kohlensäureproduktion und ihre Schwankungen nicht mehr die Absorptionserscheinung störten.

10 g fein gepulverte Blätter wurden in der Absorptionsdose im Luftstrom von 4 l Stundengeschwindigkeit zunächst im trockenen Zustand geprüft; in einer halben Stunde wurden 0,9 mg CO_2 abgegeben. Nach dem Anfeuchten mit 30 ccm Wasser fanden wir bei 0° in drei Stunden eine Produktion von 18,3 mg CO_2, und zwar im Intervall von 15 Minuten beim Beginn des Versuchs 2,2, am Ende 0,8 mg.

Die Temperatur wurde auf 30° gesteigert und das Kohlendioxyd während 3 Stunden bestimmt; wir erhielten 39,0 mg CO_2, nämlich im ersten Intervall 6,2, im letzten 1,9 mg.

Hierauf kehrten wir zu 0° zurück; in 16 Stunden betrug das Kohlendioxyd nur 4,7 mg, nämlich am Ende der Zeit 0,1 bis 0,2 mg im Intervall.

Eine vierte Beobachtungsperiode von 2 Stunden bei 30° ergab im ganzen 11,6 mg, im ersten Intervall 1,9 und im letzten noch 1,4 mg.

Der ganze Oxydationsverlauf in 25 Stunden hat 74,5 mg CO_2 geliefert, dabei ist der Betrag im Intervall bei 0° auf 0,1 gesunken. Die Bestimmung der Kohlensäuregehaltsänderung beim Übergang von 30° auf 0° ist nicht mehr gestört.

Das derart vorbehandelte Material wurde nun für den Absorptionsversuch verwendet. Die reine Luft verdrängten wir durch 5 Prozent Kohlendioxyd enthaltende und leiteten den Gasstrom bei 0° $2^1/_2$ Stunden lang über das feuchte Blattpulver, um dieses mit Kohlendioxyd zu sättigen. Noch in den letzten beiden Intervallen belief sich die Kohlensäureaufnahme der Blattsubstanz auf 2,5 und 2,1 mg. Es macht sich störend bemerkbar, daß die etwas zu hohe und dichte Schicht des Pulvers sich nur schwierig mit dem Gase sättigt; dreifach so lange Beobachtungszeit wie bei den lebenden Blättern war noch unzureichend. Das zeigt sich an folgender Beobachtung. Die Temperatur wurde auf 30° gesteigert, in der ersten Stunde des Übergangs zu dieser und des Verweilens bei dieser Temperatur wurden 13,1 mg abgegeben, in der nächsten Stunde erfolgte trotz der noch andauernden Kohlensäureproduktion des Materials eine Aufnahme von 1,6 mg aus dem Gasstrom. Während das kohlensäuregesättigte Pulver bei der Temperatursteigerung Kohlendioxyd abgab, hat ein Teil des Pulvers sogar bei 30° noch weiter Kohlendioxyd absorbiert.

Endlich kamen wir zum maßgebenden Punkt des Versuches, indem wir die Temperatur wieder auf 0° erniedrigten. Beim Übergang von 30 auf 0° und in zwei Stunden bei dieser Temperatur absorbierte die Blattsubstanz 32,1 mg CO_2, ohne daß in dieser Zeit die Sättigung erreicht war. In den zwei letzten Intervallen der Beobachtung betrug die Absorption noch je 1,8 mg.

Die Zahl von 32 mg ist für den Übergang von 30° auf 0° ein Minimalwert der Kohlensäuregehaltsänderung; die Zahl ist zu niedrig, weil die Sättigung unvollkommen blieb und die Nebenerscheinung der Oxydation noch andauerte.

Das Chlorophyll war am Ende des Versuchs unversehrt.

Drittes Beispiel; mit 5 vol.-prozentiger Kohlensäure.

Unsere Arbeit muß hier die noch nicht genügend bekannten postmortalen Oxydationsvorgänge berücksichtigen, allerdings nur insoweit es sich um die Frage handelt, ob die Kohlensäureproduktion vermieden oder wie sie möglichst vermindert werden kann. Wenn daher die Literatur nicht näher gewürdigt werden kann, so sei doch erwähnt, daß W. Palladin[1]), der die Fermentarbeit in lebenden und abgetöteten Pflanzen eingehend untersucht hat, zwischen der „abgetöteten" und der „abgestorbenen" Zelle unterscheidet und annimmt, daß man bei Einwirkung hoher Temperaturen (100°) abgestorbene Zellen erhalte, in denen nicht nur das Protoplasma, sondern auch die Fermente zerstört seien. Eine größere Widerstandsfähigkeit der Oxydationsfermente hat V. Grafe[2]) in seinen „Studien für Atmung und tote Oxydation" beobachtet. Die mit einem Ausdruck von J. Wiesner als „tote Oxydation" bezeichnete Kohlensäureproduktion dauerte an, selbst wenn Hefe auf 130°, Blätter von Eupatorium adenophorum auf 160° erhitzt wurden.

---

[1]) W. Palladin in „Fortschritte der naturwissenschaftlichen Forschung", hrsg. von E. Abderhalden, 1, 253 [1910].

[2]) V. Grafe, Sitzungsber. d. Akad. d. Wiss. in Wien, math.-naturw. Klasse CXIV, Abt. I, 183 [1905].

Die Angaben über das Verhalten abgetöteter Blätter finden wir in den folgenden Vorversuchen bestätigt. Die Erscheinung zeigt die Eigenart enzymatischer Reaktionen. Mit der Annahme von solchen ist die Abhängigkeit von der Temperatur und besonders das allmähliche Sinken der Kohlensäureproduktion bei konstanter Temperatur im Einklang. Da außer der Einwirkung von Hitzegraden, die wir wegen der Gefahr tiefgehender Veränderungen vermeiden wollen, noch kein Mittel bekannt ist, um den Oxydationsvorgang völlig zu unterdrücken, so begnügen wir uns damit, wie schon im vorigen Beispiel, geeignete Bedingungen für seine Verminderung zu ermitteln. An ein und derselben Probe des Pflanzenmaterials wird zunächst der Oxydationsprozeß herabgedrückt und dann die Absorption der Kohlensäure untersucht.

Vergleichsversuch der postmortalen Oxydation nach Trocknung bei 100°.

Die an der Luft getrockneten Brennesselblätter wurden 4 Stunden lang auf 90 bis 100° erwärmt. Wir untersuchten 10 g des feinen Pulvers zunächst trocken bei 0°; in zwei Intervallen von 15 Minuten betrug die Kohlensäureabgabe nur je 0,1 mg. Dann ließen wir 30 ccm Wasser zufließen und fanden, wie die Zahlen in der folgenden Tabelle 70 zeigen, daß das Erhitzen der abgetöteten Blätter keinen Einfluß auf ihre Kohlensäureproduktion ausgeübt hat (vgl. die entsprechenden Werte im voranstehenden Beispiel 2).

Tabelle 70.

Postmortale Kohlensäureproduktion von 10 g Blattsubstanz.

Versuchsdauer in Stunden	Intervall in Minuten	Temperatur	Gefundenes CO_2 (mg) im Intervall von 15 Minuten
0	15	0,0°	2,9
	15	0,0°	3,6
	15	0,0°	2,9
	15	0,0°	2,6
1	15	0—30°	7,2
	15	30,0°	7,6
	15	30,0°	5,6
2	15	30,0°	4,7

Vergleichsversuch der postmortalen Oxydation beim Befeuchten mit Sublimatlösung.

Vor dem Anfeuchten wurde die Kohlensäureproduktion des trockenen

Pulvers von 10 g Brennesselblättern bei 30° in reiner Luft bestimmt; in 30 Minuten wurde 1 mg CO_2 abgegeben. Nach dem Befeuchten mit 30 ccm Sublimatlösung ($^1/_{200}$ Mol $HgCl_2$ in 1 l) hielten wir die Temperatur tagelang konstant bei 30°. Die in 15 Minuten an 1 l Luft abgegebene Menge CO_2 betrug anfangs 7 bis 8 mg und nach 16 Stunden nur noch 1 mg (s. Tabelle 71). So lange blieben die Blätter ziemlich frei von Mikroorganismen, dann erfolgte jäher Anstieg der Kohlensäure zu hohen Werten, bedingt durch starke Entwicklung von Mikroorganismen. Bei den übrigen Versuchen, in denen man nur kurz auf 30° erwärmte, kam es nie zu störender Entwicklung von Infusorien.

Tabelle 71.

Versuchsdauer in Stunden	Intervall in Minuten	Temperatur	Gefundenes CO_2 (g)	Gefundenes CO_2 (mg) in 15 Minuten
0	15	30°	0,0073	7,3
	15	30°	0,0082	8,2
	15	30°	0,0050	5,0
	15	30°	0,0041	4,1
16	900	30—31°	0,0614	1,0
17	60	30°	0,0049	1,2
23	360	30°	0,0378	1,6
24	60	30°	0,0115	2,9
41	1020	30°	0,5790	8,5
42	60	30°	0,0567	14,2
..	..	..	.....	...

Absorptionsversuch.

10 g Pulver von Brennesselblättern, befeuchtet mit 30 ccm der Sublimatlösung, beobachteten wir zunächst im reinen Luftstrom 1 Stunde bei 0°, $1^1/_4$ Stunden bei 30°, 15 Stunden bei 18°, 3 Stunden bei 30° und wieder eine Stunde bei 0°. Die gesamte Menge der produzierten Kohlensäure betrug, ähnlich wie im zweiten Beispiel, 73,1 mg. Die im Intervall von 15 Minuten erzeugte Kohlensäure war bei 30° von 7,1 auf 1,4 mg, bei 0° von 2,2 auf 0,1 mg zurückgegangen.

Die Luft wurde in 5 Minuten durch 5 l 5 proz. Kohlensäure verdrängt und dem befeuchteten Pulver 4 Stunden lang bei 0° im Strom von der üblichen Geschwindigkeit Gelegenheit zur Aufnahme von Kohlensäure geboten. Dann begannen die in der nachstehenden Tabelle 72 an-

Tabelle 72.

Kohlendioxydentbindung und -absorption von 10 g Blattsubstanz beim Temperaturwechsel.

Versuchsdauer in Stunden	Intervall in Minuten	Temperatur	Eingeführtes CO_2 (g)	Gefundenes CO_2 (g)	Kohlensäuredifferenz (mg) im Intervall und für 1 l austretender Luft
0	15	30,0°	0,1010	0,1152	+ 14,2
	15	30,0°	0,1010	0,1045	+ 3,5
	15	30,0°	0,1010	0,1018	+ 0,8
	15	30,0°	0,1010	0,1013	+ 0,3
	15	30,0°	0,1011	0,1010	— 0,1
	15	30,0°	0,1011	0,1009	— 0,2
	15	30,0°	0,1011	0,1009	— 0,2
	15	30,0°	0,1011	0,1009	— 0,2
2	15	(30—)0°	0,1011	0,0907	— 10,4
	15	0,0°	0,1011	0,0949	— 6,2
	15	0,0°	0,1011	0,0973	— 3,8
	15	0,0°	0,1013	0,0981	— 3,2
	15	0,0°	0,1013	0,0991	— 2,2
	15	0,0°	0,1013	0,0992	— 2,1
	15	0,0°	0,1013	0,0995	— 1,8
4	15	0,0°	0,1013	0,0997	— 1,6

geführten Messungen der Kohlensäureabgabe bei 30° und der Aufnahme bei 0°.

Aus der Beobachtung der Absorption vor dem eigentlichen Versuchsbeginn, die 1,3 und 1,2 mg CO_2 in den letzten Intervallen bei 0° betrug, war bekannt, daß sich die Blattsubstanz nur unvollständig mit Kohlensäure gesättigt hatte. Beim Erwärmen auf 30° wurden in zwei Stunden 18,1 mg[1]) CO_2 abgegeben, während zugleich die produzierte Kohlensäure zurückgehalten blieb. Im ersten Intervall von 15 Minuten bei 30° war die Kohlensäureentbindung zehnfach so groß, als die Produktion von CO_2 durch die postmortale Oxydation nach dem Vergleichsversuche. Beim Abkühlen auf 0° nahm das Blattpulver in 2 Stunden 31,2 mg CO_2 wieder auf. Auch hier ist noch keine Sättigung erreicht worden, da in den letzten Intervallen von je 15 Minuten noch 1,8 und 1,6 mg absorbiert worden sind.

[1]) Wenn man die auch bei 30° noch fortschreitende Sättigung des Pulvers berücksichtigt und in Rechnung zieht, wieviel Kohlensäure dasselbe gemäß den gefundenen Zahlen noch weiter bei dieser Temperatur absorbiert hat, so ergibt sich, daß die Abgabe anstatt 18,1 mindestens 19,3 mg betragen hat.

II. Bestimmung der Kohlensäureabsorption lebender Blätter.

A. Die Methode der Untersuchung.

Obwohl die Kohlensäureabsorption der Blattsubstanz dem lange bekannten Verhalten des Blutes analog ist, können die Untersuchungsmethoden für diese Erscheinung nicht vom Blut auf das Blatt übertragen werden, sondern die Bestimmung erfordert ein wesentlich abweichendes Verfahren. Die Form der Blätter muß geschont werden; daher kann auf diesen Fall die bequeme Technik für die Gasaufnahme und -entbindung von den Flüssigkeiten nicht übertragen werden. Außer der Form des Blattes bedingt die Leichtdissoziierbarkeit der in ihm entstehenden Kohlensäureverbindung, daß man immer einen das Versuchsobjekt umgebenden Raum zu berücksichtigen hat.

Die Bestimmung setzt zunächst voraus, daß im Vergleichsversuche oder, was vorgezogen wird, im Vor- und Nachversuch die Atmung der angewandten Blätter in reiner Luft verfolgt wird.

Für die Untersuchung des Vorganges wählen wir vorzugsweise eine niedrige Temperatur, 5°, um die Erscheinung ansehnlich zu machen und um zu gleicher Zeit die Atmung zu mäßigen.

Der Versuch wird ausgeführt in einem Gefäß von bestimmtem Volumen und mit einem bekannten Gewicht und Volumen der Blätter. Wird ein Strom von bestimmtem Kohlensäuregehalt über die Blätter geleitet, so setzt sich der Minderbetrag von Kohlendioxyd in der austretenden Luft aus zwei Zahlen zusammen, aus der Kohlensäure des schädlichen Raumes im Absorptionsgefäß und dem Betrage, der von den Blättern absorbiert ist. Die Kohlensäuremenge in dem umgebenden Raum ergibt sich aus seinem Volumen und aus der Zusammensetzung des Gasstroms.

Im Falle der Dissoziation wird die Kohlensäure aus den Blättern und aus dem ermittelten schädlichen Raum mit einem Strom reiner Luft verdrängt.

Ein besonderer Umstand macht die Anwendung des im Prinzip so einfachen Verfahrens kompliziert; nämlich die an der Gasuhr zu messende Luft entstammt nicht vollständig dem angewandten Gasstrom, sondern zum Teil dem anders zusammengesetzten Gas, das bei Versuchsbeginn den schädlichen Raum des Absorptionsgefäßes gefüllt hat.

Beschreibung des Apparates. Zur Aufnahme der Blätter ist die im vorigen Abschnitt beschriebene flache Dose nicht anwendbar, weil ihr Raum mit der wechselnden Dicke der Paraffinschicht variiert, mit der die Verschlußplatte am Dosenrande abgedichtet ist. Statt dessen wenden wir als Absorptionsgefäß eine zylindrische Flasche an, von etwa 350 ccm Inhalt, mit exakt aufgeschliffenem und schwach eingefettetem Helm, der eine bis zum Boden reichende Einleitungsröhre und ein Ableitungsrohr trägt. An beiden Röhren sind wagrecht stehende Glashähne angeschmolzen, deren äußere Enden 2 cm lang und capillar verengt sind. In manchen Fällen wurde die Flasche zur Verminderung des Raumes mit zugeschmolzenen Glasröhren angefüllt. Das Volumen der Flasche mit oder ohne den Röhreneinsatz bestimmten wir von einem kapillaren Ende bis zum anderen durch Auswägen mit Wasser für die Versuchstemperatur; mittels einer Marke war dafür gesorgt, daß der konische Schliff des Helmes sich immer in derselben Stellung zum Halsschliff der Flasche befand.

Das Absorptionsgefäß wurde, mit einem schwarzen Tuch umwickelt, in einen mit Asbestpappe umhüllten Thermostaten eingesenkt, der 100 l Wasser faßte. Für diese Wassermenge war es bei kräftigem Rühren ausreichend, alle 5 bis 10 Minuten 100 bis 200 g fein gemahlenes Eis einzutragen, um bei einer Zimmertemperatur von 20° die Temperatur auf 5° zu halten, mit Schwankungen von nicht mehr als $\pm$ 0,1°. Im Gasraum des Absorptionsgefäßes waren die Temperaturdifferenzen noch geringer. Höhere Temperatur, zum Beispiel 25°, war mit einem Thermoregulator leicht auf $\pm$ 0,05° konstant zu halten.

Zur Trocknung des Gasstromes dienten bei den ersten Versuchen Apparate, die in geraden Kugelröhren bestanden und in den zwei ersten Kugeln mit Chlorcalcium, in den zwei folgenden mit Phosphorpentoxyd beschickt waren. Da es sich zeigte, daß Chlorcalcium langsam etwas

Kohlendioxyd aufnimmt und langsam wieder abgibt, wodurch besonders bei höherem Kohlensäuregehalt des Stromes störende Fehler verursacht werden, ersetzten wir später das Chlorcalcium durch Schwefelsäure. Mit dieser war in einem U-förmig gebogenen Teil der Kugelröhre Glaswolle getränkt. Die Schwefelsäure beseitigte das Wasser des Gasstromes, ohne durch eine mehr als zentimeterhohe Säule den Strömungswiderstand zu vergrößern, und sie verhinderte das rasche Aufbrauchen des Phosphorpentoxyds. Der Trockenapparat war auf der Seite der Gasuhr mit einem Glashahn zu verschließen.

Da der Gasraum des Trockenapparates nicht genau zu bestimmen ist, wurden für reine Luft und für kohlensäurehaltige besondere Apparate verwendet, die vor dem Versuche mit der entsprechenden Gasart gefüllt waren. Beim Sättigen der Blätter mit Kohlensäure wurde der kohlendioxydhaltige, bei der Entgasung der kohlendioxydfreie Apparat eingeschaltet. Auch der Trockenapparat war, mit Blei beschwert, in den Thermostaten eingesenkt.

Zur Absorption des Kohlendioxyds diente der aus zwei miteinander verbundenen U-Röhren bestehende Apparat[1]) mit Natronkalkfüllung und einer Schicht Phosphorpentoxyd. Um den Einfluß der Luftfeuchtigkeit auf sein Gewicht auszuschalten, wurden nebenher Kontrollapparate mit gleicher Oberfläche gewogen und ihre Gewichtsschwankungen berücksichtigt.

Besondere Aufmerksamkeit erfordert bei allen folgenden Versuchen die genaue Messung des aus dem Apparate austretenden Volumens Luft durch eine Gasuhr von Präzisionsausführung. Es wird bestimmt, wieviel Kubikzentimeter CO_2 das an der Gasuhr gemessene Luftvolumen im vorgeschalteten Natronkalkrohr zurückgelassen hat, und daraus der Kohlensäuregehalt des aus dem Absorptionsgefäß kommenden Stromes abgeleitet.

Die aus Britanniametall gefertigte Trommel der Gasuhr faßt 1 l; der Zeiger ist unmittelbar auf der Achse befestigt; das in 200 Intervalle geteilte Zifferblatt hat einen Durchmesser von 2 dm und erlaubt, noch $^1/_2$ ccm gut zu schätzen. Die sorgfältig ausbalancierte Trommel rotiert

[1]) Siehe die zweite Abhandlung, Abschn. III, A.

bei konstantem Gasstrom gleichmäßig. Die Messung wird durch Schließen des Hahnes am Trockenapparat in dem Augenblick unterbrochen, wenn der Zeiger den Nullstrich erreicht. Infolge der lebendigen Kraft rotiert die Trommel bei der Strömungsgeschwindigkeit des Versuches noch um $2^1/_2$ Teilstriche weiter. Mit Rücksicht auf den für die Drehung erforderlichen kleinen Überdruck schließen wir die Zuleitung zur Gasuhr jeweils vor dem Entfernen des Natronkalkapparates und öffnen erst nach Einschaltung eines neuen, damit nicht aus der Gasuhr etwas Luft zurückströme; sonst müßte diese bei einer neuen Messung vor beginnender Rotation der Trommel ersetzt werden. Zu Anfang eines Versuchs wird mindestens ein Liter reiner Luft mit der Versuchsgeschwindigkeit durch die Gasuhr geleitet, damit die ausgedehnten Flächen der Trommelkammern gleichmäßig benetzt sind und der Gasraum um die dünne Wasserschicht verkleinert ist. Am Ende der letzten Umdrehung vor Versuchsbeginn und bei jeder späteren Messung wird der Gasstrom in dem Augenblick gedrosselt, da der Zeiger den Nullstrich passiert. Die Messungen führten wir in einem Zimmer von annähernd konstanter Temperatur aus, so daß im Gasraum der Uhr auch bei stundenlangen Versuchen höchstens Schwankungen um wenige Zehntelgrade vorkamen. Die Temperatur der die Gasuhr verlassenden Luft, ferner der auf 0° reduzierte Barometerstand und der Dampfdruck des Wassers der Gasuhr wurden in Rechnung gezogen.

Mit den beschriebenen Vorsichtsmaßregeln ließen sich gleichmäßige Werte für das einem Liter Luft entsprechende Kohlendioxyd erzielen. In der folgenden Tabelle 73 sind aus beliebigen Versuchen mit Strömen verschiedenen Kohlensäuregehaltes je drei aufeinander folgende Zahlen einer Beobachtungsreihe angeführt.

Tabelle 73.

Intervall	Mit 5 proz. CO_2 (g)	Mit 10 proz. CO_2 (g)	Mit 20 proz. CO_2 (g)
1	0,0945	0,1908	0,4221
2	0,0946	0,1908	0,4221
3	0,0945	0,1907	0,4223

Die Abweichung des Trommelinhalts vom Liter und der Einfluß dieses Fehlers auf die Messung der Absorption, namentlich in Luft von höherem Kohlendioxydgehalt, wird in besonderen Versuchen ermittelt.

Ausführung der Versuche. Der Luftstrom wurde einer Druckluftleitung entnommen, auf einen konstanten geringen Druck gebracht und zur Befreiung von Kohlendioxyd durch eine Waschflasche mit konzentrierter Kalilauge und eine lange Natronkalkröhre geleitet. Die Gemische von Kohlendioxyd und Luft füllten wir mit einem Kompressor in Stahlflaschen. Die Geschwindigkeit des Gasstromes wurde an einem Strömungsmanometer beobachtet und mit einem Präzisionshahn nach einer mit dem Kohlendioxydgehalt des Gasstromes etwas variierenden Quecksilberhöhe des Manometers reguliert, um die Luft mit konstanter Strömung durch die Gasuhr austreten zu lassen.

Die Apparatur prüften wir vor jedem Versuche auf Dichtigkeit, indem wir nach dem Schließen des Einlaßhahnes der Gasuhr so viel Luft einpreßten, bis in einem vor der Gasuhr angebrachten Manometer eine Wassersäule auf 50 cm Höhe anstieg. Dann mußte beim Unterbrechen des Luftzutritts die Wassersäule ihren Stand minutenlang behalten.

20 g Blätter ohne Stiele wurden im Absorptionsgefäße so angeordnet, daß die Blätter und namentlich ihre Unterseiten mit den Spaltöffnungen durch den von unten nach oben gerichteten Gasstrom vollständig bespült werden mußten. Beim Einsetzen des Stopfens war dafür Sorge zu tragen, daß die auf den Boden des Absorptionsgefäßes reichende Einleitungsröhre keine Blätter zusammenpreßte, ihre Öffnung muß frei stehen. Das so beschickte Gefäß befestigen wir, mit einem schwarzen Tuch vor Licht geschützt, im Thermostaten und verbinden es mit dem kohlensäurefreien Trockenapparat und mit dem anzuwendenden Kohlendioxyd führenden Luftstrom. Mit diesem Strom durchspült man vor dem Absorptionsversuche während der Atmungsperiode das Strömungsmanometer und den später erforderlichen kohlendioxydhaltigen Trockenapparat und schaltet die Alkaliapparatur vor das Absorptionsgefäß, um kohlendioxydfreie Luft eintreten zu lassen. So ist es ohne Zeitverlust möglich, einfach durch Ausschalten der Alkalivorlage sogleich das kohlendioxydhaltige

Gas in das Absorptionsgefäß strömen zu lassen und den entsprechenden Trockenapparat anzuschließen. In einer viertel bis halben Stunde hat sich der Temperaturausgleich vollzogen, der Gasstrom ist auf die Geschwindigkeit von 4 l in einer Stunde gestellt und die Blätter sind mit reiner Luft gespült. Man beginnt die Atmung in drei bis vier Intervallen von 15 Minuten zu messen und beobachtet im allgemeinen bis auf $\pm$ 0,1 mg konstante Werte. Beim Übergang zum Absorptionsversuche wird nach Ausschalten der Alkalivorlage das Absorptionsgefäß zum Druckausgleich einen Augenblick geöffnet und mit dem kohlendioxydhaltigen Trockenapparat verbunden. Damit keine Luft aus der Gasuhr zurückströmt, wird immer ein wenig Überdruck in der Leitung erzeugt, ehe man den Hahn der Gasuhr öffnet. Den Natronkalkapparat wechseln wir jede Viertelstunde. Um bei Versuchen mit den höheren Kohlensäurekonzentrationen das im Einführungsrohr des Natronkalkapparates und über verbrauchtem Natronkalk stehende Kohlendioxyd zur Absorption zu bringen, leiten wir nach dem Abnehmen des Apparates noch getrocknete Luft in ihn ein.

Sobald der Kohlensäuregehalt des Gasstromes nicht mehr ansteigt, was in einer bis anderthalb Stunden der Fall zu sein pflegt, ist der Absorptionsversuch beendet. Die im Absorptionsgefäß zuvor vorhandene reine Luft, welche nur die Atmungskohlensäure enthalten hat, ist durch die kohlensäurehaltige ersetzt, und die Blätter sind mit dem Kohlendioxyd von gegebenem Teildruck gesättigt. Um zum Dissoziationsversuch überzugehen, ersetzen wir nach dem Entlasten des kleinen Überdrucks im Absorptionsgefäß den CO_2-haltigen Trockenapparat durch den CO_2-freien, schalten den Alkaliapparat wieder ein vor dem Absorptionsgefäß und beginnen die Entbindung des Kohlendioxyds aus den Blättern und die Verdrängung aus dem umgebenden Raum durch reine Luft. In einer bis anderthalb Stunden ist der Kohlendioxydbetrag eines im Intervall von 15 Minuten durchgeleiteten Liters Luft wieder auf den normalen Wert der Atmung gefallen, die Entbindung der Kohlensäure also beendet.

Weder die tiefe Versuchstemperatur noch die Einwirkung der 10- und sogar 20 proz. Kohlensäure in der Versuchszeit scheint den Blättern irgendwelchen Schaden zuzufügen; sie blieben in allen Versuchen, selbst in tagelangen, unverändert grün und frisch. Am Ende wurden die Blätter zur Bestimmung des Trockengewichts herausgenommen und in den Vakuumexsiccator gebracht. Die Ergebnisse verschiedener Versuche sind zu Vergleichszwecken auf gleiches Trockengewicht umgerechnet.

B. Berechnung der vom schädlichen Raum des Absorptionsgefäßes bedingten Kohlensäuredifferenz.

1. Beim Verdrängen der reinen Luft durch kohlendioxydhaltige. Der Raum des Absorptionsgefäßes ist geeicht, das Volumen der eingefüllten Blätter wird in Abzug gebracht, um den schädlichen Raum (V) zu finden. 20 g Blätter enthalten etwa 4 g Trockensubstanz; sie besteht zum großen Teil aus Cellulose, deren spezifisches Gewicht (1,3) das Volumen der angewandten Blattmenge ohne erheblichen Fehler zu 19 ccm berechnen läßt. V kommt bei anderer Temperatur und daher auch anderer Dampftension des Wassers, als im Absorptionsgefäß gegeben ist, in der Gasuhr zur Messung (als V_2). Bezeichnet man den Temperaturunterschied zwischen Absorptionsgefäß und Gasuhr mit t und den Luftdruck, nämlich den auf 0° reduzierten Barometerstand abzüglich der Dampftension des Wassers, im Absorptionsgefäß mit p, in der Gasuhr mit p_1, so wird das aus dem mit Blättern beschickten Absorptionsgefäße verdrängte Luftvolumen in der Gasuhr registriert als $V_1 = V(1 + \alpha t)\frac{p}{p_1}$. Noch zu berücksichtigen bleibt, daß die Luft nicht rein ist, sondern Atmungskohlensäure enthält, deren gefundenes Gewicht in Volumen (a) umzurechnen ist. Die Korrektur für die Atmungskohlensäure ergibt: $V_2 = V_1 - \text{a}$.

Nach der Sättigung der Blätter finden wir im Natronkalk das zu einem an der Gasuhr gemessenen Liter Luft gehörende Gewicht Kohlendioxyd G, ausgedrückt in mg, des Stromes von konstanter Zusammensetzung. Der allein durch den schädlichen Raum bedingte Minderbetrag von CO_2 beim Austritt des ersten Liters Luft aus der Gasuhr heiße G_1 und der Kohlensäurebetrag vom ersten Liter G_2.

$$G_1 = G \cdot V_2 = G\left[V(1 + \alpha\, t)\frac{p}{p_1} - \mathrm{a}\right],$$

$$G_2 = G\left[1 - V\,(1 + \alpha\, t)\frac{p}{p_1} - \mathrm{a}\right].$$

2. Beim Verdrängen kohlendioxydhaltiger durch reine Luft. Hier ist unter der Voraussetzung eines Gehaltes von G (mg) CO_2 auf 1 l Luft des Gasstromes nach Sättigung der Blätter die Menge von Kohlendioxyd im schädlichen Raum zu ermitteln, der oben bereits auf Druck und Temperatur der Gasuhr umgerechnet wurde (V_1). Bedeutet t_1 die Temperatur der Gasuhr und p_1 den korrigierten Luftdruck in ihr, so ergibt sich aus dem Gewicht eines Kubikzentimeters Kohlendioxyd = 1,9769 mg (0°, 760 mm) das Volumen v des mit 1 l Luft vermischten Kohlendioxyds,

$$v = \frac{G \cdot (1 + \alpha\, t_1) \cdot 760}{1{,}9769 \cdot p_1}.$$

Das Volumen des Kohlendioxyd-Luft-Gemisches, welches G (mg) CO_2 enthält, ist bei der Temperatur und beim Luftdruck in der Gasuhr $v + 1000$.

Daher enthält der schädliche Raum, der nach den Verhältnissen in der Gasuhr in V_1 umgerechnet wurde, an Kohlendioxyd:

$$G_3 = \frac{G \cdot V_1}{v + 1000}.$$

Hier ist noch zu berücksichtigen, daß das Absorptionsgefäß nach beendeter Verdrängung nicht mit reiner Luft gefüllt ist, sondern etwas von der während des Verdrängens gebildeten Atmungskohlensäure enthält. Dafür bedarf es eines Zuschlags zur gefundenen Kohlensäure, der bei höheren Versuchstemperaturen nicht unerheblich ist, zum Beispiel bei 25° 0,8 mg beträgt.

G_3 ist von dem gesamten bei der Verdrängung mit reiner Luft gefundenen Betrage von Kohlendioxyd zu subtrahieren, um die von der Blattsubstanz entbundene Kohlensäure zu erhalten.

Vorversuche. Um die Untersuchungsmethode und die Berechnung zu kontrollieren, wurden mit der beschriebenen, aber nicht mit Blättern beschickten Apparatur einige Vorversuche ausgeführt, bei 5°, unter Verwendung der die Glasoberfläche sehr vermehrenden Röhreneinsätze, und, um die Fehler deutlich hervortreten zu lassen, mit der stärksten Kohlensäurekonzentration (in allen Fällen etwa 19 Prozent); das Volumen des Absorptionsgefäßes betrug 232 ccm.

Die gefundenen Differenzen zwischen Beobachtung und Berechnung von 0,9 mg beim Verdrängen der reinen Luft durch kohlensäurehaltige und von 1,7 mg beim Verdrängen der kohlensäurehaltigen durch reine Luft können als konstant gelten; sie sind wohl in erster Linie auf die Abweichung des Inhaltes der Gasuhrtrommel vom Litervolumen zurückzuführen. Bei der Untersuchung des Absorptionsvorganges bringen wir diese Differenzen, da sie die Ergebnisse zu günstig erscheinen ließen, in Anrechnung, und zwar bei 20proz. Kohlensäure in vollem Betrage und bei geringerem Kohlendioxydgehalt mit einem entsprechenden Bruchteil.

1. Beispiel. Beim Verdrängen der reinen Luft durch kohlensäurehaltige betrug der durch den schädlichen Raum bedingte Fehlbetrag (oben als G_1 bezeichnet) der Messung gegenüber dem einem Liter Luft entsprechenden Kohlendioxyd nach der Berechnung 0,1051, nach der Wägung 0,1076 g CO_2. Beim Verdrängen der kohlendioxydhaltigen Luft durch reine waren für den Mehrbetrag (G_3) berechnet 0,0850 und gefunden 0,0878 g CO_2.

Es zeigte sich hier, daß die Anwendung von Chlorcalcium im Trockenapparat ungeeignet ist; die Zeit einer Stunde für die Verdrängung der Luft war deshalb noch zu kurz, der Wert für das Kohlendioxyd auf 1 l Luft noch nicht konstant.

2. Beispiel. Mit der Schwefelsäurefüllung des Trockenapparates ergeben sich bei der Verdrängung rasch konstante Werte für den Kohlendioxydgehalt des Stromes. Der Versuchsfehler war hier noch zu beträchtlich, weil die großen Glasflächen Kohlensäure absorbierten. Erst in der Folge wurde die Spülung des Glases mit verdünnter Säure vor dem Versuche eingeführt.

Fehlbetrag beim Verdrängen der Luft, berechnet 0,1048, gefunden 0,1085 g CO_2. Überschuß beim Verdrängen der kohlensäurehaltigen Luft, berechnet 0,0847, gefunden 0,0880 g CO_2.

3. Beispiel. Von diesem Versuch an war die Methode so vorbereitet, daß sie keine Änderung mehr erfuhr. Schon in der ersten Viertelstunde war die Verdrängung der Luft, im zweiten Intervall die Verdrängung der Kohlensäure beendet (Tabelle 74).

Tabelle 74.

Intervall in Minuten	Barometerstand bei 21° in mm Hg	Temperatur der Gasuhr	l Luft im Intervall	Gefundenes CO_2 in g
15	754,8	20,2°	1,00	0,3152
15	754,8	20,2°	1,00	0,4213
15	754,8	20,2°	1,00	0,4214
15	754,8	20,2°	1,00	0,4215
15	754,8	20,2°	1,00	0,4212
15	754,8	20,2°	1,00	0,0856
15	—	—	1,00	0,0012
15	—	—	1,00	0,0001
15	—	—	1,00	0,0000
15	—	—	1,00	0,0000

Fehlbetrag beim Verdrängen der Luft, berechnet 0,1055, gefunden 0,1063 g CO_2.

Überschuß beim Verdrängen der kohlensäurehaltigen Luft, berechnet 0,0853, gefunden 0,0869 g CO_2.

4. Beispiel. Fehlbetrag beim Verdrängen der Luft, berechnet 0,1050, gefunden 0,1060 g CO_2.

Überschuß beim Verdrängen der kohlensäurehaltigen Luft, berechnet 0,0848, gefunden 0,0866 g CO_2.

C. Beispiele für die Kohlensäureaufnahme und -entbindung.

Erster Versuch. Mit Blättern von Sambucus nigra in 5 vol.-proz. Kohlendioxyd bei 5°.

Angewandt 20 g Blätter ohne Stiele, Trockengewicht 4,0 g, Volumen des Absorptionsgefäßes 357,9 ccm. Die Absorption und Entbindung bestimmten wir am gleichen Material wiederholt, die letzte Kohlensäureabgabe war nicht vollständig.

Die Zahlen für das in den einzelnen Intervallen mit je 1 l Luft gefundene Kohlendioxyd sind in der Tabelle 75 und in gleicher Weise in den nachfolgenden Versuchen auf die Temperatur und den Barometerstand des Versuchsbeginnes umgerechnet.

Ergebnis: Das absorbierte Kohlendioxyd betrug 7,1 mg, das entbundene 6,6 mg; das wiederabsorbierte 7,9 mg und das wiederabgegebene 7,5 mg (Tabelle 75).

Tabelle 75.

Kohlensäureaufnahme und -entbindung von 20 g Holunderblättern.

5°, 5 vol.-proz. CO_2.

Versuchsperiode	Versuchsdauer in Stunden	Intervall in Minuten	Austretende Luft (l) im Intervall	Gefundenes CO_2 (g) im Intervall	CO_2 (mg) der Atmung im Intervall (gefunden oder berechnet)	Im Intervall absorbiertes (−) oder entbundenes (+) CO_2 (mg)
Atmung	1/4	15	1	0,0010	gef. 1,0	
	1/2	15	1	0,0007	0,7	
	3/4	15	1	0,0006	0,6	
Absorption	1	15	1,000	0,0555	ber. 0,6	− 4,4
		15	1,000	0,0922	0,6	− 1,9
		15	1,000	0,0934	0,6	− 0,7
		15	1,000	0,0940	0,6	− 0,1
	2	15	1,000	0,0941	0,6	0,0
Entbindung	4 1/2	150	5 1/2	0,0451	ber. 6,0	+ 6,6
Atmung	4 3/4	15	1	0,0006	gef. 0,6	
		15	1	0,0006	0,6	
Absorption	5 1/4	15	1,000	0,0540	ber. 0,6	− 5,6
		15	1,000	0,0917	0,6	− 1,9
		15	1,000	0,0932	0,6	− 0,4
		15	1,000	0,0936	0,6	0,0
		15	1,000	0,0936	0,6	0,0
	6 1/2	15	1,000	0,0935	0,6	0,0
Entbindung	6 3/4	15	1	0,0339	ber. 0,6	+ 1,0
		15	1	0,0062	0,6	+ 5,4
	7 1/4	15	1	0,0017	0,6	+ 1,1

Zweiter Versuch. Mit Blättern der Brennessel in 5 vol.-proz. Kohlendioxyd bei 5°.

Angewandt 20 g Blätter ohne Stiele, Trockengewicht 4,91 g, Volumen des Absorptionsgefäßes 357,9 ccm.

Ergebnis: Das absorbierte Kohlendioxyd betrug 6,7 mg, das entbundene 6,6 mg (Tabelle 76).

Tabelle 76.

Kohlendioxydabsorption von 20 g Brennesselblättern.

5°, 5 vol.-proz. CO_2.

Versuchsperiode	Versuchsdauer in Stunden	Intervall in Minuten	Austretende Luft (l) im Intervall	Gefundenes CO_2 (g) im Intervall	CO_2 (mg) der Atmung im Intervall (gefunden oder berechnet)	Im Intervall absorbiertes (—) oder entbundenes (+) CO_2 (mg)
Atmung	1/4	15	1	0,0013	gef. 1,3	
		15	1	0,00115	1,15	
		15	1	0,00115	1,15	
Absorption	1	15	1,000	0,0552	ber. 1,2	— 5,3
		15	1,000	0,0934	1,1	— 1,15
		15	1,000	0,0944	1,2	— 0,15
		15	1,000	0,0945	1,1	— 0,05
		15	1,000	0,0946	1,2	+ 0,05
	2 1/4	15	1,000	0,0945	1,1	— 0,05
Entbindung	3 3/4	90	6,2	0,0460	ber. 6,9	6,6
Atmung		15	1	0,00115	gef. 1,15	
		15	1	0,0012	1,2	
		15	1	0,00115	1,15	

Tabelle 77.

Kohlensäureabsorption von 20 g Helianthusblättern.

5°, 19 vol.-proz. CO_2.

Versuchsperiode	Versuchsdauer in Stunden	Intervall in Minuten	Austretende Luft (l) im Intervall	Gefundenes CO_2 (g) im Intervall	CO_2 (mg) der Atmung im Intervall (gefunden oder berechnet)	Im Intervall absorbiertes (—) oder entbundenes (+) CO_2 (mg)
Atmung	1/4	15	1	0,0008	gef. 0,8	
		15	1	0,0007	0,7	
	3/4	15	1	0,0007	0,7	
Absorption	1	15	1,000	0,3103	ber. 0,7	— 14,4
		15	1,000	0,4191	0,7	— 1,9
		15	1,000	0,4201	0,7	— 0,9
		15	1,000	0,4205	0,7	— 0,5
		15	1,000	0,4209	0,7	— 0,1
	2 1/4	15	1,000	0,4210	0,7	0,0
Entbindung	2 3/4	30	1,8	0,0978	ber. 1,4	+ 17,6
		15	1	0,0026	0,7	+ 1,9
		15	1	0,0013	0,7	+ 0,6
		15	1	0,0009	0,7	+ 0,2
Atmung	3 3/4	15	1	0,0007	gef. 0,7	
		15	1	0,0007	0,7	

Dritter Versuch. Mit Blättern von Helianthus annuus in 19 vol.-proz. Kohlendioxyd bei 5°.

Angewandt 20 g Blätter ohne Stiele, Trockengewicht 3,80 g, Volumen des Absorptionsgefäßes 231,9 ccm.

Die Blätter waren an der Pflanze am Vorabend mit einem Beutel von schwarzem Baumwollstoff umhüllt worden, um bei Tagesanbruch bis zum Versuchsbeginn lebhafter Assimilation vorzubeugen. Vor dem Beginn der Atmungsperiode wurden die Blätter einige Stunden im Dunkeln an tiefe Temperatur gewöhnt. So war erreicht, daß die Atmung fast auf den halben Betrag herabgemindert und daß sie konstanter war.

Ergebnis: Das absorbierte Kohlendioxyd betrug 17,7 mg; das entbundene 20,3 mg (Tabelle 77).

D. Abhängigkeit der Absorption vom Teildruck des Kohlendioxyds.

Erste Versuchsreihe. Mit Blättern von Helianthus annuus bei 5°. Versuche in Kohlendioxyd von a) 1, b) 5, c) 8, d) 19 Volumprozent.

Angewandt waren je 20 g Blätter vom Trockengewicht a) 3,20, b) 3,90, c) 3,25, d) 4,03 g. Die Ergebnisse sind in der folgenden Tabelle 78 auf 4,0 g Trockengewicht umgerechnet.

Tabelle 78.
Kohlendioxydaufnahme und -entbindung von 20 g Helianthusblättern bei 5°.

Datum	Kohlendioxyd in Vol.-Proz. des Gasstromes	Absorption (mg)	Entbindung (mg)
30. Juni	1	3,2	
			2,4
24. Juni	5	9,8	
			9,6
		9,3	
			9,7
2. Juli	8	13,9	
			13,3
6. Juli	19	17,0	
			20,2

Das gesamte Wasser[1]) der Blätter würde, wenn es als reines Wasser

[1]) Nämlich für 4,0 Trockensubstanz 21,0, 16,5, 20,6, 15,8 ccm Wasser.

vorläge, was aber durchaus nicht zutrifft, bei dem Teildruck des 1-, 5-, 8- und 19 proz. Kohlendioxyds bei 5° absorbieren: 0,6, 2,3, 4,6, 8,4 mg.

Zweite Versuchsreihe. Mit Blättern von Helianthus annuus bei 5°. Versuche in Kohlendioxyd von a) 10, b) ebenfalls 10, c) 20 Volumprozent.

Angewandt waren wieder je 20 g Blätter vom Trockengewicht a) 3,84, b) 4,17, c) 3,70 g. Für die Tabelle 79 sind unsere Beobachtungen auf 4,0 g Trockengewicht umgerechnet.

Tabelle 79.
Versuche mit Helianthusblättern (20 g) bei 5°.

Datum	Kohlendioxyd in Vol.-Proz. des Gasstromes	Absorption (mg)	Entbindung (mg)
20. Juli	10	10,2	14,3
21. „	10	12,8	13,5
19. „	20	19,6	22,9

Dritte Versuchsreihe. Mit Brennesselblättern bei 5°.

Die vergleichenden Bestimmungen in 1- bis 19 proz. Kohlendioxyd gehören zwei Reihen an. Während bisher für jede Kohlensäurekonzentration ein neuer Versuch mit frischen Blättern ausgeführt worden ist, diente für die folgende Reihe von alternierenden Messungen der Atmung, der Absorption und der Dissoziation eine und dieselbe Blattprobe in $2^1/_2$- bis 19 proz. Kohlendioxyd. Zur Ergänzung des Vergleichs nach der Richtung niedrigeren Teildruckes ist eine neue Probe der Blätter mit 1 proz. Kohlendioxyd geprüft und, um das Ergebnis mit demjenigen der vorigen Versuchsreihe in Beziehung zu bringen, auch in 5 proz. Kohlendioxyd untersucht worden. Diese Bestimmung der Absorption in 5 proz. Kohlendioxyd ist dieselbe, die schon im früheren Abschnitt ausführlich beschrieben worden ist. In der folgenden Tabelle 80 werden nur die Beobachtungen der zusammenhängenden Versuchsreihe mit a) $2^1/_2$-, b) 5-, c) 10-, d) 19 vol.-proz. Kohlendioxyd angeführt und in der Tabelle 81 mit den daraus gewonnenen Ergebnissen auch diejenigen der Vergleichswerte in 1- und 5 proz. Kohlendioxyd, umgerechnet auf das Trockengewicht der ersten Blattprobe, zusammengestellt.

Tabelle 80.

Versuchsperiode	Kohlendioxyd in Vol.-Proz. des Gasstromes	Versuchsdauer in Stunden	Intervall in Minuten	Austretende Luft (l) im Intervall	Gefundenes CO_2 (g) im Intervall	CO_2 (mg) der Atmung im Intervall (gefunden oder berechnet)	Im Intervall absorbiertes (—) oder entbundenes (+) CO_2 (mg)
Atmung	0	1/4	15	1	0,0012	gef. 1,2	
			15	1	0,0011	1,1	
		3/4	15	1	0,0010	1,0	
Absorption	5	1	15	1,000	0,0555	ber. 1,0	— 4,4
			15	1,000	0,0928	1,0	— 1,1
			15	1,000	0,0935	1,0	— 0,4
			15	1,000	0,0937	1,0	— 0,2
			15	1,000	0,0938	0,9	0,0
		2 1/4	15	1,000	0,0939	1,0	0,0
Entbindung	0	3	45	2,8	0,0425	ber. 2,9	+ 7,2
Atmung		3 1/4	15	1	0,0010	gef. 1,0	
			15	1	0,0009	0,9	
		3 3/4	15	1	0,0009	0,9	
Absorption	10	4	15	1,000	0,1126	ber. 0,9	— 8,5
			15	1,000	0,1882	0,9	— 1,8
			15	1,000	0,1896	0,9	— 0,4
			15	1,000	0,1899	0,9	— 0,1
			15	1,000	0,1900	0,9	0,0
		5 1/4	15	1,000	0,1900	0,9	0,0
Entbindung	0	6	45	2,6	0,0769	ber. 2,6	+ 11,6
			15	1	0,0013	0,9	+ 0,4
Atmung		6 1/2	15	1	0,0008	gef. 0,8	
		6 3/4	15	1	0,0009	0,9	
Absorption	2,5	7	15	1,000	0,0252	ber. 0,8	— 3,4
			15	1,000	0,0436	0,8	— 1,15
			15	1,000	0,0446	0,8	— 0,15
			15	1,000	0,0445	0,8	— 0,25
			15	1,000	0,0447	0,8	0,0
		8 1/4	15	1,000	0,0448	0,8	0,0
Entbindung	0	9	45	2,8	0,0225	ber. 2,3	+ 4,4
			15	1	0,00085	0,85	+ 0,1
Atmung		9 1/2	15	1	0,00075	gef. 0,75	
		9 3/4	15	1	0,00075	0,75	
Absorption	19	10	15	1,010	0,2605	ber. 0,7	— 11,3
			15	0,990	0,4211	0,7	— 5,6
			15	1,000	0,4258	0,7	— 0,9
			15	1,000	0,4261	0,7	— 0,6
			15	1,000	0,4262	0,7	— 0,5
			15	1,000	0,4266	0,6	0,0
		11 1/2	15	1,000	0,4267	0,7	0,0
Entbindung	0	12 1/4	45	2,9	0,1471	2,0	+ 19,0
			15	1	0,0018	0,7	+ 1,1
			15	1	0,0010	0,6	+ 0,4
Atmung		13	15	1	0,0006	gef. 0,6	
		13 1/4	15	1	0,0006	0,6	

Das Trockengewicht der ersten Blattprobe (Versuch der Tabelle 80) war 4,53, das der zweiten Blattprobe 4,91 g, ihr Chlorophyllgehalt 46,4 mg. Das Volumen des Absorptionsgefäßes betrug 357,9 ccm.

Tabelle 81.
Kohlensäureaufnahme und -entbindung,
Versuche mit Brennesseln (20 g) bei 5°.

Datum	Kohlendioxyd in Vol.-Proz- des Gasstromes	Absorption (mg)	Entbindung (mg)
30. Juli	1	1,9	2,3
28. „	2,5	4,9	4,5
30. „	5	6,2	6,1
28. „	5	6,1	7,2
28. „	10	10,8	12,0
28. „	19	18,9	20,5

E. Einfluß der Temperatur auf die Absorption.

Erster Versuch. Mit Blättern von Helianthus annuus in 5 vol.-proz. Kohlendioxyd bei 5 und 10°.

Bei diesem Temperaturunterschied ist noch kein deutlicher Ausschlag in der Absorptionserscheinung zu bemerken.

Zwei Blattproben vom Trockengewicht 3,90 g zeigten bei 5° Absorption von 9,6 mg und Entbindung von 9,4 mg. Die entsprechenden Zahlen im Versuche bei 10° waren 9,1 und 8,8 mg.

Zweiter Versuch. Mit Blättern von Populus pyramidalis hort. in 5 vol.-proz. Kohlendioxyd bei 5 und 25°. Mit derselben Blattprobe wurde in unmittelbar aufeinander folgenden Versuchen der Vorgang bei den zwei Temperaturen gemessen (Tabelle 82). Die Absorption sinkt beim Übergang von 5 auf 25° auf wenig mehr als den halben Wert, nämlich von 7,1 auf 3,8 mg.

Angewandt 20 g Blätter ohne Stiele, Trockengewicht 6,73 g, Volumen des Absorptionsgefäßes 357,9 ccm.

F. Vergleich von Blättern der grünen Stammform und gelber Varietäten.

Die Absorption der Kohlensäure durch die Blattsubstanz steht in keiner Beziehung zum Pigmentgehalt, die gefundenen Zahlen sind Viel-

Tabelle 82.

Versuch mit Pappelblättern in 5vol.-proz. CO_2.

Versuchsperiode	Temperatur	Versuchsdauer in Stunden	Intervall in Minuten	Austretende Luft (l) im Intervall	Gefundenes CO_2 (g) im Intervall	CO_2 (mg) der Atmung im Intervall (gefunden oder berechnet)	Im Intervall absorbiertes (—) oder entbundenes (+) CO_2 (mg)
Atmung	5,0°	1/4	15	1	0,0010	gef. 1,0	
			15	1	0,0008	0,8	
		3/4	15	1	0,0008	0,8	
Absorption	5,0°	1	15	1,000	0,0552	ber. 0,8	— 4,3
			15	1,000	0,0918	0,8	— 1,4
			15	1,000	0,0924	0,8	— 0,8
			15	1,000	0,0925	0,7	— 0,7
			15	1,000	0,0932	0,7	0,0
		2 1/4	15	1,000	0,0932	0,7	0,0
Entbindung	5,0°	3 3/4	90	6	0,0434	ber. 4,2	+ 6,9
Atmung		4	15	1	0,0007	gef. 0,7	
			15	1	0,0007	0,7	
		4 1/2	15	1	0,0006	0,6	
Übergang von	5 auf **30**°	5 1/2	60	4	—	—	
Atmung	30,0°	5 3/4	15	1	0,0051	gef. 5,1	
			15	1	0,0050	5,0	
		6 1/4	15	1	0,0049	4,9	
Absorption	30,0°	6 1/2	15	1,000	0,0627	ber. etwa 4,7	— 3,5
			15	1,000	0,0966	4,6	— 0,3
			15	1,000	0,0967	4,4	
			15	1,000	0,0965	4,2	
		7 1/2	15	1,000	0,0963	4,0	
Entbindung	30,0°	8	30	2	0,0410	ber. etwa 7,7	+ 3,7
Atmung		8 1/4	15	1	0,0037	gef. 3,7	
			15	1	0,0038	3,8	
			15	1	0,0038	3,8	
		9	15	1	0,0037	3.7	

fache der für das Chlorophyll berechneten molekularen Werte. Die Unabhängigkeit der Absorptionserscheinung vom Farbstoffgehalt ergibt sich noch viel deutlicher aus dem folgenden Vergleich des Vorgangs in 5- und 10 proz. Kohlendioxyd an den normal grünen Stammformen von Holunder und Ulme und an ihren gelbblätterigen Spielarten (Tabelle 83). Die chlorophyllarmen Blätter absorbieren im Verhältnis zum Trockengewicht nicht weniger, sondern etwas mehr Kohlendioxyd als die chlorophyllreichen. Im Verhältnis zum Chlorophyll der gelben Varietäten würde die Absorption im Versuche mit Holunder in 10 proz. Kohlendioxyd 168, im Versuche mit Ulme in 5 proz. Kohlendioxyd 69 Mole ausmachen (Tabelle 83).

Tabelle 83.
Versuche bei 5° mit 20 g frischen Blättern.

Versuch	Blätter	Trockengewicht	Absorption (mg)	Entbindung (mg)	CO_2 in Molen bezogen auf den Chlorophyllgehalt
Mit Sambucus, in 10 vol.-proz. CO_2	normalgrün, mit 46[1]) mg Chlorophyll	5,8	10,2	—	5
	gelb, mit 1,5[1]) mg Chlorophyll	3,9	11,6	13,1	168
Mit Ulmus, in 5 vol.-proz. CO_2	normalgrün, mit 26,4 mg Chlorophyll	6,11	5,8	7,4	5
	gelb, mit 2,2 mg Chlorophyll	5,18	6,8	8,4	69

G. Prüfung des Verhaltens von Lecithin gegen Kohlensäure.

Die Eigenschaft der Blattsubstanz, Kohlensäure anzuziehen, ist bereits von M. Tswett[2]) im Jahre 1901 in spekulativen Betrachtungen über die physiologische Bedeutung des „Chloroglobins" vermutet worden, und zwar auf Grund einer unrichtigen Literaturangabe; in späteren Arbeiten ist der Autor auf seinen Gedanken nicht zurückgekommen.

Tswett verstand unter Chloroglobin eine chemische Verbindung der Pigmente mit dem „Hypochlorin" und hielt es für wahrscheinlich, daß letzteres ein Lecithin sei. Unter dieser Voraussetzung erwartete Tswett, man werde im Hypochlorin die Eigenschaft des Lecithins, Kohlensäure zu absorbieren, finden. Er führte an, daß nach einer Stelle in Frémys Enzyklopädie 1 g Lecithin 30 ccm CO_2 aufnehme, während 1 g Wasser bei 15 ° nur 1 ccm löse.

Diese Angabe findet sich ohne näheres Zitat im IX. Bande der Enzyklopädie, 2. Sektion, 2. Teil, 2. Fascicule, Seite 571 (Garnier, Lambling,

[1]) Diese Zahlen sind aus anderen Versuchen mit derselben Pflanze, und zwar mit Blättern von der nämlichen Jahreszeit und dem gleichen Trockengewicht herübergenommen.

[2]) M. Tswett, Experimentelle und kritische Untersuchung über die physikalisch-chemische Konstitution des Chlorophyllkornes, Kasan 1901 (russisch), S. 70.

Schlagdenhauffen) mit den Worten: „La lécithine est une base faible dont la molécule fixe directement à peu près une molécule d'acide carbonique (2cc,77 de CO_2 fixé par 0 gr, 092 de lécithine)."

Die alte Hypothese, daß Chlorophyll zu den Lecithinen zähle oder mit Lecithin verbunden auftrete, ist widerlegt[1]). Da es nicht ausgeschlossen erscheint, daß neben dem Chlorophyll im Stroma der Chloroplasten Lecithin vorkommt, so war es von Wichtigkeit, die Angabe über das Verhalten von Lecithin gegen Kohlensäure nachzuprüfen. Sie hat sich als unzutreffend erwiesen.

Für den Versuch dienten zwei von E. Merck bezogene Präparate des Lecithins aus Eidotter.

In der von G. Geffcken[2]) beschriebenen Gasbürette (vgl. die vierte Abhandlung dieser Reihe) bestimmten wir die Löslichkeit von Kohlendioxyd in Wasser bei 15° und fanden in genügender Übereinstimmung mit der Zahl von Ch. Bohr[3]) den Absorptionskoeffizienten 1,017 und 1,018.

Die Vergleichslösung des Lecithins enthielt in Versuchen (a und b) mit zwei Präparaten 1,1 g Lecithin in 104,13 ccm wässeriger Lösung und nahm a) 112,60 und b) 112,81 ccm CO_2 auf, nur um etwa 2,2 ccm mehr als das darin enthaltene reine Wasser. Der Absorptionskoeffizient wird von 1,018 des reinen Wassers durch das Lecithin auf 1,028 erhöht.

Lecithin steigert also nur in sehr geringem Maße die Löslichkeit der Kohlensäure in Wasser. Die Erhöhung kann durch eine Beimischung bedingt sein oder sie kann auf der kolloiden Natur des Lecithins beruhen, wie allgemeiner nach den Versuchen von A. Findlay und H. J. M. Creighton[4]) durch kolloide Stoffe die Löslichkeit der Gase in positivem und negativem Sinne beeinflußt wird. Von Bedeutung im Hinblick auf die Anziehung von Kohlensäure durch die Blattsubstanz ist das Verhalten des Lecithins nicht.

Für die Konstitution des Lecithins ist aus seiner Indifferenz gegen

---

[1]) R. Willstätter und E. Hug, Ann. d. Chem. **380**, 177, 209 [1911]; R. Willstätter, Ann. d. Chem. **350**, 48 [1906] und Ber. d. deutsch. chem. Ges. **47**, 2831, 2837 [1914].

[2]) G. Geffcken, Zeitschr. f. physikal. Chem. **49**, 257 [1904].

[3]) Ch. Bohr, Wied. Ann. **68**, 500 [1899].

[4]) A. Findlay und H. J. M. Creighton, Journ. Chem. Soc. **97**, 536 [1910].

Kohlensäure der Schluß zu ziehen, daß es nicht genügt, die Esterbindung des Cholins an die Glycerinphosphorsäure anzunehmen, sondern daß auch das Ammoniumhydroxyd des Cholins mit dem noch freien dritten Hydroxyl der Phosphorsäure salzartig abgesättigt ist, entsprechend der Formel:

$$\begin{array}{c} \text{O}\cdots\cdots\cdots\cdots\cdots\cdots\cdots\cdots\cdots\cdots\cdots\cdots \\ CH_2-O-\overset{/}{P}(=O)-O-CH_2-CH_2-N\begin{cases}CH_3\\CH_3\\CH_3\end{cases} \end{array}$$

Die von A. Strecker[1]) beschriebenen basischen Eigenschaften des Lecithins sind durch die Aufhebung dieser betainähnlichen Bindung in den Salzen des Lecithins zu verstehen. Die Kohlensäure ist aber nicht imstande, die Lösung dieser Bindung zu bewirken.

[1]) A. Strecker, Ann. d. Chem. 148, 77 [1868].

Vierte Abhandlung.

Über das Verhalten des Chlorophylls gegen Kohlensäure.

Theoretischer Teil.

A. Einleitung.

Das Chlorophyll ist aus zahlreichen und den verschiedensten Pflanzen, von den Algen bis zu hochentwickelten Dicotyledonen, für die Analyse isoliert und das Pigment beliebiger Herkunft ist als übereinstimmend in seiner Zusammensetzung erkannt worden. Die Chlorophyllkörner enthalten in allen Fällen ein Gemisch der zwei einander nahe verwandten eigentlichen Chlorophyllfarbstoffe mit den Carotinoiden. Das blaugrüne Chlorophyll *a* und das gelbgrüne Chlorophyll *b* sind sehr ähnlich zusammengesetzt; sie sind Magnesiumverbindungen, in denen das Metall nicht in elektrolytisch dissoziierbarem Zustand, sondern in eigentümlicher, komplexer Bindungsweise enthalten ist. Die wesentlichen Eigenschaften der magnesiumhaltigen Gruppe sind ihre große Empfindlichkeit gegenüber Säure und ihre Beständigkeit gegen Alkalien. Während das Metall schon bei der Einwirkung organischer Säuren quantitativ abgespalten wird, bleibt der Magnesiumkomplex bei tiefgreifender Zersetzung des Moleküls durch Alkalien unversehrt; dabei werden zunächst die Estergruppen des Chlorophylls verseift, und es gelingt weiterhin, eine Carboxylgruppe nach der anderen abzuspalten. Daher ist die magnesiumhaltige Gruppe in der Stammsubstanz noch erhalten, bis zu welcher der Abbau des Chlorophylls geführt worden ist, in dem Ätiophyllin[1]). Dieses ist aus dem Chlorophyll, das 55 Kohlenstoffatome enthält, durch eine wesentliche Vereinfachung des Moleküls hervorgegangen, wie seine Formel $C_{31}H_{34}N_4Mg$ zeigt. Die viel einfachere Verbindung besitzt zwar nicht mehr die Lös-

[1]) R. Willstätter und M. Fischer, Ann. d. Chem. **400**, 182 [1913]; Zeitschr. f. physiol. Chem. **87**, 423 [1913].

lichkeitsverhältnisse und die Wachsähnlichkeit des Blattfarbstoffes, aber sie zeigt in der Farbe, der Fluorescenz, in den chemischen Eigenschaften, besonders in dem Verhalten der gegen Säure empfindlichen, gegen Alkalien beständigen magnesiumführenden Gruppe noch die Eigenart des Chlorophylls.

An dem so viel einfacher zusammengesetzten Stoffe bestätigen sich die ersten Annahmen[1]) für die Bindungsweise des Magnesiums im Chlorophyll. Das Ätiophyllin enthält keinen Sauerstoff mehr; das Magnesium ist an den Stickstoff gebunden, und zwar substituiert es den Wasserstoff der Iminogruppen zweier Pyrrolkerne, indem es wahrscheinlich zugleich durch Partialaffinitäten mit den Stickstoffatomen zweier anderer pyrrolartiger Kerne in Verbindung steht:

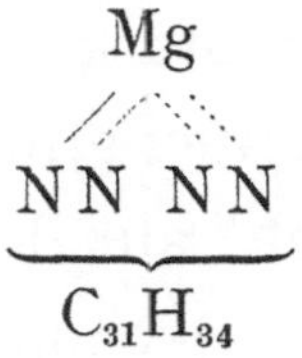

$$\overset{\text{Mg}}{\underbrace{\text{NN NN}}_{C_{31}H_{34}}}$$

Aus den Untersuchungen über die Oxydation und die Reduktion der Chlorophyllderivate sind Annahmen für die Struktur des Ätiophyllins abgeleitet worden, die zwar in mehreren Einzelheiten noch unsicher sind, die aber wohl geeignet erscheinen, eine Vorstellung von der Verknüpfung der vier stickstoffhaltigen Kerne, von zwei salzbildenden Pyrrolringen und zwei komplexbildenden pyrrolartigen zu geben. Die folgende Formel vereinfacht das Bild noch weiter, indem darin die im Ätiophyllin noch enthaltenen 13 substituierenden Kohlenstoffatome, die Methyl- und Äthylgruppen u. a., weggelassen sind.

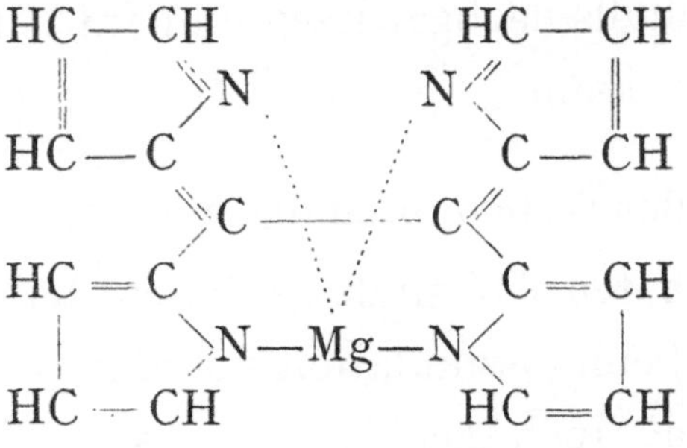

```
HC—CH                HC—CH
‖     \\N        N//    ‖
HC—C/    .      .  \C—CH
     \\C —————— C//
HC═C/      .  .     \C═CH
|     \N—Mg—N/        |
HC—CH                HC═CH
```

[1]) R. Willstätter, Ann. d. Chem. **350**, 48 [1906]; R. Willstätter und A. Pfannenstiel, Ann. d. Chem. **358**, 205 [1907]; R. Willstätter und H. Fritzsche, Ann. d. Chem. **371**, 33 [1909].

Das Magnesium wird durch Zink, Kupfer und andere Metalle leicht verdrängt, die fähig sind, komplexe Systeme von noch größerer Beständigkeit, namentlich von außerordentlicher Widerstandsfähigkeit gegen starke Säure zu bilden. Zink, Kupfer, Eisen und andere Metalle werden daher von den metallfreien Derivaten des Chlorophylls, den Phäophorbiden, Phytochlorinen, Porphyrinen und anderen leicht aufgenommen, nämlich schon bei der Einwirkung der Metallacetate auf die alkoholischen Lösungen der stickstoffhaltigen Carbonsäuren und ihrer Ester. Für die Einführung des Magnesiums aber mußten besondere Methoden gesucht werden[1]). Die Aufgabe der Rückbildung der charakteristischen komplexen Gruppe des Chlorophylls ist auf zwei verschiedenen Wegen gelöst worden. Das erste Verfahren, das mit stark alkalischen Medien und hoher Temperatur arbeitet und daher nicht für die Bildung von Chlorophyll selbst in Betracht kommt, beruht auf der Einwirkung von Magnesiumoxyd und konzentrierter methylalkoholischer Kalilauge. Eine feinere, auch für die empfindlichsten Verbindungen anwendbare Methode besteht zunächst in der Einwirkung der nach Grignard entstehenden Alkylmagnesiumhaloide auf die magnesiumfreien Verbindungen und weiterhin in einer Spaltung der anfangs gebildeten Magnesiumhalogenverbindungen durch Mononatriumphosphat.

Der Anteil, den das Magnesium an dem Bau des Chlorophyllmoleküls hat, und die Eigenart, welche die komplexe Magnesiumgruppe dem Chlorophyll in seinem physikalischen und chemischen Verhalten gibt, führt zu der Frage, ob eine für die Assimilation wesentliche chemische Funktion des Chlorophylls nachgewiesen und auf seinen Magnesiumgehalt zurückgeführt werden kann.

B. Kohlensäureverbindung des Chlorophylls.

Nachdem in der ersten Abhandlung dieser Reihe gezeigt worden ist, daß das Chlorophyll beim Assimilationsvorgang in seiner ganzen Menge erhalten bleibt und daß auch das Verhältnis seiner beiden Komponenten sich nicht ändert, wird nun im Folgenden untersucht, ob das Chlorophyll

[1]) R. Willstätter und L. Forsén, Ann. d. Chem. **396**, 180 [1913].

imstande ist, mit Kohlensäure zu reagieren und ob es dazu unter den besonderen Bedingungen, die für den Assimilationsvorgang gegeben sind, befähigt ist.

An den Lösungen des Chlorophylls in organischen Solvenzien wie Äther ist bei der Behandlung mit Kohlendioxyd kein Anzeichen einer chemischen Reaktion wahrzunehmen; in den indifferenten Lösungen ist das Kohlensäureanhydrid ohne Wirkung. Auch in alkoholischer Lösung des Chlorophylls beobachtet man bei tagelanger Einwirkung von Kohlendioxyd keine Reaktion, und es zeigt sich, daß auch nicht etwa eine Addition des Kohlendioxyds an das Chlorophyll erfolgt. Wir fanden nämlich bei vergleichsweiser Bestimmung der Absorption von Kohlendioxyd in reinem Alkohol und in alkoholischen Chlorophyllösungen keine Erhöhung der Löslichkeit durch das Chlorophyll.

In überraschender Weise unterscheidet sich das Verhalten der kolloiden Lösung[1]) des Chlorophylls in Wasser von jenem molekularer Lösungen. Hier ist es nicht Kohlensäureanhydrid, sondern die Kohlensäure, die reagiert, und die komplexe Bindung des Magnesiums erweist sich sogar gegen diese Säure als so empfindlich, daß sie aufgelockert und zerstört wird. Beim Einleiten von unverdünntem und ebenso, nur entsprechend langsamer, von verdünntem Kohlensäureanhydrid in die kolloide Lösung wird das Chlorophyll in Magnesiumcarbonat und Phäophytin gespalten, das ausgeflockt wird. Diesen Vorgang drückt für die Komponente *a* des Chlorophylls die folgende Gleichung aus:

$$C_{55}H_{72}O_5N_4Mg + CO_2 + H_2O = MgCO_3 + C_{55}H_{74}O_5N_4.$$

Nicht nur 20- und 5 proz. Kohlensäure wirkt so, sondern sogar das sehr verdünnte Kohlendioxyd der atmosphärischen Luft reagiert, allerdings nur langsam, in derselben Weise.

Um die Einwirkung der Kohlensäure genauer kennenzulernen, wird

---

[1]) Die Absorption von Kohlensäure durch kolloides Chlorophyll wurde vor kurzem ohne Berücksichtigung unserer in den Sitzungsberichten der Preußischen Akademie (1915, Seite 322) veröffentlichten Mitteilung in einer Arbeit von R. Kremann und N. Schniderschitsch untersucht (Monatsh. f. Chemie 37, 659 [1916, Dezemberheft]). Den Autoren gelang es nicht, die Aufnahme von Kohlensäure durch Chlorophyll zu beobachten. Die Schuld an diesem Mißlingen des Versuchs ist der Verwendung von Chlorophyll in ganz unreinem Zustand, in unbekannter Menge und in gefällter Form zuzuschreiben.

das Verhalten der kolloiden Chlorophyllösung gegen Kohlendioxyd in einem Gasabsorptionsapparat geprüft. Wir vergleichen die Löslichkeit des Gases in Wasser und in der Chlorophyllösung und finden sie durch das Chlorophyll erhöht. Es ist allerdings bekannt, daß die Löslichkeit von Gasen durch Kolloide in positivem oder negativem Sinne beeinflußt werden kann. Sie wird nach den Messungen von A. Findlay und H.J.M. Creighton[1]) im Falle von Kohlendioxyd und Stickoxydul bei atmosphärischem Druck erhöht durch Kieselsäure, für Kohlendioxyd allein erhöht durch Eisenhydroxyd und durch Gelatine, während diese den entgegengesetzten Einfluß auf Stickoxydul haben; einige andere Kolloide erniedrigen die Löslichkeit beider Gase. In mehreren der untersuchten Fälle scheint chemische Affinität von Einfluß auf die Erscheinung zu sein, bei der Kieselsäure aber eine rein physikalische Adsorption vorzuliegen.

Der am Chlorophyll beobachtete Vorgang ist von anderer Größenordnung als bei der Kieselsäure und nicht von derselben Art. Die Aufnahme der Kohlensäure schreitet bis zum stöchiometrischen Betrage fort. Sie erreicht die Grenze bei zwei Molekülen Kohlendioxyd, nämlich nach der Abspaltung des Magnesiums als Magnesiumbicarbonat. Auch ist die Aufnahme der Kohlensäure durch die Chlorophyllösung nicht unbedingt an den kolloiden Zustand geknüpft. Oft scheiden konzentriertere kolloide Lösungen im Laufe der Versuche das Chlorophyll in geringerer Dispersität ab, und zwar wie das Verhalten gegen Lösungsmittel zeigte, mit Verlust seines kolloiden Zustandes; die Ausflockung hat aber nicht die Entbindung des absorbierten Gases zur Folge.

Die Reaktion des Chlorophylls mit der Kohlensäure ist beendet, wenn das Chlorophyll vollständig zersetzt ist. Sie ist aber nicht eine einfache Zersetzung, sondern der Verlauf der Reaktion ist bemerkenswert durch die Bildung eines Zwischenproduktes, einer Verbindung von Chlorophyll mit Kohlensäure, welche dissoziierbar ist und bei der Dissoziation Chlorophyll zurückzubilden vermag.

Wenn man die Chlorophyllösung im Gasabsorptionsapparate einen Teil der zur Absättigung erforderlichen Kohlensäure aufnehmen läßt und

[1]) A. Findlay und H. J. M. Creighton, Journ. Chem. Soc. 97, 536 [1910].

dann das Chlorophyll aus der kolloiden Flüssigkeit in Äther überführt, isoliert und verascht, so findet man den Magnesiumgehalt zu hoch gegenüber der Annahme, daß die Kohlensäure das Äquivalentgewicht von Magnesium abgespalten habe, sogar mit der, wie sich zeigen wird, zu ungünstigen Voraussetzung der vollständigen Bildung von Magnesiumbicarbonat.

Tabelle 84.
Bildung, Dissoziation und Zersetzung der Kohlensäureverbindung.

Temperatur	Versuchsdauer	Präparat	Absorbiertes CO_2 in Proz. eines Moles	Abspaltung von Mg in Proz.	Verbrauchtes CO_2 in Proz. ber. für $Mg(HCO_3)_2$
0°	35 Min.	Chlorophyll *a*	22	6	12
0°	3 St.	Chlorophyll *b*	18	3	6
0°	18 St.	Chlorophyll *b*	24	5	10
0°	5 St.	Chlorophyll *a*	41	16	32
0°	19 St.	Chlorophyll *a* + *b*	60	13½	27
15°	48 St.	Chlorophyll *b*	81	27	54

Hieraus ist zu schließen, daß der Zersetzung des Chlorophylls eine Addition vorangeht.

Einen tieferen Einblick in die Natur des Additionsproduktes wird man gewinnen, wenn man die Entbindung der Kohlensäure aus der Chlorophyllösung untersucht und sie mit der Absorption vergleicht. Zunächst fanden wir beim Eliminieren der Kohlensäure aus der Chlorophyllösung niedrigere Werte als für das gleiche Volumen Wasser, da während der Operation die gelöste Kohlensäure weiter zersetzend auf Chlorophyll gewirkt hat. Die Empfindlichkeit des Chlorophylls stört die Messung und macht die Erklärung der erhaltenen Werte komplizierter als bei den Absorptionserscheinungen des Blutes oder des reinen Hämoglobins. Es war eine Verbesserung, die Kohlensäure bei 0° auszutreiben, und noch zweckmäßiger, schon die Absorption bei 0° vorzunehmen. Durch die Erhöhung der Konzentration der Kohlensäure wird ihre Addition an das Chlorophyll begünstigt, auch wird die Zersetzung der Kohlensäureverbindung des Chlorophylls bei der niedrigeren Temperatur so verlangsamt, daß die Beobachtung der primären Reaktion nicht mehr gestört ist. Das gilt um so mehr, wenn wir die Versuchsdauer abkürzen und uns mit der Absorption eines Teiles der möglichen Menge Kohlendioxyd begnügen. Die Flüssigkeit behält unter diesen Umständen die Chlorophyllfarbe unverändert.

Die Entbindung der Kohlensäure vom Chlorophyll nimmt einen glatteren Verlauf in alkoholischer Lösung als in wässeriger. Wir lassen nach der Absorption die Flüssigkeit in das vierfache Volumen Alkohol von 0° einfließen und bestimmen durch Wägung das Kohlendioxyd, das sich durch einen Luftstrom verdrängen läßt und dasjenige, das erst durch den Zusatz von Mineralsäure freigemacht wird. Die gesamte Menge der absorbierten Kohlensäure wird schon bei der Erniedrigung des Teildruckes entbunden, das Chlorophyll zurückgebildet. Dies gilt außer für alle Versuche bei 0° von kurzer Dauer auch für lang und sogar sehr lang dauernde Versuche bei 0° mit Chlorophyll *b*. Die Komponente *a* addiert Kohlensäure rascher und sie wird leichter zersetzt; bei mehrstündiger Dauer der Absorption verliert sie einen erheblichen Teil des Magnesiums.

Tabelle 85.

Aufnahme und Wiederabgabe von Kohlendioxyd durch kolloides Chlorophyll.

Temperatur	Versuchsdauer	Präparat	Absorbiertes CO_2 in Proz. eines Moles	Freiwillig entbundens CO_2 in Proz. eines Moles
0°	50 Min.	Chlorophyll *a*	23	23
0°	5 St.	Chlorophyll *a*	46	12
0°	18 St.	Chlorophyll *b*	25	23
0°	71 St.	Chlorophyll *b*	40	38

Die Entgasung in wässeriger Flüssigkeit gibt andere Resultate. Im Wasser übt die Kohlensäure selbst einen Schutz auf die Kohlensäureverbindung des Chlorophylls aus, erst durch Verminderung des Teildruckes von Kohlendioxyd erfolgt mehr oder minder weitgehende hydrolytische Chlorophyllzersetzung.

Nachdem für 0° und eine gewisse Versuchsdauer mit der Methode der Entgasung in Alkohol gezeigt worden ist, daß das Chlorophyll noch kein Magnesium eingebüßt hat, ist bei anderen Verfahren der Aufarbeitung des Versuchs, bei einer anderen Entgasung der mit Kohlensäure gesättigten Lösung die beobachtete Zersetzung nicht dem Absorptionsversuche, sondern dem Dissoziationsversuche zur Last zu legen. Die Kohlensäureverbindung von Chlorophyll *a* zerfällt beim Entwickeln der Kohlensäure aus der wässerigen Flüssigkeit quantitativ in Phäophytin *a* und Magnesiumcarbonat, das in allen Fällen als basische Verbindung der Formel $(MgCO_3)_4 \cdot Mg(OH)_2$ zurückbleibt; der entsprechende Zerfall erfolgt bei der Kohlensäureverbindung von Chlorophyll *b* nur teilweise, so daß hier doch beispielsweise mehr als die Hälfte des Chlorophylls regeneriert wird.

Tabelle 86.

Zerfall der Kohlensäureverbindung in Wasser.

Temperatur	Versuchsdauer	Präparat	Verbindung des Chlorophylls mit Kohlensäure Proz.	Zersetzung des Chlorophylls Proz.
0°	35 Min.	Chlorophyll *a*	27	27
0°	40 Min.	Chlorophyll *a* + *b*	23	16
0°	3 St.	Chlorophyll *b*	18	$7^1/_2$

Zwischen der Dissoziation in Alkohol, die für die beiden Komponenten des Chlorophylls ein zutreffendes Bild von der Absorptionserscheinung gibt, und der Entgasung in Wasser, die für sich allein bei Chlorophyll *a* ein ganz unrichtiges, bei *b* ein quantitativ unzutreffendes Ergebnis liefern würde, steht die Methode der Überführung des Chlorophylls aus der mit Kohlensäure bearbeiteten Lösung in Äther und Ermittlung des Zersetzungsgrades durch die Magnesiumbestimmung; ein erheblicher Teil des Chlorophylls *a* und ein kleiner von *b* wird hier im Verlaufe der Dissoziation zerstört.

Chlorophyll ist die sekundäre Magnesiumverbindung des Phäophytins. Bei der Abspaltung des Metalls durch Kohlensäure oder andere Säuren werden beide Valenzen gelöst, mit denen das Magnesium an

Stickstoffatome gebunden ist. Das Zwischenprodukt der Einwirkung von Kohlensäure ist daher entsprechend der nachstehenden abgekürzten Gleichung als primäre Magnesiumverbindung des Phäophytins zu betrachten, in der eine Valenz des Magnesiums an Stickstoff gebunden, die zweite mit Kohlensäure abgesättigt ist. Aus der unversehrten Farbe der Kohlensäureverbindung ist zu schließen, daß in dem durch Partialvalenzen gebildeten chromophoren Komplex keine Veränderung durch die Kohlensäure erfolgt ist.

```
   |   ||   ||                         |    |    ||
   C   C    C—                         C    C    C—
 \\ / \\ / \ /                       \\ / \\ / \ /
  N    C   N                           N    C   NH          O
          |                                                //
  |      :Mg      + CO2 + H2O ⇄        |       :Mg—O—C
          |                                     |          \
  N    C   N                           N    C   N           OH
 //  \ // \ / \                       //  \ // \ / \
   C    C    C—                          C    C    C—
   |    ||   ||                          |    ||   ||
      Chlorophyll                  Kohlensäureverbindung des Chlorophylls
```

Der Zerfall des Kohlensäureadditionsproduktes erfolgt auf verschiedene Weisen:

1. Es dissoziiert, am glattesten in alkoholischer Lösung, in Chlorophyll und Kohlendioxyd im umgekehrten Sinne der voranstehenden Gleichung.

2. In wässeriger Lösung zerfällt die Kohlensäureverbindung unter Bildung von Phäophytin und je nach den Umständen von Magnesiumcarbonat oder -bicarbonat, nach den abgekürzten Formeln:

```
 ⎧ \                                          ⎧ \
 ⎪  N           O          MgCO3              ⎪  NH
 ⎪ / \         //                             ⎪
 ⎨     :Mg—O—C        →     oder        +     ⎨
 ⎪ \            \                             ⎪ \
 ⎪  NH           OH        Mg(HCO3)2          ⎪  NH
 ⎩ /                                          ⎩ /
 Kohlensäureverbindung des                      Phäophytin
       Chlorophylls
```

Aus dem Ergebnis dieser Arbeit, daß das Chlorophyll in kolloidem Zustand, also in ähnlicher Dispersität wie in den Chloroplasten, befähigt ist, mit der Kohlensäure eine leicht dissoziierbare Verbindung von der Art der Bicarbonate zu bilden, ist zu folgern, daß das Chlorophyll auch im Assimilationsvorgang eine chemische Funktion ausübt, indem es mit der Kohlensäure chemisch reagiert[1]). Aber die Form, in welcher die Kohlensäure mit dem Chlorophyll in Reaktion tritt, ist damit noch nicht bestimmt. In der voranstehenden Abhandlung „Über Absorption der Kohlensäure durch das unbelichtete Blatt" ist gezeigt worden, daß vom ganzen Blatte, d. h. von gewissen, nicht im einzelnen bekannten Bestandteilen der Blattsubstanz eine chemische Absorptionswirkung auf Kohlendioxyd ausgeübt wird. Also scheint es eine Einrichtung für die Zuleitung der Kohlensäure zu den Chlorophyllkörnern zu geben, welche die Konzentration der Kohlensäure erhöht und zugleich die Form der Kohlensäure in einer für die Reaktion mit dem Chlorophyll geeigneten Weise abändert. Es ist möglich, daß sich das Kohlensäureanhydrid an eine Hydroxyl- oder an eine Aminogruppe unter Bildung einer Carboxylverbindung addiert und daß sich ein solches Kohlensäurederivat mit dem Chlorophyll verbindet anstatt der Kohlensäure selbst.

In der vorliegenden Arbeit werden einige Unterschiede zwischen der Reaktion der Kohlensäure mit dem Blatte und mit dem reinen Chlorophyll bemerkt. Im Blatt wird das Chlorophyll durch die Kohlensäure viel schwieriger zersetzt als in der reinen kolloiden Lösung. Die Blätter vertragen noch Kohlendioxyd bis zu etwa 20 oder 25 Vol.-Proz. und assimilieren in solcher Atmosphäre ausgezeichnet, während die Spaltung des reinen Hydrosols von Chlorophyll in diesem Medium schon mit großer Geschwindigkeit verläuft. Das Chlorophyll genießt also in den Chloroplasten einen Schutz gegen die Spaltung durch Kohlensäure und auch gegen hydrolytische Zersetzung, der es in reiner, sehr verdünnt kolloider Lösung unterliegt.

Ferner ist die Geschwindigkeit der Aufnahme von Kohlensäure in den belichteten Chloroplasten eine viel größere als bei der Absorption

[1]) P. Mazé, Compt. rend. **160**, 739 [1915], hat noch in seiner letzten Arbeit über die Funktion des Chlorophylls den Farbstoffen der höheren Pflanzen eine rein physikalische Rolle zugeschrieben.

durch die reine kolloide Lösung. In den günstigsten Fällen, die in der zweiten Abhandlung beobachtet worden sind, nämlich bei gewissen chlorophyllarmen Blättern erfolgt der Umsatz eines Kohlensäuremoleküls durch ein Chlorophyllmolekül im Blatte in $1^1/_2$ Sekunden. Es ist noch nicht erreicht worden, eine damit vergleichbare Geschwindigkeit bei der Bildung der dissoziierbaren Kohlensäureverbindung des Chlorophylls mit Hilfe von viel konzentrierterer Kohlensäure zu verwirklichen.

Diese Unterschiede zwischen dem Chlorophyll im Blatte und in der Form des reinen Hydrosols machen weitere analytische Untersuchung erforderlich. Es sind Zusätze zum Hydrosol des Chlorophylls zu suchen, welche die Addition der Kohlensäure an Chlorophyll nicht stören, die sie sogar beschleunigen und welche die Zersetzung des Chlorophylls hintanhalten. Nur ein Anfang in dieser Richtung liegt bisher vor. Es sind verschiedene anorganische und organische Zusätze gefunden worden, durch welche die hydrolytische Zersetzung des kolloiden Chlorophylls in Wasser allein und seine Spaltung durch Kohlensäure verlangsamt wird. Einerseits wirken so Erdalkalicarbonate, besonders Magnesiumbicarbonat, ferner wirkt Gelatine in ähnlicher Weise. Aber der Schutz durch diese Stoffe gegen die Kohlensäurespaltung geschieht allein dadurch, daß die Addition der Kohlensäure infolge von Verminderung ihrer Wasserstoffionenkonzentration verlangsamt wird. Die natürliche Einrichtung hingegen besteht wahrscheinlich in einem System, das die Addition beschleunigt und nur die Spaltung verzögert.

C. Zur Theorie der Assimilation.

In einigen älteren theoretischen Betrachtungen über den Assimilationsvorgang war schon vermutet worden, es könnte die Zerlegung der Kohlensäure auf einer Additionsreaktion des Chlorophylls beruhen. Die erste Annahme war allerdings eine Addition von Kohlenoxyd. A. Baeyer[1]) hat im Jahre 1870 in der berühmten Abhandlung: „Über die Wasserentziehung und ihre Bedeutung für das Pflanzenleben und die Gärung" unter dem Einfluß von Butlerows Entdeckung der Formaldehydkon-

[1]) A. Baeyer, Ber. d. deutsch. chem. Ges. 3, 63 [1870].

densation geschrieben: „Man hat vielfach auf die Ähnlichkeit hingewiesen, welche zwischen dem Blutfarbstoff und Chlorophyll der Pflanzen existiert. Danach muß es auch als wahrscheinlich erscheinen, daß das Chlorophyll ebenso wie das Hämoglobin CO bindet. Wenn nun Sonnenlicht Chlorophyll trifft, welches mit CO_2 umgeben ist, so scheint die Kohlensäure dieselbe Dissoziation wie in hoher Temperatur zu erleiden, es entweicht Sauerstoff und das Kohlenoxyd bleibt mit dem Chlorophyll verbunden. Die einfachste Reduktion des Kohlenoxyds ist die zum Aldehyd der Ameisensäure, es braucht nur Wasserstoff aufzunehmen:

$$CO + H_2 = COH_2$$

und dieser Aldehyd kann sich unter dem Einfluß des Zellinhaltes ebenso wie durch Alkalien in Zucker verwandeln."

F. Hoppe-Seyler[1]) scheint dann zuerst die Vermutung geäußert zu haben, daß die Kohlensäure selbst sich mit dem Chlorophyll verbinde, nämich, „daß das Chlorophyll zunächst die Kohlensäure in eine lockere Verbindung aufnimmt, die dann durch Einwirkung des Sonnenlichts unter Regeneration des Chlorophylls zerlegt wird".

Auf einem anderen Wege, durch Betrachtungen über die asymmetrische Synthese in der Natur, ist E. Fischer zu der Hypothese geführt worden, die Kohlensäure selbst werde mit Bestandteilen der Chloroplasten verknüpft. Zuerst war E. Fischers[2]) Ansicht: „Man braucht nur anzunehmen, daß der Kondensation zum Zucker die Bildung einer Verbindung von Formaldehyd mit den optisch aktiven Substanzen des Chlorophyllkornes vorangeht." Diese Vorstellung vertiefte E. Fischer später in seiner Faraday-Vorlesung[3]) „Organische Synthese und Biolo-

---

[1]) F. Hoppe-Seyler, Physiol. Chem., Berlin 1881, S. 139. Derselbe Gedanke ist später von neuem von A. Hansen (Arb. d. botan. Inst. in Würzburg, III. Band, S. 426, 429 [1885]), ferner von W. N. Hartley (Journ. Chem. Soc. **59**, 106, 124 [1891]) und von R. Luther und J. A. af Hällström (Ber. d. deutsch. chem. Ges. **38**, 2288 [1905]) ausgeführt worden.

[2]) Dieser Satz ist aus der unten zitierten Faraday-Vorlesung entnommen, er ist aber schon in den folgenden älteren Abhandlungen enthalten: E. Fischer „Synthesen in der Zuckergruppe II", Ber. d. deutsch. chem. Ges. **27**, 3189, und zwar 3231 [1894]; ferner „Die Chemie der Kohlenhydrate und ihre Bedeutung für die Physiologie" [1894] in den Untersuchungen über Kohlenhydrate und Fermente, Berlin 1909, S. 111.

[3]) E. Fischer, Journ. Chem. Soc. **91**, 1749 [1907] und in deutscher Ausgabe, bei J. Springer, Berlin [1908].

gie" in folgender Weise: „Ich will jetzt die Hypothese dahin präzisieren, daß ich diese Vereinigung schon für die Kohlensäure als wahrscheinlich annehme, denn nach den heutigen Erfahrungen kann man sagen, daß die Proteinkörper ihr genügend Gelegenheit zur Anlagerung darbieten, da schon die einfachen Aminosäuren nach der Beobachtung von Siegfried zur Bindung von Kohlensäure befähigt sind. Ich denke mir nun weiter, daß die Kohlensäureverbindung in Sauerstoff und ein Reduktionsprodukt, wahrscheinlich ein Formaldehydderivat, zerlegt wird. In diesem asymmetrischen Komplex oder einem anderen, der sekundär durch vorhergehende Abspaltung und Neubildung des Formaldehyds entsteht, kann dann die asymmetrische Polymerisation zum Zucker . . . vor sich gehen."

Der derzeitige Stand der Frage von einer chemischen Funktion des Chlorophylls wird durch folgende Stellen der referierenden Literatur beleuchtet.

In seinem Lehrbuch der Physiologischen Chemie bespricht E. Abderhalden[1]) die Beziehung des Blattfarbstoffes zur Assimilation der Kohlensäure: „Nimmt er aktiv an der Entstehung der organischen Verbindungen aus Kohlensäure und Wasser teil, oder wirkt er nur als Vermittler? Trotzdem manches dafür spricht, daß der Blattfarbstoff sich in direkter Weise — z. B. durch Bindung von Kohlensäure und Wasser und chemische Umwandlungen dieser Verbindungen — am Assimilationsprozeß beteiligt, ist es bis jetzt nicht geglückt, einen eindeutigen Beweis für diese Annahme zu erbringen."

In ähnlichem Sinne schreibt H. Euler[2]) in den „Grundlagen und Ergebnissen der Pflanzenchemie": „Vom chemischen Gesichtspunkt erscheint es wohl möglich, daß die an und für sich schwer reduzierbare Kohlensäure in Zusammenhang mit einem größeren Molekularkomplex, wie Chlorophyll oder Protoplasmaproteinen, der Reduktion leichter zugänglich wird. Daß besonders ein an aktiven Atomgruppen so reicher Stoff wie Chlorophyll imstande ist, Kohlensäure in sich aufzunehmen, muß von vornherein als recht wahrscheinlich bezeichnet werden" und

---

[1]) E. Abderhalden, Lehrb. d. physiol. Chem. 3. Aufl. I. Teil, S. 82 [1914].

[2]) H. Euler, Grundlagen und Ergebnisse der Pflanzenchemie II und III, S. 119 u. 116 [1909].

ferner: „wenn wir also das Chlorophyll als einen Sensibilisator bezeichnen, so gewinnen wir einstweilen dadurch noch keine konkretere Vorstellung von dessen Wirkungsweise. Insbesondere ist man darüber im unklaren, ob und in welchem Grade der Sensibilisator, hier speziell das Chlorophyll, chemisch mit dem Stoffe reagiert, dessen Reaktion er beschleunigt; mit anderen Worten, ob die Kohlensäure vor ihrer Reduktion eine Verbindung mit dem Chlorophyll eingeht."

Die optische Beteiligung des Chlorophylls an der Photosynthese, die bei der Bezeichnung desselben als Sensibilisator noch unerklärt bleibt, hat M. Tswett[1]) durch „Eine Hypothese über den Mechanismus der photosynthetischen Energieübertragung" eindringender zu erklären versucht. Tswett geht von den Anschauungen über Fluorescenz aus, nach welchen die Fluorescenten unter der Einwirkung des Lichtes eigentümliche mit Energieaufnahme verbundene, umkehrbare Veränderungen, Übergänge in tautomere Formen, erleiden und bei der Zurückbildung der Moleküle die zuerst aufgenommene Energiemenge als Luminescenzlicht ausstrahlen.

Tswett erblickt in der die Rückbildung der tautomeren Molekeln begleitenden Lichtemission die unmittelbare Quelle derjenigen Energie, die in den Produkten der Photosynthese als chemisches Potential aufgespeichert wird. Er sieht sich dadurch zu der sehr auffallenden Annahme genötigt, daß die roten Luminescenzstrahlen von der Kohlensäure spezifisch absorbiert werden, wobei er bedauert, daß das Absorptionsspektrum der Säure H_2CO_3 noch nicht beschrieben ist. Wie übrigens ihr Spektrum sein mag, es wird gewiß die Erwartung enttäuschen, daß die Kohlensäure ein Stoff mit spezifischer Absorption für rote Strahlen sei.

Durch seine Hypothese glaubt Tswett eine Deutung für eine von ihm als höchst merkwürdig angesehene Beobachtung von H. T. Brown und F. Escombe[2]) zu finden. Diese Autoren prüften die Assimilation bei vermindertem Lichte und fanden, daß sie die Belichtung der Versuchsobjekte auf ein Zwölftel des Sonnenlichtes reduzieren mußten, um

[1]) M. Tswett, Zeitschr. f. physikal. Chem. **76**, 413 [1911].

[2]) H. T. Brown und F. Escombe, Proc. Roy. Soc. Ser. B **76**, 29, 86 [1905].

den Betrag des Kohlensäureverbrauchs herabzumindern; für die Schwächung des Sonnenlichtes wurde die Abneysche Methode der rotierenden Sektoren benutzt. Tswett hält die folgende Erklärung dieser Erscheinung für allein zulässig: „Die Kohlensäurezersetzung setzt sich während der Verdunkelungsintervalle auf Kosten der in vorangehenden Momenten aufgespeicherten Energie fort" und er sucht „diese rätselhafte Induktionserscheinung" durch den Hinweis verständlich zu machen, daß das Chlorophyll im Blatte höchst wahrscheinlich phosphoresciere.

Das Ergebnis von Brown und Escombe wird aber einfacher und befriedigend so erklärt, daß für den niedrigen Kohlensäuregehalt bei jener Versuchsanordnung ein Zwölftel Belichtungszeit schon genügt hat, um die in den kurzen Verdunkelungsintervallen zu den Chloroplasten gelangende Kohlensäure vollständig zu reduzieren. Auch bei einer Fraktionierung des Lichtes der Intensität nach würde ein Zwölftel für die vollständige Assimilation genügen.

Die Vorstellung von Tswett, daß das Sonnenlicht zuerst absorbiert, dann in Form der Luminescenz wieder ausgestrahlt und endlich von der Kohlensäure aufgenommen werde, ist unwahrscheinlich. Wir ersetzen sie durch die einfachere Annahme, daß das absorbierte Licht im Chlorophyllmolekül selbst chemische Arbeit leiste. Der kolloide Zustand des Chlorophylls und seine optischen Eigenschaften werden durch die Addition der Kohlensäure nicht verändert. Durch die Bindung an den chromophoren Magnesiumkomplex des Chlorophylls ist die Kohlensäure oder ein Kohlensäurederivat Bestandteil des Farbstoffes geworden. In diese Atomgruppe strömt die Energie der absorbierten Strahlung und die Kohlensäure wird dadurch so umgelagert, daß sie für den Zerfall vorbereitet ist.

Jede unter Erhöhung des Energieinhaltes umgelagerte Form der Kohlensäure, die unter Sauerstoffabgabe durch einen freiwilligen Vorgang zerfallen könnte, wäre ein Isomeres von Peroxydkonstitution. Mit einem solchen Zwischengliede ist die Abspaltung des gesamten Sauerstoffes der Kohlensäure erklärlich.

An dieser Stelle trifft die aus dem Nachweis der Addition von Kohlensäure an Chlorophyll abgeleitete Vorstellung mit der Folgerung zusammen, die in der zweiten Abhandlung dieser Reihe: „Über das Verhältnis zwischen der assimilatorischen Leistung der Blätter und ihrem Gehalt an Chlorophyll" gezogen wurde. Dort ist aus der Untersuchung verschiedener Fälle, in denen der Quotient von assimilierter Kohlensäure und Chlorophyll bei der Assimilation unter günstigsten Bedingungen von der Norm abweicht, geschlossen worden, daß außer dem Chlorophyll ein zweiter innerer Faktor, dessen Natur enzymatisch ist, für den Assimilationsvorgang bestimmend sei, und es ist wahrscheinlich gemacht worden, daß es sich um ein Enzym handle, das den Zerfall eines aus Chlorophyll und Kohlensäure gebildeten Zwischenproduktes unter Abgabe von Sauerstoff bewirke.

Die Annahme eines aus Kohlensäure entstehenden Peroxydes erinnert vielleicht an eine Hypothese von A. Bach[1]) über den Verlauf der Kohlensäureassimilation, aber die beiden Annahmen berühren sich doch nur ganz oberflächlich. A. Bach ist durch einen schematischen Vergleich zwischen den Verbindungen des Kohlenstoffes und des Schwefels dazu gelangt, mit der Zersetzung der schwefligen Säure unter Bildung von Schwefelsäure und Schwefel den Zerfall der Kohlensäure in Analogie zu stellen, wobei er Perkohlensäure H_2CO_4 als der Schwefelsäure entsprechend ansieht; in der ersten Phase der Assimilation soll ein Molekül Kohlensäure zum Formaldehyd reduziert werden auf Kosten von zwei weiteren Molekülen Kohlensäure, während diese sich zu Überkohlensäure oxydieren:

1. $3\,H_2CO_3 = 2\,H_2CO_4 + CH_2O$
2. $2\,H_2CO_4 = 2\,CO_2 + 2\,H_2O_2 = 2\,CO_2 + 2\,H_2O + O_2$.

Allein diese Formulierung einer Reaktion zwischen drei Molekülen Kohlensäure und die Annahme der Oxydation von Kohlensäure zu einer Verbindung höheren Sauerstoffgehaltes ist von sehr geringer Wahrscheinlichkeit.

Nach unserer Vorstellung ist es eine Verschiebung der Valenzen im

[1]) A. Bach, Compt. rend. **116**, 1145 und 1389 [1893]; siehe auch R. Chodat, Principes de Botanique, II. Aufl., S. 64 [1911].

Kohlensäuremolekül, eine Umgruppierung der Atome, welche durch die zugeführte Energie bewirkt wird. Für eine solche Umlagerung der Kohlensäure zu einer peroxydischen Verbindung sind, wenn man von Formeln absieht, die nur abgeänderte Schreibweisen darstellen, zwei Formeln möglich:

1. Formylhydroperoxyd oder Perameisensäure:

$$1)\quad C\begin{matrix} \diagup H \\ = O \\ \diagdown O-OH \end{matrix},$$

2. Formaldehydperoxyd:

$$2)\quad \begin{matrix} C\begin{matrix} \diagup H \\ -OH \\ \diagdown \end{matrix} \\ | \\ O-O \end{matrix}$$

Die Perameisensäure ist in schönen Untersuchungen von J. d'Ans und W. Frey[1]) und J. d'Ans und A. Kneip[2]) beschrieben worden; sie entsteht in umkehrbarer Reaktion aus Ameisensäure und Hydroperoxyd:

$$HCOOH + H_2O_2 \rightleftarrows HCO \cdot O_2H + H_2O$$

und sie lagert sich leicht in Kohlensäure um:

$$O = C\begin{matrix} -H \\ \diagdown O-OH \end{matrix} \rightarrow O = C\begin{matrix} -OH \\ \diagdown OH \end{matrix}.$$

Das zweite mögliche Isomere der Kohlensäure ist eine Sauerstoffverbindung des Formaldehyds. Ein einfaches Peroxyd desselben ist noch nicht bekannt, aber es gibt eine bisher nicht erklärte merkwürdige Reaktion dieses Aldehydes, bei welcher wir ein solches Peroxyd als Zwischenprodukt annehmen sollten.

O. Blank und H. Finkenbeiner[3]) haben gezeigt, daß Formaldehyd mit Wasserstoffsuperoxyd in alkalischer Lösung unter Bildung von Ameisensäure glatt reagiert und dadurch alkalimetrisch bestimmt werden kann. Bei dieser Reaktion wird aus einem Mol Formaldehyd ein

---

1) J. d'Ans und W. Frey, Ber. d. deutsch. chem. Ges. **45**, 1845 [1912].
2) J. d'Ans und A. Kneip, Ber. d. deutsch. Ges. **48**, 1136 [1915].
3) O. Blank und H. Finkenbeiner, Ber. d. deutsch. chem. Ges. **31**, 2979 [1898].

halbes Mol Wasserstoff frei, auch die Messung des Gases kann für die quantitative Bestimmung dienen[1]). In saurer Lösung[2]) wird Formaldehyd durch Wasserstoffsuperoxyd nicht zu Ameisensäure, sondern zu Kohlensäure oxydiert, und zwar erfolgt hier die Reaktion, wie wir beobachteten, weitaus schwerer als in alkalischer Lösung. Diese Oxydation des Formaldehyds in der alkalischen Lösung ist nicht, wie sie formuliert worden ist, als eine Reaktion zwischen zwei Molen des Aldehyds und einem Mol Hydroperoxyd nach der Gleichung zu erklären:

$$2\,CH_2O + 2\,NaOH + H_2O_2 = 2\,H\cdot COONa + 2\,H_2O + H_2\,.$$

Es ist viel wahrscheinlicher, daß der Formaldehyd zunächst unter Wasserstoffentbindung, die nach H. Wielands[3]) „Studien über den Mechanismus der Oxydationsvorgänge" wohl zu verstehen ist, zu einem Peroxyd oxydiert wird, das sich darauf mit einem zweiten Mol Formaldehyd so umsetzt wie Benzopersäure mit Benzaldehyd nach A. von Baeyer und V. Villiger[4]):

1. $CH_2O + H_2O_2 = H_2 + H_2CO_3$
2. $H_2CO_3 + CH_2O = 2\,H_2CO_2\,.$

Es bleibt dabei fraglich, ob das Zwischenprodukt der Ameisensäurebildung Formaldehydperoxyd oder Perameisensäure ist oder ob vielleicht beide nacheinander auftreten. Da es nach C. Engler und J. Weissberg[5]) wahrscheinlich ist, daß sich bei der Oxydation von Benzaldehyd zu Benzoesäure zwei verschiedene Peroxyde nacheinander bilden:

$$C_6H_5\cdot HC:O \rightarrow C_6H_5\cdot HC\begin{matrix}\diagup O \diagdown \\ \diagdown O \diagup\end{matrix}O \rightarrow C_6H_5\cdot C\begin{matrix}\diagup O{-}OH \\ \diagdown O\end{matrix}\,,$$

so erscheint es wohl möglich, daß auch bei der Oxydation des Form-

[1]) G. B. Frankforter und R. West, Am. Chem. Soc. **27**, 714 [1905].

[2]) H. Geisow, Ber. d. deutsch. chem. Ges. **37**, 515 [1904].

[3]) H. Wieland, Ber. d. deutsch. chem. Ges. **45**, 2606 [1912]; **46**, 3327 [1913]; **47**, 2085 [1914].

[4]) A. von Baeyer und V. Villiger, Ber. d. deutsch. chem. Ges. **33**, 1581 [1900].

[5]) C. Engler und J. Weissberg, Kritische Studien über die Autoxydation, Braunschweig [1904], S. 87.

aldehyds ein eigentliches Formaldehydperoxyd primär eine Rolle spielt[1]).

In dieser chemischen Betrachtung wurde die Möglichkeit der Isomerisation von Kohlensäure geprüft und es hat sich kein Bedenken gegen diese Annahme ergeben. Es sind in Perameisensäure und in Formaldehydperoxyd zwei verschiedene Formen umgelagerter Kohlensäure möglich, die sich zum freiwilligen Zerfall unter Sauerstoffabgabe eignen, aber die Isomerisation zu einem Peroxyde muß nicht in einem Additionsprodukt von Kohlensäure selbst an Chlorophyll stattfinden, es ist auch möglich, daß es das Additionsprodukt eines Kohlensäurederivates an Chlorophyll ist, in welchem sich die Umlagerung abspielt. Für die nachfolgenden Formeln wählen wir als Beispiele die einfachere Möglichkeit der Bildung von Formaldehydperoxyd:

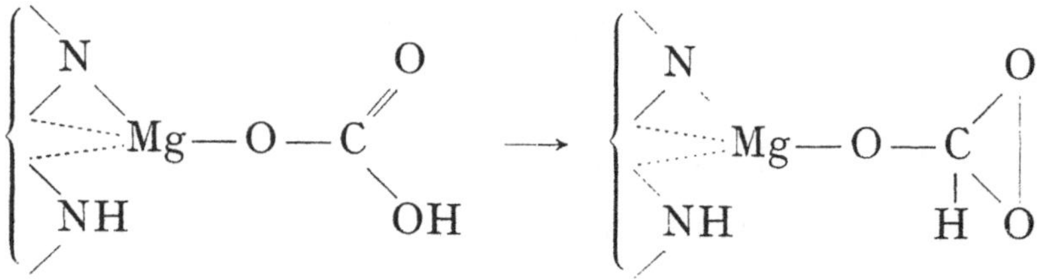

```
 ⎧ \                              ⎧ \
 ⎪  N          O                  ⎪  N          O
 ⎪ / \       //                   ⎪ /         / |
 ⎨ ....Mg—O—C        ——→          ⎨ ....Mg—O—C  |
 ⎪ \         \                    ⎪ \        |\ |
 ⎪  NH        OH                  ⎪  NH      H O
 ⎩ /                              ⎩ /
```

Kohlensäureverbindung des Chlorophylls — Chlorophyll-Formaldehydperoxyd

Die Kohlensäure entbindet im Assimilationsvorgang unter beliebigen Verhältnissen glatt die molekulare Menge Sauerstoff. Wie in der fünften Abhandlung angeführt wird, zeigt der rein assimilatorische Koeffizient $\frac{CO_2}{O_2}$ eindeutig und ohne Hypothese an, daß die Kohlensäure unmittelbar im Assimilationsvorgang in die Reduktionsstufe von Kohlenstoff selbst umgeformt wird, oder, was dasselbe ist, in die Oxydationsstufe des einfachsten Kohlehydrats, des Formaldehyds. Es ist nicht eine Theorie, daß der Formaldehyd die im Assimilationsvorgang erreichte Reduktions-

[1]) Beim Behandeln von Formaldehyd mit Hydroperoxyd und Alkali prüften wir unter verschiedenen Bedingungen, zum Beispiel beim Eintragen des Aldehydes in stark alkalisches überschüssiges Wasserstoffsuperoxyd, ob nicht neben Ameisensäure auch Kohlensäure erhalten werden kann. Wir vermochten keine erhebliche Bildung von Kohlensäure zu erzielen. Darin finden wir in Anbetracht der Unbeständigkeit von Perameisensäure gegen Alkali ein Anzeichen dafür, daß nicht Perameisensäure, sondern ein anderes Peroxyd, das weniger leicht in Kohlensäure übergeht, als Zwischenglied auftritt.

stufe der Kohlensäure darstellt, sondern die Theorie betrifft nur die Art, in welcher die Desoxydation der Kohlensäure vor sich geht. Unsere Vorstellung, die in den obenstehenden Formeln Ausdruck fand, beruht auf dem beobachteten Additionsvermögen des Chlorophylls und sie macht die Annahme der durch Licht bewirkten und zu Peroxyd führenden Umlagerung.

Die Umlagerung der Kohlensäure kann man sich so erfolgend denken, daß danach zwei Atome Sauerstoff auf einmal abgespalten werden oder wahrscheinlicher so, wie es das in den Formeln gewählte Beispiel ausdrückt, daß zunächst nur die Gelegenheit zu Abspaltung von einem Atom Sauerstoff gegeben ist und daß eine Wiederholung des Vorgangs erfolgt. Es entspricht also die in der Formel angenommene Umlagerung nicht dem vollen Potentialhub, der von der Lichtenergie zu leisten ist. An der Zwischenstufe der Desoxydation, die der Ameisensäure entspricht, wiederholt sich die Umlagerung durch Energieaufnahme zu einer peroxydischen Verbindung, die wiederum ein halbes Mol Sauerstoff abspaltet, entsprechend den Formeln:

$$\left\{\begin{array}{l} \text{N} \\ \qquad \text{Mg}-\text{O}-\underset{\text{H}\;\;\;\text{O}}{\overset{\text{O}}{\text{C}}} \\ \text{NH} \end{array}\right. \rightarrow \left\{\begin{array}{l} \text{N} \\ \qquad \text{Mg}-\text{O}-\underset{\text{H}}{\text{C}}=\text{O} + \tfrac{1}{2}\text{O}_2 \\ \text{NH} \end{array}\right. \rightarrow \left\{\begin{array}{l} \text{N} \\ \qquad \text{Mg} + \text{H}_2\underset{\text{O}}{\overset{\text{O}}{\text{C}}} \\ \text{N} \end{array}\right.$$

Ein Zwischenprodukt der Reduktion wird nicht frei, löst sich nicht ab vom Chlorophyllmolekül. Ein Reduktionsprodukt saurer Natur (Ameisensäure) könnte sich nicht vom Magnesium abtrennen, könnte also nur unter Zersetzung des Chlorophylls, die nicht vorkommt, frei auftreten. Die Abtrennung irgendeines Zwischengliedes der Reduktion ist aber direkt ausgeschlossen durch den Zahlenwert des Assimilationskoeffizienten, der gemäß der fünften Abhandlung selbst unter Bedingungen gesteigerter assimilatorischer Leistung unverrückbar und genau 1 beträgt. Dadurch wird bewiesen, daß das Reduktionsprodukt der Kohlensäure mit dem Chlorophyll verbunden bleibt, bis die ganze molekulare Sauerstoffmenge abgespalten ist. Die Konstanz des assimilatorischen Koeffizienten sagt aus, daß erst dann ein neues Molekül Kohlensäure mit einem

Chlorophyllmolekül in Reaktion treten kann, wenn das vorher aufgenommene Molekül vollständig zur Formaldehydstufe desoxydiert worden ist.

Der Formaldehyd, dessen Weiterkondensation keine Energiezufuhr, also nicht mehr die Wirkung der Lichtabsorption eines Pigmentes erfordert, bleibt mit dem Chlorophyll nicht verbunden. In der siebenten Abhandlung wird gezeigt, daß der Aldehyd nicht imstande ist, ein Additionsprodukt mit dem Chlorophyll zu bilden. Die Abtrennung des Kohlensäurereduktionsproduktes vom Chlorophyll wird also durch Kohlensäure oder eher schon durch Wasser erfolgen nach der zweiten Umlagerung und vor dem zweiten Schritte der Desoxydation oder unmittelbar nach demselben.

Die Sauerstoffentbindung aus der Peroxydstufe geschieht durch einen freiwilligen Zerfall, den wir nach den Ergebnissen der zweiten Abhandlung für abhängig von einer Enzymwirkung, für enzymatisch beschleunigt halten. Es ist möglich, daß der Sauerstoff direkt durch ein katalaseartiges Enzym abgespalten wird, welches die peroxydische Verbindung ebenso zersetzt, wie Hydroperoxyd von Katalase zerlegt wird. Es ist aber auch möglich, daß das vom Chlorophyll gebildete Additionsprodukt nach seiner Umlagerung hydrolytischer Spaltung durch ein Enzym unterliegt, wobei Hydroperoxyd entbunden wird. Die Annahme zweimaliger Abspaltung von Hydroperoxyd und seiner Zersetzung durch Katalase ist indessen weniger einfach, und es gibt für sie keine experimentellen Anhaltspunkte.

Es ist wahrscheinlicher, daß das Enzym, auf dessen Wirkung viele Beobachtungen in der zweiten Abhandlung hindeuten, unmittelbarer, als Katalase es vermöchte, mit dem Chlorophyll zusammenwirkt und daß es bei der Spaltung der peroxydischen Verbindung selbst eingreift. Die bei schwach assimilierenden Blättern durch verminderte Enzymwirkung herabgedrückte, aber gleichmäßige Leistung ließe sich durch zu langsame Beseitigung von Wasserstoffsuperoxyd nicht gut erklären; das bereits abgespaltene Hydroperoxyd würde dem Kohlensäurezerfall nicht direkt entgegenwirken, sondern im Falle seiner Anhäufung den Assimilationsapparat schädigen. Die Folge wäre im Versuche eine rasche Abnahme der Funktionstüchtigkeit, die aber nicht zu beobachten war.

Experimenteller Teil.

I. Darstellung der Chlorophyllpräparate.

Wenn es sich darum handelt, mit Präparaten von Chlorophyll und seinen einzelnen Komponenten quantitative Bestimmungen über das Verhalten gegen Kohlensäure und ähnliche Messungen auszuführen, so müssen an die Reinheit der Substanzen andere Anforderungen gestellt werden, wie bei der organischen Analyse und bei den Abbauversuchen, für die das aus dem Blatt isolierte Pigment in erster Linie gedient hat. Es hat sich gezeigt, daß bei der Gewinnung des Farbstoffes in größerem Maßstab leicht etwas Magnesium aus dem empfindlichen Molekül verloren wird, was für präparative Verwendung bedeutungslos, für die Messungen aber von erheblichem Einfluß ist. Man erhält Präparate mit dem der Theorie entsprechenden Magnesiumgehalt mit größerer Sicherheit aus frischem als getrocknetem und gelagertem Pflanzenmaterial.

Über unsere aus jahrelangen Versuchen hervorgegangenen Methoden zur Isolierung und Fraktionierung des Chlorophylls ist bisher nur an einer Stelle, nämlich in den „Untersuchungen über Chlorophyll“ [Berlin 1913, Abschnitt III, V, VI] berichtet worden. Es wäre nicht möglich, in der vorliegenden Arbeit über die Wahl des Pflanzenmaterials, über die Bedingungen der Extraktion u. a. vollständige Angaben zu machen, es muß vielmehr auf die zitierte Stelle verwiesen werden. Aber wir sind genötigt, auszugsweise die angewandten Verfahren hier nochmals mitzuteilen, um die neueren Erfahrungen zu erwähnen, die sich bei wiederholter Anwendung der Methoden ergeben haben, und auf die besonderen Vorsichtsmaßregeln aufmerksam zu machen, die einzuhalten sind, wenn angestrebt wird, Chlorophyll ohne Verlust oder mit möglichst geringem Verlust von Magnesium und mit tunlichst geringer Beimischung von Carotinoiden zu gewinnen. Es wird für den Forscher, der kleinere Mengen reiner Präparate benötigt, am leichtesten sein, Chlorophyll aus frischen Blättern der Brennessel zu isolieren, während wir für die hier angewandten beträchtlichen Mengen zumeist genötigt waren, getrocknetes Pflanzenmaterial, gleichfalls Brennesseln, zu verarbeiten.

A. Chlorophyll aus trockenen Blättern.

Die Isolierung des Chlorophylls beruht auf der systematischen Steigerung seines Reinheitsgrades durch Entmischungsmethoden. Die verschiedene Verteilung der in den Extrakten enthaltenen Stoffe zwischen mehreren Lösungsmitteln, wie Petroläther mit wasserhaltigem Aceton sowie mit wasserhaltigem Methylalkohol, wird zur Abtrennung der farblosen und gelben Begleitstoffe angewandt. Aus Extrakten, die nur 8- bis 16 proz. Chlorophyll enthalten, gehen durch die Entmischungsoperationen Lösungen von etwa 70 proz. Chlorophyll hervor. Wenn nun das Chlorophyll einen solchen Reinheitsgrad erreicht hat, dann ist es zwar noch in alkoholhaltigem Petroläther leicht löslich, aber überraschenderweise nicht mehr in reinem Petroläther. Wird aus der petrolätherischen Lösung der Äthyl- und Methylalkohol herausgewaschen, so scheidet sich das Chlorophyll aus.

Es wurde gefunden, daß ein beträchtlicher Wassergehalt der Lösungsmittel das Ausziehen des gesamten Blattfarbstoffes wesentlich erleichtert, und daß die wasserhaltigen Extraktionsmittel gerade die störendsten Begleitstoffe nicht mitführen, welche die Löslichkeit des Chlorophylls in Petroläther erhöhen.

Das geeignetste Lösungsmittel ist 80 bis 85 proz. Aceton; nicht mehr das Lösungsmittel selbst, sondern seine Mischung mit den Begleitstoffen des Chlorophylls wird das eigentliche Extraktionsmittel für das Blattgrün, ein so ausgezeichnetes, daß die Farbstoffe damit rasch und fast quantitativ ausgezogen werden.

Als Ausgangsmaterial dienen uns die mit Sorgfalt getrockneten Brennnesselblätter in der Form eines mittelfeinen Pulvers. Es ist ratsam, die trockenen Blätter unzerkleinert aufzubewahren und sie erst kurz vor der Verarbeitung zu mahlen. Das Chlorophyll ist gefährdet, wenn man die Blätter in zu dichter Schicht trocknet oder wenn beim Zerkleinern die Walzen der Mühle sich erhitzen oder wenn das Mehl der Blätter längere

Zeit lagert. Im Blatte, auch im getrockneten, befindet sich das Pigment in einem geschützten Zustand, aber nicht mehr nach dem Zerreißen der Zellen und Vermengen ihres Inhaltes. Oxydationsvorgänge, die bei gesteigerter Atmung gebildete Kohlensäure und die Wirkung der Pflanzensäuren, schädigen das Chlorophyll.

Auf einer großen Steinzeugnutsche (von 50 cm lichter Weite) von niedriger Form werden 2 kg Blattmehl, die eine Schicht von nur etwa 4 cm Höhe bilden, mit der Pumpe festgesaugt und in $^1/_2$ Stunde mit 6 bis 6,5 l 80 vol.-proz. Aceton extrahiert. Zuerst lassen wir ohne Saugen 2 l Lösungsmittel in etwa 5 Minuten einsickern, dann füllen wir die Hauptmenge des Acetons literweise nach, indem wir abwechselnd ohne Vakuum macerieren und mit nur mäßigem Saugen abfließen lassen. Am Ende wird das entfärbte Mehl mit kräftig wirkender Pumpe trocken gesaugt.

Aus dem schönen Extrakt wird der Farbstoff in 4 l Petroläther (0,64 bis 0,66 von Kahlbaum) übergeführt, indem wir ihn hälftenweise im 7 l-Scheidetrichter in die ganze Petroläthermenge eingießen und unter Umschwenken je $^1/_2$ l Wasser langsam zufügen. Nach dem Ablassen der nur schwach gelblichgrünen unteren Schicht wird die petrolätherische Lösung zweimal mit je 1 l 80 proz. Aceton entmischt; dieses nimmt Verunreinigungen, aber sehr wenig Chlorophyll weg. Die Petrolätherschicht ist durch Aufnahme von Aceton auf 6 l angewachsen. Das Aceton wird daraus vorsichtig durch viermaliges Ausziehen mit je $^1/_2$ l Wasser unter leichtem Umschwenken entfernt. Die erste von diesen Entmischungen beseitigt 0,6, die zweite 0,5, die dritte 0,4 und die letzte noch 0,2 l Aceton. Durch diese Art der Entmischung werden mit dem hochprozentig ausgeschiedenen Aceton noch Begleitstoffe beseitigt.

Wir beabsichtigen nicht, das Aceton jetzt quantitativ wegzuwaschen; sonst würde das gesamte Chlorophyll und Xanthophyll ausfallen und die Reinigung wäre schwierig. Es ist zweckmäßig, zuvor das Xanthophyll abzutrennen, was durch Ausziehen mit 80 proz. Methylalkohol ohne zu großen Chlorophyllverlust gelingt. Wir schütteln mit je 2 l 80 proz. Methylalkohol dreimal aus, oder, wenn der letzte Auszug noch beträchtlich Gelbes enthält, ein viertes bis sechstes Mal[1]). Bei der Verarbeitung besonders chlorophyllreicher Blätter ist es möglich, daß ein Teil des Chlorophylls während des Ausschüttelns mit dem 80 proz. Methylalkohol aus dem holzgeisthaltigen Petroläther ausfällt; dies kommt namentlich bei Verwendung sehr leichter Petroläthersorten vor. Den Niederschlag bringt man für jede nachfolgende Fraktionierung wieder in Lösung durch Zusatz von 100 bis 200 ccm wasserfreiem Methylalkohol und wählt den Holzgeist entsprechend wasserhaltiger für die nächste Entmischung.

Dem Petroläther, dessen Volumen schließlich 3,6 l beträgt, entziehen wir durch Waschen mit Wasser in ungefähr vier Malen mit je 2 l die letzten Anteile von Methylalkohol und Aceton. Dabei verliert der Petroläther die Fluorescenz, er trübt sich und das Chlorophyll fällt aus. Die Suspension im Petroläther schüttelt man mit etwas geglühtem Natriumsulfat und mit etwa 150 g Talk und filtriert sie durch eine Schicht von 50 g Talk mit der Pumpe. Dabei bildet die feine Ausscheidung über dem Talk leicht eine zusammenhängende Schicht und stört die Filtration; wir verrühren sie von Zeit zu Zeit mit dem Silberspatel.

Das petrolätherische Filtrat ist bei Verarbeitung tadelloser Blätter gelbgrün und enthält neben sehr wenig Chlorophyll und öligen Stoffen viel Carotin, das daraus mit Leichtigkeit isoliert werden kann. Olivgrün oder sogar braun fließt der Petroläther ab, wenn der Extrakt aus nicht unverdorbenem Material gewonnen ist. Durch andauerndes Nachwaschen mit Petroläther kann das Chlorophyllzersetzungsprodukt Phäophytin, das im Gegensatz zum Chlorophyll etwas löslich im Petroläther ist, zum größten Teil entfernt werden; freilich darf seine Menge einige Prozent nicht übersteigen. Man unterbricht dieses Auswaschen, wenn der Petroläther nur noch gelb oder gelbgrün abläuft, verdrängt ihn aus dem chlorophyllhaltigen Talk mit 300 ccm leichtest flüchtigem Petroläther und saugt trocken. Dann lösen wir sogleich auf der Nutsche das Chlorophyll mit 1 l sorgfältig destilliertem Äther aus dem Talk heraus. Die ätherische Chlorophyllösung wird durch geglühtes Natriumsulfat filtriert, auf 100 ccm

[1]) Die methylalkoholischen Auszüge sind leicht nebenher auf Xanthophyll zu verarbeiten.

konzentriert, zur Sicherheit nochmals filtriert und auf 25 ccm eingedampft. Dann fällen wir durch langsamen Zusatz von 0,8 l leichtflüchtigem Petroläther das Chlorophyll aus. Manchmal bildet der Niederschlag ein filtrierbares blauschwarzes Pulver, mitunter aber eine Suspension von so feinen Partikeln, daß man es nur gut auf Talk filtrieren kann. Es wird dann mit reinem Äther wieder ausgezogen und die auf 20 ccm eingeengte Lösung in einer Schale im Exsiccator zu stahlblau glänzenden dünnen Krusten eingetrocknet.

Die Mutterlauge der Umfällung hatte nicht mehr viel Beimischungen zu entfernen; sie enthielt z. B. 0,15 g Chlorophyll in 0,5 g Trockenrückstand.

Die Ausbeute betrug öfters 13 g und bei neueren Versuchen sogar 15 g, also $6^1/_2$ bis $7^1/_2$ g aus 1 kg trockener Blätter, das ist drei Viertel bis vier Fünftel ihres Chlorophyllgehaltes.

Das Chlorophyll ist ein blaustichig schwarzes, anscheinend krystallinisches Pulver, leicht löslich in absolutem Alkohol, spielend löslich in Äther, unlöslich in Petroläther.

Es enthält die beiden Komponenten *a* und *b* in ihrem natürlichen Verhältnis von etwa 3 : 1. Bei der aufeinanderfolgenden Hydrolyse mit Säure und mit Alkali wird es daher zum normalen Gemisch der beiden Spaltungsprodukte Phytochlorin *e* und Phytorhodin *g* abgebaut, die gemäß ihren verschiedenen basischen Eigenschaften durch Fraktionieren der ätherischen Lösung mit 3 proz. und 9 proz. Salzsäure getrennt und bestimmt werden (Spaltungsprobe).

Bei der Einwirkung von Alkalien, zweckmäßig beim Schütteln mit methylalkoholischer Kalilauge, zeigt das unversehrte Chlorophyll (im Gegensatz zum allomerisierten) Farbumschlag in Braun, sodann während einiger Minuten Wiederkehr der chlorophyllgrünen Farbe (Phasenprobe).

Bei dieser Prüfung mit Alkali wird der Äther farblos, wenn das Präparat frei von Carotin und Xanthophyll ist. Die Phytolestergruppe des Chlorophylls, die bei Verarbeitung von Blättern mit größerem Gehalt an Chlorophyllase hydrolytisch oder alkoholytisch angegriffen wird, erweist sich bei der Prüfung der ätherischen Lösung mit 22 proz. Salzsäure als intakt, wenn die Substanz in der Form von Phaeophytin quantitativ im Äther zurückbleibt; die phytolfreie Verbindung würde als Phäophorbid extrahiert werden (Basizitätsprobe).

Die Prüfung auf unversehrten Magnesiumkomplex geschieht durch Bestimmung des Magnesiumgehaltes. Wenn das Chlorophyll durch Säure zu leiden begann, so verrät sich die Beimischung von Phäophytin auch im Spektrum durch das Auftreten der Absorptionsbänder vor der Fraunhoferschen Linie E und zwischen den Linien E und F. Mit bloßem Auge kann man eine geringe Beimischung von Phäophytin nicht erkennen, weil auch ein etwas größerer Gehalt an der Chlorophyllkomponente *b* das Gemisch gelbstichiger macht.

Aus den angeführten Merkmalen, die genauer in den „Untersuchungen über Chlorophyll" (S. 143) beschrieben sind, ergeben sich die Anforderungen, welchen die Präparate von reinem und unversehrtem Chlorophyll genügen müssen, und die bei der Anwendung des Chlorophylls für physiologische Versuche nicht außer acht gelassen werden dürfen.

B. Chlorophyll aus frischen Blättern.

Frische Blätter werden auch am besten mit 80 proz. Aceton extrahiert, zuvor aber in zerkleinertem Zustand einer Vorextraktion mit wenig Aceton unterworfen, wodurch das Material entwässert, Pflanzenschleim entfernt und Enzymwirkungen gehemmt werden. Infolge des größeren Volumens der Blattsubstanz ist der Verbrauch an Lösungsmitteln bedeutend und die Extrakte werden verdünnt. Dank der Vorbehandlung ist aber ihr Reinheitsgrad weit höher, zum Beispiel 21 (in Prozenten ausgedrückt), als bei den Extrakten trockener Blätter und es genügt, durch Ausschütteln mit Aceton und Holzgeist den Reinheitsgrad auf 50 zu steigern, um das Chlorophyll aus dem Petroläther ausfallen zu lassen.

Erstes Beispiel: $2^1/_2$ kg frische Brennesselblätter haben wir rasch, nämlich in 20 Minuten, mit der Steinwalzenmühle zu dünnem Brei verarbeitet und diesen durch Anschütteln in der Flasche mit $1^1/_2$ l wasserfreiem Aceton entwässert und vorextrahiert. Beim Absaugen und scharfen Abpressen liefen 2,6 l Vorextrakt ab, die 90 g Trockensubstanz enthielten. Nun extrahierten wir mit 1,2 l reinem Aceton den wieder gemahlenen Preßkuchen, dessen Wassergehalt das Lösungsmittel auf etwa 80 Vol.-Proz. verdünnt, unter Zusatz eines weiteren Liters 80 proz. Acetons. Beim Absaugen und Nachwaschen mit 2 l desselben Lösungsmittels gewannen wir 3,8 l Extrakt mit nahezu dem ganzen Chlorophyllgehalt der Blätter.

Den Extrakt ließen wir in $1^1/_2$ l Petroläther unter Umschwenken einlaufen, wobei sich die Schichten scharf trennten und die untere sehr wenig gefärbt blieb. Der Petroläther wurde einmal mit $^1/_2$ l 80 proz. Aceton gewaschen und die auf 3,1 l angewachsene Schicht der Chlorophylllösung in zwei Malen mit je $^1/_2$ l Wasser von der Hauptmenge des Acetons frei gewaschen. Das Volumen betrug nun 1,7 l. Hauptsächlich zur Entfernung des Xanthophylls diente sodann Waschen mit 80 proz. Holzgeist in zwei Malen mit je $^1/_2$ l.

Der Chlorophyllverlust bei allen Entmischungen war gering; die Lösung enthielt am Ende noch 4,2 g Chlorophyll und schied dasselbe quantitativ ab bei etwa fünfmaligem Waschen mit je 2 l Wasser. Die flockige Suspension sammelten wir mit 50 g Talk, filtrierten sie auf Talk und befreiten sie von der Mutterlauge durch Waschen mit Petroläther. Nach dem Ausziehen des Chlorophylls aus dem Talk mit Äther und langsamen Ausfällen aus eingeengter Lösung mit Petroläther betrug die Ausbeute 4,0 g, das ist reichlich vier Fünftel des in den Blättern vorhandenen Chlorophylls.

Das Präparat ist frei von gelben Farbstoffen und somit erfahrungsgemäß auch von farblosen Begleitern und zeichnet sich durch die Reinheit und die Einheitlichkeit seiner Spaltungsprodukte aus.

Zweites Beispiel. Wenn man auf die oben erreichte hohe Ausbeute verzichtet, gelingt es, den Farbstoff aus kleineren Mengen frischer Blätter durch Abkürzung aller Operationen weit rascher in ebenso reinem Zustand zu isolieren.

250 g frische Brennesselblätter werden mit den Syenitwalzen in 3 bis 4 Minuten gemahlen, wobei immer eine Handvoll zweimal die Walzen passiert und sofort in 90 proz. Aceton fällt. Wir verzichten, um Zeit

zu sparen, auf die Vorextraktion und ziehen mit 1 l des Lösungsmittels in der Flasche den Brei in 2 Minuten zur Genüge aus.

Nach dem Absaugen und Nachwaschen mit $^1/_4$ l 80 proz. Aceton läßt man das Filtrat in 300 ccm Petroläther einlaufen und wäscht die Chlorophyllösung nur zweimal mit $^1/_4$ l Wasser und zweimal mit $^1/_4$ l 80 proz. Holzgeist. Das genügt, um das Chlorophyll bei vollständigem Wegwaschen des Methylalkohols aus dem Petroläther zur Abscheidung zu bringen. Es wird in der üblichen Weise mit Talk aufgenommen, auf der Nutsche mit Petroläther gewaschen und sofort auf der Nutsche mit Äther ausgezogen. Den Äther trocknen wir mit Natriumsulfat und fällen daraus nach raschem Einengen das Chlorophyll mit leichtflüchtigem Petroläther. Bis zu diesem Punkt kann man in 35 bis 40 Minuten gelangen.

Die Ausbeute beträgt 0,25 g, während die angewandten Blätter (entsprechend 50 g getrockneten) 0,4 bis 0,5 g Chlorophyll enthalten.

C. Trennung in die beiden Komponenten.

Das Prinzip des Verfahrens ist die Verteilung des Chlorophylls zwischen Methylalkohol und Petroläther, wobei die Komponente *a* in der petrolätherischen, *b* in der methylalkoholischen Schicht überwiegt. Wir gehen dabei nicht von den Extrakten, sondern vom isolierten Gemisch der beiden Komponenten aus, weil dann konzentriertere Lösungen und größere Mengen angewandt werden können und das Verfahren sich so fast quantitativ gestalten läßt.

Die Anfangskonzentration darf 2 g Chlorophyll in 1 l Petroläther nicht übersteigen, damit beim Extrahieren der Komponente *b* mit wasserhaltigem Holzgeist der Farbstoff nicht aus dem Petroläther ausfällt. Für die Fraktionierung eignet sich am besten 85 proz. Methylalkohol; 80 prozentiger nimmt zu wenig Farbstoff auf, in 90 prozentigen würde schon zu viel von der Kompente *a* neben *b* übergehen.

8 g Chlorophyll lösen wir in 150 bis 200 ccm Äther und gießen die undurchsichtige Flüssigkeit, um sicher zu sein, daß sie keinen ungelösten Anteil enthält, durch ein Filter in einen mit 4 l Petroläther (0,64 bis 0,66)

beschickten 7 l-Scheidetrichter. Dabei beginnt gewöhnlich das Chlorophyll wieder auszufallen, und es bedarf eines Zusatzes von 50 bis 100 ccm Methylalkohol zur Klärung.

Der Äther muß vor der Fraktionierung durch Waschen mit 80 proz. Holzgeist beseitigt werden, mit 2 l in 1 bis 2 Auszügen, auf deren Verarbeitung wir verzichten. Mit diesen oder noch etwas mehr Auszügen lassen sich, wenn man Rohchlorophyll für die Isolierung der reinen Komponenten verarbeitet, zugleich die gelben Pigmente und farblose Beimischungen beseitigen.

Vor dem Versuche sind der 85- und 90 proz. Methylalkohol mit Petroläther, wovon sie 5,5 und 10 Proz. aufnehmen, gesättigt worden. Im Holzgeist etwa enthaltene Säure wird durch Zusatz von ein wenig Schlämmkreide abgestumpft. Durch ungefähr 14 Auszüge mit je 2 l 85 proz. Methylalkohol wird die Komponente *b* genügend extrahiert; das Chlorophyll dieser Auszüge wird nur auf die Komponente *b*, das im Petroläther zurückbleibende nur auf *a* verarbeitet.

Der erste Auszug wird nach der Abtrennung von der Petrolätherlösung durch Zusatz von 1 l Methylalkohol auf eine Konzentration von 90 Proz. gebracht, nun mit 1 l Petroläther gründlich gewaschen, sogleich in 2 l Äther eingetragen und mit viel Wasser entmischt.

Den zweiten Auszug vermischen wir gleichfalls mit 1 l Methylalkohol und schütteln ihn mit dem Waschpetroläther des ersten Auszugs unter Zusatz von einem weiteren $^1/_2$ l Petroläther durch. Dann wird die gereinigte *b*-Lösung in den ersten Ätherextrakt, dem noch 1 l Äther zugefügt wird, übergeführt. Diese großen Äthermengen sind erforderlich, weil der wässerige Holzgeist viel Äther fortnimmt und der beim Verdünnen ausgeschiedene Petroläther die Überführung aus Holzgeist in Äther erschwert. Jeder Waschpetroläther wird in einem Scheidetrichter mittels durchströmenden Wassers von Holzgeist rasch befreit, worauf der Farbstoff fein ausfällt.

Die Auszüge 3 und 4 werden ebenso gereinigt und verarbeitet; der Gehalt an *b* geht darin erheblich zurück.

Bei den üblichen Gemischen mit dem Komponentenverhältnis 2,5 bis

2,8 setzen wir dem sechsten methylalkoholischen Auszug vor dem Waschen mit Petroläther nur 900 ccm Holzgeist hinzu, dem siebenten 800, dem achten 700 und endlich dem vierzehnten nur noch 100 ccm.

Man reinigt sie paarweise mit demselben Liter Petroläther, der bei seiner zweiten Verwendung noch mit $^1/_2$ l ergänzt wird und führt sämtliche Auszüge in dieselbe Ätherlösung über, und zwar stets unter Zusatz von weiteren Äthermengen, anfangs von je 1 l, etwa vom zehnten Auszug an von je $^1/_2$ l.

Bei *b*-reichem Ausgangsmaterial wird noch der sechste oder siebente Auszug auf 90 Proz. Methylalkoholkonzentration gebracht und erst bei den späteren Ausschüttelungen der Zusatz von Holzgeist um je 100 ccm vermindert.

Der fünfzehnte und sechzehnte Auszug hat nur noch den Zweck, das Chlorophyll a von den letzten Anteilen der Komponente *b* zu befreien; diese Reinigung der Petrolätherschicht führen wir zu Ende, indem wir sie noch dreimal mit je 2 l 90 proz. Holzgeist ausschütteln. Aus diesen methylalkoholischen Waschflüssigkeiten führt man den Farbstoff in Petroläther über, er ist reich an *a* und wird als Nebenprodukt isoliert, ebenso wie das an *b* relativ reiche Chlorophyll der früheren Waschpetroläther.

Die nach dem Abtrennen von *b* grünblaue Lösung der Komponente *a* waschen wir mit Wasser, bis das Chlorophyll quantitativ ausgefallen ist, und nehmen dieses je nach seiner Beschaffenheit mit 30 bis 100 g Talk auf, um es auf der Nutsche durch eine Schicht von Talk unter schwachem Saugen zu filtrieren. Der Petroläther läuft dabei farblos ab. Die Talkschicht wird mit niedrig siedendem Petroläther nachgewaschen und bis zum Verschwinden des Petroläthergeruches abgesaugt. Dann zieht man den Farbstoff aus dem Talk durch Anschütteln in der Flasche mit möglichst wenig reinem Äther aus und filtriert die schön tiefblaue Lösung auf einer kleinen Nutsche ab. Das Filtrat ist durch wiederholtes Filtrieren von den mitgerissenen Talkpartikeln zu befreien. Endlich verdampfen wir den Äther beinahe ganz, spülen die konzentrierte Lösung in eine Schale und lassen den Äther im Vakuumexsiccator vollständig eintrocknen.

Die Komponente *b*, ausgeäthert aus den mit Petroläther gewaschenen methylalkoholischen Auszügen, befindet sich in der Äther-Petrolätherlösung. Wir befreien diese durch Waschen mit Wasser vom Holzgeist und dampfen nach dem Trocknen mit Natriumsulfat auf ungefähr $^1/_2$ l ein. Dabei steigt der Siedepunkt infolge der Anreicherung der schwerer flüchtigen Kohlenwasserstoffe auf 50—60°; deshalb dampfen wir weiter unter vermindertem Druck bei 40—50° bis auf etwa 30 oder 40 ccm ein und fällen dann die Hauptmenge des Chlorophylls *b* mit 300 ccm Petroläther vom Siedepunkt 30 bis 50°. Die Fällung wird sofort auf wenig Talk abfiltriert; die Mutterlauge enthält, wie die braune Phase erkennen läßt, vorwiegend *a*. Auch das ausgeschiedene Chlorophyll weist noch etwas von der Komponente *a* auf und muß deshalb noch einmal, beim Verarbeiten *a*-reichen Ausgangsmaterials sogar zwei- bis dreimal, aus Äther mit Petroläther umgefällt werden, wobei jedesmal etwas von leichtlöslichem *a* im Filtrat bleibt. Der Niederschlag wird daher mit leicht flüchtigem Petroläther nachgewaschen, trocken gesaugt und wieder mit Äther extrahiert, der auf 10 ccm eingedampft und mit 400 bis 500 ccm Petroläther gefällt wird.

Es ist eine Eigentümlichkeit der Komponente *b*, daß sie sich in viel besser filtrierbarer Form abscheidet als *a*; die ausgefällten Körnchen setzen sich rasch ab, man kann davon dekantieren und sie auf Hartfilter absaugen.

Die Ausbeute (aus 8 g vom Komponentenverhältnis 2,8) betrug z. B. 3,7 g Chlorophyll *a* und 1,15 g *b*, während 2,3 g Chlorophyllgemisch als Nebenprodukt zurückgewonnen wurde. Ein anderes, aus frischen Blättern gewonnenes Ausgangspräparat lieferte beispielsweise, gleichfalls aus 8 g, 4,0 g Komponente *a*, 1,2 g *b* und 1,5 g zurückgewonnenes Gemisch.

Da von den beiden Komponenten gegen Säurewirkung *a* empfindlicher, *b* beständiger ist, kommt es leichter vor, daß *a* einen etwas zu niedrigen Aschegehalt aufweist. Deshalb soll die Reinigung des Chlorophylls *a* von ein wenig beigemischtem Phäophytin (zugleich von Spuren *b*) noch angeführt werden.

Wir lösen das Präparat (zum Beispiel 4 g) in Äther und tragen es in methylalkoholhaltigen Petroläther (3 l) ein. Nun wird der Äther durch viermaliges Ausziehen mit 85- und 90 proz. Holzgeist beseitigt; etwas beigemischtes Chlorophyll *b* wird dabei mitentfernt. Dann scheidet sich beim Wegwaschen des Methylalkohols aus dem Petroläther das Chlorophyll *a* in reinerem Zustand wieder ab, während Phäophytin im Petroläther zurückbleibt.

Das Chlorophyll *a* ist ein blauschwarzes Pulver, das sich mit blaugrüner Farbe und tiefroter Fluorescenz in Alkohol spielend löst. Die Lösung in Äther ist bei größerer Konzentration geradezu blau und wird beim Verdünnen mehr und mehr grünstichig. Eine Beimischung von *b* verschiebt die Farbe der ätherischen Lösung mehr gegen Grün, eine Beimischung von Phäophytin macht die Lösung mißfarbig, olivstichig.

Das Chlorophyll *b*, ein dunkelgrünes Pulver, zeigt etwas geringere Löslichkeit als *a*, namentlich noch geringere Löslichkeit in Petroläther. Die Farbe der alkoholischen und ätherischen Lösung ist leuchtend grün, bräunlichrot fluorescierend. Eine kleine Beimischung von *a* läßt sich nicht wahrnehmen und ist nur bei der Spaltungsprobe nachzuweisen, eine geringe Beimischung des Phäophytins hingegen verrät sich dem geübten Auge durch einen braunolivstichigen Ton der Lösung.

Bei der Phasenprobe schlägt die Farbe der Komponente *a* in reines Gelb, von *b* in schönes Rot um; die ursprüngliche Farbe kehrt bei *b* erst in einigen Minuten zurück, viel langsamer als bei *a*.

Die Analysen der im Hochvakuum getrockneten Präparate (vergleiche die Aschenbestimmungen im V. Abschnitt) entsprechen den Formeln:

für Chlorophyll *a*: $C_{55}H_{72}O_5N_4Mg + {}^1/_2\ H_2O$ (Halbhydrat),

für Chlorophyll *b*: $C_{55}H_{70}O_6N_4Mg$.

II. Kolloide Lösungen von Chlorophyll.

Die Darstellung des kolloiden Chlorophylls erfolgt durch Kondensation aus molekularen Lösungen in indifferenten organischen Solvenzien bei der Fällung mit Wasser, die so rasch und so vorsichtig vorzunehmen ist, daß dabei eine grobdisperse Abscheidung vermieden wird.

Während bisher[1]) nur die kolloide Verteilung des Chlorophylls in Gemischen von Wasser mit organischen Lösungsmitteln in kleinem Maßstabe und in großer Verdünnung beschrieben wurde, ist es für die nachfolgenden Messungen der Kohlensäureabsorption erforderlich, kolloide Lösungen des Pigmentes in reinem Wasser darzustellen, und zwar Lösungen von einem halben Prozent Chlorophyllgehalt und noch darüber hinaus.

Versetzt man z. B. eine etwa einprozentige alkoholische Chlorophylllösung unter Umschütteln auf einmal mit dem mehrfachen Volumen Wasser, so bleibt die Flüssigkeit zwar klar, aber an Stelle der dunkelroten Fluorescenz der molekularen Lösung tritt blaugrüne Opalescenz, die für die kolloide Lösung charakteristisch ist; die Farbe in der Durchsicht ist gelblich geworden. Wird diese alkoholhaltige kolloide Lösung mit Äther überschichtet, so geht der Farbstoff beim Schütteln nur sehr langsam in den Äther über, und zwar nur infolge des Alkoholgehaltes der Flüssigkeit. Der Zusatz eines Elektrolyten, z. B. von Natriumchlorid bewirkt sofort die Überführung in Äther.

Für die Gewinnung der kolloiden Präparate ziehen wir die Lösung des Chlorophylls in Aceton[2]) gegenüber der alkoholischen vor, weil Aceton zum Unterschied von Alkohol keine Allomerisation[3]) des Chlorophylls bewirkt und da überdies Aceton leichter durch Abdestillieren im Vakuum bei mäßiger Temperatur aus der wässerigen Lösung vertrieben werden kann; der Farbstoff ist in Aceton spielend löslich.

Die Vorversuche ergaben, daß eine Lösung von hoher und für die Absorptionsversuche zweckmäßiger Konzentration am besten erhalten

---

[1]) R. Willstätter, Ann. d. Chem. **350**, 48, 69 [1906]; ferner unsere „Untersuchungen über Chlorophyll" S. 167.

[2]) Das Aceton (Sorte von Kahlbaum 56 bis 57°) ist durch Destillation unter Vermeidung von Kautschukverbindungen gereinigt worden; dabei verwarfen wir den ersten Anteil und das letzte Drittel, weil bei starkem Einengen saure Reaktion zu bemerken war. Aceton aus der Bisulfitverbindung (von Kahlbaum) war ohne nochmalige Destillation auch unbrauchbar, da es sich mitunter als alkalihaltig erwies.

Auch das Wasser für die Bereitung der Chlorophyllösung wurde sorgfältig wiederholt destilliert unter Verwendung von Geräten aus schwer schmelzbarem Jenaer Glase. Die Glasgefäße wurden vor dem Gebrauch für die kolloiden Lösungen mit verdünnter Salzsäure, destilliertem Wasser und Aceton gereinigt.

[3]) R. Willstätter und A. Stoll, Untersuchungen über Chlorophyll S. 147.

wird, wenn man die Acetonlösung auf einmal mit etwa dem dreieinhalbfachen Volumen Wasser von 30 bis 35 ° vermischt.

Um das Auftreten mikroskopischer Teilchen zu vermeiden, verarbeiten wir nicht mehr als 0,5 g Chlorophyll auf einmal. Die Substanz wird in Aceton (40 ccm) im Literbecherglase gelöst und zu dieser Flüssigkeit unter lebhaftem Umschwenken in einem Gusse, so rasch, wie es sich ausführen läßt, aus einem zweiten Becherglase 140 ccm ausgekochtes, schnell auf 30 ° abgekühltes Wasser hinzugefügt. So entsteht aus der blaugrünen Acetonlösung die mehr gelbstichige, nämlich reingrüne kolloide Lösung, die bei starker mikroskopischer Vergrößerung keine Partikelchen erkennen lassen darf. Drei solche separate Darstellungen werden von vereinzelt vorkommenden Flöckchen abfiltriert und in einem Kolben mit eingeschliffenem Helm[1]), dessen Abflußrohr einen Hahn mit weiter Bohrung trägt, im Vakuum der Wasserstrahlpumpe bei 30 bis 35 ° abgedampft. Statt einer Capillare führt der Helm ein bis nahe auf den Boden des Kolbens reichendes, mit Gummischlauch und Klemmschraube verschlossenes, weites Glasrohr. Dasselbe dient zum Nachfließenlassen von weiterem Wasser, damit man das Aceton aus der kolloiden Lösung völlig verjagen kann, und auch am Ende zur Überführung der entgasten Lösung aus dem Kolben in den Absorptionsapparat unter Vermeidung von Luftzutritt. Bei der angegebenen Destillationstemperatur lassen sich in zweieinhalb Stunden, wenn man die Vorlage mit Eis-Kochsalz-Mischung kühlt, alles Aceton und etwa 400 ccm Wasser abdampfen, wovon die Hälfte erst im Verlaufe der Operation zugefügt werden mußte. Die auf ungefähr 250 ccm eingeengte kolloide Lösung von 1,5 g Chlorophyll wurde im entgasten Zustand, indem man sie evakuiert hielt, im Thermostaten auf die für die vorzunehmende Messung erforderliche Temperatur gebracht und zur Bestimmung der Kohlensäureabsorption verwendet.

In physiologischen Versuchen der siebenten Abhandlung haben wir kolloide Lösungen von viel größerer Verdünnung angewandt, in der das Chlorophyll Gefahr läuft, durch hydrolytische Spaltung merklich Magne-

[1]) R. Willstätter und A. Stoll, Untersuchungen über Chlorophyll S. 310.

sium zu verlieren. Im letzten Abschnitt der vorliegenden Abhandlung wird jedoch gezeigt, wie Zusätze schützender Stoffe, z. B. geringe Mengen Magnesiumcarbonat, die hydrolytische Zersetzung des kolloiden Chlorophylls hintanhalten. Die Nutzanwendung dieser Beobachtung haben wir bei der Darstellung sehr verdünnter kolloider Lösungen in der siebenten Arbeit (Abschnitt VI) gemacht. Auch in den Lösungen, an denen im folgenden die spektroskopischen Messungen angestellt werden, hat man das Chlorophyll durch Zusatz von Magnesiumcarbonat vor hydrolytischer Zersetzung vollkommen geschützt.

Beschreibung. Die kolloide Chlorophyllösung läuft mit derselben Geschwindigkeit wie reines Wasser und ohne Rückstand durch gehärtete Filter. Es ist ein Hauptmerkmal des kolloiden Chlorophylls, daß es von Äther nicht aufgenommen wird, während sonst die Mischbarkeit mit Äther in jedem Verhältnis für Chlorophyll charakteristisch ist. So gab die vom organischen Solvens befreite kolloide Lösung bei halbstündigem lebhaftem Schütteln mit Äther auch nicht eine Spur des Farbstoffes an diesen ab. Das Verhalten des kolloiden Chlorophylls gegen Benzol und Schwefelkohlenstoff ist das gleiche. Die Einwirkung von sehr geringen Mengen eines Elektrolyten genügt, um das Pigment auszufällen oder es in eines jener organischen Lösungsmittel überzuführen.

Auch durch Salzsäure, wenn man z. B. die Flüssigkeit auf einen Gehalt von 0,5 Proz. Chlorwasserstoff bringt, wird Chlorophyll aus der kolloiden Lösung ausgeflockt, und zwar so rasch, daß es trotz der außerordentlichen Empfindlichkeit des Magnesiumkomplexes gegen die Säure doch nur einen sehr kleinen Verlust von Magnesium erleidet. Bei geringem Chlorwasserstoffgehalt, wenn die kolloide Lösung z. B. weniger als 0,01 proz. salzsauer ist, wird der Farbstoff noch nicht abgeschieden, aber allmählich zersetzt; dabei wird die anfangs rein grüne, verdünnte Lösung zunächst gelbgrün, dann oliv und schließlich braun, bleibt aber kolloidal. Nach dem Beginn des Farbumschlages läßt sich durch Soda die ursprüngliche Farbe nicht wieder herstellen. Wenn die Salzsäure zunächst ein Additionsprodukt mit dem Chlorophyll gebildet hat, so ist unter diesen Bedingungen, wobei immer noch ein Multiplum von Chlorwasserstoff vorhanden war, die Zersetzung der Magnesiumverbindung unmittelbar darauf gefolgt.

Kohlensäure reicht weder zur Ausflockung hin wie die gewöhnlichen Elektrolyte, da die Konzentration des als Hydrat existierenden Anteils zu gering ist, noch genügt sie bei niederer Temperatur für eine ähnliche Zersetzung wie die von der Mineralsäure bewirkte. In der bei 0° mit Kohlendioxyd gesättigten kolloiden Lösung der beständigeren Chlorophyllkomponente *b* entsteht dabei keine grobe Dispersion; allmählich beginnt eine kleine Zahl von grünen Partikeln auszufallen, die wahrscheinlich aus der Verbindung des Chlorophylls mit Kohlensäure bestehen; beim Überführen in Äther ist diese Substanz noch grün, also magnesiumhaltig.

Die Allomerisation des Chlorophylls, die in alkoholischer Lösung so leicht erfolgt und nur durch kleinen Zusatz von Säure, zweckmäßig von Oxalsäure, verhütet werden kann, tritt nicht ein in der kolloiden Lösung. Es ist begreiflich, daß Kohlensäure hier eine Schutzwirkung ausübt; aber auch ohne Gegenwart von Kohlendioxyd liefern kolloide Lösungen bei der Überführung des Chlorophylls in Äther den Farbstoff unversehrt zurück. Er hat das Kennzeichen der braunen Phase bei Einwirkung methylalkoholischer Kalilauge behalten und wird von Alkalien und Säuren in die normalen Abbauprodukte übergeführt.

Zur Bestimmung des Chlorophyllgehaltes einer kolloiden Lösung verdünnt man eine abgemessene Probe (z. B. 1,00 ccm einer etwa 0,5 proz. Lösung) mit Alkohol (100 ccm) und vergleicht colorimetrisch mit einer alkoholischen Lösung von bekanntem Gehalt. Bei der Analyse sehr verdünnter kolloider Lösungen ist darauf zu achten, daß die Probe mit so viel Alkohol verdünnt wird, bis die grüne Opalescenz vollständig der roten Fluorescenz gewichen ist, d. h. bis alles Chlorophyll in molekularer Lösung vorliegt. Die Vergleichssubstanz muß sich zur Vermeidung von störenden Unterschieden der Farbnuancen in ebenso wasserhaltigem Medium gelöst befinden.

Das Chlorophyll *a* ist in ätherischer Lösung blaugrün, in Aceton bläulichgrün, in kolloider Lösung rein grün; die Farbkomponente *b* ist in Äther rein grün, in Aceton gelblichgrün, in der kolloiden Lösung gelbgrün, also noch mehr gelbstichig. Während die molekularen Lösungen der Komponente *a* dunkelrot, die von *b* bräunlichrot fluorescieren, besitzen die kolloiden Lösungen von *a* schön blaugrüne Opalescenz, gelbgrüne die von *b*.

Die Spektra der kolloiden Lösungen, die im folgenden beschrieben werden, sind zum Vergleiche mit den Spektren der molekularen Lösungen neben diesen in der beigehefteten Tafel abgebildet.

Zustand des Chlorophylls im lebenden Blatte.

Es ist aus vielen Untersuchungen bekannt, daß sämtliche Absorptionsstreifen im Spektrum des lebenden Blattes gegenüber dem Spektrum eines Chlorophyllextraktes nach der schwächer gebrochenen Seite hin verschoben sind. Nun haben sich die Spektren von Blättern und von kolloiden Chlorophyllösungen bei dem Vergleiche, den D. Iwanowski[1]), sowie A. Herlitzka[2]) vorgenommen haben, als recht ähnlich erwiesen. Daraus ist, wenn auch nicht auf die Identität, so doch auf die Ähnlichkeit des Zustandes von Chlorophyll im Blattgewebe und in der kolloiden Lösung geschlossen worden. Unsere Messungen zeigen nicht nur die Ähnlichkeit an, sondern sie sprechen entschieden für die Gleichheit des Zustandes in der kolloiden Lösung und in den Chloroplasten. Die Lage der Absorptionsstreifen ist im Spektrum der kolloiden Lösung des Chlorophyllgemisches die nämliche wie bei den Blättern verschiedener Pflanzen. Nur ist die Lichtabsorption der Blätter größer, zum Beispiel doppelt und vierfach im Vergleich zum Hydrosol von der nämlichen Flächenkonzentration, weil die Lichtstrahlen (vgl. die Ausführungen im IX. Abschnitt der zweiten Abhandlung) nicht einfach in gerader Richtung das aus optisch verschiedenen Medien zusammengesetzte Blattgewebe durchlaufen.

---

[1]) D. Iwanowski, Ber. d. deutsch. bot. Ges. **25**, 416 [1907] und Biochem. Zeitschr. **48**, 328 [1913]; s. auch D. Iwanowski, Ber. d. deutsch. bot. Ges. **32**, 433 [1914], ferner A. P. Ponomarew, Ber. d. deutsch. bot. Ges. **32**, 483 [1914]. Es ist nicht beabsichtigt und nicht möglich, an dieser Stelle die Literatur über den Zustand des Chlorophylls in den Chloroplasten vollständig anzuführen und zu erörtern.

[2]) A. Herlitzka, Biochem. Zeitschr. **38**, 321 [1912].

Absorptionsspektrum der Chlorophyllhydrosole. Es war bisher nicht gelungen, das Spektrum der kolloiden Lösung zu messen, ohne daß das Chlorophyll durch hydrolytische Spaltung bei der erforderlichen großen Verdünnung und durch Photooxydation bei der intensiven Belichtung litt. Durch Zusatz von Magnesiumcarbonat verhüten wir die Abspaltung des Magnesiums. Zum Schutz gegen die Zersetzung im Lichte wird vor die Absorptionscuvette eine strömende Wasserschicht von 4 cm Dicke behufs Absorption der Wärmestrahlen geschaltet. Auch lassen wir die frisch bereitete, entgaste und gekühlte Chlorophyllösung in langsamem Strom aus dem höherstehenden Vorratskolben durch den Absorptionstrog fließen. Nach der Überführung des vor dem Spektroskop belichteten Pigmentes in Äther bestätigte die colorimetrische Analyse, daß selbst bei der empfindlicheren Komponente *a* unter diesen Umständen weder Phäophytinbildung noch Oxydation erfolgt war.

Für die Messung wurden 50 mg Farbstoff in 25 ccm Aceton gelöst und auf einmal mit viel Wasser (200 ccm) versetzt, das 5 mg Magnesiumcarbonat enthielt. Die Flüssigkeit wurde durch Einengen im Vakuum von Aceton befreit und auf ein Volumen von 250 ccm gebracht; sie war entgast und blieb bis zur Messung gekühlt im Vakuum stehen.

Als Lichtquelle diente eine Nernstlampe, da Gasglühlicht und Metallfadenlampe an roten Strahlen zu arm sind für die Abgrenzung des Hauptabsorptionsbandes. Das Licht der Lampe (Modell für Projektionszwecke, 95 Volt, 0,5 Amp.) wurde mit einer in 11 cm Entfernung aufgestellten Kondensorlinse (8 cm Brennweite und 6 cm Öffnung) gesammelt, so daß das scharfe Bild des Leuchtstäbchens auf den 0,1 mm breiten Spalt des Zeißschen Gitterspektroskops fiel. Die Absorptionscuvette oder die Blätter befanden sich unmittelbar vor dem Spalt.

In den nachstehenden Tabellen (87 bis 90) sind die Messungen der Absorptionsspektra von Blättern und Hydrosolen verzeichnet, indem der Grad der Absorption in folgenden sechs Abstufungen ausgedrückt wird: — dunkel, — — ziemlich dunkel, . . . mäßige Absorption, . . schwache Absorption, . sehr wenig geschwächt, | schwacher Schatten.

Die Absorptionsbänder werden übereinstimmend mit der bekannten

Tabelle 87.

Absorptionsspektra von Blättern.

Blätter	Ein Holunderblatt (mit 4,6 mg Chlorophyll in 1 qdm)	Zwei Holunderblätter	Ein Tulpenblatt
Band I	696..691 — 664...645	702 — 643...	704..699 — 644..
„ II	632 . 615	633 — — 614.	633...615.
„ III	595 · 575	597...574..571.	598 .. 572
„ IV	553 ❘ 535	556..529 — —	556.528 — —
„ V			
„ VI	523.512...	519 —	519 —
„ VII	505 —		
Endabsorption			

Tabelle 88.

Absorptionsspektrum der kolloiden Lösung von Chlorophyll ($a + b$)

(0,15 g Chlorophyll a + 0,05 g Chlorophyll b in 1 l Wasser).

Schicht in mm	2,5 (= Flächenkonzentration normal grüner Blätter)	5	10	40
Band I	692..686—666..651	710..700—660..650	728..720—650...645	746 —
„ II	—	634 . 619	..637...622.611	568 — —
„ III	—	595 · 576	596..576	562...
„ IV	—	552 ❘ 536	553 ❘ 534	
„ V	—			
„ VI	503.468..	508.491...	512.507...	526 — —
„ VII	452 —	458 —	500 —	521 —
Endabsorption				

Tabelle 89.

Absorptionsspektrum der kolloiden Lösung von Chlorophyll a.

(0,20 g Chlorophyll a in 1 l Wasser).

Schicht in mm	2,5 (= Flächenkonzentration normal grüner Blätter)	5	10	40
Band I	691..686—664..659	718..711—659..654	735..730—659..	750 —
„ II	—	636 . 619	638...622.611	
„ III	—	595 · 575	595..576.570	568 — — 561..
„ IV	—	552 ❘ 538	554.531	555...529.
„ V	—	—		
„ VI	466...	473...	510.476 — —	519...
„ VII	451 —	460 —	469 —	502 —
Endabsorption				

Tabelle 90.
Absorptionsspektrum der kolloiden Lösung von Chlorophyll *b*.
(0,20 g Chlorophyll *b* in 1 l Wasser).

Schicht in mm	2,5 (= Flächenkonzentration normalgrüner Blätter	5	10	40
Band I	688.683...657.650	695..686 — 651..645	712..700 —	730 —
„ II				
„ III	—	—	644..639	
„ IV	—	612 | 596	.595	
„ V	—	—	—	555 ——
„ VI	—	—	—	
„ VII	—	—		
„ VIII	505..490 — 460 ——	511..	524..	533 —
„ IX	450 — 430..	501 —	513 —	
Endabsorption	408 —			

Beschreibung des Chlorophyllspektrums numeriert, die sich auf ätherische Lösungen des Farbstoffes bezieht[1]).

Die Tafel veranschaulicht den Vergleich der Spektra von Chlorophyll im Blatte und in isolierter Form, nämlich in den kolloiden und den wahren Lösungen.

Die Verschiebung der Absorptionsstreifen der kolloiden Lösungen gegenüber den molekularen nach Rot hin (vgl. die Tafel) zeigt am deutlichsten das Hauptabsorptionsband im roten Teil des Spektrums. Die Achse dieses Absorptionsstreifens im Blatte und beim Gemisch der Chlorophyllkomponenten ($a : b = 3 : 1$) oder bei reinem Chlorophyll *a* als Hydrosol wird bei $\lambda = 675$ bis $677\ \mu\mu$ gefunden, während das entsprechende Band im Spektrum der ätherischen Lösung von Chlorophyll *a* bei $\lambda = 662\ \mu\mu$ liegt. Bei der Komponente *b* ist die aus den Bändern I + II bestehende Hauptabsorption von $\lambda = 652\ \mu\mu$ des gewöhnlichen Spektrums verschoben nach $\lambda = 669\ \mu\mu$ beim Hydrosol.

Während die wahren Lösungen der Farbstoffe die Absorption in zahlreiche (bei Chlorophyll *b* sind es zehn) scharf begrenzte Bänder aufgelöst zeigen, treten bei den Hydrosolen fast nur die Grenzen der Hauptabsorptionen in Rot und Violett stark hervor. Die übrigen Bänder sind geschwächt und so diffus, daß z. B. bei Chlorophyll *b* von den Absorptions-

[1]) R. Willstätter und A. Stoll, Untersuchungen über Chlorophyll, S. 170.

730 700 B C 600 D E 500 F G 400

Spektrum eines Holunderblattes mit 4,6 mg Chlorophyll in 1 qdm

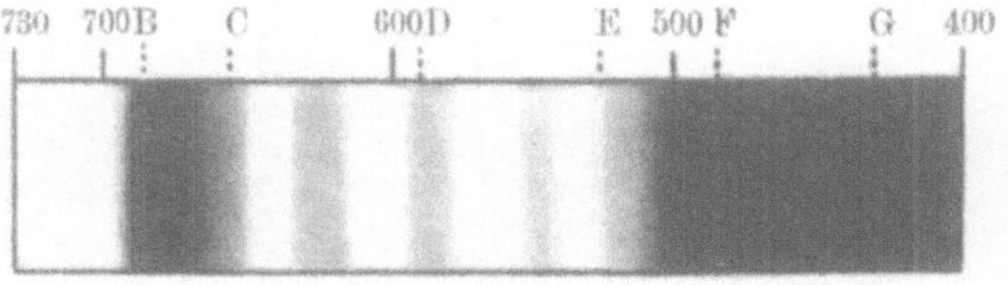

730 700 B C 600 D E 500 F G 400

Spektrum von kolloidem Chlorophyll ($a : b = 3 : 1$) (5 mm-Schicht einer Lösung von 0,20 g in 1 l Wasser)

730 700 B C 600 D E 500 F G 400

Chlorophyll *a*

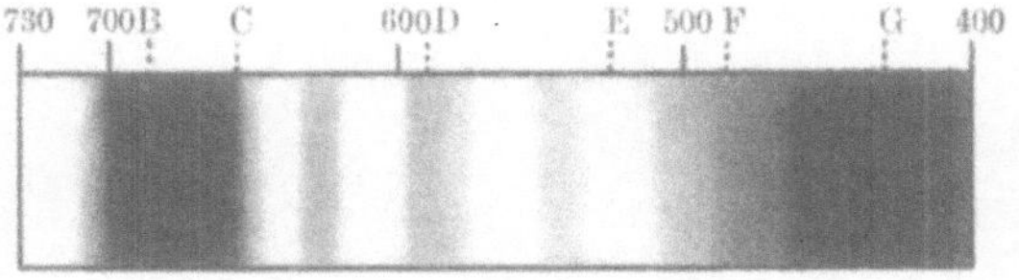

Spektra der kolloiden Chlorophyllkomponenten (5 mm-Schicht einer Lösung von 0,20 g in 1 l Wasser)

730 700 B C 600 D E 500 F G 400

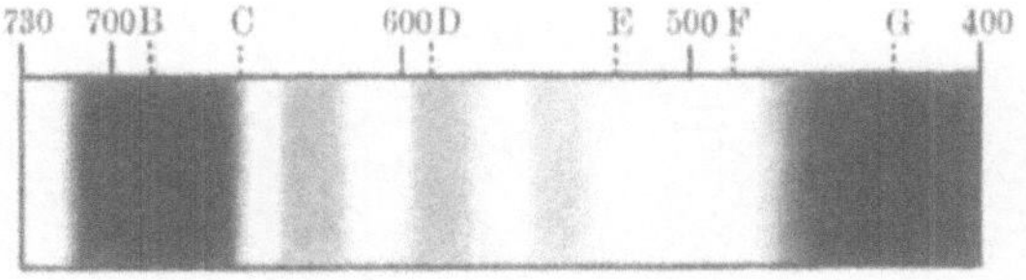

Chlorophyll *b*

730 700 B C 600 D E 500 F G 400

Chlorophyll *a*

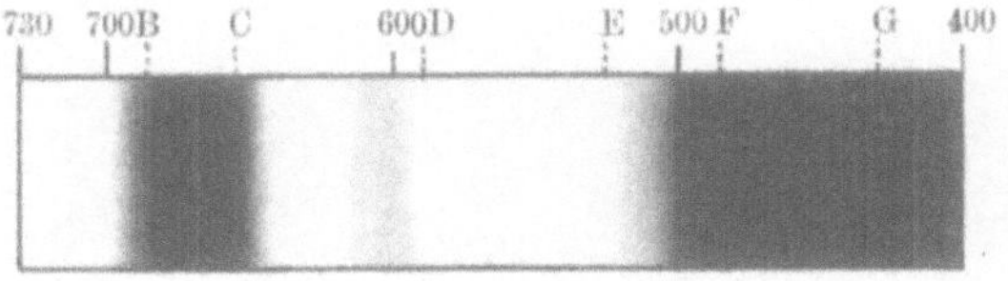

Spektra der molekular gelösten Chlorophyllkomponenten (20 mm-Schicht einer Lösung von 0,043 g in 1 l Aether

730 700 B C 600 D E 500 F G 400

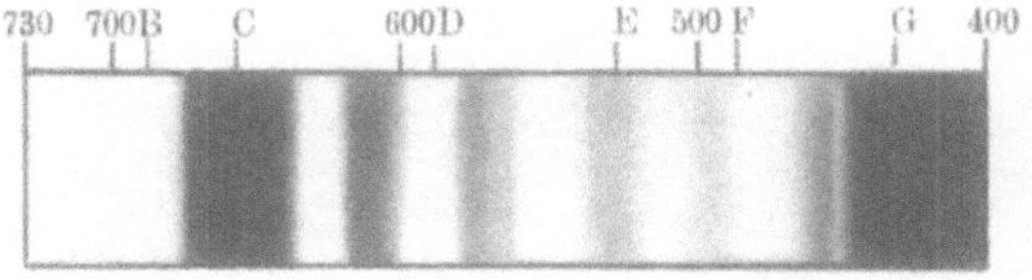

Chlorophyll *b*

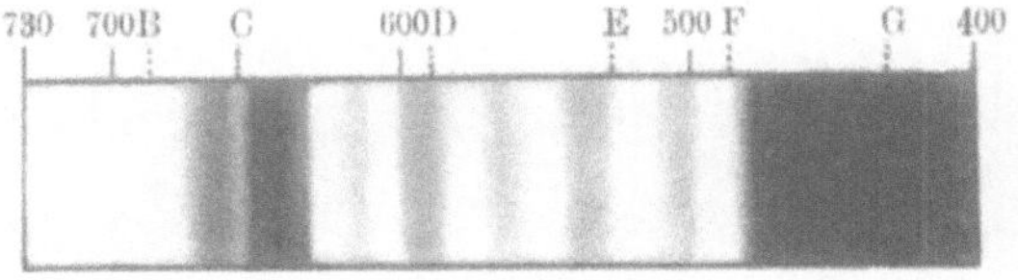

Spektrum des Chlorophylls

im Blatte, in kolloider und in molekularer Lösung

streifen III bis VII allein IV sich von der Umgebung abhebt und auch nur als ein schwacher Schatten. Auch die im Spektrum von Chlorophyll *a* beobachtete Auflösung der Absorption im Blau bis Violett in einzelne Streifen läßt sich beim Hydrosol nicht erkennen; bei der kolloiden Lösung der Komponente *b* konnten zwei nur sehr unscharf voneinander getrennte Bänder zwischen den Fraunhoferschen Linien F und G bestimmt werden.

Das Spektrum des Blattes stimmt auch in dieser unscharfen Gliederung der Absorption genau mit dem von kolloiden Lösungen der reinen Pigmente überein.

Die Überlagerung des Spektrums von Chlorophyll *b*, dessen Hauptabsorption im Rot im Vergleich zur Komponente *a* etwas gegen Orange verschoben ist und dessen Absorption im Blau und Violett mehr gegen Grün vorrückt als bei *a*, verwischt noch mehr die Abgrenzung der Bänder im Spektrum sowohl des Blattes wie des isolierten Gemisches der beiden Chlorophylle. Wenn auch der verhältnismäßig geringe Anteil der Komponente *b* im natürlichen Chlorophyllgemisch die Absorption erweitert und die Lichtausnützung erhöht, so ist doch das Blatt in seinem Spektrum sehr ähnlich dem Hydrosol von reinem Chlorophyll *a*. Die besonders weit von Violett gegen Grün bis über $\lambda = 500\ \mu\mu$ hereinrückende Hauptabsorption des Blattes ist durch die Anwesenheit der Carotinoide in den Chloroplasten bedingt.

In dickeren Schichten wird auch von den kolloiden Lösungen nur noch rotes Licht transmittiert. Bei Chlorophyll *b* genügt schon eine Schicht von 40 mm der angegebenen Konzentration, um das grüne Licht bis auf einen schmalen Schimmer bei ungefähr $\lambda = 540\ \mu\mu$ zu absorbieren, während das rote Licht von 730 $\mu\mu$ an hell durchleuchtet.

Verhalten der Blätter gegen Lösungsmittel. Außer den spektroskopischen Beobachtungen betrachten wir[1]) das Verhalten des Chlorophylls in den Blättern gegen organische Lösungsmittel in seiner Übereinstimmung mit den Erscheinungen an der kolloiden Lösung als beweisend für den kolloiden Zustand des Pigmentes in den Chloroplasten.

[1]) R. Willstätter und A. Stoll, Untersuchungen über Chlorophyll, S. 58ff.

Das Chlorophyll wird trotz seiner großen Löslichkeit in den üblichen Solvenzien aus dem Pulver getrockneter Blätter nur langsam von absolutem Alkohol extrahiert, sehr träge von Äther, Chloroform und Aceton, endlich von Benzol und Petroläther gar nicht. Während z. B. das trockene Pulver von Brennesselblättern während etwa einer halben Stunde Aceton nicht anfärbt, entsteht bei Gegenwart von etwas Wasser sogleich ein intensiv grüner Extrakt; das Verhalten gegen absoluten Alkohol ist ähnlich, der Unterschied beim Zusatz von Wasser hier aber kleiner. Äther wird von trockenem Blattmehl nicht angefärbt, er bleibt fünf Minuten lang frei von Chlorophyll; befeuchtet man aber das Pulver mit ein paar Tröpfchen Wasser, so färbt sich der Äther sofort stark grün an. Das zugesetzte Wasser löst aus der Blattsubstanz Mineralsalze wie z. B. Kaliumnitrat; die entstehende Salzlösung verändert den kolloiden Zustand des Chlorophylls in den Chloroplasten und macht es leicht löslich. Dieser Umstand ist von großer praktischer Bedeutung für die Isolierung von Farbstoffen aus getrockneten Blättern, die wir mit wasserhaltigen Lösungsmitteln ausführen.

Der Zustand des Chlorophylls in den Blättern wird in eigentümlicher Weise durch Abbrühen derselben beeinflußt; danach wird das Chlorophyll leichter extrahiert.

Während das normale Blattgewebe die Chloroplasten längs der Zellwände in scharf begrenzten, meist elliptischen Formen schön angeordnet enthält, zeigen die Blätter nach kurzer Einwirkung von siedendem Wasser die Chloroplasten stark deformiert oder geplatzt, so daß dann ihre etwas körnigen Massen ineinanderfließen und die Zellen diffus erfüllen. Das Zerfließen tritt fast augenblicklich ein. Die Blätter färben sich beim Eintauchen in siedendes Wasser in wenigen Sekunden tief grün, was am schönsten bei Braunalgen[1]) zu sehen ist.

Spektroskopisch erweist sich diese Farbänderung der Blätter als eine Verschiebung der Absorptionsstreifen gegen das violette Ende hin; ihre Lage nähert sich etwas der beim Spektrum eines Chlorophyllauszuges

---

[1]) R. Willstätter und H. J. Page, Über die Pigmente der Braunalgen, Ann. d. Chem. **404**, 237 [1914].

beobachteten und ist wenig verschieden von der Lage der Streifen, die eine Lösung von Chlorophyllgemisch in Phytol aufweist.

Das Chlorophyll ist aus seinem kolloiden Zustand in die Form einer wirklichen Lösung übergegangen, nämlich gelöst in seinen infolge der Temperaturerhöhung verflüssigten wachsartigen Begleitstoffen. Es ist leichtlöslich geworden, sogar Benzol extrahiert aus dem Mehl von abgebrühten Blättern den Farbstoff leicht.

Beim Abbrühen der Blätter geht das Chlorophyll in einem stark brechenden Medium in Lösung. Es gelingt auch innerhalb des Blattgewebes, eine Chlorophyllösung mit denselben Solvenzien, wie sie für die Extraktion verwendet werden, zu erzeugen. Wir legen ein Blatt z. B. von Brennesseln in Aceton, bis es gleichmäßig tiefgrün erscheint und noch kein Chlorophyll aus den Zellen austritt; die spektroskopische Messung ergibt dann Werte, die nach Lage und Intensität der Bänder mit denen des Extraktspektrums zusammenfallen.

Die folgende Tabelle 91 verzeichnet die spektroskopischen Beobachtungen, in denen das Blatt in frischem Zustand und nach der Änderung der Dispersität seines Pigmentes verglichen wird.

Tabelle 91.

Absorptionsspektren des Blattfarbstoffes in verschiedenen Dispersitäten und Medien.

Medium und Dispersität	Lebendes Blatt (Kolloides Chlorophyll)	Abgebrühtes Blatt (Molar gelöstes Chlorophyll)	Lösung von Chlorophyll in Phytol	Mit Aceton behandeltes Blatt
Band I	693 — 663	686 — 657	685 — 654	680 — 640.
„ II	..643	..645	...641	625...601
„ III	625 | 611	623 | 608	625..603	
„ IV	592.569	590.569	590..570	588..564
„ V	551.535	550 | 535	548.532	548.526
„ VI	520...505 —	519...505 —	512 | 486	514...502 —
Endabsorption			...480 —	

Dieser Vergleich erklärt zur Genüge den Zustand des Chlorophylls in dem mit heißem Wasser oder mit Lösungsmitteln behandelten und lebhafter grün gewordenen Blatte.

Gemische von Lecithin und Chlorophyll. Man hat öfters die Frage behandelt, ob das Chlorophyll in den Chloroplasten mit einer farblosen Grundmasse, namentlich mit Lecithin, verbunden oder vermischt sei. Um für die Einwirkung der Kohlensäure das Chlorophyll in einer dem natürlichen Zustand möglichst ähnlichen Verteilung anzuwenden, haben wir den Einfluß verschiedener Beimischungen auf das kolloide Chlorophyll geprüft. Wenn man bei der Bereitung der kolloiden Lösung schützende Stoffe beimischt, z. B. Traubenzucker oder ein Schutzkolloid wie eine Spur von arabischem Gummi anwendet, so wird die Haltbarkeit des kolloiden Chlorophylls erhöht und die Gewinnung einer sehr konzentrierten, prachtvoll grünen Lösung erleichtert. Ähnlich wirkt Lecithin.

Wir lösten z. B. 0,1 g Chlorophyll und 0,5 g Lecithin in 30 ccm Äther und verdampften ihn in einer mit Watte in dünner Schicht ausgelegten Schale mit Hilfe eines warmen Luftstromes rasch und vollständig. Beim Übergießen mit Wasser quoll das Lecithin auf und ein Teil davon ging kolloidal in Lösung, indem es zugleich das Chlorophyll mit prächtig grüner Farbe aufnahm. Größere Partikel, die unter dem Mikroskop wahrnehmbar waren, erschienen in Form und Farbe den Chloroplasten ähnlich. Makroskopisch war die Flüssigkeit einer Aufschwemmung von Chloroplasten ähnlich und sie war beim Verdünnen durchsichtig grün; sie opalisierte und besaß zugleich deutliche rote Fluorescenz. An Äther gab die Lecithinsuspension Chlorophyll nur schwer ab. Es hätte scheinen können, daß der Zustand des Chlorophylls in den Blättern nachgeahmt sei, aber das Spektrum war mit dem des Blattes nicht übereinstimmend, sondern entsprach der Lösung von Chlorophyll in Phytol oder dem abgebrühten Blatte.

	Band I und II.
Chlorophyll in kolloidem Lecithin	682—658 . . . 645
Chlorophyll in Phytol	685—654 . . . 641
Chlorophyll im abgebrühten Blatt	686—657 . . . 645

Daraus ging hervor, daß das Chlorophyll in einer gewöhnlichen, molekularen Lösung im Lecithin enthalten war. Anders war das Ergebnis, wenn man das bereits für sich kolloid gelöste Chlorophyll mit Lecithin als Begleitkolloid vermischte. Wir fügten überdies lösliche Stärke hinzu und erreichten durch die Wirkung der beiden Begleitstoffe einen solchen Schutz der Kolloidteilchen des Chlorophylls, daß auch der Zusatz eines

Elektrolyten ohne Veränderung ertragen wurde. Nun hatte das Kolloidgemisch[1]) das Spektrum der gewöhnlichen kolloiden Chlorophyllösung, glich also darin dem Blatte:

Band I mit II 689 — 661 · · 648.

Zum Unterschied von diesem bleibt die Flüssigkeit aber auch beim Kochen unverändert. Es kann daher Lecithin (und Stärke) nicht oder nicht allein der Begleitstoff sein, der im Blatte beim Erwärmen das Pigment in molekulare Lösung überführt.

Die in diesem Abschnitt angeführten Beobachtungen führen zu dem Ergebnis, daß die kolloide Lösung im Wasser diejenige Form des Chlorophylls darstellt, die der Anordnung des Pigmentes im Assimilationsapparat am nächsten kommt. Wir sind daher berechtigt, aus dem Verhalten der kolloiden Lösung gegen Kohlensäure Schlußfolgerungen auf das Verhalten des Chlorophylls im lebenden Blatte zu ziehen.

Verhalten der Chlorophyllösungen gegen Luft und stärkeres Kohlendioxyd.

Das Verhalten von Chlorophyll in molekularer Lösung gegen Kohlensäureanhydrid und in kolloider Lösung gegen Kohlensäure ist grundverschieden. Es ist bemerkenswert, daß auch die Lösung in 80 proz. Alkohol sich gleich einer wasserfreien Lösung verhält.

Chlorophyll *a* behandelten wir in absolutem Alkohol mit einem Strom von reinem trockenem Kohlendioxyd im Dunkeln; die Lösung blieb unverändert grün, etwas leuchtender in der Farbe als eine ohne Kohlensäure aufgestellte Vergleichsprobe. Auch nach mehreren Tagen war das Chlorophyll in der Farbe noch unversehrt, nur war es allomerisiert. Die quantitative Bestimmung der Löslichkeit von Kohlendioxyd in alkoholischen Chlorophyllösungen im VI. Abschnitt wird zeigen, daß das Kohlendioxyd

---

[1]) 0,1 g Lecithin wurde in 2 ccm Äther gelöst, dann mit 2 ccm Aceton versetzt und hierauf mit 20 ccm Wasser, in dem 0,05 g Stärke gelöst waren. Mit dieser kolloiden Flüssigkeit versetzte man eine Lösung von 0,1 g Chlorophyll in 4 ccm Aceton, fügte noch 20 ccm Wasser hinzu und verjagte die organischen Solvenzien durch Eindampfen auf 30 ccm im Vakuum bei 30°.

mit dem Chlorophyll unter solchen Bedingungen überhaupt nicht zu reagieren vermag.

Auch in 80 proz. Alkohol bleibt bei tagelanger Einwirkung der Magnesiumkomplex intakt.

Ebensowenig reagiert das Chlorophyll in Äther oder anderen indifferenten Lösungsmitteln mit Kohlendioxyd.

Die kolloide Lösung des Chlorophylls wird hingegen bei gewöhnlicher Temperatur beim Einleiten von unverdünntem Kohlendioxyd schon nach einer halben Stunde etwas olivstichig, weiterhin olivgrün, und sie ist nach einigen Stunden unter Abscheidung von Flocken braun. Die Kohlensäure hat also schon zum beträchtlichen Teil dem Chlorophyll das Magnesium entzogen und es in Phäophytin verwandelt.

Kohlendioxyd von 20 Vol.-Proz. wirkt ähnlich, nur langsamer, entsprechend der geringeren Konzentration. Das Gasgemisch wurde aus einer Stahlflasche durch eine mit Kupfersulfat beschickte Gaswaschflasche in die schön kolloide Lösung der Komponente *a* eingeleitet. Schon nach zwei Stunden war diese etwas gelbstichig, der Farbumschlag war nach vier Stunden deutlich. Nach zwei Tagen war mehr als die Hälfte des Chlorophylls zersetzt, aber keine Ausflockung eingetreten.

Ein Strom von 5 proz. Kohlendioxyd, das von unbelichteten wie belichteten Blättern ohne Schaden ertragen wird, bewirkt in der kolloiden Lösung gleichfalls die Zersetzung, so daß das Pigment in vier Tagen etwa die Hälfte des Magnesiums verlor.

Selbst das 0,03 proz. Kohlendioxyd der atmosphärischen Luft wirkt, allerdings langsam, auf das kolloid gelöste Chlorophyll ein. Um die Erscheinung quantitativ zu verfolgen, leiteten wir im Dunkelzimmer 80 Tage lang gewöhnliche Luft durch einen Teil der kolloiden Lösung, zugleich kohlensäurefreie durch eine zweite Probe, während wir einen dritten Anteil derselben Lösung völlig entgast in einem Kolben aufbewahrten. Für den Versuch diente das reinste Präparat von Chlorophyll ($a + b$), das als Nebenprodukt erhalten war bei der Fraktionierung des Chlorophylls in die Komponenten, die zugleich für den ungetrennt zurückgewonnenen Anteil eine wirksame Reinigung (von beigemischtem

Phäophytin und von Carotinoiden) bedeutete. Die kolloide Lösung von 2 g Substanz wurde nach der Entgasung für die Parallelversuche in drei Kolben übergeführt.

Wir stellten für solche Zwecke eine besondere Pipette her, um die entgaste Flüssigkeit ohne Berührung mit Luft umzufüllen. Die Pipette (75 ccm) besitzt die untere Marke unmittelbar unter dem Bauche und unter derselben noch eine Erweiterung von etwa 25 ccm Inhalt und einen Hahn zwischen dieser und dem Abflußende. Man setzt die Pipette in den Gummischlauch des Helmkolbens ein, öffnet ihren Hahn und evakuiert. Dann läßt man durch den Abflußhahn des noch immer luftleeren Helmkolbens etwas Luft eintreten und öffnet die Klemmschraube des Verbindungsschlauches. Nachdem die Flüssigkeit die Pipette bis zur oberen Marke gefüllt hat, setzt man diese mit geschlossenem Hahn in ein T-Rohr ein, das mit dem verengten Halse des für die Aufbewahrung der Lösung dienenden Kolbens luftdicht verbunden ist. Mittels des T-Stückes wird der Kolben evakuiert. Beim Füllen aus der Pipette bleibt der Teil der Lösung, der mit der Luft in Berührung steht, in der unteren Erweiterung der Pipette zurück. Durch Saugen und gelindes Erwärmen wird die kolloide Lösung kurze Zeit zum Sieden gebracht, ehe man den Kolben zuschmilzt.

Für die Einwirkung der kohlensäurehaltigen Luft dienten 0,8 g Chlorophyll in 150 ccm Lösung, für die Kontrollversuche je die halbe Menge. Dementsprechend ordneten wir den doppelten Strom kohlensäurehaltiger Luft an wie kohlensäurefreier. Eine mit langem Abflußrohr versehene schwach gehende Wasserstrahlpumpe erzeugte geringen Unterdruck in einem 4-l-Saugkolben, der zum Druckausgleich und zugleich als Sicherheitsflasche diente. Die Saugflasche war mit dem Kolben, worin sich die kolloide Lösung befand, durch eine Bohrung des Stopfens verbunden, während durch eine zweite das außen verengte, bis an den Boden reichende Einleitungsrohr die Luft zuführte. Um Zurücksteigen der Chlorophylllösung in die Waschflasche zu verhüten, war die Röhre über dem Stopfen zu einer großen Kugel erweitert; andererseits stellten wir die Chlorophylllösung zum Schutze gegen eine in der monatelangen Versuchsdauer mögliche Störung in der Wasserstrahlpumpe höher auf als diese. Die Luft durchwanderte einen mit Glaswolle und Kupfersulfatlösung beschickten Waschapparat, im Parallelversuch mit kohlensäurefreier Luft außerdem eine Absorptionsflasche mit konzentrierter Kalilauge. Wir regulierten den Strom der kohlensäurehaltigen Luft so, daß 4 l in der Stunde durchströmten.

Während des Versuches nahm nur die mit kohlensäurehaltiger Luft behandelte kolloide Lösung olivgrüne Farbe an, ohne daß indessen Ausflockung eintrat.

Die drei Proben sind so aufgearbeitet worden, daß wir in je einer Hälfte der kolloiden Lösung die gebundene Kohlensäure, in der anderen Hälfte den Aschegehalt des Farbstoffes nach Überführung in Äther ermittelten.

Aschebestimmung. Das Pigment wurde aus der kolloiden Lösung unter Zusatz von Kochsalz in ätherische Lösung gebracht. Wir dampften diese auf etwa 2 ccm ein und fällten sie mit 50 ccm leichtflüchtigem Petroläther; die letzten Anteile vom Äther verdrängte man durch abermaliges Abdampfen der Flüssigkeit und erneutes Versetzen mit 50 ccm Petroläther. Nach dem Stehen im Eisschrank enthielt die über dem abgeschiedenen blauschwarzen Pulver stehende Flüssigkeit höchstens ein paar Milligramm Chlorophyll gelöst. Das Präparat ist auf gehärtetem Filter abgesaugt und zuerst im Exsiccator, dann im Hochvakuum über P_2O_5 zur Konstanz getrocknet und verascht worden.

Die Asche des unter Luftabschluß aufbewahrten Präparates war durch hydrolytische Abspaltung von Magnesium etwas herabgemindert.

1. Asche des Chlorophylls aus dem geschlossenen Kolben.

0,06505 g Substanz gaben 0,00266 g Asche, entsprechend 2,47 Proz. Mg.

2. Versuch mit kohlensäurehaltiger Luft.

0,26790 g Substanz gaben 0,00980 g Asche, entsprechend 2,20 Proz. Mg.
0,05896 g Substanz gaben 0,00214 g Asche, entsprechend 2,19 Proz. Mg.

Die Erniedrigung des Magnesiumgehaltes vom theoretischen Werte 2,70 Prozent auf den gefundenen Wert von im Mittel 2,20 Proz. entspricht der Zersetzung von ungefähr 19 Proz. des angewandten Chlorophylls.

Bestimmung der gebundenen Kohlensäure. Die mit kohlensäurehaltiger Luft gesättigte Lösung wurde $^3/_4$ Stunden lang mit einem Strom reiner Luft von gelöstem Kohlendioxyd befreit. Dann ließen wir durch das Gaseinleitungsrohr 10 ccm doppelt normaler Schwefelsäure einfließen, wodurch gebildetes Magnesiumcarbonat und Chlorophyll zersetzt wurde. Das entbundene Kohlendioxyd verdrängten wir in $2^1/_2$ Stunden bei einer Temperatur von 35 bis 40° der Flüssigkeit mit 10 l durchströmender Luft und absorbierten es im Natronkalkrohr. Nach weiterer zweitägiger Einwirkung von Schwefelsäure fanden wir bei nochmaligem Durchleiten von Luft kein Kohlendioxyd mehr (beobachtet 0,0 mg im Natronkalkrohr).

1. Kontrollversuch im geschlossenen Kolben. Aus der Lösung von 0,2 g Chlorophyll wurden 0,03 mg CO_2 ausgetrieben.

2. Kontrollversuch mit kohlensäurefreier Luft. Aus der Lösung von 0,2 g Chlorophyll wurden 0,3 mg CO_2 ausgetrieben.

3. Versuch mit kohlensäurehaltiger Luft. Aus der Hälfte der Lösung (0,4 g Chlorophyll) wurden 4,6 mg CO_2 ausgetrieben. Demgemäß trafen nach Korrektur für das CO_2 der Parallelversuche auf die angewandten 0,8 g Chlorophyll 8,0 mg CO_2. Unter der Annahme, daß das CO_2 in der Form des basischen Carbonates $Mg(OH)_2 \cdot (MgCO_3)_4$ vorlag, waren 10,0 mg CO_2 in das Chlorophyll eingetreten.

Demnach waren 25 Proz. des Chlorophylls durch Kohlensäure zersetzt.

III. Bestimmung der Aufnahme und Entbindung von Kohlendioxyd.

Die Löslichkeit von Gasen in Flüssigkeiten kann auf zwei Arten einfach bestimmt werden. Entweder ermittelt man mit einer Bürette, deren Gasraum mit einer bekannten Menge der Flüssigkeit in Verbindung steht, das Volumen des bis zur Sättigung aufgenommenen Gases oder man entbindet aus der gesättigten Lösung das Gas durch Minderung des Partialdruckes und bestimmt es durch Wägung in Absorptionsapparaten, wenn es chemisch reaktionsfähig ist. Werden die beiden Methoden nacheinander auf eine und dieselbe Lösung angewandt, so kontrollieren sie sich. Sie ergeben übereinstimmende Werte, wenn das Gas in der Flüssigkeit entweder gelöst oder in leicht dissoziabler Verbindung vorhanden war. Ein Fehlbetrag bei der Bestimmung durch Entbindung gegenüber der Absorption zeigt an, daß von dem Gase verbraucht worden ist, indem es entweder mit der Flüssigkeit oder mit einem darin enthaltenen Stoffe eine unter den Versuchsbedingungen nicht dissoziierende Verbindung eingegangen ist.

In unserem Falle der Versuche mit Kohlendioxyd kann ein Carbonat gebildet werden. Dann wird durch chemische Zersetzung, durch Zusatz von Mineralsäure, das nicht dissoziable Kohlendioxyd nach der Entbindungsmethode bestimmt, nachdem zuvor das gelöste und das in dissoziabler Verbindung vorhandene Kohlendioxyd durch Partialdruckminderung, sei es durch Evakuieren oder mit einem kohlensäurefreien Gasstrom entfernt worden ist.

Eine der beiden Methoden allein genügt für eine Löslichkeitsbestimmung, also auch für die Bestimmung, ob durch einen gelösten Stoff die Löslichkeit eines Gases im Lösungsmittel positiv oder negativ beeinflußt wird. Beide Wege zugleich, nämlich die Differenz zwischen absorbiertem und entbundenem Gase sind erforderlich, wenn auf die Natur einer von dem Gase gebildeten chemischen Verbindung geschlossen werden soll, die unter den Versuchsbedingungen beständig ist.

Findet man in einer kolloiden Lösung die Löslichkeit eines Gases durch Bestimmung der Absorption erhöht im Vergleich mit dem reinen Lösungsmittel und wird einfach durch Verminderung des Partialdruckes das gesamte Gas entbunden, so ist die Differenz zwischen dem absorbierten Gase und dem im reinen Lösungsmittel löslichen auf die Bildung einer leicht dissoziierenden Verbindung mit dem Kolloide zurückzuführen.

Bei der kolloiden Chlorophyllösung erstreckt sich die Methode auf die Erhöhung der Löslichkeit von Kohlendioxyd in Wasser durch den Zusatz des kolloiden Chlorophylls, auf die Dissoziation eines Kohlensäureadditionsproduktes von Chlorophyll und auf eine nicht umkehrbare Zersetzung des Chlorophylls unter Bildung von Magnesiumcarbonat und Bicarbonat.

Absorptionsmethode.

Apparat. Für die gasvolumetrische Bestimmung der Absorption folgten wir mit einem Apparate, der in Fig. 15 abgebildet ist, im wesentlichen der Versuchsanordnung von W. Ostwald, die in der Arbeit von G. Just[1]) über „Die Löslichkeit von Gasen in organischen Lösungsmitteln" angegeben worden ist und später noch einige Vervollkommnungen erfahren hat. Eine einfache Gasbürette (B) mit Dreiweghahn (H_1) ist durch eine Stahlcapillare (K) mit einem Absorptionsgefäß (A) verbunden, worin die Flüssigkeit bei konstanter Temperatur mit dem Gase geschüttelt wird. Die Gasbürette steht zusammen mit einem Manometerrohr (Mr) von gleichem Durchmesser in einem weiten Glaszylinder (G), der zur Verhütung von raschen Temperaturschwankungen mit Wasser gefüllt ist. Der Meßbereich des Apparates wird nach einer Arbeit von G. Geffcken[2]), welche die Löslichkeitsbeeinflussung der Gase durch Elektrolyte behandelt, bedeutend erhöht durch Anwendung der von O. Bleier[3]) vorgeschlagenen Gasmeßröhren mit Reserveräumen (R). Mit dem graduierten engen Bürettenrohr steht eine Anzahl kugeliger Erweiterungen von genau bekanntem Inhalt in Verbindung, welche die Anwendung eines viel größeren Gasquantums ermöglichen. Mit dem Apparate von Geffcken ist auch eine in anderem Zusammenhang zu beachtende Untersuchung von A. Findlay und H. J. M. Creighton[4]) ausgeführt, die den Einfluß von Kolloiden und feinen Suspensionen auf die Löslichkeit von Gasen in Wasser betrifft. Die Autoren verlängern und graduieren die Manometerröhre (Mr), um die Messung auch bei erhöhtem Drucke vorzunehmen.

Nach der Versuchsanordnung der angeführten Arbeiten herrscht in dem Absorptionsgefäß und in der Gasbürette ungleiche Temperatur, die

---

[1]) G. Just, Zeitschr. f. physikal. Chem. **37**, 342 [1901].

[2]) G. Geffcken, Zeitschr. f. physikal. Chem. **49**, 255 [1904].

[3]) O. Bleier, Ber. d. deutsch. chem. Ges. **30**, 2758 [1897].

[4]) A. Findlay und H. J. M. Creighton, Journ. of the Chem. Soc. **97**, 536 [1910].

übrigens auch während des Versuchs nicht konstant bleibt. Dadurch wird die Berechnung der Absorption kompliziert, und die Verschiedenheit der Temperaturen bedingt Fehler bei der Berücksichtigung der Dampftension eines Lösungsmittels.

Wir ziehen es deshalb vor, Temperaturgleichheit im Absorptionsgefäß und der Gasbürette herzustellen. Aus dem Thermostaten (*T*) von 100 l Wasserraum, worin das Absorptionsgefäß geschüttelt wird, schicken wir mit einer für diesen Zweck konstruierten kleinen Zentrifugalpumpe (Fig. 14 und *Z* in Fig. 15) einen raschen Strom Wasser (7 l in der Minute) durch den die Bürette umgebenden Glasmantel und lassen das Wasser in den Thermostaten zurückfließen; die Verbindungsleitungen sind zweckmäßig mit Asbestpapier gut isoliert. Die Temperaturdifferenz zwischen der Gasbürette und dem Thermostaten war bedeutungslos; sie betrug selbst in den Versuchen bei 0° nur 0,05°.

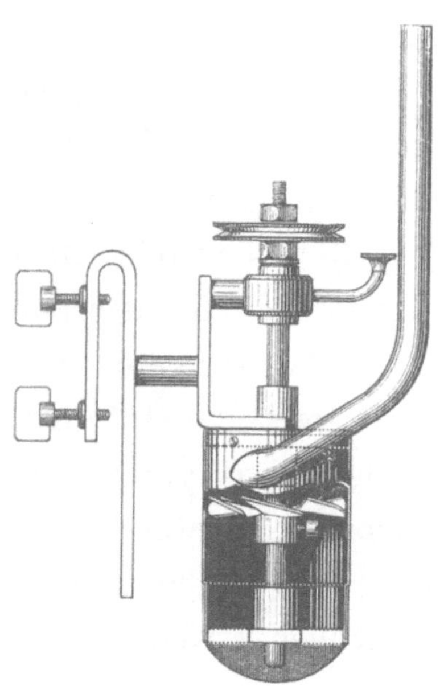

Fig. 14. Zentrifugalpumpe. (1/3 nat. Größe.)

Den Thermostaten, der mit Asbestpappe gegen äußere Temperatureinflüsse etwas geschützt war, stellten wir auf 0° ein, indem wir in einer immer 15 cm hohen Schicht von fein gemahlenem Eis durch ein Rührwerk (*Rw*) Wasser in lebhafter Strömung hielten; es war nötig, bei Versuchsbeginn etwa 50 g Kochsalz zuzufügen, um trotz der Erwärmung von außen genau die Schmelztemperatur des Eises zu erreichen und bei langdauernden Versuchen das im Überlauf abfließende Kochsalz zu ersetzen. Die Einstellung auf 15° (mit Schwankungen von weniger als $\pm 0{,}1°$) geschah unter Anwendung eines Thermoregulators (*Tr*) durch Heizung mit einem Mikrobrenner (*M*) und gleichzeitiges Kühlen mit einem langsamen Strom kalten Wassers von konstanter Temperatur.

In bezug auf die Trocknung des Gases verfuhren wir anders als Geffcken, der vor der Anwendung das Gas trocknet, am Ende des Versuchs

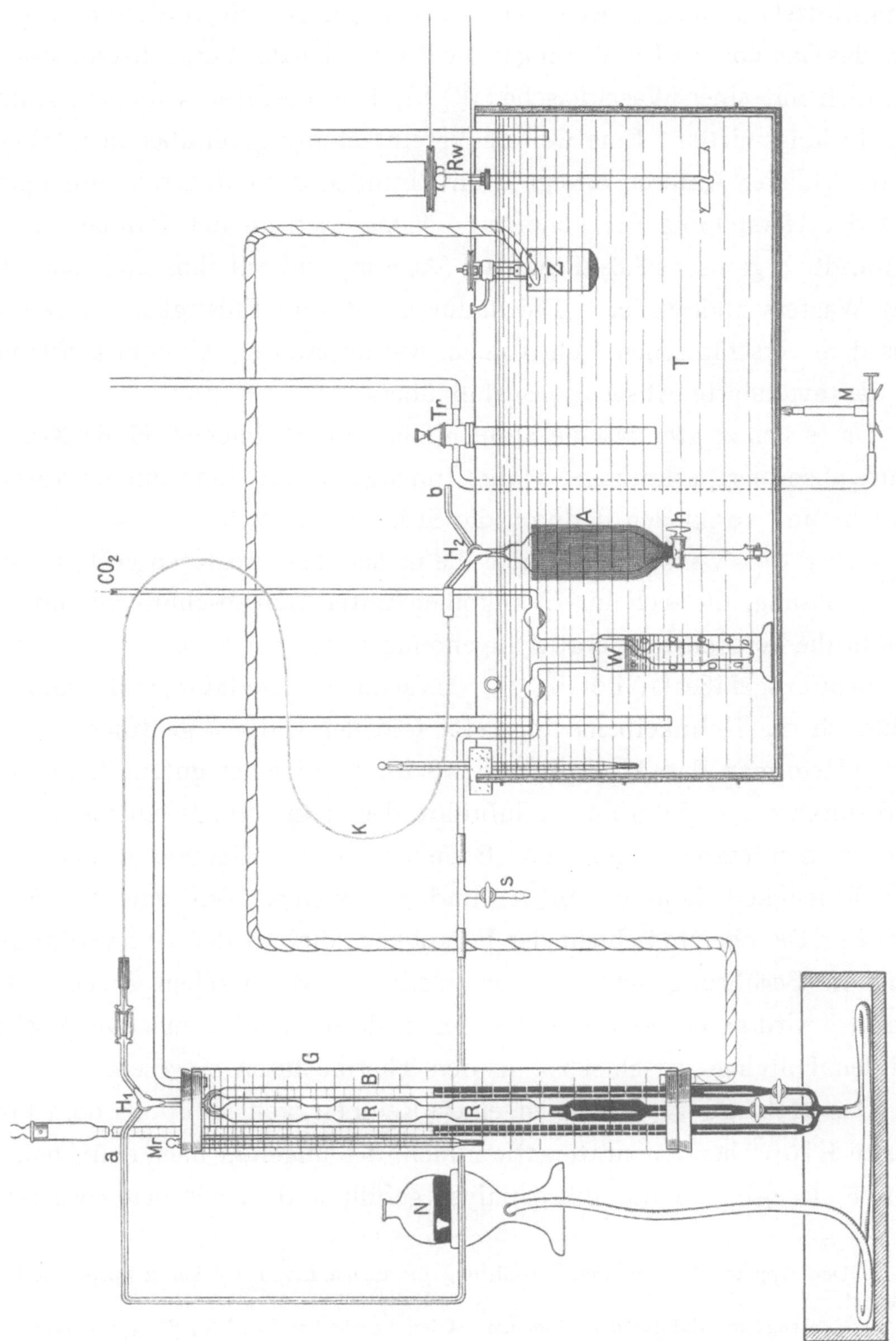

Fig. 15. Apparat zur Bestimmung der Kohlensäureabsorption von Flüssigkeiten.

aber den Gasrest in der Bürette als gesättigt mit dem Dampfe des Lösungsmittels annimmt, was nicht ganz sicher ist. Statt dessen sättigen wir das Gas vor der Einführung in die Bürette bei der Versuchstemperatur, nämlich mit einer Waschflasche (*W*) im Thermostaten, mit dem Dampf des Lösungsmittels. Eine weitere Vereinfachung gegenüber der Arbeitsweise früherer Autoren erfolgt beim Einfüllen der entgasten Flüssigkeit. Bei der Herstellung der kolloiden Lösung wird an der Pumpe das angewandte organische Lösungsmittel (Aceton) und mit ihm ein großer Teil des Wassers abdestilliert. Die dadurch entgaste Flüssigkeit führen wir aus dem verschlossenen Helmkolben, wie im zweiten Abschnitt erwähnt, in das evakuierte Absorptionsgefäß über.

Da es sich zeigte, daß die Stahlcapillare in erheblichem Maße Kohlensäure absorbiert, schützten wir ihre Innenwand mit einer dünnen Vaselinschicht und vermieden dadurch die Störung gänzlich.

Gang der Versuche. Hatte die in den Thermostaten gestellte kolloide Lösung, die sich im Helmkolben unter Luftabschluß befand, ungefähr die Versuchstemperatur angenommen, so wurde das Abflußrohr des Absorptionsgefäßes[1]) (*A* in Fig. 15), das etwa 204 ccm faßte, in den Gummischlauch des Helmkolbens eingesetzt und der Hahn *h* geöffnet. Darauf evakuierte man das Absorptionsgefäß bei *b* mit einer guten Pumpe und ließ durch einen Hahn am Abflußrohre des Helmkolbens ein klein wenig Luft in den letzteren eintreten. Beim Öffnen der Klemmschraube steigt die Flüssigkeit langsam in *A*, und ein kleiner Teil darf bei *b* abfließen. Die oberste Schicht der Flüssigkeit, die mit der sehr verdünnten Luft in Berührung getreten war, bleibt im Helmkolben zurück. Der Hahn *h* wird geschlossen und das Gefäß, dessen Abfluß mit einem schützenden Hütchen versehen ist, in den Thermostaten eingesetzt.

Das Kohlendioxyd wird in einer Reinheit von mehr als 99,9 Proz. einem Kippschen Apparate entnommen, der ungefähr nach den Angaben von F. Pregl[2]) für die Mikroanalyse gefüllt und inzwischen vorbereitet

---

[1]) Den Apparat hat in guter Ausführung die Firma Dr. H. Göckel & Co. in Berlin N geliefert.

[2]) F. Pregl in Abderhaldens Biochem. Arbeitsmethoden Band V, S. 1333 [1911].

worden ist. Die mittlere Kugel hat man mit Marmorstücken möglichst voll gefüllt; durch Ansteigenlassen der Säure in den Marmor hinauf und rasches Schließen des Hahnes wurde die Salzsäure möglichst vollständig in die oberste Kugel gehoben und dort durch das Kohlendioxyd einzeln hereingeworfener Marmorstücke gänzlich von Luft befreit; während dieses Vorganges vermischte man wiederholt die Säure im unteren Raume des Apparates mit dem Inhalt der oberen Kugel. Den raschen Gasstrom beim Entlüften des Entwicklers läßt man durch eine seitliche Abzweigung (*s*) zwischen Apparat und Waschflasche austreten.

Nachdem die Flüssigkeit im Absorptionsgefäße die Thermostatentemperatur angenommen hat, was man am Stillstand des Meniskus in der Capillare *b* erkennt, wird die Gaswaschflasche (*W*) mit der Bürette bei *a* verbunden und durch geeignetes Drehen der Dreiweghähne H_1 und H_2 Kohlendioxyd durch die Stahlcapillare geleitet. Durch Umstellen des Hahnes H_1 und so langsames Senken des Niveaugefäßes (*N*), daß in der Zuleitung immer Überdruck herrscht, läßt man in die Bürette Gas einströmen, das nur zum Spülen des Raumes dient und alsbald durch die Capillare wieder hinausgedrückt wird. Nun besorgen wir die Füllung der Bürette mit Kohlendioxyd, und zwar in so mäßigem Strom, daß die Waschflasche für die Reinigung und Sättigung mit Wasserdampf hinreicht. Darauf stellt man im graduierten Bürettenrohr, sowie im Reserveraum auf die untersten Teilstriche ein, läßt durch die Capillare das überschüssige Gas entweichen und verbindet das Absorptionsgefäß durch Drehen des Hahnes H_2 mit dem Gasraum, der in unserem Apparate 126 ccm faßt. Durch langsames Ansteigenlassen des Quecksilbers im graduierten Bürettenrohr und danach im Reserverohr werden unter geringem Überdruck genau 100 ccm aus dem Absorptionsgefäß in einen Meßkolben von Thermostatentemperatur abgefüllt. Unter leichtem Umschwenken der Flüssigkeit wird das gesamte Kohlendioxyd der Bürette bis zu ihrer oberen Marke bei gleichem Stand des Quecksilbers im Manometerrohr absorbiert, die Bürette wieder mit der Gaszuleitung verbunden und der Hahn H_2 geschlossen. Dann füllt man die vier Kugeln des Reserverohres (100,00 ccm) zum zweitenmal mit Gas, stellt auf die untere

Marke ein und gleicht bei geeigneter Hahnstellung durch die Capillare den Druck aus. Nach erneuter Verbindung des Absorptionsgefäßes mit der Bürette sättigt man unter kräftigem Schütteln die Flüssigkeit mit dem Gase. Bei einer Versuchstemperatur von 15° genügte für Wasser oder kolloide Chlorophyllösung das einmalige Nachfüllen des Reserveraumes. Im Versuche bei 0° waren von den Reservekugeln drei noch ein drittes Mal mit Kohlendioxyd zu füllen. Bei annähernder Sättigung des Lösungsmittels wird das Quecksilber in der Reserveröhre auf die oberste Marke eingestellt und im Manometerrohre unter Benützung eines einfachen Visierspiegels auf der Höhe der Kuppe im graduierten Bürettenrohre gehalten. Der Hahn H_2 bleibt während des Schüttelns von nun an immer geschlossen, um Zurücksteigen von Flüssigkeit in die Capillare, was die Ablesung stark beeinflussen würde, zu vermeiden.

Bei jeder Abmessung des einzuführenden Gases und Ablesung des Restes beobachtete man den Barometerstand (auf 0,1 mm genau) mit Berücksichtigung der Temperatur. Vor und nach den Versuchen prüften wir die Apparatur mit einem Überdrucke von etwa 300 mm Quecksilber auf ihre Dichtigkeit. Die erste Ablesung der Absorption konnte gewöhnlich eine Viertelstunde nach der ersten Bürettenfüllung erfolgen. Die zweite Ablesung, die nach einer weiteren Viertelstunde geschah, ergab bei reinem Wasser in der Regel keine Zunahme mehr.

Berechnung. Der gefundene Absorptionskoeffizient von Kohlendioxyd für Wasser stimmt mit den Angaben der Literatur überein.

	a (gefunden)				a (nach Bohr und Bock[1])
0°	1,718	1,719	1,719	1,719	1,713
15°	1,017	1,017	1,018	1,018	1,019

Bei den folgenden Messungen war nicht die Erhöhung des Absorptionskoeffizienten durch das kolloide Chlorophyll von Interesse, sondern es hat sich darum gehandelt, das Gewicht des aufgenommenen Kohlendioxyds zu bestimmen und mit der Menge des angewandten Chlorophylls in Beziehung zu setzen.

Bedeutet G das gesuchte Gewicht des absorbierten Gasvolumens V,

[1]) Landolt und Börnstein, 4. Aufl., S. 599.

g das unter atmosphärischem Druck bestimmte Gewicht von 1 ccm CO_2 bei 0° und 760 mm Partialdruck, b_0 den Teildruck des Kohlendioxyds im Versuche (unter Berücksichtigung der Dampftension des Lösungsmittels und Reduktion der Quecksilbersäule auf 0°), und ist t die Versuchstemperatur, so gilt:

$$G = \frac{V \cdot b_0 \cdot g}{760\,(1 + a\,t)},$$

worin $\frac{g}{760 \cdot (1 + a\,t)}$ für eine gegebene Temperatur konstant ist. Für 0° vereinfacht sich die Formel:

$$G = \frac{V \cdot b_0 \cdot g}{760}.$$

Für g wird die von Lord Rayleigh bei atmosphärischem Druck bestimmte Zahl 1,9769 mg entsprechend dem Molekulargewicht von $CO_2 = 44{,}268$ eingesetzt.

Bei Veränderung des Barometerstandes im Laufe eines Versuches nehmen wir die Korrektur in folgender Weise vor. War V' das gesamte anfangs verwendete Gasvolumen (die Bürettenfüllungen mitsamt dem Kapillarraum) unter dem Partialdruck der Kohlensäure b_0', so würde dasselbe unter dem geänderten Druck b_0 betragen: $\frac{V' \cdot b_0'}{b_0}$. Die Korrektur am abgelesenen Volumen des absorbierten Gases, die bei sinkendem Barometerstand positiv wird, beträgt dann $V'\left(1 - \frac{b_0'}{b_0}\right)$.

Methode für die Entgasung.

Entbindung der Kohlensäure aus Wasser. Die mit Kohlendioxyd gesättigte Flüssigkeit wird möglichst rasch unter Vermeidung von Temperaturerhöhung in einen Kolben übergeführt, in welchem man sie durch einen Strom kohlensäurefreier Luft entgast; die Kohlensäure wird absorbiert und gewogen.

Für die Versuche bei 0° umgaben wir das Absorptionsgefäß (A der Figur 15) mit einem rings etwa 1 cm abstehenden Korbe aus Kupferdrahtnetz, der, vor dem Herausheben aus dem Thermostaten mit Eisstückchen gefüllt, die Flüssigkeit vor Erwärmung schützte.

Der Entgasungskolben von 150 ccm Inhalt trägt einen geschliffenen Helm mit einem abwärts gerichteten Rohre und mit einem senkrechten Tubus, durch den mit Gummidichtung eine Röhre bis auf den Boden des Kolbens eingeführt ist. Das Ablaufrohr des Helmes bogen wir U-förmig und erweiterten es an der tiefsten Stelle, um hier durch Eiskühlung, während der Kolben erwärmt wird, schon den größten Teil des Wasserdampfes zu kondensieren. Der daran angeschlossene Trockenapparat besteht aus einem U-Rohre mit vier kugeligen Erweiterungen (mit einer im absteigenden Teil, einer unten und zwei in dem aufsteigenden Schenkel) und einer horizontalen Dreikugelröhre und wird mit einem Glashahn abgeschlossen. Das U-Rohr wird mit konzentrierter Schwefelsäure, die Dreikugelröhre mit Phosphorpentoxyd beschickt; das Überspritzen von Schwefelsäure wird durch zwei voneinander abstehende Bäusche von Glaswolle verhindert. Chlorcalcium vermeiden wir, wie in der voranstehenden Abhandlung bemerkt, als Trocknungsmittel für Kohlensäure, da wir beobachtet haben, daß es etwas Kohlensäure bindet und an einen Luftstrom nur langsam verliert. Das Gas geht durch die Trockenvorrichtung in den Absorptionsapparat, der aus zwei engverbundenen U-Röhren besteht; die erste ist mit gewöhnlichem Natronkalk, die zweite zur Hälfte mit frisch geglühtem beschickt. Der letzte Schenkel enthält zwischen losen Glaswollstopfen eine 2 cm hohe Schicht Phosphorpentoxyd. Den Einfluß der Luftfeuchtigkeit auf das Gewicht des Natronkalkapparates bestimmen wir bei jeder Wägung an einem gleich großen Kontrollrohre und berücksichtigen ihn.

Die Luft für die Verdrängung des Kohlendioxyds entnehmen wir einer Druckluftleitung, bringen sie auf einen konstanten geringen Druck, regulieren den Strom mit einem Präzisionshahne und messen seine Geschwindigkeit mit einem Strömungsmanometer. Dann wird die Luft in zwei Waschflaschen mit konzentrierter Kalilauge und einem daran angeschlossenen Natronkalkrohre von Kohlendioxyd quantitativ befreit.

Den reinen Luftstrom leiteten wir zunächst durch das Einleitungsrohr des Helmkolbens in den Apparat, um diesen auszuspülen, und zwar eine Viertelstunde lang oder, wenn der Trockenapparat mit frischer Schwefelsäure beschickt wurde, eine halbe Stunde. Wenn wir darauf 3 bis 4 l Luft in einer Stunde durch die Apparatur schickten, so ergaben bei zahlreichen Bestimmungen die Natronkalkröhren keine Gewichtsänderung (Differenz 0,0 bis ± 0,1 mg).

Nachdem das gewogene Natronkalkrohr an den Trockenapparat angeschlossen ist, stellen wir im Dreiweghahn des Absorptionsgefäßes die Verbindung mit der Außenluft her und führen, ohne zu schütteln, die Ablaufspitze des Gefäßes in den Gummischlauch am Tubus des Helmkolbens ein, bis sie das Einleitungsrohr berührt. Während alle Hähne geöffnet sind, läßt man durch Drehen des Hahnes *h* am Absorptionsgefäß die Flüssigkeit möglichst rasch in den Entgasungskolben abfließen, bis sie die Bohrung von *h* erreicht hat. Die Temperatur der ablaufenden Lösung ändert sich nicht so rasch und die Oberfläche derselben im Absorptionsgefäße ist durch das darüberstehende Kohlendioxyd vor Luftzutritt geschützt. Hierauf wird sogleich die Verbindung der Einleitungsröhre mit dem reinen Luftstrom wiederhergestellt und es werden drei bis vier Liter Luft in der Stunde durch die Flüssigkeit geschickt.

Die in der Abflußcapillare stehende Flüssigkeit läßt man durch Neigen in das Absorptionsgefäß zurückfließen, da sie sonst durch die Entbindung von Kohlensäure infolge der Temperatursteigerung herausgedrückt würde. Die kleine Menge des nun im Absorptionsgefäß zurückbleibenden Wassers (ungefähr 0,6 ccm) wird bestimmt, indem man einen getrockneten Luftstrom durch das vorsichtig erwärmte Gefäß leitet und das verdampfende Wasser in einem Chlorcalciumapparat auffängt. Das in der so gewogenen Wassermenge gelöste Kohlendioxyd, das bis zu einigen Milligrammen beträgt, ist genau zu berechnen und zur Gewichtszunahme des Natronkalkrohres zu addieren.

Bei Versuchen mit reinem Wasser ist nach einstündigem Durchleiten bei gewöhnlicher Temperatur, beim Erwärmen auf 40° noch früher, die gesamte Kohlensäure in den Natronkalkapparat übergeführt. Eine zweite Natronkalkröhre zeigt bei fortgesetztem Durchleiten keine Gewichtszunahme mehr. Bei den Versuchen mit Chlorophyllösung dauert die Entbindung der Kohlensäure in allen Fällen länger.

Entbindung der Kohlensäure aus alkoholischer Lösung. Um die Kohlensäureverbindung des Chlorophylls soweit als möglich in unverändertes Chlorophyll und Kohlensäure zu zerlegen, versetzen wir die mit Kohlendioxyd bearbeitete kolloide Lösung mit viel absolutem Alkohol. Mit Rücksicht darauf war es erforderlich, das für die Entgasung der wässerigen Flüssigkeit angegebene Verfahren auch für eine Lösung von Kohlendioxyd in etwa 80 proz. Alkohol brauchbar zu gestalten.

Es ist vor allem zu vermeiden, daß viel Alkohol in die Schwefelsäure des Trockenapparates gelangt; sonst kommen Verunreinigungen in den Natronkalk, die ein Mehrgewicht verursachen. Wir verbinden deshalb das Ablaufrohr des Helmkolbens mit zwei hintereinander geschalteten kleinen Gaswaschflaschen, die je 1 bis 2 ccm Wasser enthalten und in einer Kältemischung von —15° bis —20° stehen. Der reichlich absorbierte Alkoholdampf bringt in der ersten Flasche das Eis zum Schmelzen, aber schon in die zweite Flasche gelangt nur noch wenig Alkohol. Endlich bekommt der Trockenapparat eine etwas größere Form, so daß er für die letzten Spuren Alkohol und Wasser hinreicht.

Den absoluten Alkohol destillierten wir frisch unter Vermeidung von Gummiverbindungen und entgasten ihn in einem 600 ccm-Helmkolben, indem von einem halben Liter etwa ein Fünftel im Vakuum abdestilliert wurde.

Um die Arbeitsweise dem Gang des Versuches mit Chlorophyll anzupassen, kühlten wir den Kolben auf 0° und ließen kohlensäurefreie Luft in ihn eintreten und in schwachem Strom durch den nun angeschlossenen Trocken- und Absorptionsapparat streichen. Die Überführung der kohlensäuregesättigten Lösung in den Alkohol und die Entgasung geschah wie bei Wasser allein, nur war wegen der größeren Menge Lösung und der größeren Löslichkeit von Kohlendioxyd in Alkohol längeres Durchleiten der reinen Luft nötig. Nachdem während zwei Stunden acht Liter Luft die Flüssigkeit anfangs bei 0°, später bei 40° durchströmt hatten, nahm eine zweite Natronkalkröhre noch um 1 mg bis zum Ende des Versuches zu. Die Entbindung der Kohlensäure wurde auch noch aus 80 proz. Alkohol durch Chlorophyll verzögert.

Übereinstimmung zwischen Aufnahme und Entbindung der Kohlensäure.

Für die Anwendung der Methoden auf die Chlorophyllhydrosole ist vorauszusetzen, daß die durch Absorption und Entbindung der Kohlensäure bei reinem Wasser nach dem geschilderten Verfahren gefundenen Werte übereinstimmen, wie es die Tabelle 92 wirklich zeigt.

Tabelle 92.

Versuche mit Wasser.

Vergleich des aufgenommenen und entbundenen Kohlendioxyds.

Temperatur	Partialdruck von CO_2 in mm Hg	ccm Wasser	Absorbiertes CO_2 gemessen in ccm	Absorbiertes CO_2 aus dem Volumen berechnet in g	Entbundenes und gewogenes CO_2 in g
15°	749,6	104,13	111,63[1])	0,2061	0,2061
15°	737,8	104,13	111,70	0,2030	0,2031
15°	735,5	104,13	111,72	0,2024	0,2023
15°	723,9	104,13	111,53[1])	0,1989	0,1988
0°	750,9	104,02	179,28	0,3502	0,3501

Es ist oben schon erwähnt worden, daß dieser Berechnung des Gewichtes der absorbierten Kohlensäure aus dem Volumen die von Lord Rayleigh bei atmosphärischem Drucke bestimmte Zahl 1,9769 (bei 0° und 760 mm Teildruck) zugrunde liegt. Wenn wir statt dessen das hier absorptiometrisch bestimmte Volumen Kohlensäure und ihr durch Dissoziation gefundenes Gewicht in Beziehung bringen, so ergibt sich für die Dichte des Kohlendioxyds unter atmosphärischem Druck aus dem Versuch mit Wasser von 0° die Zahl 1,9765. Für 15° wurden in vier Versuchen die Werte gefunden: 1,8719, 1,8730, 1,8711, 1,8714, welche bei Umrechnung mit $\alpha = 0{,}0037365$ für 0° ergeben 1,9768, 1,9779, 1,9760, 1,9762 und im Mittelwert 1,9767.

Die Übereinstimmung dieser Zahlen mit dem Werte von Lord Rayleigh bestätigt die Brauchbarkeit der Arbeitsweise für unsere Versuche mit Chlorophyll.

---

[1]) In diesen Versuchen enthielt infolge von Erschöpfung des Kippschen Apparates die Kohlensäure Spuren von Luft, der Absorptionskoefficient war daher um 0,1 bis 0,2 Proz. zu tief; auf die Übereinstimmung des absorbierten und entbundenen Kohlendioxyds ist dieser Fehler ohne Einfluß.

Tabelle 93.
Aufnahme und Entbindung unter Zusatz von Alkohol.

Temperatur	Partialdruck von CO_2 in mm Hg	ccm Wasser	Absorbiertes CO_2 gemessen in ccm	Absorbiertes CO_2 aus dem Volumen berechnet in g	Entbundenes und gewogenes CO_2 in g
0°	749,4	104,4	179,47	0,3498	0,3495
0°	749,2	104,5	179,68	0,3502	0,3499

Der Fehlbetrag des Kohlendioxyds bei diesen beiden Versuchen (Tabelle 93) beträgt also 0,3 mg. Auch unter den schwierigeren, von mehr Fehlerquellen abhängigen Bedingungen der Dissoziation unter Alkoholzusatz darf die Übereinstimmung zwischen dem aufgenommenen und entbundenen Kohlendioxyd als genügend betrachtet werden.

IV. Zersetzung des Chlorophylls durch Kohlensäure.

Die folgenden Versuche zeigen, daß Chlorophyll in der kolloiden Lösung durch reine oder verdünnte Kohlensäure unter Bildung von Phäophytin zersetzt wird, daß diese Zersetzung bei Chlorophyll *a* rascher erfolgt als bei der Komponente *b* und daß sie durch Erhöhung der Temperatur beschleunigt wird. Bei der Addition der Kohlensäure ändert sich die Farbe der Chlorophyllösung nicht, die Zersetzung wird durch Farbänderung kenntlich.

Die Mehrzahl dieser Versuche ist bei 15° ausgeführt; dabei finden sich schon Anzeichen für die primäre Bildung einer dissoziierenden Kohlensäureverbindung, aber erst die Versuche bei 0° im nächsten Abschnitt sind dafür beweisend. Bei der Beobachtung der Spaltung durch die absorbierte Kohlensäure wird die Erklärung der quantitativen Verhältnisse dadurch nur kompliziert, daß ein Teil der Kohlensäure in der Form des Additionsproduktes vorliegt. Wenn es sich nämlich um die reine Erscheinung der Phäophytinbildung handelt, so ist die Differenz zwischen dem von der kolloiden Chlorophyllösung und dem von reinem Wasser aufgenommenen Kohlendioxyd durch die Abspaltung des Magnesiums als $Mg(HCO_3)_2$ bedingt, welches bei der Entgasung in basisches Carbonat

$(MgCO_3)_4 \cdot Mg(OH)_2$ übergeht[1]). Der Quotient aus dem Betrage der Löslichkeitserhöhung und dem erst mit Mineralsäure entbundenen Kohlendioxyd ist dann $2^1/_2$. Wenn aber ein Teil der Kohlensäure in Form der Verbindung mit Chlorophyll vorliegt und diese erst bei der Entfernung der Kohlensäure in Phäophytin und Magnesiumcarbonat zerfällt, so sinkt der Quotient aus Magnesiumbicarbonat-Kohlensäure und Magnesiumcarbonat-Kohlensäure.

Es gibt noch einen anderen Umstand, der den Quotienten herabdrückt und sogar unter 1 erniedrigen kann. Während des Austreibens der Kohlensäure, das bei vielen Beispielen durch Erwärmen auf 35° beschleunigt worden ist, schreitet die Zersetzung des Chlorophylls weiter, so daß die am Ende an Magnesium gebundene Kohlensäure sogar mehr betragen kann als die Löslichkeitserhöhung durch das Chlorophyll.

Beispiele: 1. 0,422 g Chlorophyll *b* in 103,73 ccm Wasser, das für sich allein 111,20 ccm CO_2 aufnehmen würde, absorbierten bei 15° und 748,0 mm Teildruck in 24 Stunden 116,82 ccm = 0,2152 g. Die durch das Chlorophyll bedingte Löslichkeitserhöhung beträgt 5,62 ccm = 10,4 mg Nach der Entgasung wurden mit Säure entbunden 0,0094 g CO_2. Infolge Fortschreitens der Zersetzung während des Austreibens der Kohlensäure ist hier der Quotient: $\frac{CO_2 \text{ in Bicarbonat}}{CO_2 \text{ in basischem Carbonat}} = 1{,}1$.

2. Die Lösung von 0,521 g Chlorophyll *a* in 103,60 ccm Wasser, welche 111,10 ccm CO_2 absorbieren würden, nahm bei 15° und 754,3 mm Teildruck in 10 Minuten 113,80 ccm CO_2 auf = 0,2114 g; die Löslichkeit ist also um 5,0 mg erhöht. Bei der Entgasung sind 0,2044 g CO_2 abgegeben worden, 7,0 mg blieben an Magnesium gebunden. Der Quotient: $\frac{CO_2 \text{ in Bicarbonat}}{CO_2 \text{ in basischem Carbonat}}$ ist daher 0,7.

[1]) Nach F. P. Treadwell und M. Reuter (Zeitschr. f. anorg. Chem. **17**, 170 [1898]) existiert bei einem Partialdruck der Kohlensäure von Null in Lösung ein Gemisch von Magnesiumbicarbonat und Carbonat, welches bei 15° im Liter 1,9540 g Bicarbonat und 0,7156 g (a. a. O. S. 204) oder 0,6410 g (a. a. O. S. 202) Carbonat enthält. In dieser Untersuchung ist indessen nicht wirklich der Partialdruck Null der Kohlensäure hergestellt worden, sondern ein unbekannter und nicht unbeträchtlicher Partialdruck derselben.

Versuche.

1. Angewandt waren 0,50 g Chlorophyll *a* in grober Dispersion (bei 200 facher Vergrößerung eben erkennbare Partikel) in 103,65 ccm Wasser. Bei 15° erfolgte während 47 Stunden eine Absorption, welche die in reinem Wasser um 11,9 ccm (umgerechnet auf 0° und 760 mm) übertraf und die Zersetzung des halben Chlorophylls unter Bicarbonatbildung anzeigte. Die Flüssigkeit sowie die daraus erhaltene ätherische Lösung war braun. Die zurückgewonnene Substanz enthielt noch 0,74 Prozent Mg.

2. Eine gute kolloide Lösung (104,13 ccm) von 0,400 g Chlorophyll *a* in 103,73 ccm Wasser wurde bei 15° 80 Stunden lang mit CO_2 behandelt. In den letzten 17 Stunden absorbierte die braun gewordene Flüssigkeit nur noch 0,3 ccm. Während das Wasser dieser Lösung 111,20 ccm CO_2 aufnimmt, betrug hier die Absorption 130,49 ccm (bei 745,7 mm Teildruck); Mehrbetrag 0,0354 g. Für Chlorophyll *a* vom theoretischen Magnesiumgehalt 2,70 Proz. machen zwei Mole CO_2 0,0390 g aus. Da das angewandte Präparat gemäß der Veraschung 2,40 Proz. Mg enthielt, so bedeutet die beobachtete Absorption 2,04 Mole.

Nach der Isolierung durch Ausäthern war das Zersetzungsprodukt noch etwas aschehaltig, es wies 0,20 Proz. Mg auf.

3. Um die Zersetzungsgeschwindigkeit der beiden Chlorophyllkomponenten zu vergleichen, führen wir, vor einem Versuch mit Chlorophyll *b*, aus dem eben beschriebenen Experiment mit der Komponente *a* noch die Absorption von CO_2 in 24 Stunden an; sie betrug 126,42 ccm (unter dem Teildruck 746,4 mm), die Mehrabsorption gegenüber reinem Wasser daher 15,22 ccm = 28,0 mg, entsprechend 1,61 Molen CO_2 für das angewandte Präparat von bekanntem Magnesiumgehalt.

0,476 g Chlorophyll *b* in 103,60 ccm Wasser, deren Absorptionsvermögen 111,10 ccm beträgt, nahmen bei 15° in 48 Stunden 120,61 ccm CO_2 auf. Die Mehraufnahme von 9,51 ccm (unter 728 mm Teildruck) = 17,1 mg entspricht 0,74 Molen CO_2, berechnet für Chlorophyll *b* von theoretischem Magnesiumgehalt 2,68 Proz., oder 0,82 Molen für das angewandte Präparat, dessen Magnesiumgehalt = 2,43 Proz. gefunden wurde.

In der doppelten Versuchszeit hat also die Komponente *b* halb soviel

CO_2 aufgenommen wie *a*. Bei genauerem Eingehen auf den Versuch zeigt es sich, daß der Unterschied im Grade der Zersetzung noch größer ist als in der Absorption. Von der Komponente *a* haben $^4/_5$, von *b* aber wenig mehr als $^1/_4$ Phäophytin geliefert; bei dem Versuche mit *b* war ein Teil von CO_2 nicht als Magnesiumbicarbonat, sondern an Chlorophyll addiert vorhanden. Als wir die Lösung aus dem Apparate entnahmen und das teilweise zersetzte Chlorophyll in Äther überführten, um seine Asche zu bestimmen, fanden wir den Magnesiumgehalt zu hoch sogar gegenüber der Voraussetzung, daß das absorbierte CO_2 die äquivalente Magnesiummenge abgespalten habe.

0,2209 g mit Kohlensäure behandeltes Präparat gaben beim Veraschen 0,0065 g MgO, entsprechend 1,78 Proz. Mg.

Von angewandtem Chlorophyll waren 73 Prozent unzersetzt geblieben.

4. α) 0,672 g Chlorophyll *b* zusammen mit 103,46 ccm Wasser, die allein 110,93 ccm CO_2 aufnehmen, absorbierten bei 15° in 15 Minuten 112,91 ccm; aus der Differenz ergibt sich bei dem Partialdruck von 726,5 mm die Mehraufnahme von 3,5 mg CO_2, welche 11 Proz. eines Moles entspricht. Beim Austreiben des Gases, das durch Erwärmen auf 35° beschleunigt wurde, sind 1,4 mg CO_2 gebunden geblieben. Die Zersetzung erstreckte sich auf 4 Proz. des Chlorophylls.

β) 0,557 g Chlorophyll *b* in 103,53 ccm Wasser absorbierten anstatt der im Wasser löslichen 111,00 ccm bei 15° in 15 Minuten 112,73 ccm CO_2; aus der Differenz ergibt sich bei dem Partialdruck von 727,0 mm die Mehraufnahme von 3,1 mg CO_2, welche 11 Proz. eines Mols entspricht. Das bei der Entgasung zurückbleibende CO_2 betrug 1,3 mg, die Zersetzung 0,04 Mol.

Zum Vergleich mit diesen Beobachtungen kann ein Versuch mit Chlorophyll *a* dienen, der in anderem Zusammenhange (s. das den Versuchen vorangestellte Beispiel 2) angeführt worden ist. Die Einwirkung der Kohlensäure erfolgte dort unter denselben Versuchsbedingungen (15°, 10 Minuten); nach dem Austreiben von CO_2 bei 35° hinterblieben, an 0,521 g Chlorophyll gebunden, 7 mg CO_2, was die Zersetzung von 0,23 Molen anzeigt.

Es ist auch von Interesse, mit den Versuchen 4 α) und β) an der Chlorophyllkomponente *b* die langdauernde Einwirkung von Kohlendioxyd bei 0° zu vergleichen. In diesem Falle lieferte nach 28 stündiger Absorption (0,24 Mole CO_2 waren addiert) die Entgasung durch Alkohol alles aufgenommene Kohlendioxyd zurück.

5. Um die Einwirkung verdünnter Kohlensäure zu messen, bestimmten wir zuvor die Löslichkeit des anzuwendenden Gasgemisches in Wasser und die Sättigungsdauer (20 Minuten). Die 5 proz. Kohlensäure leiteten wir unter Schütteln in Wasser von 15°; eine Probe von 100 ccm wurde unter den im II. Abschnitt beschriebenen Vorsichtsmaßregeln in den Entgasungskolben übergeführt und von CO_2 befreit. Bei einem Barometerstand von 744 mm fanden wir 0,0107 g CO_2.

Für den Versuch diente eine kolloide Lösung, die in 100 ccm 0,42 g Chlorophyll *a* enthielt. Nach 20 Minuten langem Einleiten gaben 100 ccm an den kohlensäurefreien Gasstrom 0,0102 g CO_2 ab, also etwas weniger wie oben. In die übrige kolloide Lösung wurde ein zweites Mal während drei Stunden die 5 proz. Kohlensäure eingeleitet, wobei die Farbe der Flüssigkeit sich deutlich änderte. Darauf lieferten 100 ccm der Lösung 0,0107 g CO_2. Die nachfolgende Zersetzung mit Säure machte daraus 4,2 mg CO_2 frei; da diese vor dem Austreiben mit Säure als basisches Magnesiumcarbonat vorlagen, so war etwa ein Viertel des Chlorophylls zersetzt.

Es verdient beachtet zu werden, daß in unserer kolloiden Lösung das Chlorophyll empfindlicher ist als in den Blättern, sei es, daß sie in frischem Zustand oder nach dem Trocknen, Zerkleinern und Wiederanfeuchten untersucht werden.

V. Die Bildung der dissoziierenden Kohlensäureverbindung des Chlorophylls.

Einleitung.

Das Verhalten des Chlorophylls gegen Kohlendioxyd tritt erst in den Versuchen bei 0° klar zutage. Es scheint, daß die Erhöhung der Konzentration der gelösten Kohlensäure bei der tieferen Temperatur ihre Addition an das Chlorophyll begünstigt und auf die Abspaltung des Magnesiums ohne Einfluß ist. Es wird sogar durch die Temperaturerniedrigung die Zersetzung außerordentlich verlangsamt, sie kann unter gewissen Bedingungen geradezu verhindert werden, während eine Verlangsamung der Addition nicht bemerkt wird und jedenfalls keine Rolle spielt.

Die Absorption der Kohlensäure lassen wir etwa ein Viertel bis zwei Fünftel Mol erreichen; läßt man sie über 25 Proz. hinausschreiten, so beginnt bei der Komponente *a* die Zersetzung störend zu werden und bei der Komponente *b* oft Ausflockung der Substanz zu erfolgen, wodurch die weitere Absorption stark verlangsamt wird.

Die mit Kohlensäure behandelten kolloiden Lösungen sind zur Untersuchung des Zustandes der von Chlorophyll aufgenommenen Kohlensäure auf drei verschiedenen Wegen aufgearbeitet worden.

a) Durch Entgasung der wässerigen Lösung.

Dabei zeigte sich, daß die vom Chlorophyll absorbierte Kohlensäure in der kolloiden Lösung zurückbleibt, vollständig bei Chlorophyll *a*, zum großen Teil bei *b* und bei Gemischen von *a* und *b*. Die Erscheinung beruht wohl nicht darauf, daß die Kohlensäure langsam in das Innere der Kolloidteilchen eindringt, und langsam von dort entbunden wird. Die Abgabe des Kohlendioxyds kommt nämlich bei längerem Durchleiten von kohlensäurefreier Luft bald vollkommen zum Stillstand, ohne daß die von Chlorophyll *a* aufgenommene Kohlensäure austritt. Wir sind auch nicht berechtigt anzunehmen, daß Zersetzung des Chlorophylls unter Austritt von Magnesium schon während des Absorptionsvorganges stattgefunden habe. Die Lösung war nach Aufnahme des Kohlendioxyds von unveränderter Farbe, die erst bei der Entgasung litt. Da während der Gasentbindung bei 0° die Kohlensäure nicht erheblich weiter zersetzend wirken kann, so müßte der Quotient aus dem vom Chlorophyll aufgenommenen und dem bei der Entgasung zurückgebliebenen Kohlendioxyd im Falle der Abspaltung von Magnesium $2^1/_2$ sein, während er hier etwa $= 1$ gefunden wird.

Das Verhalten der wässerigen Lösung ist mit der Annahme zu erklären, daß die gebildete Kohlensäureverbindung des Chlorophylls, so gut wie vollständig bei *a* und auch reichlich bei *b*, nach der Abgabe des gelösten Kohlendioxyds aus der Flüssigkeit in Phäophytin + Magnesiumcarbonat zerfällt.

Diese Erklärung wird durch die Resultate bei den anderen Aufarbeitungen bestätigt.

b) Durch Überführung in Äther und Bestimmung des Magnesiumgehaltes.

Der Nachweis der Addition gelang zuerst dadurch, daß das Chlorophyll, nach Aufnahme eines bestimmten Teiles der zur Zersetzung erforderlichen Kohlensäure, der kolloiden Lösung mit Äther entzogen und verascht wurde. Der Magnesiumgehalt wird dabei viel zu hoch gefunden gegenüber der Voraussetzung, daß die absorbierte Kohlensäure Magnesium abgespalten habe; dabei ist sogar vollständige Bicarbonatbildung der Berechnung zugrunde gelegt worden, also der geringste Magnesiumverlust, der durch die Kohlensäure bewirkt werden kann. Das Ergebnis ist auch hier nicht glatter Zerfall in Chlorophyll + CO_2, doch überwiegt derselbe schon bei Chlorophyll *a* und noch mehr bei *b*. Als Nebenerscheinung zeigt sich dieselbe Zersetzung, die man bei der Entgasung in Wasser beobachtete.

c) Durch Entgasung unter Zusatz von Alkohol.

Die mit Kohlensäure behandelte kolloide Lösung wurde mit Alkohol vermischt und entgast. Dabei wurde der gesamte Betrag der aufgenommenen Kohlensäure wieder entbunden und die erhaltene Lösung zeigte bei colorimetrischem Vergleich reine Chlorophyllfarbe. Bei darauffolgender Zersetzung mit Mineralsäure trat kein Kohlendioxyd mehr auf. Unter diesen Bedingungen bildet also die Kohlensäureverbindung das Chlorophyll zurück, indem sie in ihre Komponenten dissoziiert.

Da die kolloide Lösung vor der Entgasung nicht geteilt werden kann, wurden für die drei verschiedenen Wege der Untersuchung, um die Ergebnisse vergleichen zu können, Versuche unter den nämlichen Bedingungen und bis zum gleichen Grade der Absorption vorgenommen.

Zur Ausführung der Versuche.

Zur Entgasung bei Gegenwart von Alkohol tragen wir die kohlensäurehaltige kolloide Lösung quantitativ in so viel Alkohol ein, daß sie dadurch 80 prozentig wird. Daß unter den günstigsten Versuchsbedingungen kein Kohlendioxyd am Magnesium gebunden zurückbleibt, wurde schon angeführt; anders ist es bei zu langer Dauer oder zu hoher Versuchstemperatur. Es war zu prüfen, welches das Verhältnis $\frac{CO_2}{Mg}$ bei der Entgasung in 80 proz. Alkohol ist und zu bestätigen, daß die Flüssigkeit beim Fehlen von gebundenem Kohlendioxyd kein abgespaltenes Magnesium enthält. Wir fanden, daß Magnesiumcarbonat sich in 80 proz. Alkohol ebenso wie in Wasser verhält; es verliert, wie der folgende Versuch zeigt, in kohlendioxydfreier Atmosphäre ein Fünftel der Kohlensäure und geht in die basische Verbindung $(MgCO_3)_4 \cdot Mg(OH)_2$ über.

Eine unbestimmte Menge (etwa 0,45 g) Magnesiumcarbonat („für die Analyse" von E. Merck) gab in einem mit 80 proz. Alkohol beschickten Entgasungsapparate an einen Luftstrom von 4 l in der Stunde bei 0° ungefähr 30 mg, dann in einer Stunde bei 30° noch 0,9 mg und schließlich bei 60° während mehrerer Stunden nur noch einige Zehntel Milligramme Kohlendioxyd ab. Darauf wurde aus dem basischen Carbonat durch Schwefelsäure das Kohlendioxyd entbunden und das Magnesiumsulfat der gebildeten Lösung bestimmt; wir fanden 0,1837 g CO_2 und 0,6287 g $MgSO_4$. Für diese Magnesiummenge ist unter Voraussetzung der angeführten Formel ein Gehalt von 0,1838 g CO_2 berechnet.

So wichtig es ist, daß durch diese Entgasung in alkoholischer Lösung der gesamte Betrag der von Chlorophyll addierten Kohlensäure ausgetrieben werden kann, so bringt doch die Anwendung des Alkohols hier einen Übelstand mit sich, der nicht behoben werden konnte. Es wird nämlich scheinbar mehr Kohlendioxyd von der Flüssigkeit abgegeben als aufgenommen, während bei den im III. Abschnitt mitgeteilten Vorversuchen genaue Übereinstimmung zwischen Absorption und Dissoziation auch im Falle der alkoholischen Lösung erzielt war. Der Mehrbetrag von Kohlensäure scheint abhängig zu sein von der Versuchsdauer bei der Sättigung des Chlorophylls mit Kohlensäure; in einem Beispiel der Addition von 0,4 Mol CO_2 kam nach dem Vertreiben der Kohlensäure die noch weitergehende scheinbare Entbindung von CO_2 aus dem Alkohol nur sehr langsam zum Stillstand, der Mehrbetrag belief sich auf mehrere Milligramme. Da es ausgeschlossen ist, daß Alkoholdämpfe durch die Trockenvorrichtung in den Absorptionsapparat gelangen, so könnte man vermuten, daß bei Gegenwart von Chlorophyll Alkohol zu Aldehyd oxydiert werde und daß dieser in die Natronkalkröhre vordringe. Ausgeschlossen ist diese Erklärung der Störung nicht, aber bei Abwesenheit von Kohlensäure tritt die Erscheinung gar nicht ein. Wenn nämlich kohlendioxydfreie Luft durch alkoholische Chlorophyllösung geleitet wird, zeigt der Absorptionsapparat keine Zunahme.

100 ccm kolloide Lösung von 0,64 g Chlorophyll wurden in entgastem Zustand in 400 ccm kohlensäurefreien Alkohol eingetragen, die sich im Entgasungskolben unseres Apparates befanden. Durch die Flüssigkeit ging ein Strom kohlensäurefreier Luft von 4 l in der Stunde, während die Temperatur bis auf 60° gesteigert wurde. In 5 Stunden nahm das Gewicht des Natronkalkes nicht zu. Nach Zersetzung des Chlorophylls mit 10 ccm 2 n H_2SO_4 und zweistündigem Durchleiten der Luft bei 65° war das Gewicht der Natronkalkröhre um 0,2 mg erhöht.

Die Versuchsanordnung gibt also genaue Resultate für den Fall von Alkohol + Luft + CO_2 (oder basischem Magnesiumcarbonat), ferner für Alkohol + Chlorophyll + Luft, nur nicht für Alkohol + Chlorophyll + CO_2 + Luft. Wir führen zwar im Folgenden Zahlen für die Entbindung des Kohlendioxyds aus der alkoholischen Flüssigkeit an, aber unsere Schlußfolgerungen gründen sich auf die einwandfreie Prüfung der Chlorophyllösungen mit Mineralsäure, die nach dem Entgasen in Alkohol vorgenommen wird.

Ein weiterer Umstand, den man bei der Anwendung des Alkohols berücksichtigen muß, ist die Allomerisation des Chlorophylls. Da der Alkohol diese Wirkung auf Chlorophyll ausübt, die der Wassergehalt der Lösung zwar abschwächt, aber wegen des Erwärmens beim Austreiben der Kohlensäure doch nicht zu verhüten vermag, so ist es nicht möglich, die Versuche nach der Entbindung der Kohlensäure unter Alkoholzusatz für eine zweckmäßige Aufarbeitung zu teilen und in einer Hälfte das gebundene Kohlendioxyd mit Mineralsäure auszutreiben, die andere Hälfte aber für die Magnesiumbestimmung zu verwenden. Als wir so verfuhren, fanden wir zu niedrige Werte für Magnesium.

Die Allomerisation des Chlorophylls, die als eine Veränderung empfindlicher Lactamgruppen der beiden Chlorophyllkomponenten unter der Wirkung des Alkohols erklärt worden ist[1]) und die sich durch das Fehlen des charakteristischen Farbumschlags[2]) bei der Einwirkung von Alkalien („braune Phase") verrät, war analytisch noch nicht untersucht worden. Es zeigt sich, daß bei der Allomerisation der Magnesiumgehalt des Chlorophylls sinkt, wahrscheinlich infolge der Addition von Alkohol (1 Mol C_2H_5OH würde den Magnesiumgehalt um etwa 0,4, $^1/_2$ C_2H_5OH um 0,2 Proz. erniedrigen).

Chlorophyll *a* vor der Allomerisation: 0,09122 und 0,04178 g Substanz gaben 0,00370 bezw. 0,00169 g MgO, entsprechend 2,45 Proz. Mg.

Dasselbe Präparat nach der Allomerisation: 0,10142 g Substanz gaben 0,00385 g MgO, entsprechend 2,29 Proz. Mg.

Chlorophyll *b* vor der Allomerisation: 0,03722 g Substanz gaben 0,00164 g MgO, entsprechend 2,66 Proz. Mg.

Dasselbe Präparat nach der Allomerisation: 0,05472 g Substanz gaben 0,00212 g MgO, entsprechend 2,34 Proz. Mg.

Für die Magnesiumbestimmungen wird deshalb das Chlorophyll in besonderen Versuchen aus den mit Kohlensäure bearbeiteten Lösungen in Äther übergeführt. Die kohlensäuregesättigte Flüssigkeit lassen wir möglichst rasch und ohne Temperaturerhöhung in einen Scheidetrichter abfließen, worin etwa 50 ccm 10 proz. Kochsalzlösung und 200 ccm Äther auf einige Grade unter 0° abgekühlt sind und schütteln sofort kräftig durch, bis nach einigen Minuten die wässerige Schicht farblos ist. Man dampft die noch mit Wasser gewaschene ätherische Lösung auf

[1]) R. Willstätter und M. Utzinger, Ann. d. Chem. **382**, 135 [1911]; R. Willstätter und A. Stoll, Ann. d. Chem. **387**, 325 u. 357 [1912].

[2]) Nach dem Sättigen mit Kohlensäure zeigt das kolloide Chlorophyll noch die braune Phase, es verliert sie auch nicht beim Überführen aus der kolloiden Lösung in Äther.

1 bis 2 ccm ab und fügt 50 bis 100 ccm Petroläther hinzu. Chlorophyll *b* wird dadurch quantitativ gefällt als grünschwarzes Pulver, das man nur abzufiltrieren braucht. Die Komponente *a* ist aber in Petroläther etwas löslich, wenn er auch nur sehr wenig Äther enthält. Um jegliche Fraktionierung zu vermeiden, werden die letzten Anteile von Äther verjagt, indem man den Petroläther ziemlich vollständig abdampft. Nach erneutem Verdünnen mit Petroläther bleibt das Präparat in der Kälte stehen und wird am folgenden Tage als feinkörniges Pulver auf gehärtetem Papier abfiltriert. Die Präparate werden im Hochvakuum über Phosphorpentoxyd zur Gewichtskonstanz getrocknet.

Für den Vergleich im Magnesiumgehalt wurden die Chlorophyllpräparate so analysiert, daß ein anderer Einfluß als die Behandlung mit der Kohlensäure ausgeschlossen war. Dieselbe kolloide Lösung wie für den Versuch diente auch für die Kontrollbestimmung. Aus dem Teil der Lösung, der aus dem Absorptionsgefäß vor Eintritt der Kohlensäure in einen 100-ccm-Meßkolben abgeflossen war, führte man das Chlorophyll unter Zusatz von Kochsalz in Äther über und isolierte es in der eben beschriebenen Weise.

Die Veraschung des Chlorophylls gibt leicht zu niedrige Werte, wenn anfangs das Erhitzen zu rasch, unter Rauchbildung, ausgeführt wird und wenn man zu lange glüht oder mit einer zu großen Flamme, wobei Magnesiumoxyd fortgeweht wird. Wir verbrennen die Substanz mit einer Mikroflamme und glühen wenige Minuten lang mit wiederholtem Unterbrechen und vorsichtigem Überleiten von Sauerstoff durch ein weites Glasrohr. Der theoretische Magnesiumgehalt beträgt 2,70 Proz. für die Komponente *a*, 2,68 Proz. für die Komponente *b* des Chlorophylls.

a. Versuche mit der Dissoziation in Wasser.

Erster Versuch. Mit Chlorophyll *a* + *b*. 0,489 g Kolloid in 103,55 ccm Wasser absorbierten anstatt der in Wasser löslichen 178,00 ccm bei 0° während 40 Minuten vom Beginn der Kohlensäuresättigung an 180,50 ccm CO_2 vom Teildruck 744,3 mm = 0,3494 g. Das Chlorophyll hat daher 4,8 mg CO_2 aufgenommen, das ist 0,23 Mol für den gefundenen

Magnesiumgehalt des Präparates (2,31 Proz.)[1]). Die Entbindung der Kohlensäure wurde bei 0° ausgeführt, zum Schluß unter Ausflockung mit Chlornatriumlösung (wobei nur noch 0,3 mg CO_2 frei wurden); die abgegebene Menge CO_2 betrug 0,3482 g, die hinterbleibende 1,2 mg. Würde man den ungünstigsten Fall annehmen, daß das in Form von $(MgCO_3)_4$ $Mg(OH)_2$ zurückbleibende CO_2 nach der Absorption gänzlich als Magnesiumbicarbonat vorlag, so wären immerhin 8 Proz. CO_2 in dissoziabler Bindung gewesen. Die viel wahrscheinlichere Erklärung geht dahin, daß von der addierten Kohlensäure drei Viertel abdissoziiert sind und daß ein Viertel mit dem äquivalenten Magnesium ausgetreten ist. Damit steht die Aschebestimmung im Einklang. Das ausgeflockte in Äther übergeführte Präparat ergab einen Magnesiumgehalt von 2,17 Proz., also einen Verlust von 6 Proz. des ursprünglich vorhandenen Magnesiums.

Das Gemisch der Chlorophyllkomponenten verhielt sich bei dem Zerfall der Kohlensäureverbindung in Wasser ähnlich der Komponente *b*.

Zweiter Versuch. Mit Chlorophyll *a* + *b*. 0,505 g Substanz in kolloider Lösung mit 103,55 ccm Wasser absorbierten in 19 Stunden bei 0° und unter 747,3 mm Teildruck 184,45 ccm CO_2 = 0,3585 g CO_2, das ist um 6,45 ccm = 12,6 mg mehr als das Wasser der Lösung, entsprechend der Aufnahme von 0,60 Mol CO_2, bezogen auf den Magnesiumgehalt des Präparates (wie bei Versuch 1). Wir teilten den Versuch nach der Entgasung. Durch Salzsäure wurden, an einer Hälfte bestimmt, 3,5 mg CO_2 abgespalten. Wenn das mit dieser Menge CO_2 verbundene Magnesium im ungünstigsten Falle am Ende der Absorption als Bicarbonat existiert hätte, so wären 3,9 mg CO_2 = 0,18 Mol dissoziabel addiert gewesen. Die mit der anderen Hälfte ausgeführte Aschebestimmung ergab 2,00 Proz. Mg und läßt folgern, daß mindestens 33 Proz. eines Mols CO_2 dissoziierbar addiert gewesen sind.

Dritter Versuch. Mit Chlorophyll *a*. 0,444 g Substanz vom Magnesiumgehalte 2,65 Proz. absorbierten in 104,40 ccm Lösung, also 104,0 ccm Wasser, die für sich allein 178,77 ccm CO_2 lösen würden, in 35 Minuten

[1]) Die bei einigen Versuchen angewandten Chlorophyllpräparate älterer Herstellung zeigten zu niedrige Aschengehalte.

bei 0° 181,77 ccm vom Teildruck 751,4 mm = 0,3553 g CO_2. Die vom Chlorophyll bewirkte Absorption betrug 5,9 mg, das ist 27 Proz. eines Mols.

Durch Entgasung bei 0° wurden mit 6 l Luft in 1½ Stunden 0,3468, mit 4 l in 1¼ Stunden 0,0003 g, endlich mit 4 l 0,0001 g CO_2 verdrängt; dazu kommt ein Zuschlag von 3,8 mg für 1,07 ccm in Capillare und Absorptionsgefäß zurückgebliebenes Wasser. Das entbundene CO_2 betrug 0,3510 g.

Die Zersetzung durch 10 ccm 2 n H_2SO_4 lieferte in 1½ Stunden bei 0 bis 40° 0,0047 g, in einer weiteren Stunde bei 40° 0,0 mg; es sind also 4,7 gm CO_2 frei gemacht worden. Diese in der Form basischen Carbonates vorliegende Kohlensäure entspricht genau den 5,9 mg CO_2, die von Chlorophyll addiert und als $MgCO_3$ abgespalten wurden:

Vierter Versuch. Mit Chlorophyll *b*. 0,680 g Substanz von dem mit der Theorie übereinstimmenden Magnesiumgehalt 2,68 Proz. waren in 103,8 ccm Wasser kolloid gelöst; das Lösungsvermögen des Wassers beträgt 178,44 ccm CO_2. Die Lösung absorbierte bei 0° in drei Stunden 181,52 ccm vom Teildruck 751,8 mm = 0,3550 g CO_2. Die Kohlendioxydaufnahme durch das Chlorophyll belief sich auf 6,0 mg und entsprach 0,18 Mol CO_2. Die freiwillige Entbindung aus der Lösung lieferte 0,3537 g, sodann die Abspaltung durch Säure 2,0 mg CO_2.

Da diese 2 mg CO_2 nach der Entgasung als basisches Carbonat vorlagen, so läßt sich berechnen, daß 7,5 Proz. eines Mols Chlorophyll bei der Dissoziation des Additionsproduktes in Phäophytin und Magnesiumcarbonat zerfallen sind und daß 10,5 Proz. eines Mols das Chlorophyll regeneriert haben.

b) Versuche mit der Dissoziation bei der Überführung des Chlorophylls in Äther.

Fünfter Versuch. Mit Chlorophyll *a*. 0,749 g Substanz vom Magnesiumgehalt 2,40 Proz. absorbierten in 103,8 ccm Wasser, welche allein 178,26 ccm lösen, bei 0° in 5 Stunden 185,06 ccm CO_2.

Das Chorophyll hat, infolge der langen Dauer unter teilweiser Zersetzung, 6,80 ccm vom Teildrucke 753,6 mm = 13,4 mg CO_2 aufgenommen, das ist 41 Proz. eines Mols, bezogen auf den Magnesiumgehalt des Präparates.

Nach dem Versuche fanden wir durch Überführen des Chlorophylls in Äther und Veraschen den Magnesiumgehalt 2,01 und 2,00 Proz. Daher sind während der Absorption und im Gange der Aufarbeitung 16 Proz. des Magnesiums abgespalten worden. Im äußersten Falle wäre dieser ganze Betrag schon nach der Absorption Magnesiumbicarbonat gewesen, dann bliebe noch für die dissoziable Verbindung des Chlorophylls 9 Proz. eines Mols absorbiertes CO_2 übrig.

Veraschung vor dem Versuch: 0,09846 g Substanz gaben 0,00392 g MgO (Mg = 2,40 Proz.);
0,09112 g Substanz gaben 0,00359 g MgO (Mg = 2,38 „).
Veraschung nach dem Versuch: 0,07278 g Substanz gaben 0,00242 g MgO (Mg = 2,01 „);
0,10748 g Substanz gaben 0,00356 g MgO (Mg = 2,00 „).

Sechster Versuch. Mit Chlorophyll *b*. 0,753 g Substanz mit 103,75 ccm Wasser, welche allein 178,31 ccm lösen, absorbierten bei 0° in 18 Stunden 182,91 ccm CO_2. Schon nach einer Stunde begann spurenweise Ausflockung einzutreten, die am Ende des Versuches vollständig war und die Absorption zum Stillstand brachte. Die Absorption durch das Chlorophyll betrug 4,60 ccm vom Teildruck 746,7 mm = 8,9 mg CO_2, das ist 24 Proz. eines Mols.

Die Flüssigkeit mit dem ausgeflockten Chlorophyll wurde in 350 ccm Alkohol von 0° eingetragen und zuerst bei 0°, dann bei 30° kurze Zeit mit einem Luftstrom entgast. Sodann führten wir das Chlorophyll, das nicht sichtlich allomerisiert war, rasch in Äther über und entfernten daraus durch sechsmaliges Schütteln mit Wasser den Alkohol vor dem Abdampfen. Die Aschebestimmungen ergaben im Mittel einen Rückgang von 2,60 auf 2,47 Proz. Mg, demnach einen Magnesiumverlust von 5 Proz. Wenn wir die für die Annahme einer dissoziablen Verbindung ungünstigste Voraussetzung machen, daß das verlorene Magnesium am Ende der Absorption schon als Bicarbonat vorlag, so war es mit einem Zehntel Mol CO_2 verbunden; dann sind noch 14 Proz. eines Mols CO_2 dissoziierbar addiert gewesen und ohne Zersetzung des Chlorophylls abgespalten worden.

Veraschung vor dem Versuch: 0,05219 g Substanz gaben 0,00227 g MgO (Mg = 2,63 Proz.);
0,08398 g Substanz gaben 0,00358 g MgO (Mg = 2,58 „).
Veraschung nach dem Versuch: 0,08778 g Substanz gaben 0,00361 g MgO (Mg = 2,48 „);
0,06763 g Substanz gaben 0,00276 g MgO (Mg = 2,46 „).

Siebenter Versuch. Mit Chlorophyll *a*. 0,737 g Substanz mit 103,80 ccm Wasser, welche allein 178,43 ccm lösen, absorbierten bei 0° in 35 Minuten 182,42 ccm CO_2. Die Absorption durch das Chlorophyll betrug 3,99 ccm vom Teildruck 758,3 mm = 7,9 mg CO_2, d. i. 22 Proz. eines Mols.

Das Chlorophyll wurde aus der noch vollkommen klaren, prachtvoll grünen Flüssigkeit in gekühlte Kochsalzlösung und Äther übergeführt. Nach der Analyse, die 2,48 gegenüber 2,65 Proz. Mg bei dem angewandten Präparate ergab, hat der Farbstoff 0,06 Mol Magnesium verloren. In Anbetracht der kurzen Dauer der Absorption kann hier nicht angenommen werden, daß das fehlende Magnesium schon während der Kohlensäureeinwirkung ausgetreten ist (s. unten den Vergleich der Zersetzung bei den drei Aufarbeitungsweisen).

Veraschung vor dem Versuch: 0,09401 g Substanz gaben 0,00411 g MgO (Mg = 2,64 Proz.);
0,05258 g Substanz gaben 0,00231 g MgO (Mg = 2,65 „).
Veraschung nach dem Versuch: 0,08133 g Substanz gaben 0,00334 g MgO (Mg = 2,48 „).
0,06651 g Substanz gaben 0,002715 g MgO (Mg = 2,47 „).

Achter Versuch. Mit Chlorophyll *b*. 0,559 g Substanz von fast theoretischem Magnesiumgehalt mit 103,94 ccm Wasser, die allein 178,80 ccm lösen, absorbierten bei 0° in drei Stunden 181,36 ccm CO_2. Die Flüssigkeit war in den ersten Stunden klar und enthielt am Ende Flöckchen. Die Absorption durch das Chlorophyll betrug 2,56 ccm vom Teildruck 747,6 mm = 5,0 mg CO_2, das ist 18 Proz. eines Mols.

Nach dem Mittelwert 2,59 der Magnesiumbestimmungen waren nur etwa 3 Proz. des Metalles abgespalten. Je nachdem man nun voraussetzt, es sei schon während der Absorption der Kohlensäure das Magnesium ausgetreten oder die wahrscheinlichere entgegengesetzte Annahme macht, haben entweder zwei Drittel oder fünf Sechstel der Chlorophyllkohlensäureverbindung bei der Überführung in Äther das Chlorophyll regeneriert.

Veraschung vor dem Versuch: 0,05680 g Substanz haben 0,00252 g MgO (Mg = 2,68 Proz.);
0,07720 g Substanz gaben 0,00342 g MgO (Mg = 2,67 „).
Veraschung nach dem Versuch: 0,05209 g Substanz gaben 0,00227 g MgO (Mg = 2,63 „);
0,06531 g Substanz gaben 0,00278 g MgO (Mg = 2,57 „);
0,04991 g Substanz gaben 0,00211 g MgO (Mg = 2,55 „).

c) Versuche mit der Dissoziation in Alkohol.

Neunter Versuch. Mit Chlorophyll *b*. 0,770 g Substanz mit 103,32 ccm Wasser, die allein 177,62 ccm lösen, absorbierten bei 0° in 24 Stunden 181,47 ccm CO_2. Die Absorption durch das Chlorophyll betrug 3,85 ccm vom Teildruck 758,2 mm = 7,6 mg CO_2, das ist 22 Proz. eines Mols, bezogen auf den wirklichen Magnesiumgehalt des Präparates.

Nach dem Einfließen in Alkohol und der Entgasung bewirkte der Zusatz von Schwefelsäure nur die Entbindung von 0,2 mg CO_2.

Zehnter Versuch. Mit Chlorophyll *b*. 0,697 g Substanz mit 103,35 ccm Wasser, die allein 177,67 ccm lösen, absorbierten bei 0° in 71 Stunden 184,57 ccm CO_2. Die Dispersität des Chlorophylls ist während des Versuches ungünstig, die Absorption sehr langsam geworden. Die durch das Chlorophyll bedingte Aufnahme von CO_2 betrug hier 6,90 ccm vom Teildruck 751,6 mm = 13,5 mg, das ist über 40 Proz. eines Mols. Bei der Entgasung in Alkohol sind nur 0,4 mg durch Säure abspaltbares Kohlendioxyd zurückgeblieben.

Trotz der langen Versuchsdauer ist die Zersetzung in Phäophytin und Magnesiumcarbonat sehr gering gewesen; das Additionsprodukt von Chlorophyll *b* zeigt also im kohlensäuregesättigten Wasser bei 0° große Beständigkeit.

Elfter Versuch. Mit Chlorophyll *a*. 0,630 g Substanz mit 103,90 ccm Wasser, die allein 178,63 ccm lösen, absorbierten bei 0° in 5 Stunden 184,20 ccm. CO_2 Erst am Ende des Versuches begann die noch immer schön grüne, nur ein wenig gelblicher erscheinende Lösung eine geringe Menge Flocken auszuscheiden. Die Absorption durch das Chlorophyll betrug 5,57 ccm vom Teildruck 750,8 mm = 10,8 mg CO_2, das ist 39 Proz. eines Mols bei Berücksichtigung des gefundenen Magnesiumgehaltes der Substanz.

Nach der Entgasung wurden durch Mineralsäure 3,4 mg CO_2 frei gemacht, die entsprechende Menge Magnesium war am Ende der Absorption in der Form von Magnesiumbicarbonat mit 8,5 mg CO_2 verbunden gewesen. Daher waren nur 2,3 mg oder 0,09 Mol

CO_2 dissoziierend vorhanden und sind durch Alkohol entbunden worden.

Der Versuch und der ähnliche nachfolgende lehrt die geringere Beständigkeit der Kohlensäureverbindung von Chlorophyll *a*.

Zwölfter Versuch. Mit Chlorophyll *a*. 0,700 g Substanz in 103,70 ccm Wasser, die allein 178,26 ccm lösen, absorbierten bei 0° in 5 Stunden 185,48 ccm CO_2. Das durch Chlorophyll absorbierte CO_2 betrug 7,22 ccm vom Teildruck 741,2 mm = 14,0 mg, das ist 46 Proz. eines Mols, und das nach der Entgasung in Alkohol noch gebundene und erst durch Säure abgespaltene CO_2 war 4,1 mg. Daher sind nur 3,8 mg CO_2, also 12 Proz. eines Mols, unter Rückbildung des Chlorophylls entbunden worden.

Dreizehnter Versuch. Mit Chlorophyll *b*. Dieser und die beiden nachfolgenden Versuche sind mit unseren besten Präparaten ausgeführt, die Berechnungen sind daher auf Chlorophyll vom theoretischen Magnesiumgehalt bezogen worden.

0,684 g Substanz in 103,82 ccm Wasser, die allein 178,49 ccm lösen, absorbierten bei 0° in 18 Stunden 182,66 ccm CO_2 vom Teildruck 755,3 mm = 0,3589 g. Nach 2 Stunden, als bereits der größere Teil der Kohlensäure aufgenommen war, wies die schön gelbgrüne kolloide Lösung noch keine Trübung auf, am nächsten Morgen aber war die Hauptmenge des Chlorophylls ausgeflockt. Die Absorption durch das Chlorophyll betrug 4,17 ccm = 8,2 mg, das ist 25 Proz. eines Mols CO_2.

Nach dem Überführen in Alkohol wurde das Kohlendioxyd verdrängt und in der Natronkalkröhre aus 6 bis 7 l Luft, die in $^1/_4$ Stunde bei 0°, dann in 20 Minuten unter Erwärmen auf 40° und in einer Stunde bei 65° durchgeleitet waren, 0,3540 g absorbiert, hierauf in 2 Stunden aus 8 l Luft bei 65° 0,0031 g, endlich in einer Stunde aus 4 l Luft bei 70° 0,0 mg. Für das im Absorptionsgefäß und seiner Capillare zurückgebliebene Wasser (0,9 ccm) und Chlorophyll (0,020 g) sind berechnet 0,0032 g CO_2. Die Lösung hat also 0,3603 g CO_2 entbunden, das ist 1,4 mg mehr als wir nach dem absorbierten Volumen berechnen; diese Differenz ist im Abschnitt „Zur Ausführung der Versuche“ erörtert worden.

Die nachfolgende Zersetzung des im Alkohol gelösten Chlorophylls durch 2 n Schwefelsäure brachte bei zweistündigem Durchleiten von 8 l Luft bei 65° in die Natronkalkröhre nur 0,2 mg CO_2, welche die Abspaltung des Magnesiums aus $^3/_4$ Proz. eines Mols anzeigten. Das Ergebnis ist, daß so gut wie die ganze Menge absorbierter Kohlensäure dissoziierbar aufgenommen worden war.

Vierzehnter Versuch. Mit Chlorophyll *b*. 0,650 g Substanz in 103,85 ccm Wasser, die allein 178,54 ccm lösen, absorbierten bei 0° in 18 Stunden 182,48 ccm CO_2 unter dem Teildruck 744,9 mm = 0,3536 g. Dabei kam die Gasaufnahme infolge der Ausflockung beinahe zum Stillstand. Die Absorption durch das Chlorophyll betrug 3,94 ccm = 7,7 mg, das ist 25 Proz. eines Mols wie im voranstehenden Parallelversuche.

Nach dem Eintragen in Alkohol entband die Flüssigkeit 0,3554 g und nach Zusatz von Schwefelsäure nur noch weitere 0,3 mg CO_2. Die nach der Absorption in der Form des Magnesiumbicarbonates vorhandene Kohlensäure belief sich daher auf $2^1/_2$, die vom Chlorophyll dissoziierbar aufgenommene auf 23 Proz. eines Mols.

Fünfzehnter Versuch. Mit Chlorophyll *a*. 0,732 g Substanz in 103,80 ccm Wasser, die allein 178,45 ccm lösen, absorbierten bei 0° in 50 Minuten 182,68 ccm CO_2 vom Teildruck 745,3 mm = 0,3542 g. Die anfangs ganz klare, prächtig grüne Lösung behielt ihre Farbe unverändert, schied aber gegen Ende der Absorption, die viel rascher als bei Chlorophyll *b* erfolgt, doch schon ziemlich viel Flöckchen aus. Die Konzentration der kolloiden Lösungen in diesen Versuchen scheint die größte zu sein, die angewandt werden kann. Durch das Chlorophyll sind 4,23 ccm = 8,2 mg CO_2 aufgenommen worden, das ist 23 Proz. eines Mols.

Bei der Verdrängung des Kohlendioxyds in alkoholischer Lösung wurden 0,3565 g ausgetrieben und durch Zusatz von Schwefelsäure nur noch 0,1 mg CO_2 entbunden; bei dieser Bestimmung sind nach dem Ansäuern in $2^1/_4$ Stunden 8 l Luft durch die alkoholische Lösung unter Erwärmen auf 65° geleitet worden.

Auch bei diesem Versuche mit der Komponente *a* ist also die Zersetzung des Chlorophylls vermieden und fast das gesamte absorbierte Kohlendioxyd freiwillig zurückgegeben worden.

Vergleich der Zersetzung bei den drei Aufarbeitungsweisen.

Die Ergebnisse der Versuche sind unter a), b) und c) so dargestellt worden, daß sie über die Bildung der dissoziierenden Verbindungen von Chlorophyll *a* und *b* mit Kohlensäure zumeist mit der dafür ungünstigsten Annahme aussagen, das am Versuchsende vorliegende basische Magnesiumcarbonat sei schon während der Absorption aus dem Chlorophyll abgespalten worden und am Ende derselben als primäres Carbonat mit dem größten Verbrauch an Kohlensäure vorhanden gewesen. Nun sind noch an Hand der folgenden Tabelle 94 einige unter ähnlichen Bedingungen ausgeführte, aber verschieden aufgearbeitete Versuche zu vergleichen, um zu ermitteln, wieviel von der beobachteten Spaltung erst im Gange der Aufarbeitung geschehen ist, wie sich also die Kohlensäureverbindung bei der Entgasung in Wasser und bei der Überführung in Äther verhalten hat.

Tabelle 94.
Zerfall der Chlorophyllkohlensäureverbindung in verschiedenen Medien.

		Methode c (Alkohol)	Methode b (Kochsalzlösung und Äther)	Methode a (Wasser)
Chlorophyll *a*, kurze Einwirkung	Addition in Proz.	23	22	27
Versuche 15, 7, 3	Zersetzung in Proz.	0	6	27
Chlorophyll *b*, lange Einwirkung	Addition in Proz.	25; 25	18	18
Versuche 14 und 13, 8, 4	Zersetzung in Proz.	2; 1	3	7,5
Chlorophyll *a*, lange Einwirkung	Addition in Proz.	46; 39	41	—
Versuche 12 und 11, 5	Zersetzung in Proz.	17; 15	16	—

Gemäß dem Verhalten in Alkohol ist aus beiden Chlorophyllkomponenten nach kurzer Dauer der Absorption und aus der Komponente *b* auch nach langer Dauer derselben die Kohlensäure ohne Zersetzung des Chlorophylls wieder entbunden worden. Die bei der Entgasung in Wasser beobachtete Spaltung des Chlorophylls ist daher erst nachträglich durch den Zerfall der Kohlensäureverbindung im kohlensäurearmen oder -freien Wasser eingetreten, und zwar ist diese Zersetzung bei Chlorophyll *a* eine vollständige, bei *b* eine partielle. Dazwischen liegende Werte hat die Überführung in Äther ergeben, die Kohlensäureverbindung von *a* erleidet auch dabei größeren Verlust an Magnesium als die von *b*.

VI. Chlorophyll in alkoholischer Lösung.

Es ist nicht nur gezeigt worden, daß Chlorophyll in absolutem und in 80 proz. Alkohol beim Behandeln mit Kohlendioxyd unverändert bleibt, es ist auch von der glatten Dissoziation der bereits gebildeten Kohlensäureverbindung des Chlorophylls beim Vermischen ihrer kolloiden Lösung mit Alkohol Gebrauch gemacht worden. Andererseits wird die Zersetzung des Chlorophylls in kolloider Lösung durch Kohlensäure bei Zusatz von wenig Alkohol nicht verhindert, z. B. in 1 proz. alkoholischer Lösung, worin eine große Zahl von Molen Alkohol auf ein Mol Chlorophyll trifft. Eine solche Lösung wird beim Einleiten von Kohlendioxyd bei 15° in 2 Stunden mißfarbig und beginnt Flocken von Phäophytin abzuscheiden. Chlorophyll verhält sich also in 1 proz. Alkohol wie in Wasser, in 80 proz. wie in absolutem Alkohol. Das Chlorophyll kann nicht durch Alkohol vor der Säurewirkung geschützt werden, die das Hydrat Kohlensäure ausübt, solange nämlich die Lösung wasserhaltig genug ist, daß das Hydrat auftreten und in Ionen dissoziieren kann.

Dennoch ist es nicht ausgeschlossen, daß Chlorophyll auch mit dem Anhydrid der Kohlensäure zu reagieren vermag, was beispielsweise mit dem Kolloide ohne Gegenwart von Wasser geprüft werden könnte. Vor allem war aber zu untersuchen, ob Chlorophyll in Alkohol, also in molekularer Lösung, anstatt in der kolloiden, gegen Kohlendioxyd indifferent ist oder ob es dieses zu addieren vermag.

Die Frage wird so geprüft, daß wir vergleichsweise die Löslichkeit des Kohlendioxyds in Alkohol für sich allein und unter Zusatz von Chlorophyll bestimmen.

Für die Löslichkeit des Kohlendioxyds in Alkohol liegen bereits die sorgfältigen Angaben von Chr. Bohr[1]) vor, der dafür 99 proz. Alkohol angewandt hat. Wir bemühen uns, den Alkohol wasserfrei anzuwenden, indem wir absoluten Alkohol mit einer genügenden Menge von metallischem Natrium versetzen und unter ausschließlichem Zutritt trockener Luft destillieren und einfüllen. Zur Entgasung wird der Alkohol mit einem Heber in den Entgasungskolben übergeführt und ein Teil davon im Vakuum abgedampft. Da bei den späteren Versuchen das Chlorophyll durch Zusatz einer kleinen Menge wasserfreier Oxalsäure vor Allomerisation geschützt werden soll, ist auch der reine Alkohol vor der Entgasung mit Oxalsäure versetzt worden, 100 ccm mit 1 mg.

Die Messung geschah mit demselben Apparate, wie die Untersuchung der kolloiden Lösungen; die Gasbürette war entsprechend der größeren Löslichkeit des Kohlendioxyds im Alkohol mit einem Absorptionsgefäß von nur etwa 50 ccm Inhalt verbunden. Die Bürette und die übrige Apparatur wurde sorgfältig getrocknet, das Manometerrohr und das Niveaugefäß mit Trockenröhren verschlossen. Zur Trocknung der Kohlensäure und Sättigung mit Alkoholdampf bei 0° war zwischen die Gaswaschflasche und die Bürette ein Trocknungsrohr und eine mit dem Alkohol des Versuchs beschickte Waschflasche eingeschaltet.

Bei 0° und 760 mm Barometerstand fanden wir:

a) 118,54 ccm; b) 118,50 ccm in 26,30 ccm Alkohol.

Daraus ergibt sich ohne Berücksichtigung der Raumvermehrung des Alkohols durch die CO_2-Aufnahme für 1 ccm Alkohol von 0° 4,50 ccm, während Bohr für 99 proz. Alkohol 4,44 ccm mitgeteilt hat.

Versuch mit Chlorophyll ($a + b$); 0,4 g exsiccatortrockene Substanz in den 26 ccm Alkohol.

26,30 ccm lösten bei 0° 117,76 ccm CO_2.

Versuch mit Chlorophyll *a*; 0,12 g im Hochvakuum getrocknete Substanz in den 26 ccm Alkohol.

26,30 ccm lösten bei 0° 118,82 ccm CO_2.

Das Chlorophyll hat keine nachweisbare Erhöhung der Löslichkeit von Kohlendioxyd in Alkohol bewirkt.

---

[1]) Chr. Bohr, Wiedemanns Ann. [4] 1, 244 [1900].

VII. Schutz des kolloiden Chlorophylls vor der Zersetzung durch Kohlensäure.

Das Verhalten des Chlorophylls gegen Kohlensäure wird durch verschiedene Zusätze anorganischer und organischer Natur beeinflußt, von denen namentlich Erdalkalisalze und ein Beispiel der Eiweißkörper geprüft worden sind. Sie machen das Chlorophyll in bezug auf die Zersetzung durch Kohlensäure beständiger. Zunächst zeigt sich bei der Beobachtung der Phäophytinbildung, daß das Chlorophyll durch manche Begleitstoffe vor der Abspaltung des Magnesiums geschützt wird. Aber erst durch die Messung der Kohlensäureabsorption nach den Methoden der letzten Abschnitte läßt es sich ermitteln, ob dieser Schutz auf größerer Beständigkeit der Kohlensäureverbindung unter gewissen Umständen beruht oder auf Verlangsamung der Kohlensäureaddition. Die Abspaltung des Magnesiums kann, wie schon an früheren Stellen, durch Veraschung quantitativ bestimmt werden oder besonders zweckmäßig an kleinen Substanzmengen durch eine colorimetrische Analyse der Gemische aus Chlorophyll und Phäophytin.

Bestimmung von Chlorophyll neben Phäophytin. Sie beruht auf der großen Farbverschiedenheit der komplexen Magnesiumverbindung und ihres magnesiumfreien Derivates. Wenn auch dem Auge Chlorophyllösungen, die schon 10 Proz. Phäophytin und noch mehr enthalten, für sich allein betrachtet noch schön grün erscheinen, so tritt ihre olivgrüne Farbnuance sogleich hervor, wenn man sie mit reinen Chlorophyllösungen von ähnlichem Komponentenverhältnis vergleicht. Besonders deutlich wird der Farbunterschied, wenn die Flächen unbeeinflußt von seitlichem Licht im Colorimeter nebeneinander stehen.

Bei Differenzen von mehr als 5 Proz. im Phäophytingehalt ist ein scharfer Vergleich zweier Lösungen schon nicht mehr möglich; colorimetrische Bestimmungen würden dann schon recht ungenau. Ein empfindliches und geübtes Auge nimmt aber auch Unterschiede im Phäophytingehalt von 2 bis 1 Proz. noch wahr; diese Genauigkeit wird also erreicht, indem man den Phäophytingehalt eines Präparates durch

Vergleich mit einem Gemisch von bekanntem Phäophytingehalt colorimetrisch bestimmt.

Der Vergleich wird am besten in ätherischer Lösung vorgenommen; als Vergleichspräparat für den in einem Versuche teilweise zersetzten Farbstoff dient das Chlorophyll, wie es zu Beginn jenes Versuches vorlag, oder ein anderes reines Chlorophyllpräparat in Lösung (100 ccm) von bekannter Konzentration, die ähnlich ist wie bei der Versuchslösung. Nach einer nur vorläufigen Schätzung des Unterschieds im Phäophytingehalt entnimmt man der Vergleichslösung einen Anteil, der etwas kleiner ist als dem geschätzten Unterschiede entsprechen würde. Diesem Anteil wird das Magnesium durch Schütteln mit etwa 1 ccm 20 bis 25 proz. Salzsäure im Scheidetrichter quantitativ entzogen. Nach beendetem Farbumschlag entfernt man aus der ätherischen Schicht sorgfältig jede Spur Salzsäure mit verdünnter Sodalösung. Dann wird das gebildete Phäophytin zum unversehrten Teil der Vergleichslösung zurückgegeben. Erscheint nun im Colorimeter neben der Versuchslösung diese Mischung noch zu grün, so zersetzt man sie je nach dem Farbunterschied noch etwas weiter, indem man bei der Entnahme eines Anteils zur weiteren Spaltung mit Säure das bereits vorhandene Phäophytin in Rechnung zieht. Bei einiger Übung gelingt es, in zwei bis drei stufenweisen Zersetzungen den Farbton der Versuchslösung einzugabeln zwischen einer noch etwas zu grünen und andererseits einer schon ein wenig zu olivstichigen Mischung, die untereinander um nicht mehr als 5 Proz. im Phäophytingehalt differieren. Dadurch wird mit Proben von wenigen Milligrammen der Grad der Säurezersetzung auf 1 bis 2 Proz. genau erkannt, das ist mindestens so genau, als durch Aschebestimmungen mit ganz großen Substanzmengen.

Zusatz von Magnesiumcarbonat. Für den Versuch diente eine kolloide Lösung von 4,8 mg Chlorophyll ($a + b$) in je 10 ccm, die in dem gegebenen Zustand zufolge der colorimetrischen Bestimmung nach der soeben beschriebenen Methode 4 Proz. des normalen Magnesiums durch hydrolytische Zersetzung verloren hatte. Die Probe wurde mit 1 ccm einer sehr verdünnten Suspension von Magnesiumbicarbonat in Wasser versetzt und bei 15° zwei Stunden lang mit einem Strom reiner Kohlensäure behandelt, während eine Vergleichsprobe ohne Magnesiumbicarbonat derselben Kohlensäurewirkung unterlag. Die magnesiumcarbonathaltige Lösung blieb in der Farbe unverändert, sie wurde höchstens ein wenig gelbstichig; bei der Probe ohne Zusatz schlug die Farbe in Oliv um. Die colorimetrische Bestimmung des entstandenen Phäophytins geschah durch den Vergleich mit der Chlorophyllösung im Anfangszustand. Das mit Magnesiumcarbonat versetzte Chlorophyll hatte 4 bis 5 Proz. seines Magnesiums verloren, während im Vergleichsversuche ohne schützenden Zusatz 35 Proz. des Chlorophylls in Phäophytin umgewandelt waren.

Calciumcarbonat wirkt ähnlich wie die Magnesiumverbindung. Auch auf eine schon in Wasser stattfindende Zersetzung des kolloiden Chlorophylls, die seinen Magnesiumgehalt etwas herabdrückt, ist der Zusatz von Erdalkalicarbonat von Einfluß. Wir lösten 0,10 g Chlorophyll in 15 ccm Aceton und bereiteten das Sol durch Zufügen von 75 ccm Wasser mit einem kleinen Magnesiumgehalt; in das Wasser war Kohlensäure eingeleitet, und es war durch ein Filter gegeben worden, auf dem sich etwas Magnesiumcarbonat befand. Die kolloide Chlorophyllösung wurde bei 30° auf 25 ccm eingeengt und 24 Stunden bei 0° und einige Stunden bei 15° aufbewahrt. Die Analyse ergab beim Überführen in Äther und colorimetrischen Vergleich mit dem angewandten Präparate, das direkt in Äther gelöst worden, keinen Unterschied oder weniger als 1 Proz. Spaltung.

Von dieser Beobachtung wird künftig eine wichtige Anwendung zu machen sein. Bei der Darstellung und bei der Aufbewahrug kolloider Lösungen tritt namentlich bei großer Verdünnung in einem Bruchteil des Chlorophylls hydrolytische Spaltung ein, wie oben erwähnt wurde. Sie läßt sich durch einen geringen Zusatz von Magnesiumbicarbonat, zum Beispiel von einem Zehntel der molekularen Menge, auf das Chlorophyll bezogen, so weit verhindern, daß die Farbe und der Aschegehalt des Chlorophylls unverändert bleiben. Mit dieser Vorsicht ist für die spektroskopischen Messungen (vgl. Abschnitt II) und für physiologische

Versuche (siebente Abhandlung, Abschnitt V und VI) kolloides Chlorophyll bereitet worden.

Die Frage, ob nur die Abspaltung des Magnesiums oder schon die Addition der Kohlensäure an Chlorophyll durch Magnesiumbicarbonat verlangsamt wird, kann entschieden werden, indem man Chlorophyll bei Gegenwart von Magnesiumcarbonat Kohlensäure aufnehmen läßt und es dann genau wie bei den Versuchen des V. Abschnittes auf solche Weise wieder isoliert, daß etwa vorhandenes Kohlensäureadditionsprodukt dabei nach den verschiedenen möglichen Richtungen zerfallen wird. Je 1 ccm des auch schon eine Spur Magnesiumbicarbonat enthaltenden Chlorophyllhydrosols wurde mit je 10 ccm 1) Wasser, 2) kohlensäuregesättigtem Wasser, 3) mit kohlensäuregesättigtem Wasser + $^1/_5$ mg Magnesiumcarbonat versetzt und bei 15° (mit Ausnahme von Nr. 1) zwei Stunden mit einem Strom von Kohlensäure behandelt. Die mit Wasser verdünnte Vergleichslösung (Nr. 1) zeigte 0 Proz., die Probe Nr. 2 13 bis 14 Proz. Zersetzung. Die mit Magnesiumbicarbonat geschützte kolloide Lösung ergab bei der Isolierung durch Eintragen in absoluten Alkohol 4 bis 5 Proz., durch Ausäthern unter Salzzusatz 4 Proz., durch Entgasen der wässerigen Lösung 5 bis 6 Proz. Zersetzung. Zufolge der Übereinstimmung zwischen diesen Dissoziationsversuchen war keine nachweisbare Menge von Kohlensäureadditionsprodukt vorhanden. Die Geschwindigkeit der Addition von Kohlensäure an Chlorophyll ist also durch das Magnesiumbicarbonat stark vermindert. Das wird dadurch erklärt, daß die Wasserstoffionenkonzentration der Kohlensäure durch die Bildung des Magnesiumbicarbonats sehr verringert worden ist.

Mit Hilfe der colorimetrischen Analyse von Gemischen aus Chlorophyll und Phäophytin ist die Wirkung verschiedener weiterer Zusätze untersucht worden. Glykokoll sowie Glucose und Stärke, in derselben Menge wie Chlorophyll angewandt (5 mg in 10 ccm), sind ohne Einfluß auf die Geschwindigkeit der Phäophytinbildung. Pyrogallol hingegen, das für sich allein Chlorophyll nicht zersetzt, übt eine mäßige Beschleunigung auf die Kohlensäurewirkung aus. Diese rührt wahrscheinlich davon her, daß unter der Wirkung einer kleinen Menge Magnesium, welche die Kohlensäure aus dem Chlorophyll eliminiert hat, in den Kern des Pyrogallols Kohlensäure eintritt, so daß eine stärkere Säure, eine Phenolcarbonsäure, entsteht.

Zusatz von Gelatine. Die Wirkung von Gelatine wurde in der Absicht geprüft, sie als Schutzkolloid dienen zu lassen, um bei Versuchen mit Chlorophyll, zum Beispiel bei der Einwirkung von Kohlensäure, die Koagulation hintanzuhalten. Die Gelatine macht indessen das Hydrosol des Chlorophylls in bezug auf die Ausflockung durch Kohlensäure noch viel empfindlicher. Eine Schutzwirkung übt aber die Gelatine insofern aus, als sie die Abspaltung des komplexen Magnesiums durch die Kohlensäure verhindert.

Beim Vermischen eines konzentrierten (0,4 proz.) Chlorophyllhydrosols mit einer 0,25 proz. Gelatinelösung, die ein Viertel der Chlorophyllmenge an Gelatine enthielt, fiel ein Teil des Chlorophylls aus. Der flockige Niederschlag, der nur 10 Proz. Gelatine enthielt, zeigte noch das Verhalten des Hydrosols gegen die Lösungsmittel, während das Chlorophyll sonst irreversibel koaguliert. An Äther gab er den Farbstoff äußerst träge ab, etwas leichter beim Schütteln mit Äther und Wasser, rascher auf Zusatz von Elektrolyten. Beim Trocknen über Schwefelsäure büßte das Präparat seinen Kolloidzustand ein.

Die Lösung von 22,5 mg Chlorophyll $(a + b)$ in 55 ccm Wasser mit einem Zusatz von 5 mg Gelatine blieb bei zweistündigem Einleiten von unverdünntem Kohlendioxyd bei 15° unversehrt, zufolge der Mikroaschenbestimmung war kein Magnesium abgespalten. Eine ähnliche gelatinehaltige Lösung der gegen Kohlensäure besonders empfindlichen Chlorophyllkomponente *a* wurde mit 7 proz. Kohlendioxyd bei 15° drei Stunden lang behandelt. Nach der colorimetrischen Analyse waren höchstens 3 Proz. vom Chlorophyll zersetzt, während in einem Vergleichsversuch mit Chlorophyll *a* ohne Zusatz 47 Proz. des Magnesiums abgespalten waren.

Auch viel geringere Gelatinezusätze, z. B. $^1/_{20}$ oder nur $^1/_{40}$ der Chlorophyllmenge bewirkten zwar keinen vollständigen Schutz, verzögerten aber die Zersetzung durch die Kohlensäure erheblich.

Die Wirkung der Gelatine wird durch die Messung der Kohlensäureabsorption einer wässerigen Gelatine-Chlorophylllösung erklärt. Für den Vergleich bestimmten wir zunächst die Kohlensäureabsorption bei 15° von reiner Gelatinelösung ähnlicher Konzentration wie in der Mischung mit Chlorophyll. Die Löslichkeitserhöhung für Kohlendioxyd im Vergleich mit reinem Wasser betrug in 100 ccm 0,1 proz. Gelatine 0,45 ccm (ohne Berücksichtigung des Volumens der gelösten Gelatine). Das Volumen des in Lösung gegangenen Kohlendioxyds mußte unter Vermeidung von Schaumbildung gemessen werden. Bei kräftigerem Schütteln steigt die Löslichkeitserhöhung bis auf mehr als das Dreifache des angegebenen Betrages infolge der Druckerhöhung in den Schaumblasen; bei langsamem Umschwenken wird dieser Mehrbetrag wieder abgegeben, bei erneuter Schaumbildung stellt sich die vermehrte Absorption ziemlich genau wieder ein.

Zur Bestimmung der Kohlensäureabsorption des gelatinehaltigen Chlorophylls diente eine Lösung, die durch Koagulation einen Teil des Farbstoffes verloren hatte und die am Versuchsende in 100 ccm noch 0,13 g Chlorophyll ($a + b$) als Hydrosol und 0,12 g als Suspensoid enthielt. Der Mehrbetrag des absorbierten Kohlendioxyds (ohne Berücksichtigung des Volumens der Kolloide) bei 15° im Vergleiche mit reinem Wasser betrug nur 0,64 ccm, also sehr wenig, zumal ja ein Teil dieser Löslichkeitserhöhung der Gelatine allein zuzuschreiben war; überdies änderte sich die Kohlensäureabsorption bei längerer Versuchsdauer nicht. Das Hydrosol erlitt bei 15 Stunden langer Kohlensäureeinwirkung gemäß der colorimetrischen Analyse keinen Magnesiumverlust.

Die schützende Wirkung der Gelatine beruht also auf der Hemmung der Addition von Kohlensäure an Chlorophyll.

Fünfte Abhandlung.

Über die Konstanz des assimilatorischen Koeffizienten bei gesteigerter Assimilation.

I. Theoretischer Teil.

Die Frage der stufenweisen Entbindung des Sauerstoffs.

Die folgende Untersuchung behandelt die Frage, ob das assimilierende Blatt die Kohlensäure in einer einzigen Reaktion durch Abspaltung ihres gesamten Sauerstoffs reduziert oder ob diese Zerlegung sich aus mehreren Teilvorgängen, in denen Zwischenprodukte gebildet werden, zusammensetzt. Das Verhältnis zwischen absorbiertem Kohlendioxyd und entbundenem Sauerstoff soll bestimmt und es soll geprüft werden, ob dieser Koeffizient bei Assimilation unter hohem Teildruck der Kohlensäure und auch im übrigen günstigen Bedingungen und bei langer Dauer konstant bleibt. Das Gasaustausch wird sich ändern, die Menge des frei werdenden Sauerstoffs wird sinken, falls Zwischenprodukte der Reduktion auftreten und sich anhäufen, wofür die Voraussetzungen möglichst günstig gestaltet werden sollen.

Zwischen Kohlensäure und Kohlehydrat gibt es, wenn man nur die einfachsten Möglichkeiten in Betracht zieht, mindestens drei Zwischenstufen, gemäß den Formeln:

	1. Stufe		2. Stufe		3. Stufe				4. Stufe
$C{\overset{\displaystyle O}{\underset{\displaystyle OH}{\diagup\!\!\!\diagdown}}}OH$	$\rightarrow$ $C(=O)OH$ (mit Bindung nach unten)	$\rightarrow$	$HC(=O)OH$	$\rightarrow$	$C(=O)H$ (mit Bindung nach unten)	und	CO_2H | CH_2OH	$\rightarrow$	$HC(=O)H$
	$\downarrow$ $C_2H_2O_4$ Oxalsäure		Ameisensäure		$\downarrow$ $C_2H_2O_2$ Glyoxal		Glykolsäure		Formaldehyd

Diesen Reduktionsprodukten entsprechen folgende Quotienten aus Kohlendioxyd und abgespaltenem Sauerstoff:

$\frac{CO_2}{O_2}$ für Oxalsäure = 4,

„ für Ameisensäure = 2,

„ für Glykolsäure = 1,33 . . .

Ob die Reaktion diese Zwischenstufen überspringt oder ob sie dieselben stufenweise herabschreitet, kann die Bestimmung des assimilatorischen Koeffizienten entscheiden, namentlich unter jenen Bedingungen, welche die Anhäufung eines Zwischenproduktes erwarten lassen.

Die Bildung organischer Säuren als Vorstufen der Kohlehydratsynthese war Liebigs[1]) Assimilationserklärung, nach der nicht auf einmal, sondern ruckweise unter sukzessiver Sauerstoffabgabe zuerst Oxalsäure, dann Weinsäure, Äpfelsäure und endlich neutrale Kohlehydrate sich bilden sollten.

Eine ähnliche Anschauung über Zwischenglieder der Assimilation wird in der Gegenwart vertreten von E. Baur[2]), der unter dem Titel „Der Weg der Assimilation" in folgender Weise „die Möglichkeit erörtert, daß bei der photochemischen Reduktion der Kohlensäure in den grünen Pflanzen Oxalsäure in erster Reaktionsstufe entsteht": „Schon weil von allen organischen Stoffen die Oxalsäure der Kohlensäure am nächsten steht, wenn man jene nach Reduktionsäquivalenten ordnet, schon deswegen wird man zu der Vermutung gedrängt, daß die Oxalsäure das erste Produkt der Reduktion der Kohlensäure sei. Das weitverbreitete, zum Teil massenhafte Vorkommen der Oxalsäure in Blättern (z. B. der Crassulaceen) fände dann eine Erklärung, die vielleicht weniger notdürftig wäre als die gegenwärtige, wonach das Calciumoxalat eine Ausscheidung unvollständig oxydierter, wertlos gewordener organischer Substanz sein soll. Die Sache hat aber noch eine andere Seite. Wenn das

[1]) J. Liebig, Ann. d. Chem. **46**, 58, 66 [1843]; Justus von Liebig, Die Chemie in ihrer Anwendung auf Agrikultur und Physiologie, 1. Teil, Der chemische Prozeß der Ernährung der Vegetabilien, S. 51 [1862]; vgl. dazu die Betrachtungen von A. Mayer (Lehrb. d. Agrikulturchemie, 6. Aufl., Bd. I, Heidelberg 1905, S. 63), die geeignet sind, den Widerspruch zwischen der Hypothese Liebigs und der Gesetzmäßigkeit des assimilatorischen Gasaustausches zu mildern.

[2]) E. Baur, Zeitschr. f. physikal. Chem. **63**, 683, 706 [1908]; **72**, 323, 336 [1910].

Licht die Kohlensäure auf einmal zu Formaldehyd reduzieren soll, so hat es einen ungeheuren Potentialhub zu leisten. Viel bequemer erreicht die Pflanze dasselbe Ziel, wenn das Licht nur bis zur Oxalsäure zu reduzieren braucht. Die weitere Reduktion zu Kohlenhydrat kann durch freiwilligen inneren Zerfall geschehen ...“

Eine neuere Arbeit von E. Baur[1]) „Über Bildung, Zerlegung und Umwandlung der Glykolsäure“ „zeigt, wie man von der Oxalsäure, dem wahrscheinlich ersten Produkt der Assimilation, zu den Kohlenhydraten übergehen kann, die in der Pflanze wohl an Stelle des Formaldehyds bei der Zerlegung der Glykolsäure auftreten. Äpfelsäure und Citronensäure kommen zur Glykolsäure in ein ähnliches Verhältnis wie die Stärke zur Glucose; es sind vorübergehende Aufspeicherungsformen der Glykolsäure. Insgesamt erkennen wir in den Pflanzensäuren, nämlich in der Oxalsäure, Ameisensäure, Glyoxalsäure, Glykolsäure, Äpfelsäure und Citronensäure, die Vorstufen der Kohlenhydrate, wie übrigens schon Justus von Liebig klar geworden war“.

Die periodische Anhäufung und Aufzehrung von organischen Säuren im Zellsafte der grünen Blätter ist indessen als eine Erscheinung der Atmung klargelegt[2]). Die Säuren sind Zwischenstufen der Kohlensäurebildung; dadurch, daß sich erst im Lichte ihre Verbrennung vervollständigt, wird die Atmungskohlensäure dem assimilatorischen Umsatz von neuem zugeführt. Am ausgesprochensten ist dieser Vorgang bei den Crassulaceen und bei den Opuntialen, nämlich die Assimilation auf Kosten dieser inneren Kohlensäureversorgung, die im experimentellen Teil der Arbeit an einigen Beispielen succulenter Gewächse (Cacteen) quantitativ bestimmt wird. Es wäre schwierig, die Vorstellung, daß Pflanzensäuren im Assimilationsvorgang gebildet und dann sogar im Assimilationsapparat angehäuft werden, in Einklang zu bringen mit der großen Säureempfindlichkeit des Chlorophylls, die sich auch noch im Verhalten des Farbstoffes gegen Kohlensäure äußert.

---

[1]) E. Baur, Ber. d. deutsch. chem. Ges. **46**, 852 [1913].

[2]) Diesen Einwand gegen die Ansicht von Baur hat schon H. Euler erhoben; vgl. H. Euler, Zeitschr. f. physiol. Chem. **59**, 122 [1909].

Die Annahme nicht nur von sauren, sondern von irgendwelchen sauerstoffreicheren Zwischengliedern der Assimilation, die frei vorkommen und angehäuft werden können, steht vollends, wie in dieser Arbeit gezeigt wird, mit dem Koeffizienten $\frac{CO_2}{O_2} = 1$ und mit seiner Unveränderlichkeit bei der Steigerung der assimilatorischen Leistung im Widerspruch und wird dadurch ausgeschlossen[1]).

Diese Widerlegung trifft auch die Assimilationshypothese von E. Erlenmeyer[2]), welche die Ameisensäure als Zwischenglied annahm, und die in neuerer Zeit von R. Meldola[3]) eingehend in Betracht gezogene Hypothese von H. Brunner und E. Chuard[4]), die Glyoxylsäure und andere Pflanzensäuren, sowie Glucoside und Stärke als gleichzeitig gebildete erste Assimilationsprodukte ansah.

Gleichfalls ohne die Verhältnisse des assimilatorischen Gaswechsels zu berücksichtigen, haben vor kurzem G. Bredig[5]) und ferner K. A. Hofmann und K. Schumpelt[6]) Bedenken geäußert gegen die Annahme, „daß der Assimilationsprozeß in den grünen Pflanzenteilen von der atmosphärischen Kohlensäure aus über den Formaldehyd seinen Weg nimmt zu den Kohlehydraten“. Sie finden es unwahrscheinlich, daß die Kohlensäure unter dem Antrieb der Lichtenergie in Formaldehyd und Sauerstoff übergehen soll, „weil der Energieanstieg bei diesem Vorgang ein außergewöhnlich großer ist und etwa 120 Cal. beträgt“. Hofmann und Schumpelt ähnlich wie zuvor Bredig führen aus: „Uns will es bedünken, daß man auf Grund bekannter lichtelektrischer Versuche eher annehmen sollte, daß das Licht eine elektrolytische Spaltung des Wassers herbeiführt, von

---

1) Die Bedeutung des Koeffizienten wird offenbar häufig unterschätzt. Als ein Beispiel dafür sei aus der neuen Literatur der Satz angeführt: „Falls nun bewiesen wird, daß die Zerlegung von Kohlendioxyd in Kohlenoxyd und Sauerstoff in der Pflanze durch dunkle elektrische Entladungen oder überhaupt durch kurzwellige Strahlen geschieht, so müßte dann allerdings auch Ozon entstehen.“ (E. Fonrobert, Das Ozon, Stuttgart 1916, S. 30.)

2) E. Erlenmeyer, Ber. d. deutsch. chem. Ges. **10**, 634 [1877].

3) R. Meldola, „The Living Organism as a Chemical Agency; a Review of some of the Problems of Photosynthesis by Growing Plants“. Journ. of the Chem. Soc. **89**, 749 [1906].

4) H. Brunner und E. Chuard, Ber. d. deutsch. chem. Ges. **19**, 595 [1886].

5) G. Bredig, Die Umschau **18**, 362 [1914].

6) K. A. Hofmann und K. Schumpelt, Ber. d. deutsch. chem. Ges. **49**, 303 [1916].

deren Produkten der Sauerstoff gasförmig entweicht, während der Wasserstoff die Kohlensäure zunächst zu Ameisensäure reduziert.“ Allein diese Vorstellung erklärt nicht das gesetzmäßige Handinhandgehen von Sauerstoffentbindung und Kohlensäureverbrauch. Die Konstanz des assimilatorischen Koeffizienten sagt aus, daß in den chlorophyllhaltigen Gewächsen der entbundene Sauerstoff nicht aus Wasser, sondern aus der Kohlensäure stammt.

Zur Geschichte des assimilatorischen Koeffizienten.

In den älteren Analysen des Gasaustausches assimilierender Pflanzen, namentlich in denjenigen von J. B. Boussingault[1]), war das Volumverhältnis der von den Blättern im Licht absorbierten Kohlensäure zu dem gleichzeitig von ihnen entbundenen Sauerstoff bestimmt worden. Da an dem Gaswechsel zwei entgegengesetzt gerichtete Vorgänge beteiligt sind, so war das gefundene Verhältnis eine Resultante aus den Quotienten von Sauerstoff und Kohlensäure bei der Assimilation und der Atmung. Dieser Koeffizient, den Bonnier und Mangin als „résultante des deux fonctions à la lumière $\frac{\mathrm{o}}{\mathrm{c}} = \mathrm{R}$“ und den Maquenne und Demoussy als „coefficient chlorophyllien brut“ bezeichneten, ist annähernd gleich 1 gefunden worden, er bewegt sich in allen Versuchen von Boussingault zwischen 0,81 und 1,17.

Erst in den Arbeiten von G. Bonnier und L. Mangin[2]) sind Methoden aufgesucht worden, um die Assimilation und die Atmung getrennt zu beobachten und die Messung der beiden einander entgegengerichteten Vorgänge auszuführen. Der Erfolg war die Bestimmung des respiratorischen Koeffizienten $r = \frac{\mathrm{vol\ CO_2}}{\mathrm{vol\ O}}$ und des reinen assimilatorischen Koeffizienten („action chlorophyllienne seule“) $a = \frac{\mathrm{vol\ O}}{\mathrm{vol\ CO_2}}$ in einer großen Anzahl von Beispielen.

Einleitend deuteten Bonnier und Mangin an, daß bei den Pflan-

---

1) J. B. Boussingault, Agronomie, Chimie agricole et Physiologie, 2. Aufl., [1864], III. Bd., S. 266 und besonders S. 378; ferner Bd. V desselben Werkes [1874] S. 1.

2) G. Bonnier und L. Mangin, Compt. rend. **100**, 1303 [1885] und Ann. Sc. nat., (Bot.) (7), **3**, 5 [1886].

zen, für welche die Resultante von Boussingault annähernd gleich 1 ist und für die nach ihren eigenen Messungen[1]) der Atmungskoeffizient von 1 stark abweicht, der entgegengesetzte Gaswechsel des reinen Assimilationsvorgangs nicht den Koeffizienten 1 ergeben kann. Aus dem Gesamtgasaustausch einerseits und dem respiratorischen Gaswechsel andererseits läßt sich also, wie es neuerdings wieder von Maquenne und Demoussy geschieht, auf den eigentlichen assimilatorischen Koeffizienten schließen, aber die Ableitung ist ungenau und unsicher.

Man verdankt Bonnier und Mangin die folgenden vier Methoden „à séparer l'action chlorophyllienne de la respiration".

1. Vergleich des Gaswechsels im Licht und im Dunkeln. Unter Lichtausschluß wird allein die Atmung und im Parallelversuch die Assimilation zusammen mit der Atmung beobachtet. Dafür ist Temperaturgleichheit erforderlich, die nur in diffusem Licht zu erzielen war. Aus der Differenz zwischen beiden Versuchen im Kohlendioxyd- und Sauerstoffgehalt der Gasräume wurde der assimilatorische Koeffizient abgeleitet.

Die Bestimmung erfordert eine Korrektur, da nach vorangegangenen Untersuchungen von Bonnier und Mangin[2]) die Atmung im Dunkeln und bei Belichtung verschieden ist. Sie wird im Lichte um 5 bis 33 Proz. gehemmt. Die Korrektur ist abgeleitet aus vergleichenden Atmungsversuchen mit Geweben, die als chlorophyllfrei betrachtet wurden (mit etiolierten und mit chlorophyllfreien Pflanzen und mit keimenden Samen). Allerdings ist diese Korrektur, selbst wenn man sie auf chlorophyllhaltige Blätter übertragen darf, nicht genügend genau und der Atmungsunterschied mit und ohne Licht von störendem Einfluß, weil bei der Anordnung von Bonnier und Mangin Assimilation und Atmung Gasmengen von ähnlicher Größe oder gleicher Größenordnung umsetzen.

2. Hemmung der Assimilation durch Narkose. Bonnier und Man-

[1]) G. Bonnier und L. Mangin, Ann. Sc. nat., (Bot.) (6), **17**, 209 [1884]; **18**, 293 [1884]; **19**, 218 [1884]; (7), **2**, 315, 365 [1886]. Über eine verbesserte Form des gasanalytischen Apparates von Bonnier und Mangin siehe E. Aubert, Rev. gén. bot. **4**, 203 [1892].

[2]) G. Bonnier und L. Mangin, Compt. rend. **96**, 1075 [1883] und Compt. rend. **99**, 160 [1884].

gin haben gefunden, daß durch Äthernarkose die Assimilation gelähmt oder wenigstens geschwächt wird, während die Atmung konstant fortdauert. Der assimilatorische Koeffizient ergibt sich aus der Differenz zwischen den Kohlendioxydmengen im Versuch mit Äthernarkose und im Parallelversuch ohne Äther und aus der zugleich gefundenen Sauerstoffdifferenz.

Wenn die Assimilation nur abgeschwächt wird, so fallen die Differenzen der Gasmengen klein, die Quotienten daher wenig genau aus. Unsicher erscheint uns die Voraussetzung, daß die Atmung mit und ohne Äther im Lichte gleich sei. Man kann ihre Steigerung im Lichte durch Äther wohl vermuten, wenn man zum Beispiel den Einfluß des Lichtes auf die Oxydation der Pflanzensäuren in Succulenten berücksichtigt[1]).

3. Schwächung der Assimilation durch Kohlensäureentziehung. Nach einem schon von Saussure[2]) angewandten und von Garreau[3]) wiederaufgenommenen Prinzip wird die Assimilation in einem geschlossenen Raum durch Beschickung mit Baryumhydroxyd herabgesetzt, das mit den Blättern in der Absorption der respiratorischen Kohlensäure konkurriert; im Vergleichsversuch wird wieder die Assimilation zusammen mit der Atmung gemessen.

Da das assimilierende Blatt nach H. T. Brown und F. Escombe[4]) in der Kohlensäureabsorption eine mehr als halb so große Leistungsfähigkeit wie konzentrierte Kalilauge besitzt, so kann die Versuchsanordnung auch hier nicht zu einer Trennung der beiden Vorgänge, sondern nur zu einer mäßigen Schwächung der Assimilation führen; die Differenzen werden also gering. Es ist ein Fehler, daß die Löslichkeit der Kohlensäure in der wässerigen Flüssigkeit nach dem Zersetzen des Baryumcarbonats mit Säure nicht beachtet wird.

4. Vergleich von Blättern mit verschiedenem Chlorophyllgehalt. Die Differenzen im Gaswechsel werden der ungleichen assimilatorischen Leistung allein zugeschrieben. Eine Schwierigkeit wird darin bestehen, ver-

[1]) H. A. Spoehr, Biochem. Zeitschr. **57**, 95 [1913].
[2]) Th. de Saussure, Recherches chimiques sur la végétation, S. 34, Paris 1804.
[3]) Garreau, Ann. Sc. nat., (Bot.) (3), **15**, 536 [1851] und **16**, 271 [1851].
[4]) H. T. Brown und F. Escombe, Phil. Trans. Roy. Soc. Ser. B **193**, 223 [1900].

gleichbare hellgrüne und dunkelgrüne Blätter zu finden, die sich in verschiedenem Entwicklungszustand befinden und doch in der Atmung übereinstimmen[1]).

Die nach diesen Methoden gefundenen assimilatorischen Koeffizienten[2]) $\frac{\text{vol O}}{\text{vol } CO_2}$ sind größer als 1 und bewegen sich im allgemeinen zwischen 1,1 und 1,3; die folgende Tabelle verzeichnet die Mehrzahl der genauer angegebenen Beispiele von Bonnier und Mangin.

	1. Methode	2. Methode	3. Methode
Ilex aquifolium	1,24—1,28	1,16—1,28	1,22
Sarothamnus scoparius	1,12—1,26	1,14	1,13
Evonymus japonicus .	1,10—1,25	1,10	1,10
Pinus silvestris	1,10—1,30	—	112, 1,10

Leider sind die Ergebnisse von Bonnier und Mangin durch Rechnungsfehler entstellt[3]); nur in einigen Beispielen ist die Korrektur

[1]) Vgl. die zweite Abhandlung, Abschn. V. A. über die Atmung der Blätter im Frühling.

[2]) Bei F. Czapek, Biochemie der Pflanzen, 2. Aufl., I. Bd., S. 523 (Jena 1913) sind als Werte des assimilatorischen Koeffizienten $\frac{CO_2}{O_2}$ nach Bonnier und Mangin versehentlich die respiratorischen Koeffizienten angeführt.

[3]) Als Beispiel der zweiten Methode führen Bonnier und Mangin folgende mit Ilex ausgeführte Analyse an (Ann. Sc. nat., (Bot.) (7), **3**, 18 [1886]):

„Eprouvette sans éther . .	$CO^2 = 0{,}00$	$O = 20{,}03$	$Az = 79{,}97$
Eprouvette avec éther . .	$CO^2 = 3{,}54$	$O = 15{,}63$	$Az = 80{,}83$
Ou, en ramenant les volumes au même taux d'azote:			
Eprouvette sans éther . .	$CO^2 = 0{,}00$	$O = 20{,}03$	$Az = 79{,}97$
Eprouvette avec éther . .	$CO^2 = 3{,}50$	$O = 19{,}81$	$Az = 79{,}97$

En supposant les feuilles exactement comparables, la quantité d'acide carbonique absorbée sous l'influence de l'action chlorophyllienne seule égale 3,50; la qualité d'oxygène exhalée au même moment, égale 4,18; par suite, le rapport des gaz échangés par cette action seule est

$$\frac{4{,}18}{3{,}50} = \frac{O}{C} = a = 1{,}16\text{“}.$$

In der drittletzten Zeile des Zitates ist das Wort „qualité“ durch das Wort „quantité“ zu ersetzen.

Die umgerechnete Zahl $O = 19{,}81$ in der fünften Zeile ist irrtümlich, sie ist durch 15,46 zu ersetzen. Durch einen unbegreiflichen Fehler ist die Sauerstoffdifferenz 4,18 gebildet aus dem beobachteten Sauerstoffgehalt der Eprouvette (15,63) im Ätherversuch und aus dem für gleichbleibenden Stickstoff umgerechneten Werte (19,81) dieses Sauerstoffgehalts. Die Sauerstoffdifferenz war in Wirklichkeit 20,03 minus 15,63 oder gemäß der umgerechneten Zahlen minus 15,46, also 4,57. Der Quotient 4,57 : 3,50 ist aber **1,31.**

In einem zweiten Beispiel derselben Methode mit Ilex (loc. cit. S. 34) betrugen die gefundenen Differenzen: 3,54 für CO_2 und 5,60 für O_2. Der Quotient aus diesen Zahlen beträgt nicht, wie loc. cit. angegeben, 1,28, sondern **1,58.**

der Zahlen durch die Angabe von Versuchsdaten ermöglicht. Es zeigt sich in eben solchen Fällen, daß der Koeffizient bedeutend von 1 abweicht. Für Ilex aquifolium berechnen wir aus den Beobachtungen von Bonnier und Mangin den assimilatorischen Koeffizienten anstatt 1,16 bis 1,28 nach der zweiten Methode = 1,31 und 1,58.

In den dreißig Jahren, seitdem Bonnier und Mangin ihre ein wichtiges Ziel anstrebende Arbeit veröffentlicht haben, sind bemerkenswerte Untersuchungen über den gesamten Gaswechsel der Pflanze ausgeführt worden, namentlich von H. Jumelle[1]) und von Th. Schloesing fils[2]), aber die Methodik der getrennten Messung des assimilatorischen und respiratorischen Gaswechsels scheint keinen Fortschritt gemacht zu haben. Eine neue Untersuchung von L. Maquenne und E. Demoussy[3]) greift auf die Möglichkeit zurück, durch Bestimmung des Atmungskoeffizienten, sowie des Koeffizienten des gesamten Gaswechsels (coefficient chlorophyllien brut $\frac{O}{CO^2}$) indirekt den reinen assimilatorischen Koeffizienten abzuleiten. Wie im Prinzip der Methode, so ist auch in der Technik in gewisser Beziehung ein Rückschritt gegen Bonnier und Mangin vollzogen. Der Gaswechsel wird in Vergleichsversuchen im Dunkeln und bei Belichtung beobachtet, aber nicht die Schwierigkeit überwunden, Temperaturgleichheit einzuhalten; während Bonnier und Mangin diese durch Anwendung von diffusem Licht erreichten, arbeiten Maquenne und Demoussy ohne besondere Regulierung mit direktem Sonnenlicht. Die so gefundenen Koeffizienten des gesamten Gasaustausches liegen zwischen engen Grenzen und nahe bei 1 und die respiratorischen Quotienten sind in den meisten Fällen, nämlich in 29 unter 34, ihnen gleich, also nur in 5 Beispielen erheblich abweichend. Wir zitieren die ersten vier Beispiele der Tabelle von Maquenne und Demoussy, worin $\frac{O}{CO^2}$ aber nur die Resultante aus der Atmung und der Assimilation bedeutet:

1) H. Jumelle, Compt. rend. **112**, 888 [1891]; **113**, 920 [1891]; Rev. gén. bot. **4**, 49 [1892].
2) Th. Schloesing fils, Compt. rend. **115**, 881 und 1017 [1892]; **117**, 756 und 813 [1893].
3) L. Maquenne und E. Demoussy, Compt. rend. **156**, 506 [1913].

	$\frac{CO^2}{O}$	$\frac{O}{CO^2}$
Ailante	1,08	1,02
Aspidistra	0,97	1,00
Aucuba (printemps)	1,11	1,10
Begonia	1,11	1,03

Maquenne und Demoussy schließen aus der nahen Beziehung zwischen dem Koeffizienten des gesamten Gaswechsels und dem Atmungskoeffizienten: „Une pareille influence ne peut être générale que si le coefficient chlorophyllien réel a lui-même une valeur bien déterminée et sensiblement constante" und „Le coefficient chlorophyllien réel $\frac{c}{d}$ s'approche donc assez de l'unité pour qu'il soit impossible d'affirmer qu'il ne lui est pas égal."

Die Pflanzenphysiologie ist bis jetzt für den Koeffizienten der Assimilation allein auf die Bestimmungen von Bonnier und Mangin angewiesen, die methodisch interessant, aber zahlenmäßig sehr ungenau sind. Es scheint, daß die chemische Bedeutung dieser Zahl nicht hinreichend erkannt worden ist. Während die Resultante aus der Assimilation und Atmung, also die Zahl von Boussingault, gar nichts über die photosynthetische Reaktion aussagt und keine genügende Grundlage für die Formaldehydhypothese geboten hat, zeigt der reine assimilatorische Koeffizient eindeutig und ohne Hypothese die niedrigere Oxydationsstufe des Kohlenstoffs an, in welche das Kohlendioxyd unmittelbar in der Assimilationsreaktion umgeformt wird.

Die Bestimmungen von Bonnier und Mangin scheinen uns auszusagen, daß der Koeffizient $\frac{O_2}{CO_2}$ zwischen 1,10 und 1,30 liege.

Wäre das Verhältnis $\frac{O_2}{CO_2} = 1{,}25$, so würde dies bedeuten: Die Kohlensäure wird reduziert zum zweifach hydroxylierten Äthan, nämlich zum Äthylenglykol $CH_2(OH) \cdot CH_2(OH)$ oder zum Acetaldehyd $CH_3 \cdot CHO$.

Wäre der Quotient $\frac{O_2}{CO_2} = 1{,}166\ldots$, so würde dies bedeuten: Die Kohlensäure wird reduziert zum dreifach hydroxylierten Propan, also beispielsweise zum Glycerin.

Wenn die Konstante genau 1 ist, so sagt sie aus: Die Kohlensäure wird reduziert zum Kohlenstoff, der natürlich als Hydrat auftritt; das einzige Hydrat des Kohlenstoffs mit nur einem Atom Kohlenstoff im Molekül ist der Formaldehyd.

Ähnliches gilt nicht für den Atmungsquotienten, der keine einfache chemische Bedeutung hat. Dieser Koeffizient ist eine Resultante aus vielen verschiedenen Reaktionen, von denen manche lebenswichtige Synthesen sind und andere der Umformung und Beseitigung von Abfallstoffen dienen. Die Einatmung des Sauerstoffs und die Abgabe der Kohlensäure sind durch viele Zwischenreaktionen getrennt, während die Assimilation aus jedem Kohlendioxydmolekül seinen gesamten Sauerstoff freimacht.

In der Methodik zur Bestimmung des assimilatorischen Koeffizienten war bisher ein Hauptfehler der zu bedeutende Einfluß, welchen man dem Atmungsvorgang neben dem Assimilationsvorgang gelassen hat. Jede kleine Ungenauigkeit, die durch den Vergleich der Atmung im Assimilationsversuch und in den im Dunkeln oder mit Narkose im Licht oder mit chlorophyllarmen Pflanzenteilen ausgeführten Parallelversuchen entstand, mußte sich im assimilatorischen Koeffizienten geltend machen. Es ist deshalb vorzuziehen, die Bestimmung des Koeffizienten in Versuchen mit derart vermehrter Assimilation auszuführen, daß unter keinen Umständen die Ungenauigkeiten, die durch den Einfluß der Atmung auf die Messung des assimilatorischen Gasaustausches entstehen, die Zahl des assimilatorischen Koeffizienten merkbar beeinflussen können.

Die Bestimmung des assimilatorischen Koeffizienten.

Der assimilatorische Koeffizient, der in der Literatur verschieden geschrieben wird, bald $\frac{O}{CO_2}$ oder $\frac{O_2}{CO_2}$ (Bonnier und Mangin, Maquenne und Demoussy), bald reziprok (Czapek, Kniep im Handwörterbuch der Naturwissenschaften), soll im folgenden durch die Formel $\frac{CO_2}{O_2}$ ausgedrückt werden, daher der Atmungsquotient sinngemäß durch $\frac{O_2}{CO_2}$.

Die Methode, den assimilatorischen Koeffizienten zu bestimmen, unterscheidet sich von früheren Versuchen wesentlich dadurch, daß nicht im geschlossenen Raume, sondern im strömenden Gase das Verhältnis von Kohlendioxyd zum Sauerstoff gesucht wird; es ist nur dadurch möglich, den Blättern konstante Bedingungen der Assimilation zu bieten. Die Unterschiede im Gasstrome sind allerdings kleiner als im geschlossenen Rezipienten, aber dieser Nachteil wird durch genauere Gasanalyse, nämlich durch Anwendung größerer Gasvolumina, kompensiert. Andererseits schließt man einen bei Versuchen mit geschlossenen Gasräumen unvermeidlichen Fehler aus, welchen die Eigenschaft auch der unbelichteten Blattsubstanz verursacht, Kohlensäure in Abhängigkeit vom Teildruck zu absorbieren (vgl. die dritte Abhandlung).

Die Fragestellung unserer Arbeit brachte es mit sich, daß die Blätter bei konstanter Temperatur unter Bedingungen maximaler assimilatorischer Leistungen geprüft wurden, so daß die Atmung, wenn sie auch im Licht und im Dunkeln nicht genau gleich ist, mit den möglichen Differenzen doch keinen Einfluß auf den assimilatorischen Koeffizienten ausübt. Wenn wir einige Beispiele der im Vorangehenden mitgeteilten Assimilationsversuche mit den zugehörigen Atmungsbestimmungen ergänzen, so bemerkt man, daß unter den angegebenen Umständen die Atmung nur $^1/_{20}$ bis $^1/_{30}$ der Assimilation ausmacht.

Tabelle 95.
Vergleich des assimilatorischen und respiratorischen Kohlensäureumsatzes.

(10 g Blätter, 25°, 1 Stunde.)

Pflanze	Atmung (g CO_2) in reiner Luft	Assimilation (g CO_2) in 5 proz. CO_2
Populus pyramidalis hort. .	0,010	0,198
Prunus Laurocerasus (30°)	0,0035	0,110
Helianthus annuus	0,011	0,250

Die Versuchsanordnung der quantitativen Assimilationsbestimmungen wird daher beibehalten, mit der man Atmung und Assimilation im Gasstrom von konstanter Geschwindigkeit beobachtet, und zur Bestimmung des Koeffizienten kommt hinzu, daß im Dunkelversuche und während der Belichtung Proben des Gasstromes für die volumetrische Bestimmung des Sauerstoff- und Kohlendioxydgehaltes entnommen werden. In diesen Analysen ergibt:

1. Die Kohlendioxyddifferenz in der Luft vor und nach dem Strömen über die Blätter im Dunkeln den Betrag der Atmung.

2. Die Kohlendioxyddifferenz zwischen dem im Dunkeln und bei Belichtung über die Blätter geleiteten Gase die assimilatorische Leistung.

3. Die Kohlensäure- und Sauerstoffdifferenz zwischen dem Versuchsgas und dem im Dunkeln über die Blätter geleiteten Gase den Atmungsquotienten.

4. Die Kohlensäure- und Sauerstoffdifferenz zwischem dem Gase im Dunkelversuch und bei Belichtung den Assimilationsquotienten ohne Einfluß der Atmungstätigkeit.

Für den Zweck der Arbeit waren nur die Analysen von Bedeutung, die sich auf die Assimilation beziehen. Um daneben den Atmungsbetrag und den Atmungsquotienten zu finden, braucht man nur im Hinblick auf die kleineren Zahlen des Gaswechsels den Gasstrom zu verlangsamen, von 3 l in der Stunde beispielsweise auf 0,3 l, und die Blätter enger gedrängt in eine kleinräumige Röhre einzufüllen.

Konstanz des Koeffizienten.

In gesteigerter und langdauernder Assimilation bei Temperaturen von 10 bis 35° bleibt der Quotient $\frac{CO_2}{O_2}$ konstant und er beträgt genau 1. Das ist an verschiedenen Laubblättern und an einem Laubmoose festgestellt worden und trifft auch für Fälle zu, die bisher als Ausnahmen galten, wie für Ilex aquifolium. Auch wenn der assimilatorische Apparat der Blätter überanstrengt wird, so daß die Leistung scharfen Rückgang erfährt, sei es infolge der Anhäufung von Assimilaten oder durch Ermüdung des enzymatischen Systems, so wird dadurch doch im assimilatorischen Gaswechsel keine Anomalie herbeigeführt, und sie läßt sich auch nicht erzwingen. Da sich kein Anzeichen von verminderter Sauerstoffentbindung auffinden ließ, so ist es nicht möglich, daß ein Zwischenglied der Desoxydation frei vorkommt. Nach der Addition der Kohlensäure an Chlorophyll tritt keine vom Chlorophyll losgelöste Zwischenstufe[1]) der Reduktion auf. Es bleibt zwar unentschieden, ob am Chlorophyll selbst in einem Hube die Umwandlung der Kohlensäure unter Energieaufnahme erfolgt oder in mehreren Stufen, aber es ist zu schließen, daß das Chlorophyll erst dann, wenn aus einem Molekül Kohlendioxyd der gesamte Sauerstoff entbunden worden ist, für die Aufnahme und Umformung eines neuen Moleküls Kohlensäure frei wird.

Da der assimilatorische Koeffizient genau 1 ist, so sind, wie Maquenne und Demoussy angenommen haben, die Abweichungen der Zahlen von Boussingault, der Quotienten aus dem gesamten Gaswechsel assimilierender Blätter, nur dem Einfluß des Atmungskoeffizienten zuzuschreiben. Der Wert für $\frac{O_2}{CO_2}$ muß dann unter 1 sinken, wenn die Pflanze vorherrschend Fette oder andere Reduktionsprodukte der Kohlehydrate speichert, und er muß andererseits die Zahl 1 übersteigen, solange in der Pflanze die Ablagerung von Oxalsäure oder Glykolsäure oder anderer organischer Säuren überwiegt.

II. Die Untersuchungsmethode.

Unverändert gegenüber der zweiten Abhandlung (Abschn. III, A; Fig. 1 und 2) sind der Apparat und die Bedingungen der Assimilation und die Bestimmung der assimilatorischen Leistung, die sich ohne Einfluß der Atmung aus der Differenz im Kohlensäuregehalt des mit konstanter Geschwindigkeit im Dunkeln und bei Belichtung über die Blätter geleiteten Gasstroms ergibt. Da das Verhältnis von Sauerstoff zu Kohlendioxyd nun gleichfalls im Dunkelversuche und bei Belichtung unter hinlänglich konstant bleibender Atmung ermittelt wird, so ist die Atmung auch ganz ohne Einfluß auf den Koeffizienten der Assimilation. Das ist ein wichtiger Vorteil, den die Bestimmung des Quotienten im Versuche mit strömendem Gase bietet. Die Kohlensäuredifferenz des Gasstromes

[1]) Siehe dazu den theoretischen Teil der vierten Abhandlung, Abschn. C.

wird einerseits wie früher bestimmt durch Absorption von Kohlendioxyd in gewogenen Natronkalkröhren und Messung des zugehörigen Luftvolumens mit der Präzisionsgasuhr (unter Berücksichtigung von Barometerstand und Temperatur) und andererseits wird sie durch die volumetrische Analyse gefunden; beide Messungen sind nicht fortlaufend, sondern sie sind Proben, die sich kontrollieren und ergänzen. Die erstere Bestimmung, die gravimetrische, nehmen wir auch in diesem Falle vor, um dabei die Strömungsgeschwindigkeit des Versuchsgases für die konstant gehaltene Quecksilberhöhe des Strömungsmanometers zu erfahren. Dann läßt sich aus der volumetrisch bestimmten Kohlensäuredifferenz jeweils die stündliche Assimilationsleistung berechnen gemäß dem Verhältnis des kohlensäurefreien Luftvolumens der Bürette zur bekannten stündlich austretenden Luftmenge.

Das Verhältnis von Sauerstoff zu Kohlendioxyd bestimmen wir vor und während der Assimilation gasanalytisch mit Hilfe des Apparates von H. Drehschmidt[1]), dessen Gestalt wir für diesen Zweck modifiziert haben. Er ist bei gleicher Genauigkeit der Ablesung für viel größere Volumina als üblich eingerichtet und ermöglicht daher relativ genauere Bestim-

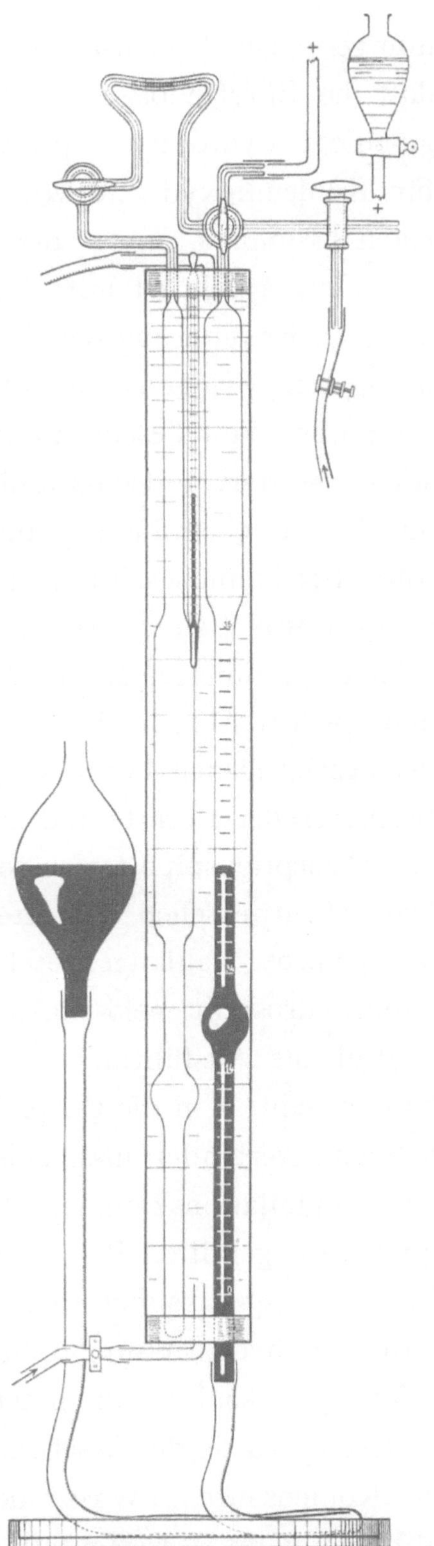

Fig. 16. Gasbürette zur Analyse großer Volumina.

[1]) H. Drehschmidt, Ber. d. deutsch. chem. Ges. **21**, 3242 [1888].

mungen. Die Dimensionen des Apparates (Fig. 16) sind so vergrößert, daß die Bürette bis zur Öffnung der Capillare, die an die Pipetten angeschlossen wird, 200 ccm faßt. Da nur die Meßbereiche von 0 bis 7 Proz. für Kohlendioxyd und von etwa 17 bis 27 Proz. für Sauerstoff in Betracht kommen, so ist die zylindrische Röhre vom Nullpunkt an bis zu 14 ccm graduiert mit $1^1/_2$ mm Abstand für 0,1 ccm; dann folgt eine kugelige Erweiterung der Bürette und darauf vom Teilstrich für 34 ccm bis 54 ccm wieder ein in 0,1 ccm graduiertes Stück von gleicher Weite wie unten. Von diesem Punkt an bis zur Ausgangscapillare ist die Bürette stark erweitert und ungraduiert. Die zur Ausschaltung des Temperatur- und Luftdruckeinflusses während des Versuchs dienende Kompensationsröhre hat ähnliches Volumen und ungefähr gleiche Maße, nur das weite Stück etwas tiefer. Das Differentialmanometer des Apparates besteht in einer graduierten horizontalen Capillare, die mit einem durch Bichromat gefärbten Tröpfchen Schwefelsäure beschickt ist; abweichend von der beschriebenen Form ist das Differentialmanometer an die Ausgangscapillaren der Bürette und der Kompensationsröhre angeschmolzen. Nur die Absorptionspipetten werden mit Gummiverbindungen angeschlossen. Die Hempelschen Pipetten sind für die Kohlensäurebestimmung mit 50 proz. Kalilauge beschickt, für die Sauerstoffbestimmung mit Natriumhydrosulfit, gelöst im sechsfachen Gewicht von 8 proz. Natronlauge.

Für die Ausführung der Analyse werden einige Bemerkungen von Nutzen sein. Um die Gasproben aus der Assimilationsapparatur zu entnehmen, verbindet man eine seitliche Abzweigung derselben zwischen der Assimilationskammer (Fig. 2) und dem Trockenapparat mit der quecksilbergefüllten Bürette (Fig. 16) und läßt mit dem Einströmen des Gases das Quecksilber so rasch abfließen, daß keine erhebliche Druckdifferenz in der Assimilationskammer auftritt; zur Kontrolle dient das offene Quecksilbermanometer vor dem Trockenapparat. Durch Druckänderung würde die Geschwindigkeit des Gasstromes und die Löslichkeit der Kohlensäure im Wasser der Apparatur und in den Blättern beeinflußt. Mit der ersten Bürettenfüllung wird nur der Apparat gespült, erst die zweite wird analysiert. Zu Beginn der Analyse und vor jeder späteren

Ablesung wird das Wasser im Bürettenmantel durch Einblasen von Druckluft minutenlang tüchtig bewegt. Nach dem Einstellen des Quecksilbers auf den Nullpunkt liest man Temperatur und Barometerstand ab und setzt die Räume des Kompensationsrohres und der Meßbürette in Kommunikation mit der Außenluft.

Die Absorptionspipetten sind vor dem Anschließen an die Bürette bis zum äußersten Ende des Capillarschlauches mit Flüssigkeit gefüllt; der Schlauch wird so über die Bürettencapillare gestülpt, daß keine Luftblase in die Capillare zu der Gasprobe eintritt. Beim Zurückführen des Gases aus der Absorptionspipette ist zu vermeiden, daß Flüssigkeitströpfchen in die Bürette gelangen und zu beachten, daß die Absorptionsflüssigkeit eben noch ein wenig (1 bis 2 mm) in die Bürettencapillare eintritt, diese also beim Pipettenwechsel verschließt und den Zutritt von Luft verhindert. Durch langsames Zurückführen des Gases läßt es sich vermeiden, daß an den Drahtnetzspiralen der Hydrosulfitpipette Gasbläschen hängenbleiben; zur Sicherheit wird die Pipette vor und nach der Sauerstoffbestimmung unter Klopfen lebhaft geschüttelt. Zur Sättigung des in die Bürette zurückgebrachten Gases mit Wasserdampf wird die Wand derselben stets etwas feucht gehalten, indem man von Zeit zu Zeit auf das Quecksilber der gefüllten Bürette ein Tröpfchen Wasser gibt, das sich beim Sinken des Quecksilberspiegels gleichmäßig auf die Wand verteilt.

Die Großräumigkeit des Apparates macht es nötig, daß man vor dem Verbinden der Gasräume des Kompensationsrohres und der Bürette mit dem Differentialmanometer das absorbierte Gas in der Meßbürette, so gut es durch Heben und Senken der Quecksilberbirne möglich ist, auf Atmosphärendruck bringt. Dann ist die Druckdifferenz zwischen Kompensationsrohr und Bürette so gering, daß bei vorsichtigem Öffnen des Bürettenhahnes der Schwefelsäuretropfen sich wohl noch bewegt und zur genauen Einstellung auf gleiche Drucke dienen kann, daß er aber nicht weggeblasen wird, wie es bei größeren Druckdifferenzen geschieht. Durch leichtes Drücken des quecksilbergefüllten Schlauchstückes am unteren Bürettenende versetzt man den Schwefelsäuretropfen in Schwingung und erleichtert seine Einstellung in Gleichgewichtslage. Nach jeder Bestimmung läßt man von oben durch einen vierten Weg des an die Bürette angeschmolzenen, rechtwinklig gebohrten Hahnes destilliertes Wasser durch die Capillare fließen, um diese und die Hähne nach außen bis zum Verschwinden der alkalischen Reaktion zu spülen.

Im Arbeitsraum von annähernd konstanter Temperatur wird die Bestimmung auf $\pm$ 0,01 ccm genau; der Fehler beträgt daher bei dem großen Volumen der Bürette nur $\pm$ 0,005 Proz. In den Versuchen mit intensiver Assimilation macht die Kohlensäuredifferenz zwischen Dunkel- und Belichtungsversuch für den Raum der Gasbürette 3 bis 4 ccm aus. Der Fehler in der Bestimmung beeinflußt daher den assimilatorischen Koeffizienten in der zweiten Dezimale nur um ein bis zwei Einheiten.

Die Analyse eines der Versuchsgase aus der eisernen Druckflasche ergab in drei aufeinanderfolgenden Bestimmungen folgende Zahlen:

CO_2: 5,48, 5,47, 5,47 Proz.;

O_2: 19,63, 19,63, 19,63 Proz.

Zur Berechnung der stündlichen Assimilationsleistung aus der volumetrisch gefundenen Kohlensäuredifferenz (d ccm) zwischen Licht- und Dunkelversuch wird diese unter Berücksichtigung der Temperatur (t) und des Barometerstandes (b_0, nach Reduktion auf 0° und Abzug der Wasserdampftension) gemäß der für verdünntes Kohlendioxyd geltenden Dichtezahl (1,9652) in Gramme umgerechnet und multipliziert mit dem Quotienten aus dem durch die Gasuhr stündlich austretenden Luftvolumen (in n Minuten tritt 1 l aus) und dem kohlendioxydfreien Volumen einer Bürettenfüllung vom Versuchsgase ($v - v_1$, in ccm). Die stündliche Assimilationsleistung beträgt daher:

$$\frac{60 \cdot 1000}{n\,(v - v_1)} \cdot \frac{d \cdot b_0 \cdot 1{,}9652}{(1 + \alpha\, t) \cdot 760}\ \mathrm{mg}.$$

III. Der assimilatorische Koeffizient unter Bedingungen gesteigerter Assimilation bei verschiedenen Temperaturen.

Der erste Versuch mit Sambucus nigra bei **25°** unter Bedingungen maximaler Leistungen für diese Temperatur hat ohne Unterbrechung 10 Stunden Dauer gehabt. Nach einer Ruhepause von 12 Stunden, während deren die Blätter bei 20 bis 25° im Dunkeln lagen, ist der Belichtungsversuch weitere 5 Stunden fortgeführt worden.

Angewandt: 7,0 g Blätter (Mitte Juli) mit etwa 350 qcm Fläche.

Versuchsbedingungen: 25°, 6½ vol.-proz. CO_2, Belichtung von 45000 Lux.

Geschwindigkeit des Gasstromes: 1 l Luft verläßt die Gasuhr in 18,5 Minuten unter 40 mm Quecksilberdruck.

Zusammensetzung des Gases im Dunkelversuch (25°) vor der Assimilation:

1. Nach anderthalbstündiger Atmung: 200,30 ccm enthielten 13,40 ccm CO_2 und 38,71 ccm O_2.

2. Nach zweieinhalbstündiger Atmung: 200,30 ccm enthielten 13,41 ccm CO_2 und 38,73 ccm O_2.

Zusammensetzung des Gasstromes im Dunkelversuch (25°) nach der 12 stündigen Unterbrechung:

200,30 ccm enthielten 13,87 ccm CO_2 und 38,48 ccm O_2.

Tabelle 96.

Der Koeffizient bei langdauernder intensiver Assimilation bei 25°.

(Mit 7,0 g Blättern von Sambucus nigra, 6½ vol.-proz. CO_2, ungefähr 45000 Lux.)

Belichtungsdauer	CO_2-Differenz (für 200,3 ccm Gas) ccm	O_2-Differenz (für 200,3 ccm Gas) ccm	$\frac{CO_2}{O_2}$	Stündlich assimiliertes CO_2 (g) im Versuch	Stündlich assimiliertes CO_2 (g) von 10 g Sambucus
1 Stunde	3,12	3,25	**0,95** [1]	0,087	0,124
3¼ Stunden	3,24	3,29	**0,99**	0,091	0,130
4¼ ,,	3,00	3,04	**0,99**	0,084	0,120
6½ ,,	2,61	2,73	**0,96**	0,073	0,104
9 ,,	2,18	2,23	**0,98**	0,061	0,087
10 ,,	2,22	2,21	**1,00**	0,062	0,088
12 Stunden Verdunkelung					
Wieder ½ Stunde	1,50	1,47	**1,02**	0,042 [2]	0,060
4 Stunden	2,29	2,24	**1,02**	0,064	0,091
5¼ ,,	1,87	1,90	**0,98**	0,052	0,074

Während der ganzen Versuchsdauer sind die Blätter schön frisch und grün geblieben. Trotz des bedeutenden Rückganges der Assimilation

[1]) Die Abweichungen bei diesem ersten Versuch rühren noch zum Teil von Analysenmängeln her.

[2]) Dieser tiefe Wert ist vom schädlichen Raum der Apparatur bedingt.

(Tabelle 96), die nach der langen Ruhepause keine merkliche Erholung erkennen ließ, ist der assimilatorische Koeffizient vom Anfang bis zum Ende nahezu konstant und gleich 1 gefunden worden.

Zweiter Versuch: Unter denselben Verhältnissen wurde ein schwach assimilierendes Objekt, das Laubmoos Leucobryum glaucum Schimp., geprüft.

Angewandt: 30,0 g Sprosse (Ende November); Trockengewicht nur 1,8 g.

Versuchsbedingungen: 25°, 5 vol.-proz. CO_2, Beleuchtung von 22000 Lux.

Geschwindigkeit des Gasstromes: 1 l Luft verläßt die Gasuhr in 20 Minuten; Zusammensetzung des Gases vor der Assimilation: 200,3 ccm enthielten 10,62 ccm CO_2 und 42,28 ccm O_2.

Nach 30 Minuten Belichtung betrug die Leistung, auf 10 g Blattsubstanz umgerechnet, 0,0063 g CO_2; es enthielten 200,30 ccm Gas 9,93 ccm CO_2 und 42,98 ccm O_2.

Kohlensäuredifferenz 0,69 ccm, Sauerstoffdifferenz 0,70 ccm. Assimilatorischer Koeffizient **0,99**.

Dritter Versuch. Eine andere Pflanze war Versuchsobjekt der Assimilation unter denselben Bedingungen, indessen in sauerstoffarmem Medium. Während auf die Fragestellung, die zu dieser Versuchsanordnung führte, erst in der folgenden Abhandlung näher eingegangen werden soll, sind hier weitere Bestimmungen des assimilatorischen Koeffizienten anzuführen.

Das Versuchsgas enthielt im ersten Fall 7,40 Proz. Kohlendioxyd und 1,35 Proz. Sauerstoff.

Angewandt: Pelargonium zonale, 12,0 g Blätter (Mitte Juli) mit 1,68 g Trockensubstanz. Die Assimilation wurde nach 2 Stunden durch eine Ruhepause von $3^1/_2$ Stunden unterbrochen und nach wiederholter zweistündiger Belichtung abermals durch eine Verdunkelungsperiode von 15 Stunden, worauf eine dritte Belichtungszeit von 6 Stunden folgte. In der letzten Dunkelperiode war der Gasstrom abgestellt, so daß sich der Kohlensäuregehalt des die Blätter umgebenden Gases stark erhöhte. Unter diesen Verhältnissen begannen die Blätter zu leiden, sie bekamen an einigen Stellen braune Flecken, die während der letzten Belichtung zahlreicher und größer wurden. Das Ansteigen des assimilatorischen Koeffizienten am Schlusse kann von gesteigerter Atmung in verdorbenen Blättern herrühren.

Versuchsbedingungen: 25°, Beleuchtung von ungefähr 45000 Lux, Strömungsgeschwindigkeit 3,0 l in der Stunde unter 38 mm Quecksilberdruck.

Zusammensetzung des Gases im Dunkelversuch nach einstündigem Strömen über die Blätter: 166,30 ccm enthielten 12,45 ccm CO_2 und 2,11 ccm O_2.

Zusammensetzung des Gases in der ersten Ruhepause nach zweistündiger Verdunklung: 166,30 ccm enthielten 12,54 ccm CO_2 und 2,11 ccm O_2.

Tabelle 97.

Der Koeffizient bei langdauernder Assimilation in sauerstoffarmem Gase (25°).

(12 g Blätter von Pelargonium zonale, ungefähr 45000 Lux.)

Belichtungsdauer	CO_2-Differenz (für 166,30 ccm Gas) ccm	O_2-Differenz (für 166,30 ccm Gas) ccm	$\frac{CO_2}{O_2}$	Stündlich assimiliertes CO_2 (g) im Versuch	Stündlich assimiliertes CO_2 (g) von 10 g Pelargonium
³/₄ Stunden	3,01	3,04	**0,99**	0,098	0,082
2 „	3,51	3,57	**0,98**	0,115	0,096
	3½ Stunden Verdunkelung				
Wieder ³/₄ Stunden	3,22	3,24	**0,99**	0,105	0,0875
2 „	2,94	2,97	**0,99**	0,096	0,080
	15 Stunden Verdunkelung				
Wieder 1½ Stunden	2,22	2,27	**0,98**	0,073	0,061
3 „	2,27	2,35	**0,97**	0,074	0,062
6 „	1,87	1,77	**1,06**	0,061	0,051

Der assimilatorische Koeffizient ist beim Rückgang der Leistung bis auf zwei Drittel unverändert geblieben. Erst die schließliche Störung durch beginnendes Verderben der Blätter machte die Zahl ungenau.

Vierter Versuch. Der Sauerstoffgehalt des Gasstromes konnte ohne Einfluß auf das Ergebnis noch weiter herabgesetzt werden. Vor der Belichtung waren die Blätter 6 Stunden im sauerstoffarmen Medium, das anfangs beim Austritt aus der Assimilationskammer 1,22, nach 3 Stunden 0,45 und nach 6 Stunden 0,23 Prozent Sauerstoff enthielt.

Angewandt: Pelargonium zonale, 12,0 g Blätter (Mitte Juli).

Versuchsbedingungen: 25°, Beleuchtung ungefähr 45000 Lux.

Zusammensetzung des Gasstromes unmittelbar vor der Belichtung: 166,30 ccm enthielten 12,60 ccm CO_2 und 0,38 ccm O_2.

Während anderthalbstündiger Belichtung betrug die stündliche assimilatorische Leistung, auf 10 g frischer Blätter umgerechnet, 0,090 g CO_2. Für das Bürettenvolumen von 166,30 ccm machte die CO_2-Differenz 3,34 ccm, die Sauerstoffdifferenz ebenfalls 3,34 ccm aus. Der assimilatorische Koeffizient war genau **1,00**.

Fünfter Versuch. Versuche in sauerstofffreiem Gase wurden mit einem gegen Sauerstoffentziehung widerstandsfähigen Objekte, Cyclamen europaeum (Zierart), ausgeführt.

Angewandt: 20,0 g Blätter (Mitte November); Trockengewicht 2,30 g.

Versuchsbedingungen: 25°, 7 Vol.-proz. CO_2 enthaltender Stickstoff, Beleuchtung 22000 Lux.

Geschwindigkeit des Gasstromes: 1 l Stickstoff verläßt die Gasuhr in 20 Minuten; Zusammensetzung des Gasstromes nach einstündigem Durchströmen im Dunkeln: 166,30 ccm enthielten 12,77 ccm CO_2 und 0,01 ccm O_2.

Nach $1^1/_2$ stündiger Belichtung: 166,30 ccm enthielten 7,97 ccm CO_2 und 4,75 ccm O_2. Aus der Kohlensäuredifferenz von 4,80 ccm und der Sauerstoffdifferenz von 4,74 ccm berechnet sich der assimilatorische Koeffizient **1,01**.

Sechster Versuch. Dieselbe Pflanze befand sich 2 Stunden im sauerstofffreien Gasstrom, ehe die Belichtung von einer Stunde begann. Dann ließen wir weitere 4 Stunden im Dunkeln das sauerstofffreie Gas durchströmen und belichteten abermals $1^1/_2$ Stunden bis zur volumetrischen Bestimmung (die genauere Beschreibung des Versuches findet sich in der sechsten Abhandlung, Abschnitt II, C, als Nr. 6).

Die stündliche Leistung in der ersten Belichtungszeit war 0,064 g, in der zweiten 0,053 g CO_2 für 10 g Blattsubstanz. Der assimilatorische Koeffizient betrug nach der ersten Analyse **1,01**, nach der zweiten **1,00**.

Siebenter Versuch. Bei **35°** mit Sambucus nigra.

Versuchsbedingungen: 7,0 g Blätter (Juli) mit etwa 350 qcm Fläche; Beleuchtung von 45 000 Lux, $6^1/_2$ vol.-proz. CO_2, Strömungsgeschwindigkeit: 1 l Luft verläßt die Gasuhr bei 39 mm Quecksilberdruck in 19 Minuten.

Zusammensetzung des Gases im Dunkelversuch nach anderthalbstündiger Atmung bei 35°: 200,30 ccm enthielten 13,63 ccm CO_2 und 38,68 ccm O_2.

Tabelle 98.

Der assimilatorische Koeffizient bei 35°.

(7 g Blätter von Sambucus nigra, $6^1/_2$ vol.-proz. CO_2, ungefähr 45 000 Lux.)

Belichtungsdauer	CO_2-Differenz (für 200,30 ccm Gas) ccm	O_2-Differenz (für 200,30 ccm Gas) ccm	$\frac{CO_2}{O_2}$	Stündlich assimiliertes CO_2 (g) im Versuch	von 10 g Sambucus
1 Stunde	4,07	4,11	**0,99**	0,115	0,164
2 Stunden	2,95	2,94	**1,00**	0,082	0,119
$4^1/_2$ „	2,23	2,24	**1,00**	0,063	0,090

Zwischen die erste und zweite gasometrische Bestimmung wurde eine gravimetrische eingeschaltet und nach anderthalbstündiger Belichtung 0,0332 g CO_2-Verbrauch für 19 Minuten, also 0,103 g für die Stunde ermittelt. Dieser Wert liegt zwischen den nach einer und nach zwei Stunden gefundenen Zahlen der Tabelle 98.

Der rasche Rückgang der Leistung war durch Schädigung des assimilatorischen Apparates bei der hohen Versuchstemperatur verursacht; auch unter diesen Umständen ist der assimilatorische Koeffizient scharf **1,00** geblieben.

Bei 40° und im übrigen unter den Verhältnissen wie im ersten und vierten Versuch assimilierten die Sambucusblätter nicht mehr und sie erholten sich, nachdem sie drei Stunden bei dieser Temperatur geatmet hatten, beim Abkühlen nicht wieder.

Achter Versuch. Bei **10°** mit Aesculus Hippocastanum.

Versuchsbedingungen: 6,0 g Blätter (Ende Juli) mit etwa 350 qcm Fläche. Beleuchtung von 45 000 Lux, 5 vol.-proz. CO_2, Strömungsgeschwindigkeit: 1 l Luft verläßt die Gasuhr bei 38 mm Quecksilberdruck in 20 Minuten.

Tabelle 99.
Der Koeffizient bei niedriger Assimilationstemperatur (10°).
(6 g Blätter von Aesculus Hippocastanum, 5 vol.-proz. CO_2, ungefähr 45000 Lux.)

Belichtungsdauer	CO_2-Differenz (für 200,3 ccm Gas) ccm	O_2-Differenz (für 200,3 ccm Gas) ccm	$\frac{CO_2}{O_2}$	Stündlich assimiliertes CO_2 (g) im Versuch	von 10 g Aesculus
1/2 Stunde	0,88	0,90	**0,98**	0,023	0,038
2 Stunden	1,20	1,19	**1,01**	0,031	0,052
3 1/4 „	1,12	1,12	**1,00**	0,029	0,048

Zusammensetzung des Gases im Dunkelversuch nach einstündiger Atmung bei 10°: 200,30 ccm enthielten 10,45 ccm CO_2 und 42,44 ccm O_2.

Die Herabsetzung der Assimilation durch die niedrige Temperatur bedingt keine Erhöhung des assimilatorischen Koeffizienten, so daß also keine Andeutung für stufenweise Abgabe des Sauerstoffs gefunden wird.

IV. Der assimilatorische Koeffizient in Fällen scheinbarer Abweichungen von der Zahl 1,00.

a) Der Koeffizient in einem der Beispiele von Bonnier und Mangin (Ilex).

Da die Messungen von Bonnier und Mangin in einer Anzahl von Pflanzen, namentlich bei Ilex aquifolium, von der Zahl 1 bedeutend abweichende Koeffizienten ergeben haben, so ist ein Versuch unter den oben beschriebenen Bedingungen gerade mit dieser Pflanze ausgeführt worden, weil hinsichtlich des Stoffwechsels ihr lederartiges Blatt einen Übergang zwischen dem normalen Laubblatt und dem fleischigen Blatt der Succulenten darzubieten scheint[1]).

Die Blätter (im Juli) waren vorjährige und noch ältere; angewandt wurden 13,0 g Frischgewicht mit ungefähr 350 qcm Blattfläche und 5,33 g Trockengewicht. Die Assimilation wurde drei Stunden lang bis zu starkem Rückgang der Leistung gemessen, und die Versuchsbedingungen waren: 25°, Beleuchtung von 45000 Lux, 5 vol.-proz. CO_2, Gasstrom von 3 l stündlicher Geschwindigkeit bei 38 mm Quecksilberdruck.

[1]) Vgl. L. Jost, Vorlesungen über Pflanzenphysiologie, 3. Aufl., Jena 1913, S. 260.

Zusammensetzung des Gasstroms im Dunkelversuch vor der Assimilation nach zwei Stunden Atmung bei 25°: 200,30 ccm enthielten 10,42 ccm CO_2.

Zusammensetzung des Gasstromes im Dunkelversuch nach der Assimilation und wiederum zweieinhalb Stunden Atmung bei 25°: 200,30 ccm enthielten 10,37 ccm CO_2 und 42,21 ccm O_2. Der Berechnung ist der Mittelwert von CO_2 zugrunde gelegt: 10,40 ccm und für den Sauerstoff die Zahl 42,18, die mit diesem Werte von CO_2 aus der Summe beider Gase, 52,58 ccm, abgeleitet ist.

Tabelle 100.
Der assimilatorische Koeffizient (Ilex aquifolium, 25°).
(13 g Blätter, 5 vol.-proz. CO_2, ungefähr 45000 Lux.)

Belichtungsdauer	CO_2-Differenz (für 200,3 ccm Gas) ccm	O_2-Differenz (für 200,3 ccm Gas) ccm	$\frac{CO_2}{O_2}$	Stündlich assimiliertes CO_2 (g)	
				im Versuche	von 10 g Ilex
3/4 Stunden	3,65	3,65	1,00	0,096	0,074
3 ,,	2,70	2,70	1,00	0,071	0,055

Der Koeffizient der Assimilation stimmt mit der bei den anderen Pflanzen bestimmten Zahl genau überein.

b) Der Koeffizient bei den Succulenten.

Es ist bekannt[1]), daß bei der Assimilation der Succulenten zu tiefe Werte von $\frac{CO_2}{O_2}$ gefunden werden, weil diese Pflanzen in der nächtlichen Atmung einen bedeutenden Vorrat an organischen Säuren bilden, um denselben am Tageslicht aufzuzehren. Dieses Verhalten wird von H. A. Spoehr[2]) in seiner Arbeit „Photochemische Vorgänge bei der diurnalen Entsäuerung der Succulenten" zusammenfassend in folgender Weise erklärt: „Die Ansäuerung der Succulenten (oder irgendeines Pflanzenteils) ist das Resultat erschwerten Sauerstoffzutritts, unvollständiger Veratmung von Zucker. Im Lichte verschwindet nun die angehäufte Säure, teils wegen der durch die Reduktion von Kohlensäure verbesserten

[1]) Vgl. L. Jost, Vorlesungen über Pflanzenphysiologie, 3. Aufl., Jena 1913, S. 259.
[2]) H. A. Spoehr, Biochem. Zeitschr. 57, 95 [1913].

Sauerstoffversorgung, teils wegen einer direkten photochemischen Spaltung der Säure.“

Die Succulenten sind eingerichtet, möglichst wenig Wasser durch Transpiration zu verlieren; die Fläche der oberirdischen Organe ist verkleinert, die Spaltöffnungen wenig zahlreich. Dadurch wird andererseits der Eintritt des Kohlendioxyds (wie des Sauerstoffs) in die pflanzlichen Gewebe erschwert und die Pflanze ist darauf angewiesen, Atmungskohlensäure einzusparen. Die Verarbeitung der nicht flüchtigen organischen Säuren am Lichte bedingt ein Plus von Sauerstoff im Verhältnis zu der von außen aufgenommenen Kohlensäure. Die Bestimmung des assimilatorischen Koeffizienten stößt also bei den Succulenten auf die Schwierigkeit, daß die assimilatorische Leistung unrichtig erfaßt wäre, wenn man sie nur gemäß der Absorption von Kohlensäure bestimmen würde. Es sollte nun versucht werden, mit unserer Methode für die Bestimmung des Koeffizienten bei gesteigerter und langdauernder Assimilation den Einfluß der inneren Kohlensäurezufuhr und der äußeren zu unterscheiden, ferner ersteren herabzumindern, um den assimilatorischen Koeffizienten wenigstens annähernd zu bestimmen.

Die gesamte Assimilation der Succulenten ergibt sich in der beschriebenen Versuchsanordnung aus der Sauerstoffdifferenz des Gasstromes im Dunkelversuch und im Licht, die Assimilation auf Kosten der äußeren Kohlensäure ergibt sich aus der entsprechenden Kohlendioxyddifferenz und die Assimilation auf Rechnung innerer Kohlensäureversorgung aus dem Unterschied zwischen jenen beiden Assimilationswerten. Es gelingt bei stundenlanger Dauer des Versuchs dadurch, daß der Vorrat an Pflanzensäuren aufgebraucht wird, den Koeffizienten, der zu Anfang den Scheinwert $^2/_3$ oder sogar $^1/_2$ (wie wenn Kohlendioxyd zu Methan reduziert würde) hat, der theoretischen Zahl immer näher zu rücken, z. B. auf 0,85 und 0,89 und so zu zeigen, daß die Assimilationsreaktion bei den Succulenten keine Ausnahme darstellt. Wie bedeutend der Anteil der im Innern gebildeten Kohlensäure an der assimilatorischen Versorgung der Succulenten ist, zeigt folgende Tabelle 101, in der die innere und die äußere Kohlensäurezufuhr zu Anfang und im Verlaufe der Belichtung verglichen wird.

Tabelle 101.

Assimilation auf Rechnung äußerer und innerer Kohlensäureversorgung bei Succulenten.

(25—35°, 5 vol.-proz. CO_2, ungefähr 45000 Lux.)

Belichtungsdauer	Phyllocactus (60 g) Stündliche Assimilation äußeres CO_2 (g)	inneres CO_2 (g)	Belichtungsdauer	Opuntia (170 g) Stündliche Assimilation äußeres CO_2 (g)	inneres CO_2 (g)
1/2 Stunde	0,037	0,019	1/2 Stunde	0,056	0,027
1 3/4 Stunden	0,039	0,018	4 Stunden	0,056	0,014
3 ,,	0,037	0,015	5 1/2 ,,	0,049	0,006
Von 25° auf 35° gesteigert			12 Stunden verdunkelt, auf 30° gesteigert		
1/2 Stunde	0,042[1])	0,017	1/2 Stunde	0,029	0,037
2 1/2 Stunden	0,039[1])	0,007	2 Stunden	0,034	0,033
—	—	—	6 ,,	0,024	0,004

Versuch mit Phyllocactus. Die Cactee (60 g) war vor dem Versuch 24 Stunden im Dunkeln, in ein feuchtes Tuch eingehüllt. Die Belichtung begann, nachdem die Atmung 4 1/2 Stunden beobachtet war und die Analyse gezeigt hatte, daß zwischen der großen Menge Pflanzensubstanz und der angewandten Atmosphäre Gasausgleich eingetreten war.

Zusammensetzung des Gases im Dunkelversuch (25°) vor der Assimilation:

1. Nach 2 Stunden: 200,30 ccm enthielten 10,74 ccm CO_2 und 42,02 ccm O_2.

Tabelle 102.

Der assimilatorische Koeffizient bei Phyllocactus.

(60 g Blattsubstanz, 25—35°, 5 vol.-proz. CO_2, ungefähr 45000 Lux.)

Belichtungsdauer	CO_2-Differenz (für 200,30 ccm Gas) ccm	O_2-Differenz (für 200,30 ccm Gas) ccm	$\frac{CO_2}{O_2}$	Stündlich assimiliertes CO_2 (g): im Versuch aus der O_2-Differenz ber.	für 10 g Blatt: aus der CO_2-Differenz ber.	für 10 g Blatt: aus der O_2-Differenz ber.
1/2 Stunde	1,28	1,96	**0,64**	0,056	0,006	0,0090
1 3/4 Stunden	1,38	2,00	**0,69**	0,057	0,006	0,0095
3 ,,	1,27	1,83	**0,69**	0,052	0,006	0,0085
Nach 4 Stunden Licht Temperatursteigerung von 25° auf 35°						
Wieder 1/2 Stunde	1,46	2,07	**0,71**	0,059[1])	0,007	0,010
2 1/2 Stunden	1,37	1,61	**0,85**	0,046[1])	0,0065	0,0075

[1]) Die Zahlen für die Assimilation bei 35° sind Mindestwerte, da die Atmung für diese Temperatur nicht ermittelt und der Wert von 25° in die Rechnung eingesetzt wurde.

2. Nach $4^1/_2$ Stunden: 200,30 ccm enthielten 10,70 ccm CO_2 und 41,90 ccm O_2.

Versuchsbedingungen: Beleuchtung von 45000 Lux, 25° und nach 4 Stunden 35°, 5 vol.-proz. CO_2. Geschwindigkeit des Gasstromes: 1,00 l in 18,5 Minuten bei 38 mm Quecksilberdruck.

Die stündliche Leistung, auf das Gewicht der Pflanzensubstanz bezogen, ist auch unter den günstigen Bedingungen auffallend niedrig; sie wäre freilich höher bei doppelseitiger Belichtung, wie unter natürlichen Verhältnissen. Die gasanalytische Bestimmung wurde durch eine gravimetrische bestätigt und nach 70 Minuten Belichtung 0,0385 g stündliche Kohlensäureaufnahme von außen gefunden, gasometrisch aus der Kohlendioxyddifferenz 0,039 g.

Versuch mit Opuntia. Die Zweige befanden sich anderthalb Tage unter Luftzutritt im Dunkeln in feuchtem Papier und Tuch und wurden einen Tag vor Versuchsbeginn zurecht geschnitten und in die Assimilationsdose eingelegt; ihr Gewicht war 170 g, die einseitige Fläche etwa 300 qcm. Die Thermometerkugel steckte im Innern eines fleischigen Sprosses. Die erste Belichtung dauerte ununterbrochen 10 Stunden, nach einer Ruhepause von 17 Stunden im Dunkeln bei 20 bis 30° wurde abermals 6 Stunden belichtet.

Versuchsbedingungen: 25°, später 30°, Belichtung von 45000 Lux, 5 vol.-proz. CO_2, Gasstrom von 3,0 l in der Stunde.

Zusammensetzung des Gases im Dunkelversuch nach 12 Stunden Atmung bei 25°: 200,30 ccm enthielten 10,84 ccm CO_2 und 41,92 ccm O_2.

Nach einer weiteren Stunde (kurz vor der Belichtung): 200,30 ccm enthielten 10,77 ccm CO_2 und 42,00 ccm O_2.

Zusammensetzung des Gases nach 12 Stunden Unterbrechung (bei etwa 20°) und darauffolgendem $3^1/_2$ stündigem Durchleiten bei 30°: 200,30 ccm enthielten 10,81 ccm CO_2.

Nach einer weiteren Stunde: 200,30 ccm enthielten 10,81 ccm CO_2 und 42,10 ccm O_2.

Die gesamte assimilatorische Leistung der Opuntia unter den Versuchsbedingungen (25°) ist, auf das Pflanzengewicht bezogen, $^1/_{30}$ von der-

Tabelle 103.
Der assimilatorische Koeffizient bei Opuntia.
(170 g Sprosse, 25 und 30°, 5 vol.-proz. CO_2, ungefähr 45000 Lux.)

Belichtungsdauer	CO_2-Differenz (für 200,30 ccm Gas) ccm	O_2-Differenz (für 200,3 ccm Gas) ccm	$\frac{CO_2}{O_2}$	Stündlich assimiliertes CO_2 (g): im Versuch aus der O_2-Differenz ber.	für 10 g Blatt: aus der CO_2-Differenz ber.	für 10 g Blatt: aus der O_2-Differenz ber.
1/2 Stunde	2,00	2,98	**0,67**	0,083	0,0033	0,0049
4 Stunden	2,00	2,50	**0,80**	0,070	0,0033	0,0041
5 1/2 ,,	1,75	1,96	**0,89**	0,055	0,0029	0,0032
10 ,,	1,45	—	—	—	0,0024	—
	12 Stunden Verdunklung, Steigerung auf 30°, 5 Stunden Atmungsvers.					
Wieder 1/2 Stunde	1,05	2,37	**0,44**	0,066	0,0017	0,0039
2 Stunden	1,23	2,42	**0,51**	0,067	0,0020	0,0039
6 ,,	0,86	1,01	**0,85**	0,028	0,0014	0,0016

jenigen gewöhnlicher Blätter (Sambucus). Die Verarbeitung der von außen aufgenommenen Kohlensäure beträgt nur $^1/_{40}$ des gewöhnlichen Wertes.

Nach der Ruhepause und der Temperatursteigerung überwog der Verbrauch von aufgespeicherter Säure sogar die Absorption aus kohlensäurereicher Atmosphäre. Der scheinbare assimilatorische Koeffizient hat daher an diesem Punkt des Versuches den tiefsten Wert, von welchem das Verhältnis $\frac{CO_2}{O_2}$ sich in 6 Stunden infolge des Nachlassens der inneren Kohlensäureversorgung auf 0,85 erhebt.

Sechste Abhandlung.

Über die Abhängigkeit der Assimilation von der Anwesenheit kleiner Sauerstoffmengen.

I. Theoretischer Teil.

Assimilation bei Abwesenheit freien Sauerstoffs.

Verschiedene Methoden zum Nachweis und zur Schätzung der Assimilation sind im Gebrauche, die in der Erkennung von freiem Sauerstoff bestehen, nämlich der Nachweis mit Phosphor nach Boussingault, mit Hämoglobin nach Hoppe-Seyler, mit Indigweiß nach Beijerinck und mit den Leuchtbakterien nach Beijerinck. Diese Methoden haben zur Voraussetzung, daß die Assimilation in sauerstofffreier Atmosphäre eintritt. Sie scheinen also den Beweis dafür in sich zu tragen, daß die Gegenwart von Sauerstoff für die Assimilation nicht notwendig ist. Ähnlicher Art ist die Engelmannsche Bakterienmethode; hier wird zwar nicht eigentlich das Auftreten von Sauerstoff in einem zuvor sicher sauerstofffreien Gasraume erkannt, sondern durch die Bewegung der sauerstoffempfindlichen Bakterien werden die an den einzelnen Orten des mikroskopischen Objektes auftretenden Unterschiede in der Sauerstoffkonzentration nachgewiesen, also die über den Verbrauch bei der Atmung hinaus freiwerdenden Sauerstoffmengen in der zuvor des Sauerstoffs beraubten Umgebung mit großer Empfindlichkeit angezeigt.

„Es gibt eine ganze Anzahl von Tatsachen,“ äußert Jost[1]) mit Bezug auf diese Methoden, „die beweisen, daß zum Beginn der Assimila-

[1]) L. Jost, Vorlesungen über Pflanzenphysiologie, 3. Aufl., Jena 1913, S. 159.

tion nachweisbare Spuren von Sauerstoff nicht vorhanden zu sein brauchen; das ist um so merkwürdiger, als so ziemlich alle Lebensprozesse der grünen Pflanzen von der Gegenwart des Sauerstoffs abhängen."

In einem gewissen Gegensatz zu den Voraussetzungen jener Methoden stehen mehrere Beobachtungen über die Sistierung der Assimilation bei Sauerstoffmangel, die im folgenden Abschnitt besprochen werden sollen. Nach Jost liegt nun der Gedanke nahe, daß zwar kein freier, wohl aber locker gebundener Sauerstoff den Pflanzen zur Verfügung stehe, zum Beispiel auch in Fällen, wie in dem bekannten Assimilationsversuche von Hoppe-Seyler[1]) in faulendem Hämoglobin. Nach der zusammenfassenden Darstellung von Jost soll mit der Zeit die Fähigkeit der Pflanze aufhören, ohne Sauerstoff mit der Assimilation zu beginnen; „es wäre also zu entscheiden, ob dieser Moment dann eintritt, wenn der locker gebundene Sauerstoff verbraucht ist, oder wenn die Chlorophyllkörner inaktiviert werden".

In der vorliegenden Arbeit wird die Abhängigkeit der Assimilation von der Anwesenheit freien und locker gebundenen Sauerstoffs untersucht, und es wird dabei experimentell unterschieden zwischen der Schädigung des Plasmas durch Sauerstoffmangel, die sekundär Störung der Assimilation herbeiführt, und dem unmittelbaren Einfluß der Sauerstoffentziehung auf die Assimilation. Es hat sich bestätigt, daß die Anwesenheit von freiem Sauerstoff im Gasraum und in der Zelle für die Assimilation entbehrlich ist, und es zeigt sich, daß andererseits der Eintritt der Assimilation auf der Funktion einer dissoziierbaren Sauerstoffverbindung im Assimilationsorgan beruht. Es bleibt somit kein Widerspruch zwischen der Entbehrlichkeit des freien Sauerstoffs und der Unentbehrlichkeit des Sauerstoffs in Form lockerer Verbindungen in der Zelle.

Ältere Versuche über Assimilation bei Sauerstoffmangel.

Bei der Erörterung des Zusammenhanges zwischen Sauerstoffmangel und Assimilation pflegt man auf eine Arbeit von J. B. Boussin-

[1]) F. Hoppe-Seyler, Zeitschr. f. physiol. Chem. 2, 425 [1879].

gault[1]) Bezug zu nehmen, in der die Wirkung sauerstofffreier Atmosphäre, von Wasserstoff, Stickstoff, Methan, auf die assimilierenden Pflanzen behandelt wird. Die Pflanzen geraten bei der Einwirkung dieser Gase im Dunkeln in einen Zustand der „Asphyxie“, sie verlieren trotz unveränderten Aussehens die Fähigkeit, im Lichte Kohlensäure zu zerlegen. „On peut, je crois, attribuer la perte de cette faculté à ce qu'elles ont été privées pendant trop longtemps de l'oxygène qui leur est indispensable pour élaborer de l'acide carbonique par une combustion lente, en un mot pour respirer.“

Viel eingehender hat später N. Pringsheim[2]) die Abhängigkeit der Assimilation grüner Zellen von der Gegenwart des Sauerstoffs untersucht und die Frage behandelt, „ob eine normal assimilierende Pflanze ohne irgendwelche Beeinträchtigung ihres Chlorophyllapparates aufhört zu assimilieren, wenn ihr auch nur eine kürzere Zeit der Sauerstoff entzogen wird, den sie für ihre Atmung und Plasmabewegung bedarf“. Es handelt sich also um die Funktion des Sauerstoffes für Atmung und Plasmatätigkeit; der Einfluß der Sauerstoffversorgung auf das Plasma wird beschrieben, und als eine sekundäre Erscheinung, welche der Sauerstoffmangel des Plasmas herbeiführt, wird die Störung der Assimilation angesehen.

„Grüne, gut assimilierende Zellen mit lebhafter Protoplasmabewegung wurden im hängenden Tropfen in der mikroskopischen Gaskammer beobachtet, durch welche mit möglichstem Ausschluß von Sauerstoff ein kontinuierlicher Strom von Kohlensäure und Wasserstoff geleitet wurde ...“ „Läßt man die Zellen ununterbrochen im Finstern, so nimmt die Rotation, die eine Zeitlang noch mit unveränderter Energie fortfährt, nach und nach ab, wird schwächer und das Plasma zeigt endlich nur noch äußerst geringe, meist nicht mehr ganz regelmäßige Bewegungserscheinungen, bis auch diese aufhören und das Plasma endlich absolut stillsteht.“ „Verharrt ... die Zelle eine längere Zeit in diesem Zustand, ... so findet man die Zelle endlich durch Sauerstoffnot oder Sauerstoffmangel zugrunde gegangen.“

---

[1]) J. B. Boussingault, Compt. rend. **61**, 608 [1865]; Agronomie **4**, 329 [1868].

[2]) N. Pringsheim, Sitzungsber. d. Preuß. Akad. d. Wissensch. 1887, S. 763.

„Wartet man aber den Eintritt der ‚Asphyxie‘ im Finstern nicht ab, und hebt man die Verfinsterung des Objektes auf, bevor die Asphyxie noch eingetreten ist, etwa um die Zeit, wo die Rotation der Zelle eben erst zur Ruhe gelangt ist, oder das Plasma nur noch sehr schwache Spuren von Bewegung zeigt . . ., so überzeugt man sich leicht, daß die Zelle . . . in diesem Zustande bei völlig normaler Erhaltung ihrer anatomischen Beschaffenheit und ihres Chlorophyllapparates nicht mehr zu assimilieren vermag.“ „Werden diese Zellen nun, nachdem der Zustand der Plasmaruhe bei ihnen im Finstern eingetreten ist, jetzt noch in der Gaskammer und im Strome von Wasserstoff und Kohlensäure beliebig lange . . . belichtet, so ändert sich in ihrem Verhalten nichts, die Rotation in ihnen kommt trotz der Belichtung nicht wieder zurück . . .“ „Die Sistierung der Bewegung ist daher . . . eine einfache Wirkung des Sauerstoffmangels, da sie durch Sauerstoffentziehung hervorgerufen in leichtester Weise durch Sauerstoffzufuhr immer wieder gehoben werden kann.“ „Diesen Zustand der grünen Zellen will ich als ‚Inanition‘ oder ‚Ernährungsohnmacht‘ bezeichnen.“

„Wird die Chara-Zelle bei gleicher Anordnung des Versuches im hängenden Wasser- oder Bakterientropfen in der mikroskopischen Gaskammer von Beginn des Versuches an und während seiner ganzen Dauer ununterbrochen belichtet, während der Strom von Kohlensäure und Wasserstoff gleichfalls ununterbrochen durch die Gaskammer strömt, so . . . . . sehen wir auch hier genau so wie bei Versuchen im Finstern nach kürzerer oder längerer Zeit Rotation und Sauerstoffabgabe aufhören.“ „Wir sehen demnach auch bei ununterbrochener Belichtung der Objekte in Kohlensäure und Wasserstoff den Ruhezustand des Plasmas und die Inanition der Zelle eintreten, und zwar aus keinem anderen Grunde, als weil es der Zelle an freiem Sauerstoff für ihre Atmung und die von dieser abhängigen mechanischen Arbeiten und chemischen Funktionen des Plasmas fehlt.“

Auf Grund dieser Versuche glaubt Pringsheim die Gewißheit zu erlangen, „daß die Sauerstoffabgabe einen für sich bestehenden, von der Kohlensäurezerlegung nur indirekt abhängigen, jedenfalls von ihr getrennten Vorgang bildet, dessen Eintreten und dessen Größe eigenen Bedingungen unterliegt und nicht ganz allein und ausschließlich durch die Assimilation und die Assimilationsgröße bestimmt wird".

Während es in diesen Versuchen von Pringsheim nicht gelungen ist, nach dem Eintritt der Inanition durch Belichtung wieder Assimilation herbeizuführen, wird es in unserer Untersuchung erreicht, die Assimilation nach ihrer vollständigen Stillegung durch Sauerstoffentziehung wieder zu erwecken, einfach durch Belichtung ohne Sauerstoffzufuhr. In der von Pringsheim und anderen angewandten Behandlung mit dem Medium Wasserstoff, für das die Pflanze nicht eingerichtet ist, hat der Zustand des Protoplasmas, dessen Versorgung einen ansehnlichen Sauerstoffdruck verlangt, auf die Dauer gelitten, und der Assimilationsapparat ist indirekt in Mitleidenschaft gezogen worden. Schlußfolgerungen über die Assimilationsreaktion selbst können aus den alten Beobachtungen nicht gezogen werden. Dieselben Einwände sind gegen die Untersuchung zu erheben, die später in Pfeffers Institut A. J. Ewart[1]) ausgeführt hat.

In einem Abschnitt[2]) der im Vorausgehenden wiederholt besprochenen Arbeit wird im Zusammenhang mit den transitorischen Sistierungen der assimilatorischen Befähigung durch verschiedene äußere Eingriffe und andere Konstellationen auch die Einwirkung irrespirabler Gase auf die Assimilation behandelt. Es ist nicht die Absicht der Versuche Ewarts, den Einfluß des Sauerstoffmangels zu verfolgen; es wäre auch nicht erlaubt, die Wirkung des Wasserstoffs mit Sauerstoffmangel zu identifizieren.

In den Versuchen von Ewart, welche diejenigen von Pringsheim ergänzen, wird mit ähnlicher Anordnung gearbeitet und die Assimilation mit der Engelmannschen Bakterienmethode nachgewiesen. Die Wasserstoffatmosphäre war, wie schon Pringsheim erkannte, nicht frei von Sauerstoff, sondern nur arm daran; das Medium enthielt bestimmt noch Sauerstoff, nämlich den durch die Photosynthese entbundenen, in den

---

[1]) A. J. Ewart, Journ. of the Linnean Soc. **31**, 364 [1896], 554 [1897]; siehe auch W. Pfeffer, Ber. d. Sächs. Ges. d. Wissensch. 1896, S. 311.

[2]) A. J. Ewart, a. a. O. S. 403.

Experimenten über Sistierung der Assimilation bei andauernder Belichtung. Unter solchen Bedingungen ist der Sauerstoff eben immer vorhanden, aber mit so geringem Partialdruck, daß die Schädigung des gesamten Protoplasmas nicht ausbleibt, die weiterhin Herabminderung und Stillegung der Assimilation zur Folge hat.

Präparate von Chara und Elodea verloren in stundenlangen Versuchen im Wasserstoffstrom im Lichte wie im Dunkeln das Assimilationsvermögen. Moose hingegen, die Ewart bemerkenswert resistent gegen Schädigungen und Vergiftungen findet, behielten unter denselben Bedingungen im Lichte unbestimmte Zeit ihre Assimilationsfähigkeit. In den Versuchen mit den Moosblättern überholte Ewart die Ergebnisse von Pringsheim, und zwar auch darin, daß bei den Chloroplasten der Moose (Bryum caespititium, Orthotrichum, Dicranum scoparium) nach Eintritt der Inanition allein durch Belichtung im kohlensäurehaltigen Wasserstoff, auch ohne Sauerstoffzufuhr, die Assimilation wieder erzielt wurde. Für diese Erscheinung gab Ewart folgende Erklärung: „The condition first produced in the chlorophyll grains is one of inanition, characterized by an inability to assimilate, but from which recovery is possible. If the exposure goes to far, the chlorophyll grains are killed and lose their power of recovery, and this is quickly followed by the death of the entire cell.“

Assimilation nach Entziehung von freiem und von gebundenem Sauerstoff.

Die Methode, mit der wir die assimilatorischen Leistungen unter verschiedenen Verhältnissen der Sauerstoffentziehung prüften, war die quantitative Bestimmung der Sauerstoffkonzentration und die quantitative Bestimmung der assimilatorischen Leistung (bei hoher Kohlensäurekonzentration und starker Belichtung). Versuchsanordnung und Assimilationsbedingungen waren die gleichen wie die in den voranstehenden Abhandlungen; auch die gravimetrische und volumetrische Analyse lehnte sich an die zur Bestimmung des assimilatorischen Koeffizienten (siehe die fünfte Abhandlung, Abschnitt II) getroffenen Einrichtungen an.

Von der Genauigkeit der quantitativen Bestimmung, die nicht zu weit hinter der Empfindlichkeit der Engelmannschen Bakterienmethode zurücksteht, gibt die folgende Schätzung ein Bild. Wenn man entsprechend der Empfindlichkeit der Engelmannschen Methode mit der Entwicklung von 1 Hundertbilliontel Milligramm Sauerstoff durch einen Chloroplasten rechnet und dafür die Zeit einer Sekunde ansetzt, so ergibt sich bei 500 000 Chloroplasten auf 1 qmm Blattfläche für die im Versuche angewandte Menge von bis zu 400 qcm die Sauerstoffentwicklung von 0,72 mg in einer Stunde. Diese Menge wird gravimetrisch in einem Messungsintervall von 20 Minuten als Kohlensäuredifferenz von 0,3 mg und volumetrisch als Sauerstoffdifferenz von 0,02 Proz. bestimmt. Man kommt unter diesen Umständen nahe an die Grenzen der quantitativen Methoden (vgl. die fünfte Abhandlung, Abschnitt II); die volumetrische Bestimmung erlaubt eine Genauigkeit von $\pm$ 0,005 Proz. und die gravimetrische gibt Ausschläge von $\pm$ 0,1 mg.

Die sauerstofffreie Atmosphäre bestand in kohlensäurehaltigem Stickstoff, den man für die Mehrzahl der Versuche von den letzten Anteilen Sauerstoff durch Überleiten über glühendes Kupfer befreite.

Die Versuchspflanzen waren von sehr verschiedener Widerstandsfähigkeit: zwei Pelargoniumarten, besonders empfindlich gegen Sauerstoffmangel, Cyclamen europaeum, hervorragend widerstandsfähig, und von zwei Laubmoosen das eine, Polytrichum juniperinum, ähnlich resistent wie Cyclamen, das andere, Leucobryum glaucum, leicht reagierend auf Sauerstoffentziehung wie Pelargonium, aber zum Unterschied von diesem zählebig.

Durch Erniedrigung des Sauerstoffteildruckes auf ein Hundertel von demjenigen in der Atmosphäre wird die Assimilation selbst bei den empfindlichsten Objekten nicht gestört und in ihrem Maße nicht herabgemindert. Das ist nach den älteren Beobachtungen immerhin auffallend, und es deutet an, daß sauerstoffarmer Stickstoff besser ertragen wird als sauerstoffarmer Wasserstoff.

Bei vollständiger Verdrängung des Sauerstoffs aus dem Gasraume, aber nur kurzer Dauer des Sauerstoffmangels war die Wirkung auf die

Pelargonienblätter eine weitgehende. Nach zweistündigem Durchströmen des sauerstofffreien Gases (die Hälfte dieser Zeit ungefähr war zur Verdrängung der Luft erforderlich) waren die Blätter unfähig, bei Belichtung und auch bei Sauerstoffzufuhr die Assimilation wiederaufzunehmen. Obwohl die Blätter im Aussehen keine Veränderung zeigten, waren sie im Zustand fortgeschrittener Vergiftung. Die Plasmatätigkeit in diesen Objekten hat bei Sauerstoffmangel sehr rasch gelitten; der Fall bietet gegenüber Bekanntem nichts Neues.

Geeigneter für das Experiment sind Blätter, deren Protoplasma den Sauerstoffmangel längere Zeit verträgt. Nach einstündigem oder mehrstündigem Durchleiten von vollkommen sauerstofffreiem Gase, nach einer Zeit, in welcher freier Sauerstoff gänzlich entfernt wird und in der bei Pelargonium schon die Asphyxie eintritt, zeigen Cyclamen und Polytrichum noch Assimilationstüchtigkeit; die Leistung bei Belichtung ohne Sauerstoffzufuhr ist zwar schon geschwächt, aber nur in geringem Maße. Das ist die Erscheinung, die schon W. Pfeffer[1]) nach den Beobachtungen von Ewart folgendermaßen verzeichnet: „Ein stundenlanger Entzug des Sauerstoffs raubt vielen Chlorophyllkörnern nicht die Fähigkeit, bei Wiederzutritt des Lichtes sofort die Kohlensäurezersetzung aufzunehmen.“

Viel bemerkenswerter ist die Erscheinung nach langdauernder Sauerstoffentziehung bei den resistenten Objekten. Läßt man Cyclamen oder das Laubmoos Polytrichum weit länger als in den ersten Versuchen, zum Beispiel 15 Stunden und über 24 Stunden unter völligem Sauerstoffausschluß, so findet man in kohlensäurehaltigem Stickstoff beim Belichten, daß die Assimilation ausbleibt, daß sie aber nach kurzer Zeit einsetzt und daß sie schon während der ersten 30 Minuten Belichtungszeit scharf ansteigt bis etwa zu demjenigen Betrag, den das Objekt unter diesen Verhältnissen noch zu ergeben vermag. Bei längerer Versuchsdauer ist dann das weitere Ansteigen der assimilatorischen Leistung unbeträchtlich.

Die Haupterscheinung nach der weitgehenden Sauerstoffentziehung ist der Stillstand der Assimilation und ihre Selbsterregung und rasche

[1]) W. Pfeffer, Pflanzenphysiologie, 2. Aufl., I, 581.

Wiederbelebung. Als eine Nebenerscheinung ist eine bleibende Schwächung der Assimilation zu verzeichnen, die wenigstens zum Teil auf der Schädigung des Protoplasmas bei seiner ungenügenden Sauerstoffversorgung beruht. Anormale Verhältnisse in der Zelle, seien sie chemische Vorgänge oder physikalische Veränderungen, stören die Assimilation sekundär, hier wie in dem vorher beschriebenen Falle, und vereiteln sie sogar im Beispiel der Pelargonienblätter.

Man kann bei zweckmäßiger Versuchsanordnung geradezu die Abhängigkeit der Assimilation vom Protoplasma unbeachtet lassen, um den unmittelbaren Einfluß des Sauerstoffes auf den Assimilationsvorgang aufzusuchen.

Die beobachtete Wiederbelebung ist verschieden von der bei den früheren Autoren beschriebenen. Man ist früher Fällen begegnet, in denen sich in größerem Zeitraum bei erneuter Sauerstoffversorgung die normale Atmung und andere Tätigkeit des Protoplasmas herstellen ließ, so daß mittelbar die assimilatorische Funktion wiedererweckt wurde. In unseren Versuchen hingegen tritt sofort und direkt die Erregung der Assimilation ein durch Spuren von Sauerstoff, die entweder von freiwilligem Zerfall einer aus Chlorophyll und Kohlensäure gebildeten Verbindung oder von kleinen Resten anderer dissoziierbarer Verbindungen herrühren.

Die geringen Mengen Sauerstoff, die bei der beginnenden Assimilation der entsauerstofften Blätter in der kurzen Zeit der ersten Messung entbunden werden, reichen keineswegs hin, um die normale Atmung des Plasmas wieder zu versorgen, die schon bei viel höherem Teildruck des Sauerstoffs erheblich leidet. Der Druck des Sauerstoffs bleibt hier sehr niedrig, weil ihn bei seiner raschen Diffusion durch Intercellularen und Spaltöffnungen der strömende Stickstoff fortführt, zum größten Teile, wie die Gasanalyse zeigt.

Die angeführten Erscheinungen werden in der Tabelle 104 durch einige Beispiele von assimilatorischen Leistungen veranschaulicht, die nach dem Verweilen im sauerstofffreien Medium bei Belichtung in kohlensäurehaltigem Stickstoff unter den Bedingungen gesteigerter Assimilation gemessen wurden.

Tabelle 104.

Assimilation in CO_2-haltigem Stickstoff nach Verweilen in sauerstofffreiem Medium.

(25°, 22000 Lux, 7,5 Proz. CO_2.)

Blätter	Trockensubstanz von 10 g Blättern (g)	Aufenthalt in O_2-freiem Medium vor der Belichtung	Stündlich assimiliertes CO_2 (g)		
			in den ersten 20 Min. Belichtung	nach $^1/_2$ Stunde	nach 1 bis $1^1/_2$ Stunden
20 g Cyclamen europaeum	1,15	weniger als $^1/_4$ Stunde	0,12	—	0,157
20 g Cyclamen europaeum	0,97	1 Stunde	0,03[1])	—	0,127
dasselbe Objekt		2 Stunden	0,07	—	0,106
„ „		15 Stunden	**0,0018**	—	**0,018**
10 g Polytrichum junip.	4,50	2 Stunden	0,037	0,056	0,032
dasselbe Objekt		mehr als 24 Stunden	**0,004**	**0,013**	**0,015**

Die Versuche haben also ergeben, daß der Sauerstoff unbedingt notwendig ist für die Assimilationsreaktion, daß aber zur Versorgung des Assimilationsapparates eine sehr geringe Menge von Sauerstoff ausreicht, und daß nicht freier Sauerstoff, aber dissoziabel gebundener für die Assimilationsreaktion unentbehrlich ist.

Der große Unterschied zwischen den Versuchen mit Cyclamen und Polytrichum nach kurzer und nach langer Sauerstoffentziehung macht es wahrscheinlich, daß die Beseitigung des Sauerstoffs in zwei Phasen verläuft, daß sie nämlich

1. in der Verdrängung des freien Sauerstoffs,
2. in der Entziehung von dissoziabel gebundenem Sauerstoff besteht.

In der ersten Phase, beim Durchströmen der Assimilationskammer mit dem sauerstofffreien Gase im Dunkeln, wird die Verdrängung des Sauerstoffs aus dem die Blätter umgebenden Gasraum und die Entfernung

[1]) Dieser Wert ist infolge zu frühen Einschaltens des Natronkalkrohres zu tief gefunden.

des, wie W. Pfeffer[1]) gezeigt hat, in der Zelle vorhandenen freien Sauerstoffs bewirkt.

Nach dieser Phase sind die Blätter von Cyclamen und Polytrichum fähig, sofort wieder intensiv zu assimilieren.

Die zweite Phase besteht in dem Zerfall einer an der Assimilation beteiligten dissoziierenden Sauerstoffverbindung, der dann erfolgt, wenn ihr Sauerstoffdruck höher ist, als der Teildruck des Sauerstoffs im Medium.

Bei den widerstandsfähigen Pflanzenobjekten wird nach dieser Phase Stillstand der Assimilation und rasche Erregung derselben gefunden.

Die Annahme eines mit Sauerstoff beladenen Agens im Assimilationsapparate der Blätter erinnert an den von P. G. Unna[2]) in eingehenden Untersuchungen geführten wichtigen Nachweis, daß Sauerstofforte, die als Sauerstoffüberträger betrachtet werden, in tierischen Geweben, und zwar besonders in den Zellkernen verbreitet sind.

In der zweiten Abhandlung dieser Reihe ist aus der Disproportionalität zwischen Chlorophyllmenge und assimilatorischer Leistung gefolgert worden, daß das Chlorophyll im Assimilationsvorgang mit einem Enzym zusammenwirke. Durch die vorliegende Untersuchung wird es wahrscheinlich, daß das am Assimilationsvorgang beteiligte Enzym als eine dissoziierbare Sauerstoffverbindung wirkt.

II. Experimenteller Teil.

A. Assimilation in sauerstoffarmer Atmosphäre.

Unter den Beispielen für den assimilatorischen Koeffizienten in der V. Abhandlung sind Bestimmungen in sauerstoffarmem Medium ausgeführt worden, die für das Verhältnis $\frac{CO_2}{O_2}$ keine Abweichung vom normalen Werte ergeben haben. Dieselben Proben sind auch in dem Zu-

[1]) W. Pfeffer, Untersuchungen aus dem botanischen Institut zu Tübingen 1, 684 [1885]; „Beiträge zur Kenntnis der Oxydationsvorgänge in lebenden Zellen", S. 449 (Leipzig 1889).

[2]) P. G. Unna, „Die Reduktionsorte und Sauerstofforte des tierischen Gewebes", Arch. f. mikrosk. Anatom. 78, Festschrift Waldeyer [1911]; Berliner klin. Wochenschr. **50**, 589 und 809 [1913]; „Chemie der Zelle" in der Festschrift, dem Eppendorfer Krankenhause gewidmet [1914]; „Die Sauerstofforte und Reduktionsorte", Arch. f. mikrosk. Anatom. **87**, Abt. I, 96 [1915].

sammenhang mit den nachfolgenden Assimilationsversuchen in sauerstofffreier Atmosphäre von Bedeutung. Die Versuchsbedingungen sind die bereits beschriebenen; die Anordnung der Assimilationsexperimente ist der zweiten, die volumetrische Bestimmung von Kohlendioxyd und Sauerstoff der fünften Arbeit entnommen. Die assimilatorische Leistung ergab sich aus der Kohlensäuredifferenz der Gasproben, gemäß dem Verhältnis des kohlendioxydfreien Luftvolumens der Gasbürette zu dem aus dem Assimilationsapparate stündlich austretenden Luftvolumen.

Versuch mit Pelargonium zonale. In einem Gasstrom von 1,35 Vol.-Proz. Sauerstoff und 7,40 Proz. Kohlendioxyd (siehe die fünfte Abhandlung, Abschnitt III, dritter Versuch).

Assimilation von 12,0 g Blättern bei 25° unter Beleuchtung von ungefähr 45 000 Lux.

Die assimilatorische Leistung nach einstündigem Durchströmen des sauerstoffarmen Gases betrug in zweistündiger Belichtungsdauer durchschnittlich 0,11 g CO_2 in der Stunde. Das ist ein ganz normaler Wert der assimilatorischen Tätigkeit unter den Verhältnissen größter Leistung. Nach einer Ruhepause von 3½ Stunden belief sich die Assimilation auf 0,10 g CO_2 stündlich. Sie ging nach abermaligem 15 stündigem Verdunkeln und Verweilen im stehenden Gase, dessen Sauerstoffgehalt weitgehend veratmet wurde, während einer dritten Belichtungszeit von 6 Stunden auf 0,07 g CO_2 zurück.

Versuch mit Pelargonium zonale (a. a. O. vierter Versuch) in einem Gasstrom, dessen Sauerstoffgehalt im Dunkelversuch beim Austritt aus der Assimilationskammer anfangs 1,22, nach dreistündigem Strömen 0,45 und nach 6 Stunden, nämlich vor Beginn der Belichtung, 0,23 Vol.-Proz. betrug. Der Kohlendioxydgehalt war 7½ Proz.

Assimilation von 12,0 g Blättern bei 25° unter Beleuchtung von ungefähr 45 000 Lux. Die Leistung während 1½ stündiger Belichtung betrug 0,10 g in der Stunde.

B. Stillstand der Assimilation in sauerstofffreier Atmosphäre.

Versuchsanordnung. Das Versuchsgas in der eisernen Druckflasche enthielt 7,40 Vol.-Proz. CO_2 und 1,35 Sauerstoff gemäß folgenden Analysen:

Volumetrische Bestimmung: 166,30 ccm enthielten 12,30 ccm CO_2 und 2,24 ccm O_2 bei 22,0° und unter 721 mm Druck (19,5°).

Gravimetrische Bestimmung: Auf 1,00 l CO_2-freien Gases kamen 0,1349 g CO_2 bei 21,5° und unter 721 mm Druck (19,5°).

Um diesem Gase den Sauerstoff vollständig zu entziehen, leiteten wir es mit einer Strömungsgeschwindigkeit von 3 l in der Stunde durch ein im elektrischen Ofen erhitztes Quarzrohr von 12 mm lichter Weite, das anfangs nur mit einer dicht gerollten Kupferdrahtspirale beschickt war. Der Apparat stand in einem dem Versuchsraum benachbarten Zimmer. Die von Zeit zu Zeit erforderliche Reduktion der Drahtnetzspirale wurde durch Einleiten von Methylalkoholdampf in die glühende Röhre bewirkt. Als bei dem ersten und zweiten Versuche die Assimilation im sauerstofffreien Medium gänzlich unterblieb, trugen wir der Möglichkeit Rechnung, daß Spuren von Kohlenoxyd entstehen und bei der langen Versuchsdauer die Tätigkeit der Chloroplasten beeinflussen könnten. Für alle folgenden Versuche ergänzten wir daher die Beschickung der Röhre mit einer etwa 10 cm langen Schicht von Kupferoxyd. Daraufhin machte sich aber als eine Fehlerquelle das eigentümliche Verhalten des Kupferoxyds in der Hitze, das bei seiner Verwendung in der organischen Elementaranalyse nicht in Erscheinung tritt, in recht störender Weise geltend. Das Kupferoxyd verliert nämlich bei hoher Temperatur langsam einen Teil seines Sauerstoffs[1]). Der Gasstrom wurde deshalb, um die Sauerstoffabgabe des Oxyds zum Stillstand zu bringen, einige Tage und Nächte ununterbrochen bei heller Rotglut durch das Rohr geführt und dann wurde für den Versuch die Temperatur der Kupferoxydschicht ein wenig erniedrigt. Endlich leiteten wir den Gasstrom zum Schutze gegen Kupferstaub durch eine 10 cm hohe Watteschicht und zum Sättigen mit Wasserdampf durch eine mit Wasser von 30° beschickte Waschflasche.

Erster Versuch. Pelargonium peltatum, 20,0 g frische Blätter bei 25° und mit Beleuchtung von etwa 45 000 Lux.

Das Gas wurde vor dem Eintritt in die Assimilationskammer analy-

---

[1]) Vgl. Gmelin - Krauts Handbuch der anorganischen Chemie, 7. Aufl., Bd. V, Abteilg. 1, S. 736, 741, 1564.

siert: 166,30 ccm enthielten 12,68 ccm CO_2 und 0,04 ccm O_2 (infolge kleiner Fehler in der Bestimmung etwas zu hoch gefunden) entsprechend einem Gehalte von 7,62 Vol.-Proz. CO_2 und 0,02 O_2.

Nach 3 stündiger Atmung der Blätter bei 25° in diesem Strome enthielt das aus der Assimilationskammer austretende Gas in 166,30 ccm 12,70 ccm CO_2.

Hierauf begann die Belichtung. Nach 2 Stunden ergab die Analyse des austretenden Gases in 166,30 ccm 12,65 ccm CO_2 und 0,07 ccm O_2. Diese Zahlen zeigen kaum eine spurenweise Assimilationstätigkeit an.

Zweiter Versuch. Pelargonium zonale, 12,0 g Blätter bei 25° mit Beleuchtung von 45 000 Lux.

Die Atmung im sauerstoffreien Strom bei 25° im Dunkeln dauerte eine Stunde. Dann ermittelten wir in 166,30 ccm 12,70 ccm CO_2 und 0,01 ccm O_2 und fanden diese Zahlen gravimetrisch bestätigt.

Nach einstündiger Belichtung, als die Blätter noch unverändert frisch aussahen, enthielten 166,30 ccm über die Blätter geleiteten Gases 12,45 ccm CO_2 und 0,00 ccm O_2. Die Kohlensäuredifferenz im Versuche betrug also, ohne daß die Blätter Sauerstoff abgaben, 0,25 ccm, was einer scheinbaren stündlichen Assimilationsleistung von etwa 0,008 g CO_2 entspricht. Nach dem Fehlen des Sauerstoffs ist aber diese kleine Kohlensäuredifferenz eher dem Absorptionsvermögen der Blattsubstanz als einem Reste der Assimilationsfähigkeit zuzuschreiben.

In der Tat waren die Blätter gar nicht mehr fähig zu assimilieren. Wir boten ihnen alsbald die günstigsten Bedingungen, indem das sauerstofffreie Gas während 20 Minuten im Dunkeln durch einen sauerstoffhaltigen Strom verdrängt wurde, dessen Kohlendioxydgehalt aus einem früheren analogen Dunkelversuche mit 10 g Sambucusblättern bekannt war, nämlich in 200,30 ccm 13,62 ccm betrug neben 38,68 ccm O_2. Beim Strömen über die belichteten Pelargonienblätter fanden wir in 200,3 ccm austretendem Gase 13,59 ccm CO_2.

Dritter Versuch. Pelargonium zonale, 12,0 g Blätter, Temperatur und Belichtung wie oben.

Die Blätter waren lange Zeit unter Entbehrung des Sauerstoffs, nämlich

4 Stunden in einem Stickstoff-Kohlensäuregemisch mit etwa 0,1 Proz. Sauerstoff und $1^1/_2$ Stunden in sauerstofffreiem Gasstrom, der beim Austritt aus dem Assimilationsapparat in 166,30 ccm 12,65 ccm CO_2 und 0,00 bis 0,01 ccm O_2 aufwies. Schon im Dunkelversuche nahmen die Blätter zum Teil Olivfarbe an, ein Blatt blieb noch schön grün. Der Belichtungsversuch dauerte 1 Stunde und die Analyse des austretenden Gases wurde am Ende dieser Zeit vorgenommen; in 166,30 ccm Gas fanden wir 12,62 ccm CO_2 und 0,03 ccm O_2.

Vierter Versuch. Pelargonium zonale, 12,0 g Blätter; gleiche Bedingungen wie oben.

In diesem Versuch ist die Atmungsperiode abgekürzt worden, so daß die Blätter nach dem Dunkelversuch noch unverändert erschienen; während der Belichtung wurden sie indessen dunkler grün, auch stellenweise olivstichig; die Zellstruktur erwies sich verändert. Das Verdrängen der Luft durch die sauerstofffreie Gasmischung dauerte eine Stunde und ebenso die Atmung in diesem Medium. Darauf enthielten 166,30 ccm Gas 12,65 ccm CO_2 und 0,00 ccm O_2.

Die Blätter wurden 2 Stunden dem Licht ausgesetzt und zwei volumetrische Analysen ausgeführt.

Nach 1 Stunde enthielten 166,30 ccm Gas 12,62 ccm CO_2 und 0,07 ccm O_2.

Nach 2 Stunden enthielten 166,30 ccm Gas 12,58 ccm CO_2 und 0,00 ccm O_2.

Die Blätter haben also nicht assimiliert und sich auch nicht mehr erholt.

C. Stillstand und Wiederbelebung der Assimilation in sauerstofffreier Atmosphäre.

In den bisherigen Beispielen ist erst geraume Zeit nach Beginn der Belichtung die Assimilation gemessen worden. Da keine Assimilation mehr stattfand, so können die Blätter auch nicht in einem früheren Zeitpunkt der Belichtung noch assimiliert haben, sonst hätte der entwickelte Sauerstoff zur Belebung der Assimilation genügt. Eine Unvollkommenheit der Beobachtung lag aber darin, daß es ungewiß blieb, ob die zur Assimilation unfähigen Blätter noch lebten oder ob das Ausbleiben der Assimilation eine Folgeerscheinung eingetretener Störungen in den Lebensvorgängen der Pflanze war. Sobald es indessen gelingt, die Assimilation nach dem Stillstand wieder zu beleben, so erweist es sich, daß der Sauerstoffmangel den Assimilationsapparat gelähmt hat, ohne eine weitergehende Schädigung zu bewirken. Bei einigen folgenden Beispielen, namentlich bei Cyclamen europaeum, wurde unter den bisher beschriebenen Versuchsbedingungen kein Stillstand der Assimilation gefunden. Es war vor allem erforderlich, die Leistung unmittelbar von Beginn der Belichtung an zu bestimmen, um das anfängliche Ausbleiben der Assimilation zu erkennen. Bei solchen Pflanzen, die bei und nach der Sauerstoffentziehung besonders widerstandsfähig sind, wurde nach anfänglichem Stillstand die Assimilation in zunehmendem Maße wieder erweckt, und zwar bis zu dem Betrage, den die Objekte unter den günstigsten Verhältnissen überhaupt noch zu ergeben vermögen. Diese Erscheinung kann durch die Anwesenheit von Sauerstoffspuren herbeigeführt werden, die entweder den Blättern noch nicht entzogen waren oder die durch freiwilligen Zerfall einer aus Chlorophyll und Kohlensäure im Lichte gebildeten Verbindung entstanden. Während auf die Pelargonienblätter der sauerstofffreie Gasstrom schon in einer oder in wenigen Stunden so einwirkte, daß keine Wiederbelebung der Assimilation mehr erfolgen konnte, und daß die Blätter bald zugrunde gingen, ist bei Cyclamen europaeum und bei einer der untersuchten Moosarten tagelanges Verweilen unter dem Partialdruck Null des Sauerstoffs nötig, um die Hemmung der Assimilation herbeizuführen; dabei blieben die Versuchspflanzen unbeschädigt.

Versuchsanordnung. Das Versuchsgas, das mit gleichmäßiger Strömungsgeschwindigkeit von 3 l in der Stunde die Gasuhr verläßt, wird von Anbeginn der Belichtung an durch den gewogenen Natronkalkapparat geleitet, und zwar 20 Minuten lang, also entsprechend dem Austritt von 1 l Stickgas. Unter solchen Umständen entspricht die gegenüber einer Vergleichswägung im vorangehenden Dunkelversuch gefundene Kohlensäuredifferenz nun nicht der wirklichen assimilatorischen Leistung der Blätter in dem Intervalle, weil ja das kohlensäureärmere Gas der Belichtungszeit das kohlensäurereichere der Atmungsperiode aus den schädlichen Räumen der Apparatur, die etwa $^1/_2$ l betragen, zu verdrängen hatte. Erfahrungsgemäß war die assimilatorische Leistung bei unmittelbar mit der Belichtung einsetzender und gleichbleibender Assimilation etwa doppelt so groß als der aus der Kohlensäuredifferenz gefundene scheinbare Wert für die erste Beobachtungszeit. Belege dafür finden sich im Beispiel des neunten Versuchs, wo in kohlensäurehaltiger Luft die Assimilation gemessen wurde, wie sie unmittelbar bei Beginn der Belichtung einsetzte, und in den der zweiten Abhandlung zugrunde liegenden Messungsreihen (bei 25°, 5 vol.-proz. CO_2, 48 000 Lux), aus denen einige Zahlen angeführt werden sollen:

Pflanze	Datum	Assimiliertes CO_2 (g) im 1. Intervall von 0 bis 20 Min.	im 2. Intervall von 20 bis 40 Min.	im 3. Intervall von 40 bis 60 Min.
Ampelopsis quinquefolia . .	8. Juni N.	0,0150	0,0283	0,0298
Quercus Robur	9. Juni V.	0,0154	0,0308	0,0313
Sambucus nigra, gelbe Var. .	9. Juni N.	0,0041	0,0096	0,0096
Acer Negundo, gelbe Var. . .	10. Juni V.	0,0043	0,0098	0,0100
Acer Negundo, weiße Var. .	10. Juni N.	0,0006	0,0011	0,0010

Demgemäß setzen wir in diesen Versuchen durchwegs für die Berechnung der Assimilationsleistung in dem wichtigen ersten Intervall die gefundene Kohlensäuredifferenz verdoppelt ein. Ergibt sich dabei ein niedriger, mitunter sogar ein außergewöhnlich niedriger Wert und wird schon in der nächsten Bestimmung zum Beispiel nach im ganzen 30 Minuten Belichtung eine bedeutend höhere Zahl gefunden, so darf daraus geschlossen werden, daß die Assimilation im Laufe der ersten 20 Minuten mit beinahe Null begann und daß sie infolge spurenweiser Sauerstoffentbindung wieder zurückkehrte.

Eine Störung bei der Ermittlung beginnender niedrigster assimilatorischer Leistungen könnte dadurch eintreten, daß die Blätter bei starkem Belichten trotz der angeordneten doppelten Kühlung eine etwas höhere Temperatur annehmen, als das Thermometer anzeigt. Die dadurch bewirkte Kohlensäureentbindung aus der Blattsubstanz würde sich der zu erkennenden Erscheinung des Kohlensäureverbrauches entgegensetzen. Aus diesem Grunde ist im folgenden mit geringerer Lichtstärke als sonst gearbeitet worden, mit etwa halber Lichtintensität, die aber (vgl. Abschnitt XIII der zweiten Abhandlung) noch zur vollen Betätigung der Assimilationsfähigkeit hinreicht.

Fünfter Versuch. Cyclamen europaeum (Zierart), 25° und Beleuchtung von etwa 22 000 Lux.

Die mit 20,0 g frisch gepflückten, tiefgrünen Blättern (Trockengewicht 2,30 g, Fläche ungefähr 300 qcm) beschickte Assimilationskammer wurde zuerst mit einem raschen Strom von sauerstoffarmem Gas gespült. Dann ließ man den konstanten Strom der sauerstofffreien Gasmischung eintreten. Im Zeitabschnitt von 30 bis 50 Minuten führten wir den aus der Assimilationsdose austretenden Gasstrom in den Natronkalkapparat und nach 60 Minuten zur volumetrischen Analyse in die Gasbürette. In diesem Zeitpunkt begann die Belichtung und die gravimetrische Bestimmung mit dem Natronkalkapparate.

Zusammensetzung des Gases im Dunkelversuche:

Gravimetrische Bestimmung: Auf 1,00 l Stickstoff kamen 0,1388 g CO_2 (bei 18,0° und unter 707 mm bei 16°).

Volumetrische Analyse: 166,30 ccm Gas enthielten 12,77 ccm CO_2 und 0,01 ccm O_2 (bei 18,0° und unter 707 mm bei 16°).

In der ersten Belichtungsperiode wurde 0,1187 g CO_2 auf 1 l austretenden Stickgases (bei 18,0° und unter 707 mm bei 16°) gefunden und aus der Kohlensäuredifferenz gegenüber dem Dunkelversuch von 0,0201 g auf die stündliche Assimilation von 0,12 g CO_2 geschlossen.

Nach $1^1/_2$ Stunden Belichtung ergab die Gasanalyse in 166,30 ccm 7,97 ccm CO_2, also 4,80 ccm CO_2-Differenz, und 4,75 ccm O_2 (bei 18,4° und unter 707 mm bei 16°). Aus dieser Kohlensäuredifferenz berechnet sich für den vorgerückteren Zeitpunkt die stündliche Leistung von 0,157 g CO_2.

Die Assimilation war im sauerstofffreien Medium schon zu Anfang bedeutend, und sie erreichte im Laufe der Belichtung einen im Verhältnis zur Fläche und zum Trockengewicht der Blätter hohen Betrag. Die Blätter bewahrten unverändertes Aussehen.

Sechster Versuch. Cyclamen europaeum (Zierart).

Im vorigen Versuch hat einstündiger Gasdurchgang genügt, um die Umgebung der Blätter gänzlich sauerstofffrei zu machen. Aber erst dadurch, daß die Alpenveilchenblätter unter dem Partialdruck Null des Sauerstoffs längere Zeit bleiben, tritt der Einfluß auf die Assimilation zutage. Gerade hierdurch wird die langsame Entleerung von Sauerstofforten im Blatt wahrscheinlich.

Die Versuchsanordnung (20,0 g Blätter mit einem Trockengewicht von 1,94 g, Temperatur, Beleuchtung) war die gleiche wie im vorigen Beispiel, nur die Zeit der Atmung nach dem Verdrängen des Sauerstoffs länger. Die für die nachfolgende Messung der Assimilation erforderliche gravimetrische Bestimmung des Kohlendioxyds im Strome unter Einschluß der Atmungskohlensäure wurde nach $1^1/_2$ stündigem Durchgang des sauerstofffreien Gases vorgenommen; auf 1 l austretenden Gases kamen 0,1375 g CO_2 (bei 17,5° und unter 702 mm bei 15°).

Am Ende der 2 stündigen Dunkelperiode, nämlich unmittelbar vor der Belichtung, ergab die volumetrische Analyse in 166,30 ccm Gas 12,70 ccm CO_2 und 0,02 ccm O_2 (bei 17,8° und unter 702 mm bei 15°). Es ist ungewiß, ob die gefundene Spur Sauerstoff dem Gasstrom oder den Blättern entstammte.

In der gravimetrischen Bestimmung wurde für 1 l an der Gasuhr (17,8°, 702 mm bei 15°) am Anfang der Belichtung 0,1329 g CO_2 gefunden; die Differenz im Vergleich mit dem Kohlensäurebetrag im Dunkeln führte zu dem niedrigen Wert 0,027 g CO_2 der stündlichen assimilatorischen Leistung. Diese Zahl, etwa ein Viertel des analogen Wertes im fünften Versuche, ist aber dadurch etwas zu niedrig gefunden worden, daß wir die Natronkalkröhre unmittelbar vor der Belichtung, 2 Minuten früher als im fünften Versuche, angeschlossen und dadurch den Einfluß des schädlichen Raumes über das rechnerisch berücksichtigte Maß hinaus vergrößert hatten.

Nach 1 stündiger Belichtung ergab die volumetrische Bestimmung: 166,30 ccm Gas enthielten 8,80 ccm CO_2 und 3,88 ccm O_2 (bei 17,5° und unter 702 mm bei 15°), Kohlensäuredifferenz = 3,90 ccm. Die stündliche Leistung für diesen Zeitpunkt betrug schon 0,127 g, war also normal; die Blätter haben sich durch ihre Sauerstoffproduktion hinsichtlich der Assimilationsfähigkeit so rasch erholt, daß die gesuchte Erscheinung nicht recht deutlich wurde. Dies wiederholte sich bei nochmaliger Entfernung des Sauerstoffes.

Das die Blätter umgebende Gas wurde während einer Stunde durch sauerstofffreies verdrängt und dieses 3 Stunden lang durch die Assimilationskammer geleitet. Am Ende dieser Atmungsperiode im Dunkeln ergab:

die gravimetrische Bestimmung: 0,1369 g CO_2 für 1 l an der Gasuhr (bei 18° und unter 705 mm bei 15°),

die volumetrische Analyse: in 166,30 ccm Gas 12,66 ccm CO_2 und 0,01 ccm O_2 (bei 18° und unter 707 mm bei 15°).

Nun erfolgte gleichzeitig mit der Belichtung die Einschaltung des Natronkalkapparates. Im ersten Intervall der Assimilationsperiode kam auf 1 l austretenden Stickgases (bei 18,5° und unter 707 mm bei 15°) 0,1253 g CO_2; die Kohlensäuredifferenz von 0,0111 g bedeutet eine stündliche Leistung von etwa 0,07 g CO_2. Diese ist erheblich erniedrigt im Vergleiche mit dem fünften Versuche.

Volumetrische Analyse nach $1^1/_2$ Stunden Belichtung: 166,30 ccm Gas enthielten 9,40 ccm CO_2 und 3,26 ccm O_2 (18,8°, 707 mm bei 15°). Gemäß der Kohlensäuredifferenz von 3,26 ccm betrug jetzt die stündliche Assimilation 0,106 g CO_2.

Nunmehr verdrängten wir mit dem sauerstofffreien Strom das Gas, welches im Laufe der Assimilation sauerstoffhaltig geworden, und setzten die Blätter längere Zeit dem Sauerstoffmangel aus. Sie wurden während 15 Stunden im Assimilationsraum unter Verschluß der Ein- und Austrittsöffnung gehalten, und zwar bei 15 mm Quecksilberüberdruck, um bei der Abkühlung während der Nacht Eindringen von Luft zu verhüten. Der Überdruck blieb bis zum folgenden Tage erhalten. Vor der Belichtung war es nötig, die Atmosphäre der Assimilationskammer zu verdrängen, nicht um Spuren von Sauerstoff zu entfernen, welche die Atmung mittlerweile verbraucht hätte, sondern um das durch die innere Atmung gebildete und zum Teil bei der erniedrigten Temperatur (15°) von der Blattsubstanz reichlicher absorbierte Kohlendioxyd bis zum Gleichgewicht mit dem Versuchsgas zu entfernen. Am Ende der Dunkelperiode und vom Beginn der Belichtung an führten wir wieder die gravimetrischen Bestimmungen und vor der Belichtung sowie nach 1 stündiger Dauer derselben die volumetrischen Analysen aus.

Dunkelversuch: Auf 1 l austretenden Gases kamen 0,1387 g CO_2 (bei 18° und unter 714 mm bei 16°); 166,30 ccm Gas enthielten 12,82 ccm CO_2 und 0,01 ccm O_2 (bei 18° und unter 715 mm bei 17°).

Im Lichte: Auf 1 l Stickgas kamen 0,1384 g CO_2 (bei 18,3° und unter 715 mm bei 16°); 166,30 ccm Gas enthielten 12,30 ccm CO_2 und 0,40 ccm O_2 (bei 18,3° und unter 715 mm bei 17°).

Die Blätter haben wiederum Sauerstoff entwickelt, diesmal allerdings nur noch wenig, und zwar weniger, als der verbrauchten Kohlensäure entsprach, da sie ihren Mangel an Sauerstoff auf Kosten des freiwerdenden decken konnten. Es handelte sich bei der Assimilation, die gemessen wurde, nicht etwa um innere Kohlensäureversorgung durch angehäufte pflanzliche Säuren, die einen zu geringen Kohlensäureverbrauch vortäuschen würde; in einem solchen Falle müßte der entbundene Sauerstoff die absorbierte Kohlensäuredifferenz übertreffen.

Für das erste Intervall der neuen Assimilationsperiode ergab sich aus der Kohlensäuredifferenz eine sehr niedrige stündliche Leistung, nämlich von nur 0,0018 g, für den Zeitpunkt von einer Stunde nach Beginn der Belichtung erreichte die stündliche Leistung bereits 0,017 g. Die Erholung war ansehnlich, aber weitere Fortschritte machte sie nicht. Neben der Schädigung, die bei der gewählten Versuchspflanze rückgängig gemacht werden kann, gehen irreparable Wirkungen der langdauernden Sauerstoffentziehung, die schließlich den Tod des Blattes herbeiführen würden, einher. Je länger dauernd der Sauerstoffmangel, desto geringer die Assimilationsfähigkeit und desto unvollkommener die Erholung.

Nach der gravimetrischen Bestimmung im Intervall von 1 Stunde bis 1 Stunde 40 Minuten seit Beginn der Belichtung waren in 2 l durch die Gasuhr austretenden Stickstoffs enthalten: 0,2655 g CO_2 (bei 18,5°

und unter 715 mm bei 17°); die stündliche Leistung betrug also nur 0,018 g CO_2.

Bis zum Ende dieses Versuches ist das Aussehen der Cyclamenblätter normal geblieben.

Siebenter Versuch. Cyclamen europaeum (Zierart).

Beim Experiment mit Alpenveilchenblättern, die morgens (23. Nov.) gepflückt und ohne Gelegenheit zur Versorgung mit Assimilaten sofort langdauerndem Sauerstoffmangel unterworfen wurden, ging die Schädigung über die im vorigen Versuch bewirkte hinaus, und das Ergebnis entsprach den Versuchen 1 bis 4 mit Pelargonienblättern. Das Versuchsobjekt ist unfähig geworden zur Assimilation und zu ihrer Wiedererweckung. Unterscheidend gegenüber den Beobachtungen an Pelargonien ist nur die längere Dauer der Sauerstoffentziehung, die notwendig ist.

Die Blätter (20 g) befanden sich 2 Stunden bei 25° im strömenden sauerstofffreien Gase, darauf 15 Stunden im stehenden, und zwar anfangs bei derselben Temperatur, dann bei 17°.

Die Blätter blieben tiefgrün und unverändert frisch. Bei Belichtung entwickelten sie aber anfangs gar keinen Sauerstoff und im Verlaufe einer Stunde nur eine Spur.

Die Belichtung dauerte $1^1/_2$ Stunden, darauf ließen wir reine Luft durch den Assimilationsraum strömen und die Blätter darin $2^1/_2$ Stunden bei 25° stehen. Nun wurde ein Assimilationsversuch in 5 Proz. Kohlendioxyd enthaltender Luft ausgeführt, der aber trotz des tadellosen Aussehens der Blätter negativ verlief. Erst einen Tag später waren die Blätter vom Rande gegen die Basis hin oliv und sie erschienen, ähnlich wie gedrückte oder abgebrühte Blätter, dunkler grün längs den Hauptadern.

Volumetrische Bestimmungen zum Assimilationsversuch:

Vor der langen Atmungsperiode enthielten 166,30 ccm Gas 12,81 ccm CO_2 und 0,01 ccm O_2.

Unmittelbar vor der Belichtung enthielten 166,30 ccm Gas 12,72 ccm CO_2 und 0,00 ccm O_2.

Nach 10 Minuten Belichtung enthielten 166,30 ccm Gas 12,73 ccm CO_2 und 0,00 ccm O_2.

Nach 1 Stunde Belichtung enthielten 166,30 ccm Gas 12,73 ccm CO_2 und 0,09 ccm O_2.

Gravimetrische Bestimmungen zum Erholungsversuch:

Unmittelbar vor der Belichtung entsprachen 1 l an der Gasuhr 0,0943 g CO_2.

Während 0 bis 20 Minuten Belichtung entsprachen 1 l an der Gasuhr 0,0946 g CO_2.

Während 20 bis 40 Minuten Belichtung entsprachen 1 l an der Gasuhr 0,0952 g CO_2.

Während 40 bis 60 Minuten Belichtung entsprachen 1 l an der Gasuhr 0,0947 g CO_2.

Achter Versuch, mit einem Laubmoose, Polytrichum juniperinum Hdw.

Um das Verhalten der Moose, deren Widerstandsfähigkeit gegen Sauerstoffmangel die in der Einleitung angeführte Arbeit von A. J. Ewart nachgewiesen hat, bei der vollständigen Entziehung des Sauerstoffs zu untersuchen, verwendeten wir zwei Laubmoose, die im Feuchtigkeitsgehalt weit differieren, ein besonders trockensubstanzreiches Haarmoos und (im neunten Versuch) ein Weißmoos von krautiger Beschaffenheit und sehr niedrigem Trockengehalt.

10 g frische Polytrichumzweige gaben 4,50 g Trockengewicht.

10 g frisches Leucobryum gaben 0,60 g Trockengewicht.

Das Haarmoos ist gegen Sauerstoffentzug sehr resistent, wie Cyclamen, das Weißmoos dagegen so empfindlich wie Pelargonium, nur mit dem Unterschiede, daß diese Moosart den Stillstand der Assimilation viel besser überlebt.

10 g frische Polytrichumstengelchen wurden da, wo sie von Grün in Braun übergehen und holzig werden, mit einer scharfen Schere abgeschnitten und in das Silberdrahtnetz rasch so eingesteckt, daß ihre Enden den nassen Boden der Kammer berührten. Die beim Einstellen in den Assimilationsraum etwas welken Blättchen erschienen nach kurzem Verweilen in der feuchten Atmosphäre der Kammer wieder frisch und blieben unverändert bei der Belichtung und im ganzen Verlaufe des 3tägigen Versuches.

Das Kohlensäure-Stickstoffgemisch war in diesem Versuche nicht ganz frei von Sauerstoff, sondern es enthielt davon noch 0,02 bis 0,04 Vol.-Proz. Nach 3 stündigem Durchleiten des Gases war die Assimilationsfähigkeit merklich geschwächt und es gelang, sie in einer halben Stunde wieder zu beleben von der stündlichen Leistung 0,037 bis zu 0,056 g CO_2.

Zur vollständigen Sauerstoffentziehung ließen wir die Pflanze in dem annähernd sauerstofffreien Medium in langen Dunkelperioden atmen. Dann bestätigte die Gasanalyse, daß die letzten Spuren des Sauerstoffs aufgezehrt waren. Nach einer 24 stündigen Atmungsperiode war in der ersten Zeit der darauffolgenden Belichtung die Assimilation des Laubmooses auf einen Bruchteil des normalen Wertes herabgedrückt, sie betrug nach der Messung im ersten Intervall von 20 Minuten nur 0,012 g CO_2 für die Stunde und sie erholte sich im Laufe der erstenStunde zu annähernd dem dreifachen Betrage.

In einer anschließenden zweiten Atmungsperiode von 42 Stunden Dauer war die Atmosphäre in der verschlossenen Kammer mindestens während der letzten 24 Stunden vollkommen sauerstofffrei. Hierauf erwies sich die assimilatorische Leistung bei Beginn der Belichtung als sehr gering, stündlich 0,004 g CO_2, und sie stieg während einer Stunde Belichtung auf beinahe das Vierfache. Daß die Assimilation immerhin hinter der normalen Leistung des Objektes zurückbleibt, entspricht nur der allgemeinen Erscheinung bei langdauernder Einwirkung der Versuchsbedingungen.

Die beobachteten assimilatorischen Werte sind in der Tabelle 105 zusammengestellt und die Einzelheiten des Versuches aus den nachstehenden analytischen Angaben ersichtlich.

Tabelle 105.

Assimilation von Polytrichum nach Sauerstoffentziehung.

($25°$, $7^1/_2$ proz. CO_2, 22000 Lux.)

Dauer der einzelnen Atmungsperioden im Dunkeln.	O_2-Gehalt des Gases im Dunkelversuch in Proz.	Stündlich assimiliertes CO_2 (g) bei Belichtung		
		von 0 bis 20 Min.	$^1/_2$ Stunde	1 Stunde
3 Stunden bei 25°	0,04 bis 0,02	0,037	0,056	0,032
17 St. bei 17°, 6 St. bei 25°	0,02 bis 0,00	0,012	0,027	0,033
40 St. bei 16°, 2 St. bei 25°	0,02 bis 0,00	0,004	0,013	0,015

Erste Atmungsperiode (3 Stunden):

Nach 2 stündigem Durchleiten des Versuchsgases enthielten 166,30 ccm desselben 12,85 ccm CO_2 und 0,07 ccm O_2 (bei 18,5° und unter 725 mm bei 17,5°).

Am Ende der Periode entsprachen 1 l an der Gasuhr 0,1400 g CO_2 (bei 18,8° und unter 725 mm bei 17,5°).

Erste Belichtungsperiode (25°, 22 000 Lux):

Während 0 bis 20 Minuten Belichtung entsprachen 1 l an der Gasuhr 0,1338 g CO_2 (bei 18,6° und unter 725 mm bei 17°), woraus auf 0,0124 g assimilatorische Leistung im Intervall geschlossen wurde.

Nach 30 Minuten Belichtung enthielten 166,30 ccm Gas 11,17 ccm CO_2 und 1,49 ccm O_2 (bei 18,6° und unter 725 mm bei 17°); Kohlensäuredifferenz 1,68 ccm.

Während 50 bis 70 Minuten Belichtung kamen auf 1 l an der Gasuhr 0,1193 g CO_2 (bei 19,1° und unter 725 mm bei 17°).

Zweite Atmungsperiode (ungefähr 24 Stunden):

Nach 2 stündigem Durchleiten blieb das Gas 17 Stunden bei 17° und 3 Stunden bei 25° in der verschlossenen Assimilationskammer; das hieraus verdrängte Gas enthielt in 166,30 ccm 14,67 ccm CO_2 und 0,00 ccm O_2.

Das kohlendioxydreiche Gas verdrängte man 3 Stunden lang durch das Versuchsgas und fand gegen Ende dieser Zeit auf 1 l austretenden Stickstoffs 0,1387 g CO_2 (bei 18° und unter 719 mm bei 16°).

Unmittelbar vor der Belichtung enthielten 166,30 ccm Gas 12,71 ccm CO_2 und 0,01 ccm O_2 (bei 18,4° und unter 719 mm von 16°).

Zweite Belichtungsperiode:

Während 0 bis 20 Minuten Belichtung entsprachen 1 l an der Gasuhr 0,1367 g CO_2 (bei 18° und unter 719 mm bei 16°).

Während 20 bis 40 Minuten Belichtung entsprachen 1 l an der Gasuhr 0,1291 g CO_2 (bei 18° und unter 719 mm von 16°).

Nach 1 Stunde Belichtung enthielten 166,30 ccm Gas 11,70 ccm CO_2 und 0,97 ccm O_2 (bei 18° und unter 719 mm von 16°); Kohlensäuredifferenz 1,01, Sauerstoffdifferenz 0,96 ccm.

Dritte Atmungsperiode (42 Stunden):

Nach 40 stündigem Verweilen des Mooses im Dunkeln bei 16° wurde die Temperatur von 25° wiederhergestellt und das Gas aus dem Assimilationsraum in 2 Stunden durch den Strom des Versuchsgases verdrängt, das vollkommen sauerstoffrei war.

Gegen Ende der Periode enthielten 166,30 ccm Gas 12,80 ccm CO_2 und 0,00 ccm O_2 (bei $16^1/_2$° und unter 715 mm von 16°).

Unmittelbar vor der Belichtung entsprachen 1 l aus der Gasuhr tretenden Stickstoffs 0,1404 g CO_2 (bei $16^1/_2$° und unter 715 mm von 14°).

Dritte Belichtungsperiode:

Während 0 bis 20 Minuten Belichtung entsprachen 1 l an der Gasuhr 0,1397 g CO_2 (bei $16^1/_2$° und unter 715 mm von 15°).

Nach 30 Minuten Belichtung enthielten 166,30 ccm Gas 12,41 ccm CO_2 und 0,36 ccm O_2 (bei $16^1/_2$° und unter 715 mm von 14°).

Während 40 bis 60 Minuten Belichtung entsprachen 1 l an der Gasuhr 0,1354 g CO_2 (bei $16^1/_2$° und unter 715 mm von 15°).

Neunter Versuch. Leucobryum glaucum, Schimp.

Die Beschickung der Assimilationskammer bestand in einem gleichmäßigen Rasen von 30,0 g Sproßen des Weißmooses, die an den Enden der grünen oberen Teile mit der Schere abgeschnitten waren. Ein Vorversuch in 5 Vol.-Proz. CO_2 enthaltender Luft diente zur Orientierung über das nur schwächliche Assimilationsvermögen des Objektes unter sonst normalen Verhältnissen und zur Kontrolle der rechnerischen Berücksichtigung des schädlichen Raumes in der Assimilationsapparatur, wie sie jeweils bei der Bestimmung in der ersten Belichtungszeit erfolgte.

Im Dunkelversuch in CO_2-haltiger Luft enthielten 200,30 ccm Gas 10,62 ccm CO_2 und 42,28 ccm O_2 (bei $17^1/_2$° und unter 726 mm von 15°) und unter denselben Bedingungen entsprachen 1 l an der Gasuhr austretender Luft 0,0960 g CO_2.

Im ersten Belichtungsintervall von 20 Minuten entsprachen 1 l an der Gasuhr 0,0928 g CO_2 ($17^1/_2$°, 726 mm von 15°). Verdoppelt man in Anrechnung des schädlichen Raumes die Kohlendioxyddifferenz von 0,0032 g, so ergibt sich durch Umrechnung auf 1 Stunde die Leistung

0,019 g. Dieser Wert wird durch die volumetrische Analyse nach 30 Minuten Belichtung bestätigt. 200,30 ccm Gas enthielten 9,93 ccm CO_2 und 42,98 ccm O_2 (bei $17^1/_2{}^\circ$ und unter 726 mm von 15°). Daraus folgt die stündliche Leistung von 0,019 g CO_2.

Nun begann die Entziehung des Sauerstoffs, indem das sauerstofffreie Gas während 1 Stunde die kohlensäurehaltige Luft verdrängte und dann 2 weitere Stunden durch die Assimilationskammer strömte. Diese Dauer hat genügt, die Assimilation fast ganz aufzuheben, und zwar so, daß auch nur mehr eine teilweise Wiederbelebung möglich war. Das Aussehen des Mooses war indessen unverändert frisch.

Unmittelbar vor der Belichtung entsprachen 1 l an der Gasuhr austretendem Stickstoff 0,1414 g CO_2 (bei $17^1/_2{}^\circ$ und unter 726 mm von 15°) und 166,30 ccm Gas enthielten unter denselben Bedingungen 12,72 ccm CO_2 und 0,00 ccm O_2.

Der Assimilationsversuch wurde bei 25° mit Beleuchtung von 22000 Lux vorgenommen.

In den ersten 20 Minuten entsprachen 1 l an der Gasuhr 0,1411 g CO_2 (bei $17^1/_2{}^\circ$ und unter 726 mm von 15°), die Kohlensäuredifferenz betrug also 0,3 mg. Nach der Belichtungszeit von 30 Minuten enthielten 166,30 ccm Gas 12,69 ccm CO_2 und 0,03 ccm O_2.

Zur Erholung blieb das Objekt in der luftgefüllten Kammer über Nacht; am folgenden Tage zeigte sich im Assimilationsversuch unter den günstigsten Bedingungen in drei Intervallen von 20 Minuten ein Kohlensäureverbrauch von 0,0020, 0,0014, 0,0016 g CO_2 entsprechend stündlichen Assimilationsleistungen von 0,006, 0,004, 0,005 g CO_2, d. i. $^1/_4$ bis $^1/_3$ der Anfangsleistung.

Siebente Abhandlung.

Untersuchung über Zwischenstufen der Assimilation.

I. Über die Reduktion der Kohlensäure ohne Mitwirkung des Chlorophylls.

Von den zahlreichen Fällen der Umformung des Kohlendioxyds in die niedrigeren Oxydationsstufen des Methans sind zur Nachahmung der pflanzlichen Photosynthese und zu ihrer Erklärung namentlich einige Methoden herangezogen worden, die auf der Anwendung von elektrischen Entladungen, von ultravioletter Strahlung und von Radioaktivität beruhen. Eine Reihe von Arbeiten hat die Zerlegung der Kohlensäure ohne Mitwirkung des Chlorophylls zum Gegenstand und führt zu dem Ergebnis, daß auch andere Energieformen als die der Sonnenstrahlen zur Reduktion der Kohlensäure ausgenützt werden können, daß also die Leistung der autotrophen Gewächse sich durch künstliche Prozesse der Kohlenstoffassimilation ersetzen läßt. Diese Arbeiten verdienen großes Interesse in chemischer Hinsicht, geringes in pflanzenphysiologischer. Sie sagen gar nichts über den Vorgang im Chlorophyllkorn aus. Es bedarf keines Beweises für die Möglichkeit, die stabilste Verbindung des Kohlenstoffs durch die chemische Energie von Reduktionsmitteln oder durch andere Mittel der Energiezufuhr zu zerlegen. In der Tat ist die Reduktion auf die verschiedenartigsten Weisen gelungen, die keinen Zusammenhang mit den Verhältnissen in der Pflanze haben und aus denen keine Schlußfolgerungen auf den natürlichen Vorgang gezogen werden können. Eine Aufgabe der Pflanzenphysiologie besteht darin, die Vorrichtungen der Chloroplasten für die Kohlensäurezerlegung und die

Kohlehydratsynthese genauer zu erforschen und die einzelnen Phasen des in den Assimilationsorganen verlaufenden Vorganges zu bestimmen. Diese Aufgabe wird der Lösung nicht nähergerückt, wenn unter irgendwelchen Bedingungen der Zerfall der Kohlensäure bewirkt wird, nämlich statt einfach durch Erhitzen mittels anderer Arten der Energiezuführung.

Das Ziel, aus Kohlensäure und Wasser lediglich durch Zufuhr von Energie Zucker aufzubauen, also „eine künstliche Assimilation ohne Chlorophyll, Chloroplasten, ohne lebende Zelle und ohne Enzyme" durchzuführen, hat W. Löb[1]) in einer Reihe gründlicher Arbeiten angestrebt und als Energieform für den endothermen Vorgang die dunkle elektrische Entladung angewandt, auf die als geeignetes Mittel für den Abbau der Kohlensäure schon die älteren Arbeiten von B. C. Brodie[2]), M. Berthelot[3]) und S. M. Losanitsch und M. Z. Jovitschitsch[4]) hingewiesen hatten. Löb untersuchte das Auftreten von Formaldehyd bei den Reaktionen zwischen Kohlendioxyd oder Kohlenoxyd mit Wasserstoff und Wasser sowie bei der Zersetzung von feuchtem Kohlendioxyd. Dies ist eine komplizierte Erscheinung, von der folgende Teilvorgänge in direktem Zusammenhang mit der Formaldehydbildung stehen:

$$2\,CO_2 = 2\,CO + O_2\,,$$
$$CO + H_2O = CO_2 + H_2\,,$$
$$H_2 + CO = H_2CO.$$

Bei der Kombination von Kohlenoxyd, Wasserstoff und Wasser ließ sich neben der reichlichen Bildung von Formaldehyd ein Polymeres desselben oder richtiger ein Kondensationsprodukt nachweisen, der Glykolaldehyd $CHO \cdot CH_2OH$, der bekanntlich nach mehreren Arten weiter zu Hexosen kondensiert werden kann. „In dieser Reaktionsfolge" sah W. Löb „das Problem einer künstlichen Kohlensäureassimilation, die lediglich aus Kohlensäure, Wasser und Energie Zucker aufbaut, gelöst."

---

[1]) W. Löb, Zeitschr. f. Elektrochemie **11**, 745 [1905] und **12**, 282 [1906] und Landw. Jahrb. **35**, 541 [1906].

[2]) B. C. Brodie, Ann. d. Chem. **174**, 284 [1874].

[3]) M. Berthelot, Compt. rend. **126**, 609 [1898] und **131**, 772 [1900], Ann. Chim. Phys. [7], **22**, 445 [1901].

[4]) S. M. Losanitsch und M. Z. Jovitschitsch, Ber. d. deutsch. chem. Ges. **30**, 135 [1897].

Und er folgerte daraus: „Die Versuche über das Verhalten der feuchten Kohlensäure gegenüber der dunklen Entladung bieten eine experimentelle Stütze für die bekannte Assimilationshypothese von Baeyers in modifizierter Form, die sich in folgenden Gleichungen wiedergeben läßt:

(1) $$CO_2 + H_2O = CO + H_2 + O_2.$$

(2) $$H_2 + CO = H_2CO.$$

(3) $$2(H_2 + CO) = CH_2OH \cdot CHO.$$

(4) $$6\,H_2CO = C_6H_{12}O_6.$$

(5) $$3\,CH_2OH \cdot CHO = C_6H_{12}O_6.$$“

An Stelle der dunklen elektrischen Entladung bietet auch das ultraviolette Licht der Quecksilberdampflampe eine geeignete Energiequelle für die Kohlensäurereduktion und die sich daran anschließenden ersten Synthesen. Mit dieser Methode haben D. Berthelot und H. Gaudechon[1]) die Reaktion zwischen Kohlenoxyd und Wasserstoff untersucht und die Vereinigung zum Formaldehyd erzielt. Die photochemischen Versuche sollen nach der Meinung von Berthelot und Gaudechon mehrere noch strittige Punkte hinsichtlich des Mechanismus der Chlorophyllwirkung klarlegen und genau ein Reaktionsschema verwirklichen, das M. Berthelot[2]) im Jahre 1864 in seinen „Leçons sur les méthodes générales de synthèse en chimie organique“ aufgestellt habe, um die Synthese der Kohlehydrate, Stärke und Zucker, durch das Licht in den grünen Pflanzenteilen in folgender Weise durch die Annahme von Formaldehyd als Zwischenglied zu erklären:

„. . . par le fait de la respiration végétale, l'eau passe à l'état d'hydrogène et l'acide carbonique à l'état d'oxyde de carbone. Ces deux corps ainsi réduits réagissent l'un sur l'autre, à l'état naissant, et engendrent tous les composés naturels . . . D'après cette manière de voir l'oxyde de carbone serait dans la nature vivante, aussi bien que dans nos formations artificielles la source du carbone des matières organiques . . . La formation des matières organiques dans les végétaux, par le fait de la réaction de l'oxyde de carbone sur l'hydrogène naissant, c'est-à-dire en

---

1) D. Berthelot und H. Gaudechon, Comp. rend. **150**, 1690 [1910].

2) M. Berthelot, loc. cit. S. 180.

vertu de l'action réciproque exercée entre les éléments, carbone, hydrogène et oxygène, mis en présence à équivalents égaux:

$$CO + H = CHO ,$$

représente un phénomène comparable, à certains égards, avec celui que nous avons réalisé dans la décomposition du formiate de baryte par la chaleur. Le formiate de baryte, en effet, fournit à la fois ces mêmes éléments carbone, hydrogène et oxygène, et les met en présence à équivalents égaux:

$$C^2HBaO^4 = CO^2, BaO + CHO .\text{``}$$

Auch mehrere Abhandlungen von J. Stoklasa[1]) betreffen die Anwendung ultravioletter Strahlung für die ,,Photochemische Synthese der Kohlehydrate". Anknüpfend an Versuche[2]) über das Vorkommen glykolytischer Enzyme erörtern Stoklasa und Zdobnický zwei in den grünen Pflanzenteilen von ihnen angenommene Vorgänge der Kohlensäurezersetzung durch Sonnenlicht, die sie durch folgende Gleichungen ausdrücken:

$$,,2\ CO_2 + 2\ H_2 = 2\ HCOH + O_2\ \text{``},$$

$$,,H_2CO_3 + H_2 = HCOH + CH_4 + H_2O + 2\ O_2.\text{``}$$

Sie bemerken dazu: ,,Unsere Hypothese, daß das Kohlendioxyd durch Wasserstoff in statu nascendi unter Einwirkung der Sonnenstrahlen in der chlorophyllhaltigen Zelle zu Formaldehyd reduziert wird, hat sich bewahrheitet, doch muß nebstdem noch in der chlorophyllhaltigen Zelle die von Baeyer beobachtete Reaktion, die durch folgende Gleichung versinnlicht wird,

$$CO_2 + H_2O = HCOH + O_2$$

stattgefunden haben." Die Bildung des erforderlichen Wasserstoffs wird folgendermaßen erklärt: ,,Bei den autotrophen Pflanzen ist der erste Prozeß der Kohlendioxydreduktion Aufbau und Assimilation, der zweite

[1]) J. Stoklasa und W. Zdobnický, Monatshefte f. Chemie **32**, 53 [1911] und Biochem. Zeitschr. **30**, 433 [1911]; J. Stoklasa, J. Šebor und W. Zdobnický, Biochem. Zeitschr. **41**, 333 [1912] und **47**, 186 [1912]; vgl. dazu W. Löb, Biochem. Zeitschr. **31**, 358 [1911] und **43**, 434 [1912].

[2]) J. Stoklasa und A. Ernest und K. Chocenský, Zeitschr. f. physiol. Chem. **50**, 303 [1907].

ist gerade im Gegenteil Abbau, Dissimilation, und man darf wohl vermuten, daß diese beiden Prozesse in kausalem Konnex stehen." Von ihren Beobachtungen heben Stoklasa, Šebor und Zdobnický hervor: „Durch die Einwirkung der ultravioletten Strahlen auf Kohlendioxyd und Wasserstoff, welch letzterer sich in statu nascendi befand, bei Gegenwart von Kaliumhydroxyd bildete sich Zucker", und sie kommen zu der Schlußfolgerung, „daß unsere Zuckersynthese unter der Einwirkung der ultravioletten Strahlen der Quecksilberquarzlampe analog den Verhältnissen, die in der Natur, also in der chlorophyllhaltigen Zelle herrschen, verläuft".

Gesetzt den Fall, die experimentellen Angaben von Stoklasa seien zu bestätigen, so ist doch jegliche Parallele mit den Vorgängen in der Pflanze schon in Anbetracht der Verhältnisse des assimilatorischen Gaswechsels ausgeschlossen.

Ohne Reduktionsmittel und zugleich ohne optischen Sensibilisator haben F. L. Usher und J. H. Priestley[1]) in ihrer im folgenden noch eingehender zu berücksichtigenden dritten Arbeit über „The Mechanism of Carbon Assimilation" die Zersetzung einer wässerigen Lösung von Kohlendioxyd bewirkt, und zwar mit zwei Methoden: Durch Einwirkung von α-und β-Strahlen der Radiumemanation und durch Belichtung mit einer Quecksilberquarzlampe. Da aber nach vorangegangenen Untersuchungen von M. Kernbaum[2]) Wasser durch β-Strahlen und durch ultraviolettes Licht unter Bildung von Wasserstoff und Wasserstoffsuperoxyd zersetzt wird, so sind diese Versuche von Usher und Priestley auch nicht wesentlich verschieden von den oben angeführten Arbeiten, in denen Wasserstoff mit den Oxyden des Kohlenstoffs zur Reaktion gebracht wurde. Usher und Priestley erzielten bei der Einwirkung von 0,001 ccm Emanation auf 200 ccm kohlensäuregesättigtes Wasser innerhalb 4 Wochen eine merkliche Menge Formaldehyd, größtenteils in polymerer Form. Auch bei eintägiger Belichtung von kohlensäurehaltigem Wasser mit ultravioletten Strahlen trat neben Spuren

[1]) F. L. Usher und J. H. Priestley, Proc. Roy. Soc. Ser. B **84**, 101 [1911].

[2]) M. Kernbaum, Compt. rend. **148**, 705 [1909] und **149**, 116 und 273 [1909].

von Wasserstoffsuperoxyd eine leicht nachweisbare Menge Formaldehyd auf, hauptsächlich als Polymeres.

Auch unter der sensibilisierenden Wirkung von kolloidem Uranhydroxyd oder Eisenhydroxyd sollen nach B. Moore und T. A. Webster[1]) in ultraviolettem Lichte, langsamer im Sonnenlichte, Spuren von Formaldehyd aus Kohlensäure entstehen.

Es fehlt allerdings nicht an bemerkenswerten Angaben, die mit diesen Beobachtungen in Widerspruch stehen. So hat H. A. Spoehr[2]) bei langdauernder Einwirkung ultravioletten Lichtes auf feuchtes Kohlendioxyd mit oder ohne Beimischung von Wasserstoff keine Spur Formaldehyd erhalten.

II. Über das Vorkommen von Formaldehyd in den grünen Pflanzenteilen.

Über die Bedeutung der Frage für die Assimilationstheorie.

Es gilt bis heute als eine wichtige Methode zur Prüfung der von Baeyerschen Assimilationshypothese, in der Pflanze Spuren von Formaldehyd aufzusuchen. Eine lange Folge von Arbeiten hat seit 36 Jahren die Frage des Vorkommens von Formaldehyd in den Blättern und in anderen Pflanzenteilen, zum Beispiel in der Rübe, behandelt und in fast allen einzelnen Arbeiten ist der Nachweis in engsten Zusammenhang mit der Theorie der Kohlensäureassimilation gebracht worden. Ehe die Ergebnisse dieser Forschungen betrachtet werden und ganz unabhängig vom Ausgang der Prüfung muß die Berechtigung der Methode angegriffen werden, aus dem Nachweis des Formaldehyds auf den Verlauf der Photosynthese zu schließen. Diese Methode ist unzulässig.

In ihren Untersuchungen: „Über das Vorkommen von Formaldehyd

[1]) B. Moore und T. A. Webster, Proc. Roy. Soc. Ser. B **87**, 163 [1913].

[2]) H. A. Spoehr, Biochem. Zeitschr. **57**, 95, Anhang S. 110 [1913] und The Plant World **19**, 1 [1916].

in den Pflanzen" urteilen Th. Curtius und H. Franzen[1]) über die Assimilationshypothese, die man seit einer langen Reihe von Jahren experimentell zu beweisen versucht habe: „Um sie aber völlig sicherzustellen, muß man verlangen, daß das angenommene Zwischenprodukt der Kohlenhydratbildung, der Formaldehyd, auch tatsächlich in den Pflanzen nachgewiesen wird."

Curtius und Franzen gelangten damals zu dem Ende, daß Spuren von Formaldehyd in den Blättern der Hainbuche vorkommen. Dieser Befund hat sich nicht aufrecht erhalten lassen, aber nicht darum handelt es sich hier, sondern um die aus der Beobachtung von Formaldehydspuren abgeleitete Schlußfolgerung, daß dadurch „die Gegenwart von Formaldehyd in den Pflanzen und damit die Grundlage der Bayerschen Assimilationshypothese sichergestellt" sei. Wäre das Vorkommen von Formaldehyd in den Blättern von Carpinus Betulus festgestellt, so hätte dieser Nachweis in Wahrheit keine Bedeutung für die Beurteilung des Assimilationsvorganges. Der Formaldehyd kann innerhalb der Pflanze wie außerhalb ihrer Lebensvorgänge durch irgendwelche Umwandlungen entstehen, die mit der Desoxydation der Kohlensäure und mit den Hauptvorgängen der Kohlehydratsynthese keinen Zusammenhang haben.

Es ist Curtius und Franzen[2]) in ihren schönen Untersuchungen „Über die chemischen Bestandteile grüner Pflanzen" gelungen, aus den Hainbuchenblättern ein sehr kompliziertes Gemisch flüchtiger Stoffe zu isolieren; durch ihre experimentelle Kunst ist das Gemenge so weit entwirrt worden, daß man folgende Komponenten kennt: 1) Eine Reihe flüchtiger Säuren, die in der Hauptsache in Ameisensäure, Essigsäure und Hexylensäure nebst einer oder mehreren Homologen dieser Säure besteht; 2) ein Gemenge flüchtiger Aldehyde, das neben Acetaldehyd, n-Butylaldehyd, Valeraldehyd als Hauptbestandteil den α, β-Hexylenaldehyd enthält, außerdem aber noch höhere Aldehyde, als höchstes Glied

[1]) Th. Curtius und H. Franzen, Ber. d. deutsch. chem. Ges. **45**, 1715 [1912] und Sitzungsber. d. Heidelberger Akad. d. Wissensch., mathem.-naturw. Klasse Jahrg. 1912, 7. Abh.

[2]) Th. Curtius und H. Franzen, Ann. d. Chem. **390**, 89 [1912] und **400**, 93 [1914], sowie Sitzungsber. d. Heidelberger Akad. d. Wissensch., mathem.-naturw. Klasse Jahrg. 1910, 20. Abhandlung und 1912, 1., 7., 8. und 9. Abhandlung.

mindestens einen Nonylenaldehyd und 3) eine Gruppe flüchtiger ungesättigter Alkohole, bestehend aus einem Butenol, Pentenol, Hexenol, einem noch wasserstoffärmeren Alkohol ($C_8H_{14}O$) und anderen. Von diesen Stoffen urteilt F. Czapek[1]): „Man kann sie sämtlich als Reduktionsstufen der Kondensationsprodukte des Formaldehyds bis zu Hexosen hinauf auffassen. Von diesem Gesichtspunkte aus gewinnt die Auffindung des Formaldehyds besonderen Wert, da es natürlich nicht ausgeschlossen erscheint, daß dieser Aldehyd anderweitigen Umsetzungen im Stoffwechsel entstammt und nicht unbedingt als Reduktionsprodukt der CO_2 zu gelten braucht.“ Wir finden den entgegengesetzten Schluß naheliegend, daß von dem angeführten Gesichtspunkt aus der Nachweis von Formaldehyd seine Bedeutung einbüßt.

Bei den Bildungen und Umformungen dieser zahlreichen ungesättigten Stoffe der aliphatischen Reihe, die doch nur eine kleine Auswahl unter den aus den Blättern isolierten organischen Verbindungen repräsentieren, kann auch gelegentlich Formaldehyd auftreten, also in irgend einer Nebenerscheinung, der eine Beziehung zum Assimilationsprozeß fehlt. Diese Möglichkeit hat sich in der Tat mehrfach beweisen lassen.

H. A. Spoehr[2]) hat in seiner Arbeit über „Photochemische Vorgänge bei der diurnalen Entsäuerung der Succulenten“ Versuche über die Photolyse einiger besonders verbreiteter Pflanzensäuren ausgeführt mit dem Ergebnis: „Es wurde nun festgestellt, daß Äpfelsäure, Glykolsäure und Essigsäure im Lichte Formaldehyd bilden. Viele andere Pflanzensäuren werden sich höchstwahrscheinlich ebenso verhalten.“ Und er zog daraus die wichtige Folgerung: „Das Auffinden von Formaldehyd erlaubt also keinen Schluß über die Richtigkeit oder Unrichtigkeit der Baeyerschen Hypothese. Auch kann offenbar aus dem Nachweis von Ameisensäure in den Blättern kein Schluß betreffs der Kohlensäureassimilation gezogen werden. Diese Folgerungen gelten nicht nur für die säurereichen Succulenten, sondern für alle Blätter, da organische Säuren doch regelmäßig im Zellsaft der Blätter gelöst sind.“

---

[1]) F. Czapek, „Biochemie der Pflanzen“, 2. Aufl., I. Bd., S. 624 [1913].

[2]) H. A. Spoehr, Biochem. Zeitschr. **57**, 95 [1913].

Das Gewicht dieses Beweismittels wird erhöht durch Beobachtungen, die wir in anderem Zusammenhang in den nachfolgenden Abschnitten mitzuteilen haben. Einige Forscher, F. L. Usher und J. H. Priestley[1]), S. B. Schryver[2]) sowie R. Chodat und K. Schweizer[3]) hatten mitgeteilt, daß außerhalb der Zelle bei der Einwirkung von Kohlensäure auf Chlorophyll im Lichte Formaldehyd entstehe, und andere Autoren, Ch. H. Warner[4]), H. Wager[5]) sowie A. J. Ewart[6]) hatten angegeben, das Chlorophyll selbst zersetze sich im Lichte unter Bildung von Formaldehyd. Es hat sich aber ergeben, daß bei Anwendung von reinen Chlorophyllpräparaten außerhalb der Zelle im Lichte unter bisher bekannten Versuchsbedingungen keine Spur Formaldehyd aus Kohlensäure und kein Formaldehyd durch Photolyse von Chlorophyll selbst entsteht, solange sehr weitgehender Abbau desselben vermieden bleibt. Daraus geht hervor, daß irgendwelche Begleitstoffe des Chlorophylls, die in den rohen Chlorophyllpräparaten der genannten Forscher enthalten waren, bei den Umwandlungen im Lichte, die auch innerhalb des Blattes stattfinden können, Formaldehyd absplittern lassen.

Wenn also der Nachweis von Formaldehyd in den Pflanzenteilen in bezug auf die Kohlensäureassimilation unerheblich erscheint, so ist andererseits aus der Erkenntnis, daß es höchstens Spuren von Formaldehyd in den grünen Blättern sind, die sich der Analyse bisher entzogen, kein Einwand gegen die angenommene und durch die Bestimmung des assimilatorischen Koeffizienten $\left(\frac{CO_2}{O_2}\right)$ bewiesene Zwischenstufe des einfachsten Hydrates von Kohlenstoff abzuleiten. Die Einrichtung der Assimilationsorgane für die Zerlegung der Kohlensäure und für die Kondensation des Reduktionsproduktes zu den höheren Kohlehydraten arbeiten zusammen, und zwar auf eine noch unbekannte Weise so vollkommen, daß keine Anhäufung von Formaldehyd eintritt. Es hat sich

1) F. L. Usher und J. H. Priestley, Proc. Roy. Soc. Ser. B **77**, 369 [1906] und **78**, 318 [1906] und **84**, 101 [1911].

2) S. B. Schryver, Proc. Roy. Soc. Ser. B **82**, 226 [1910].

3) R. Chodat und K. Schweizer, Arch. d. Sc. phys. et nat. [4], **39**, 334 [1915].

4) Ch. H. Warner, Proc. Roy. Soc. Ser. B **87**, 378 [1914].

5) H. Wager, Proc. Roy. Soc. Ser. B **87**, 386 [1914].

6) A. J. Ewart, Proc. Roy. Soc. Ser. B **89**, 1 [1915].

in unserer zweiten Abhandlung gezeigt, daß auch bei großer Steigerung, beim Verzehnfachen der assimilatorischen Leistung, die Blätter lange mit Gleichmäßigkeit und ohne Schädigung assimilieren. Überdies enthält die Blattsubstanz gewisse Bestandteile, die den Formaldehyd in beträchtlicher Menge zu beseitigen vermögen. H. Fincke[1]) hat gezeigt, daß die Blattsubstanz, nämlich „frischer und erhitzter Brei grüner und nicht grüner Pflanzenteile bei gewöhnlicher Temperatur und besonders beim Erhitzen Formaldehyd zerstören oder binden".

Eine andere Methode, die intermediäre Bildung des Formaldehyds im Assimilationsprozeß experimentell wahrscheinlich zu machen, beruht auf der von O. Loew und Th. Bokorny angestellten Erwägung, daß das Zwischenprodukt der Assimilation auch der Pflanze als Kohlenstoffnahrung dienlich sein müsse. Unter Ausschluß von Kohlendioxyd ist daher der Pflanze Formaldehyd geboten worden und es ist in der Tat in den Arbeiten von Th. Bokorny, später von V. Grafe und von S. M. Baker gelungen, unter diesen Umständen Stärkebildung und Trockengewichtsvermehrung zu erzielen. In einem anderen Zusammenhang sind diese Untersuchungen schon in der zweiten Abhandlung (Abschnitt XIV B) angeführt und besprochen worden. Aber auch diese Beweisführung für die Rolle des Formaldehyds in der pflanzlichen Kohlehydratsynthese erscheint uns nicht stichhaltig. Man beobachtet nämlich nicht eine einfache Verarbeitung des von außen zugeführten Formaldehyds durch Kondensation in den Assimilationsorganen. Das wäre eine Reaktion, die ohne Energiezufuhr verliefe, also im Dunkeln wie im Lichte. Nun wird aber ausschließlich im Lichte Formaldehydzufuhr vertragen und ausgenützt, während im Dunkeln der Aldehyd hochgradig giftig wirkt. Diese Verhältnisse lassen sich wohl nur so verstehen, daß der Formaldehyd zunächst der Wirkung von Oxydationsfermenten unterliegt. Sein Oxydationsprodukt wird dann in einer energieverbrauchenden, also vom Lichte abhängigen Reaktion assimiliert, indem es nämlich Photolyse erleidet und dabei Kohlensäure liefert, derart wie die bei der Atmung in den Succulenten angehäuften Pflanzensäuren.

[1]) H. Fincke, Biochem. Zeitschr. **52**, 214 [1913].

Zur Geschichte des Formaldehydnachweises in den Blättern.

Die zahlreichen Versuche, den Formaldehyd in den Pflanzen nachzuweisen, zumeist durch Farbreaktionen von zweifelhafter Zuverlässigkeit, haben Th. Curtius und H. Franzen in der 7. Abhandlung des Jahrganges 1912 der Heidelberger Akademie der Wissenschaften (math.-naturw. Klasse) zusammenfassend geschildert und kritisch besprochen. Da aber schon in den nächstfolgenden Jahren neues Licht auf diese Frage gefallen ist, so erscheint es nicht überflüssig, auf die Geschichte des Formaldehydnachweises zurückzugreifen und in einigen Punkten die Kritik der älteren Arbeiten mit Erfahrungen zu ergänzen, die der pflanzenphysiologischen Methodik nützen können.

Das Urteil von Curtius und Franzen fußt auf der Kenntnis der von ihnen isolierten flüchtigen Bestandteile grüner Gewächse, namentlich des in reiner Form dargestellten Blätteraldehyds, des Hexylenaldehyds; es lautete: „Die bisher unternommenen Versuche zum Nachweis des Formaldehyds in den Pflanzen sind nicht als beweisend zu betrachten: dieser Aldehyd ist bisher noch nicht in den Pflanzen nachgewiesen worden.“ Dieser Satz wurde in folgender Weise experimentell begründet: „Wir konnten zeigen, daß die zum Nachweis des Formaldehyds in den Pflanzen verwendeten Farbreaktionen zum Teil ähnliche Färbung mit anderen bisher in den Pflanzen nachgewiesenen Aldehyden geben. Bilden sich mit diesen Aldehyden andere Farben, so überdecken sie entweder die mit Formaldehyd eintretenden, oder es entstehen Mischfarben, welche die dem Formaldehyd zukommenden Färbungen nicht mehr erkennen lassen. Besonders ist Gewicht darauf zu legen, daß der α, β-Hexylenaldehyd, welcher in überwiegender Menge in allen grünen Pflanzen vorkommt, mit den verwendeten Formaldehydreagenzien intensive Färbungen gibt. Die von den verschiedenen Forschern mit Pflanzendestillaten erhaltenen Farbreaktionen sind auf die anderen in den Pflanzen vorkommenden Aldehyde, welche wir zum Teil noch gar nicht kennen, zurückzuführen.“

Die Reaktionen der Destillate von Blättern, die auf ihrem Gehalt an Hexylenaldehyd beruhen, waren wohl geeignet, ehe man diesen kannte, das Auftreten von Formaldehyd vorzutäuschen. Im Jahre 1881 hat J. Reinke[1]) entdeckt, daß in den Destillaten grüner Blätter eine flüchtige Verbindung von Aldehydcharakter enthalten ist; nach seiner Annahme sollten wir es in dieser Substanz „wirklich mit Formaldehyd oder vielmehr dessen nächsten Abkömmlingen zu tun haben". Die Blätter von mehr als 50 untersuchten Pflanzen gaben aldehydisch reagierende Destillate, chlorophyllfreie Pflanzenteile, Wurzeln von Salix, gleichfalls, aber nicht eine Anzahl von Pilzen. Da die Destillate etiolierter Keimlinge zum Unterschied von den am Licht gezogenen kein Reduktionsvermögen zeigten, so erschien es wahrscheinlich, „daß diese Substanz ein Erzeugnis des Chlorophyllapparates unter Mitwirkung des Lichtes ist". Später haben J. Reinke und E. Braunmüller[2]) die Menge der Aldehyde in verschiedenen Pflanzen bestimmt und sind großen Schwankungen begegnet; in der Mehrzahl der Fälle, aber nicht in allen, war der Aldehydgehalt von im Dunkeln gehaltenen Blättern geringer als von belichteten. Die Aldehydreaktion beruhte indessen, wie Th. Curtius und J. Reinke[3]) im Jahre 1897 durch die Kondensation mit m-Nitrobenzhydrazid gezeigt haben, nicht auf dem Vorkommen von Formaldehyd, sondern von einem oder mehreren Aldehyden, deren Zusammensetzung erst durch die gründlichen Untersuchungen von Curtius und Franzen enträtselt worden ist.

Kurze Zeit nach der ersten Mitteilung von Reinke fand A. Mori[4]) in chlorophyllführenden Pflanzenorganen einen Aldehydgehalt, und zwar nur dann, wenn dieselben dem Lichte ausgesetzt gewesen. Er zeigte, daß die Wasserdampfdestillate verdünnte Silbernitratlösung reduzierten und fuchsinschweflige Säure röteten, und er glaubte daraus auf die Anwesenheit von Formaldehyd in den Pflanzen schließen zu können. Jene Erscheinungen sind aber keine spezifischen Reaktionen des Formaldehyds.

---

[1]) J. Reinke, Ber. d. deutsch. chem. Ges. **14**, 2144 [1881]; Untersuchungen aus dem botanischen Laboratorium der Universität Göttingen, III, 187 [1881]; J. Reinke und L. Krätzschmar, Untersuchungen aus dem botanischen Laboratorium der Universität Göttingen, IV, 61 [1883].

[2]) J. Reinke und E. Braunmüller, Ber. d. deutsch. bot. Ges. **17**, 7 [1899].

[3]) Th. Curtius und J. Reinke, Ber. d. deutsch. bot. Ges. **15**, 201 [1897].

[4]) A. Mori, Proc. verb. della Soc. Toscana di Scienze naturali 8. Jan. 1882 und Nuovo Giornale Botanico Ital. **14**, 147 [1882].

Eingehendere Untersuchungen über die Aldehydreaktionen grüner Pflanzenteile wurden sodann von G. Pollacci[1]) veröffentlicht. Die Destillate aus den Blättern von Pflanzen, die im Lichte gestanden hatten, wirkten reduzierend, gaben Fällungen mit Anilinwasser und mit Phenylhydrazinen und zeigten verschiedene Farbreaktionen, die indessen nach Czapek[2]), Euler[3]), Bokorny[4]) und nach Curtius und Franzen nicht speziell dem Formaldehyd zugeschrieben werden dürfen.

G. Plancher und C. Ravenna[5]) haben die Versuche von Pollacci nachgeprüft und seinen Angaben widersprochen. Die Destillate grüner Blätter gaben nur einige allgemeine Aldehydreaktionen, aber sie versagten in bezug auf mehrere charakteristische Farbreaktionen des Formaldehyds und lieferten keine Niederschläge mit p-Bromphenylhydrazin, obschon übrigens sie wegen des Gehaltes an Hexylenaldehyd damit hätten Fällungen geben müssen. Vermutlich waren in diesen Proben die Substanzmengen zu gering, die Verdünnung zu groß. Den Befund von Pollacci, daß ein Zweig von Vanilla planifolia bei Gegenwart von Kohlendioxyd im Lichte Schiffsches Reagens rötet, finden Plancher und Ravenna nicht beweisend für die Gegenwart von Formaldehyd, da auch der bei der Assimilation entbundene Sauerstoff die fuchsinschweflige Säure röte. Wir sind gleichfalls der Meinung, daß die Rotfärbung unter diesen Verhältnissen nicht einmal die Gegenwart irgendeines Aldehyds sicherstelle. Aber die fuchsinschweflige Säure reagiert nicht auf Sauerstoff, sondern sie rötet sich bei der Entziehung von schwefliger Säure, zum Beispiel durch alkalische Mittel.

Ein neues Reagens auf Formaldehyd, „welches sich als besonders empfindlich und für Formaldehyd spezifisch gezeigt hat“, beschrieb V. Grafe[6])

---

[1]) G. Pollacci, Atti Istit. Botan., Pavia VI, 27 [1899] und VII, 45 [1899] und Atti della Reale Accad. dei Lincei Ser. V, 16, I, 199 [1907]; E. Mameli und G. Pollacci, Atti della Reale Accad. dei Lincei Ser. V, 17, I, 739 [1908].

[2]) F. Czapek, Botan. Ztg. **58**, II. Abteilg. 153 [1900].

[3]) H. Euler, Ber. d. deutsch. chem. Ges. **37**, 3411 [1904].

[4]) Th. Bokorny, Chemikerzeitung **33**, 1141 und 1150 [1909].

[5]) G. Plancher und C. Ravenna, Atti della Reale Accad. dei Lincei Ser. V, 13, II, 459 [1904].

[6]) V. Grafe, Österr. botan. Zeitschr. **56**, 289 [1906]; siehe auch J. Stoklasa und W. Zdobnický, Monatshefte f. Chemie **32**, 53, 73 [1910].

und er benützte es zum Nachweis des Aldehyds in der Pflanze. Die Reaktion ist eine grüne Färbung mit der Lösung von Diphenylamin in konzentrierter Schwefelsäure; dies ist also das Reagens, das auch mit nitrosen Verbindungen und mit allen möglichen Oxydationsmitteln intensive Färbungen gibt. Bokorny fand die Reaktion mit Formaldehyd nicht bestätigt, und Curtius und Franzen zeigten, daß Formaldehyd gar keine Färbung mit Diphenylaminschwefelsäure liefert; sie vermuten, daß die im Laboratorium von Grafe in Wien verwendete Schwefelsäure unrein war. Da auch andere Aldehyde unter den Versuchsbedingungen von Grafe Färbungen geben, so hat Grafe keinen Nachweis von Formaldehyd erbracht.

G. Kimpflin[1]) operierte an lebenden Agaven mit einer Lösung von p-Methylamino-m-kresol (d. i. der Entwickler „Metol") und konzentriertem Natriumbisulfit und beobachtete nach dem Belichten der Blätter an ihren Schnitten einen roten Niederschlag, wie ihn Formaldehyd mit dem Reagens erzeugt. R. J. H. Gibson[2]) suchte seine „Photoelectric Theory of Photosynthesis"[3]) mittels einer von Mulliken, Brown und French angegebenen Probe auf Formaldehyd zu stützen, indem er frisch belichtete Blätter zerschnitt, die Stückchen mit Wasser extrahierte und die Flüssigkeit zur alkoholischen Lösung von Gallussäure zufließen ließ, die mit konzentrierter Schwefelsäure unterschichtet war. Ein blaugrüner Ring an der Grenzzone soll für Formaldehyd beweisend sein. Aber auch bei dieser Probe verhält sich der Hexylenaldehyd ähnlich, wenn er auch weniger intensive Färbungen gibt; überdies geben nach H. Wager[4]) auch Lösungen von Zucker und Stärke bei dieser Probe eine ausgesprochene Reaktion. Endlich hat L. Gentil[5]) in Rübenblättern und Wurzeln den Formaldehyd mit zahlreichen qualitativen Proben nachgewiesen und durch Reduktion von Silberlösung quantitativ bestim-

---

[1]) G. Kimpflin, Compt. rend. **144**, 148 [1907].

[2]) R. J. H. Gibson, Ann. of Botany **22**, 117 [1908].

[3]) Die Hypothese von Gibson lautet: „that the light rays absorbed by chlorophyll are transformed by it into electric energy, and that this transformed energy effects the decomposition of carbonic acid."

[4]) H. Wager, Proc. Roy. Soc. Ser. B **87**, 386, 394 [1914].

[5]) L. Gentil, Bulletin de l'Assoc. des Chimistes de Sucrerie et Distillerie **27**, 169 [1909].

men wollen. Nach Curtius und Franzen sind die verschiedenen hier angewandten Reaktionen dann ungeeignet, wenn außer Formaldehyd noch andere Aldehyde vorliegen können, was in Pflanzendestillaten wirklich der Fall ist.

Der gesuchte Nachweis konnte also nur mit einer Methode geführt werden, die den einfachsten Aldehyd von allen Homologen und von wasserstoffärmeren Aldehyden sicher unterscheidet. Curtius und Franzen[1]) schlugen bei der Untersuchung der Hainbuchenblätter einen neuen Weg ein. ,,Die in den Blättern vorhandenen Aldehyde wurden nach Entfernung der flüchtigen Säuren durch Oxydation mit Silberoxyd in die entsprechenden Säuren verwandelt und in dem so erhaltenen Säuregemenge die dem Formaldehyd entsprechende Säure, die Ameisensäure, welche sich ja in ganz charakteristischer Weise von allen übrigen Säuren unterscheidet, nachgewiesen.“ ,,Da die Ameisensäure durch Oxydation ihres Aldehydes mit Silbernitrat entstanden ist, so schließt ihr Nachweis auch den Nachweis von Formaldehyd in der Hainbuche in sich.“

Allein diese Feststellung ist von H. Fincke[2]) angegriffen worden und Curtius und Franzen[3]) haben die Berechtigung des erhobenen Einwandes anerkannt. Fincke hat zunächst bezweifelt, ob ,,auf diese Weise Formaldehyd, der in der Pflanze vorhanden ist, wirklich und in der Hauptmenge gefunden wird“, und er hat auch den Beweis dafür vermißt, ,,daß beim Nichtvorhandensein von Formaldehyd im Reaktionsprodukt keine Ameisensäure enthalten ist“.

Freilich war Ameisensäure mit aller Sicherheit in dem mit Silberoxyd behandelten Aldehydanteil nachgewiesen und es fragte sich, woher diese Säure stammte. Ihre Herkunft ist von Curtius und Franzen erkannt worden, als sie eine wässerige Lösung von Methyl- oder Äthylalkohol längere Zeit mit Silberoxyd digerierten; im Reaktionsgemenge befanden sich Spuren der beiden entsprechenden Carbonsäuren. ,,Da

---

[1]) Th. Curtius und H. Franzen, Ber. d. deutsch. chem. Ges. **45**, 1715 [1912].
[2]) H. Fincke, Biochem. Zeitschr. **52**, 214 [1913].
[3]) Th. Curtius und H. Franzen, Ann. d. Chem. **404**, 93, 105 [1914].

nun Methylalkohol ein regelmäßiger Bestandteil der Laubblätter ist, läßt sich die Herkunft der kleinen Mengen Ameisensäure aus der eben erwähnten Reaktion erklären.“

H. Fincke hat sich in seiner verdienstlichen Arbeit auch einer empfindlichen neuen Reaktion bedient, die in höherem Maß als die bisher bekannten Farbreaktionen spezifisch für Formaldehyd ist, um frisch gepflückte Blätter auf Spuren von Formaldehyd zu prüfen, nämlich den Saft der Blätter von Roßkastanien, Löwenzahn, Rhabarber u. a., sowie die Wasserdampfdestillate aus verschiedenen Pflanzen. Das Ergebnis war vollständig negativ; „diese Versuche zeigen, daß in belichteten grünen Blättern verschiedener Pflanzen eine Formaldehydkonzentration 1:200000 bzw. 1 : 100 000 nicht vorhanden ist“.

Die angewandte Reaktion[1]) — verschieden von der bekannten Schiffschen Probe — besteht in der Einwirkung von fuchsinschwefliger Säure bei Gegenwart von Salzsäure. Curtius und Franzen bestätigen, daß mit diesem Formaldehydreagens alle anderen Aldehyde, nur wenn sie in größerer Menge vorhanden sind, eine vorübergehende Färbung liefern, und daß die wässerige Lösung der bisher bekannten Blätteraldehyde keine Färbungen damit gibt. Die Probe eignet sich, um Formaldehyd neben anderen Aldehyden zu erkennen, in farblosen wässerigen Flüssigkeiten bis zur Verdünnung 1 : 500 000. Fincke nennt das Reagens nach Grosse-Bohle[2]), der es in erster Linie für den Formaldehydnachweis in der Milch empfohlen habe, und er bemerkt, daß die Reaktion nachträglich von G. Denigès[3]) in ähnlicher Form — unter Verwendung von Schwefelsäure statt Salzsäure — veröffentlicht worden sei. Hinsichtlich der Priorität ist die Angabe indessen nicht genau; Denigès erwähnt, daß er die Untersuchung von Milch mit fuchsinschwefliger Säure in der sauren Lösung schon im Jahre 1896 empfohlen[4]) habe.

---

[1]) H. Fincke, Biochem. Zeitschr. **51**, 253, 260 [1913].

[2]) H. Grosse-Bohle, Zeitschr. f. Untersuchg. d. Nahrungs- und Genußmittel **14**, 88 [1907] und **27**, 248 [1914].

[3]) G. Denigès, Compt. rend. **150**, 529 [1910].

[4]) G. Denigès, Journ. d. Pharm. et de Chim. [6], **4**, 193 [1896].

Bemerkungen zur Farbreaktion mit fuchsinschwefliger Säure.

Die Einwirkung der Aldehyde auf fuchsinschweflige Säure ist unter allen Bedingungen, mit und ohne Gegenwart von Mineralsäure, eine Kondensation unter Bildung von sauren Farbstoffen. Diese Aldehydfarbstoffe sind gleich dem Fuchsin alkaliunbeständig, aber zum Unterschied von diesem farbbeständig in saurer Lösung, in stärkerer Säure von mehr blauer Nuance als in verdünnter, immer blauer als Fuchsin.

Die fuchsinschweflige Säure rötet sich leicht, auch bei Abwesenheit von Aldehyden, durch Wegdissoziation von Schwefeldioxyd und Rückbildung von Fuchsin. Daher ist es zum Beispiel bei der Prüfung pflanzlicher Objekte nützlich, zurückgebildetes Fuchsin auf einfache Weise vom Aldehydfarbstoff zu unterscheiden.

In einer unveröffentlichten Untersuchung von R. Willstätter und G. Schudel wurde beobachtet, daß Oxoniumfarbstoffe wie Cyanidin und Pelargonidin ihrer wässerigen Lösung auf Zusatz von Pikrinsäure leicht mit Äther entzogen werden können; das Pikrat geht mit der Farbe des Anthocyanidins in den Äther über, die wässerige Schicht wird entfärbt. Es wurde gefunden, daß auch Ammoniumverbindungen wie die basischen Farbstoffe der Triphenylmethanreihe sich ebenso verhalten. Fügt man zu einer verdünnten Fuchsinlösung etwas wässerige Pikrinsäure und Äther, so geht in diesen das gesamte Fuchsin über. Wird die Probe nach der Kondensation mit fuchsinschwefliger Säure mit einem Aldehyd ausgeführt, so bleibt der Äther farblos. Der Unterschied beruht darauf, daß die Aldehydfarbstoffe, deren Konstitution übrigens noch nicht ganz aufgeklärt ist, eine Sulfogruppe enthalten.

Beispiele. Reines Aceton gibt Rotfärbung (zufolge der Entfärbung mit Säure oder der Pikratprobe ist es Fuchsin), wenn man etwas Reagens zum Aceton zufügt. A. Villiers und M. Fayolle[1]) haben sich bemüht, Aceton so weit zu reinigen, daß es fuchsinschweflige Säure nicht mehr röte; es ist ihnen entgangen, daß die Färbung durch die Dissoziation des Reagens bedingt wird. Man kann Aceton auf Aldehydgehalt

[1]) A. Villiers und M. Fayolle, Bull. Soc. Chim. [3], 11, 691 [1894].

prüfen bei Gegenwart von etwas überschüssigem Schwefeldioxyd und etwas Wasser.

Anders ist es bei Glucose. Es gilt als zweifelhaft, ob sie die fuchsinschweflige Säure röte[1]). Villiers und Fayolle zeigten, daß langsam Rotfärbung eintritt, wenn man 1 g Glucose zu 10 bis 12 ccm des Reagens zufügt. Es ist besser, konzentrierte (50 proz.) Glucoselösung mit wenigen Tropfen des Reagens zu versetzen; die bald eintretende Rotfärbung beruht nach der Pikratprobe nicht auf Rückbildung von Fuchsin, sondern auf Kondensation.

Gelatine gibt mit fuchsinschwefliger Säure Rotfärbung, die von A. J. Ewart[2]) in seiner Kritik der Arbeiten von Usher und Priestley über Assimilation in Gelatine-Chlorophyllfilms auf einen Aldehydgehalt zurückgeführt worden ist. Die Farbreaktion ist aber in diesem Fall nur durch die basischen Eigenschaften der Gelatine hervorgerufen. Man bemerkt mit der Pikratprobe oder beim Versetzen mit etwas Mineralsäure, daß die Rotfärbung nur durch Fuchsin bedingt ist.

Fuchsinschweflige Säure wird durch Sauerstoff oder Hydroperoxyd nicht gerötet; sie rötet sich beim Durchleiten eines indifferenten Gases oder beim Zufügen zu einem schwach alkalischen Mittel wie zum Beispiel zu calciumbicarbonathaltigem Wasser. Dadurch ist in manchen Assimilationsversuchen (vergleiche die Besprechung der Versuche von R. Chodat und K. Schweizer im Abschnitt IV) die Anwesenheit von Formaldehyd vorgetäuscht worden.

Auch gibt das mit möglichst wenig Schwefeldioxyd entfärbte Reagens beim Eintragen in viel Wasser eine allmähliche Rotfärbung. Man darf deshalb zur Prüfung einer sehr verdünnten Aldehydlösung nicht eine nur eben entfärbte fuchsinschweflige Säure ohne weitere Kautelen benützen, sondern ein etwas weniger empfindliches Reagens, das noch Schwefeldioxyd enthält.

Wir bereiten die fuchsinschweflige Säure durch langsames Einleiten

---

[1]) Nach V. Meyer und P. Jacobson, Lehrbuch der organischen Chemie, 2. Aufl., I. Band, I. Teil, S. 681, tritt mit dem Traubenzucker keine Färbung ein.

[2]) A. J. Ewart, Proc. Roy. Soc. Ser. B **80**, 30 [1908].

von Schwefeldioxyd in die 1 proz. Lösung von Parafuchsin oder Fuchsin in vollgefüllter Flasche und behandeln so lange mit dem Gas, bis 0,1 ccm Lösung in 10 ccm Wasser auch in mehreren Minuten keine Rosafärbung mehr gibt.

Schwefligsäuregehalt des Reagens verringert die Empfindlichkeit der Aldehydprobe, weil der entstehende Farbstoff durch schweflige Säure wie Fuchsin entfärbt wird, wenn auch schwerer. Andererseits erleidet die fuchsinschweflige Säure von zu geringem Schwefeldioxydgehalt Dissoziation schon bei derjenigen Konzentration, in der das Reagens zweckmäßig angewandt wird. Die Empfindlichkeitsgrenze[1]) mit diesem Aldehydreagens finden wir daher bei etwa 1 : 1 000 000, statt bei noch viel größerer Verdünnung.

Die Prüfung auf Formaldehyd mit dem Reagens in saurer Lösung[2]) nach Denigès und Grosse-Bohle führen wir aus, indem zu 10 ccm der zu untersuchenden Flüssigkeit zwei Tropfen konzentrierte Salzsäure (0,1 ccm) und vier Tropfen 1 proz. fuchsinschweflige Säure (0,2 ccm) zugefügt und, wenn es sich um die größten Verdünnungen handelt (anwendbar für 1 : 1 000 000), einen Tag lang gewartet wird. Die Gegenwart der Mineralsäure bewirkt, daß die Reaktion stark verzögert wird und daß die Unterschiede in der Reaktionsgeschwindigkeit bei Formaldehyd gegenüber anderen Aldehyden wesentlich vergrößert werden; hierauf beruht die Unterscheidung des Formaldehydes von den anderen.

In der mineralsauren Lösung ist die Farbe den Aldehydmengen proportional. Das gilt nicht von der Fuchsinschwefligsäurereaktion ohne Salzsäure; bei Formaldehydkonzentrationen beispielsweise, die sich wie 4 : 2 : 1 verhielten, fanden wir bei der Schiffschen Probe Farb-

[1]) Die Empfindlichkeit der Schiffschen Probe liesse sich bedeutend steigern durch Anwendung einer mit Schwefeldioxyd unvollständig entfärbten Fuchsinlösung (z. B. 75 Proz. fuchsinschweflige Säure, 25 Proz. Fuchsin). Nach der Einwirkung der Aldehydlösung versetzt man mit etwas Säure, um das Fuchsin aufzuhellen und den Aldehydfarbstoff zu beobachten.

[2]) Wenn man Salzsäure auf fuchsinschweflige Säure einwirken läßt, so bleibt diese zum Teil unverändert und wird zum Teil so verwandelt, daß die Leukoverbindung eines gegen Alkali und gegen Säure farbbeständigen Farbstoffs entsteht, der, zufolge der Ätherlöslichkeit seines Pikrates, keine saure Gruppe mehr enthält.

stärken im Verhältnis von 20 : 4 : 1. Fügt man zu der mit sehr verdünnter Aldehydlösung und schwefligsäurearmem Reagens ausgeführten Schiffschen Probe nachträglich Salzsäure, so steigt die Farbintensität sehr langsam.

III. Versuche über den Formaldehydgehalt von Chlorophyll.

Wenn es gelänge, in grünen Blättern Formaldehyd nachzuweisen, so dürfte man, wie oben ausgeführt wurde, ein solches Vorkommen doch nicht mit dem Assimilationsvorgang in Zusammenhang bringen. Es war daher ein guter Gedanke, den S. B. Schryver[1]) gehabt hat, den Formaldehyd nicht in den ganzen grünen Pflanzenteilen, sondern im Chlorophyll selbst zu suchen. Die Aussicht, eine kleine Menge Formaldehyd aufzufinden, wird dadurch erhöht, daß der Aldehyd, wenn er in Form einer dissoziierbaren Verbindung mit dem Chlorophyll auftritt, sich darin 500 mal konzentrierter befindet als im ganzen Blatte, dessen Pigmentgehalt durchschnittlich 0,2 Prozent beträgt.

Schryver hat für den Nachweis eine von E. Rimini[2]) angegebene Farbreaktion benützt und sie verbessert. Er läßt Phenylhydrazinchlorhydrat auf die zu prüfende Flüssigkeit einwirken und oxydiert mit Ferricyankalium + Salzsäure zu einem schönen fuchsinroten Farbstoff. Die Probe zeigt nach Schryver den Formaldehyd noch in Verdünnung 1 : 1 000 000 deutlich an. Wir können dies bestätigen, wenn die Vorsicht eingehalten wird, nach dem Versetzen mit Phenylhydrazin eine gewisse Zeit zur Beendigung der Kondensation verstreichen zu lassen; der entstehende Farbstoff ist als Base gelb und ätherlöslich, der Zusatz von Säure ist zur Bildung des Farbsalzes erforderlich. Gegenüber der Reaktion mit fuchsinschwefliger Säure und Salzsäure hat die Probe den Nachteil, daß auch andere Aldehyde Färbungen geben, zum Beispiel Hexylenaldehyd eine schön violettrote. Nach Th. Curtius und

---

1) S. B. Schryver, Proc. Roy. Soc. Ser. B **82**, 226 [1910].

2) E. Rimini, Chem. Centralbl. 1898, I, S. 1152.

H. Franzen[1]) läßt sich Formaldehyd mit der Schryverschen Probe nicht im Gemenge mit anderen Aldehyden nachweisen.

Eine schwache Seite der Untersuchung von Schryver ist die Beschaffenheit der Chlorophyllpräparate. Sie wurden auf zu primitive Art gewonnen. Als Chlorophyll bezeichnet und verwendet Schryver, was aus Gras durch Alkohol (oder Methylalkohol) extrahiert und nach dem Verdampfen des Auszuges zur Trockne in ätherische Lösung übergegangen war. Es fehlen Angaben über Farbe und andere Eigenschaften des Pigmentes, das nach unseren Erfahrungen günstigen Falles mit dem 20 fachen an Begleitstoffen verunreinigt gewesen sein wird. Der Nachweis von Formaldehyd gelang nur so, daß die Chlorophyllpräparate durch Verdampfen der ätherischen Lösung auf Glasplatten in die Form von Films gebracht wurden, die Schryver mit der Phenylhydrazinlösung stehen ließ oder einige Minuten auf 100° erhitzte. Unter diesen Umständen beobachtete Schryver die charakteristische Farbe der Formaldehydreaktion. Die colorimetrische Bestimmung von Formaldehyd mit Hilfe derselben wird von Schryver erwähnt, doch hat er keine quantitative Angaben über den aus dem Chlorophyll erhaltenen Formaldehyd gemacht, auch nicht über die angewandte Menge von Chlorophyll oder Gras.

Wir haben die Versuche von Schryver mit Präparaten von reinem Chlorophyll, die aus trockenen und aus frischen Blättern dargestellt waren, wiederholt und keinen Formaldehyd gefunden. Die für die einzelnen Proben angewandten Mengen von Chlorophyll, etwa einem großen tiefgrünen Roßkastanienblatt entsprechend, waren zwischen 25 und 50 mg und die Empfindlichkeit der Farbreaktion hätte ausgereicht, um 0,01 mg Formaldehyd im Chlorophyllfilm, d. i. $^1/_{100}$ der dem Chlorophyll entsprechenden molekularen Formaldehydmenge, nachzuweisen. Das Chlorophyll war entweder in Form von Films nach Schryver oder auf Talk niedergeschlagen oder es befand sich in kolloider Lösung und wurde mit Kohlensäure zersetzt und dann geprüft. Die im Versuch angewandten

[1]) Th. Curtius und H. Franzen, Sitzungsber. d. Heidelberger Akad. d. Wissensch., mathem.-naturw. Klasse, Jahrg. 1912, 7. Abhdlg., S. 17.

Präparate hatten freilich bei der Reinigung zahlreiche Operationen durchgemacht, indessen keine so gefährlichen wie die Präparate von Schryver, die mit Alkohol und mit Äther wiederholt zur Trockne eingedampft wurden. Übrigens ist schon früher von uns bei der Trocknung von Chlorophyllpräparaten im Hochvakuum zur Gewichtskonstanz festgestellt worden[1]), daß sie keinen Formaldehyd abspalten. Die krystallisierten Chlorophyllide wurden sehr langsam gewichtskonstant. In den mit flüssiger Luft gekühlten Vorlagen des Hochvakuumapparates fand sich keine Spur Formaldehyd, nur Äther und Wasser. Chlorophyll selbst (Phytylchlorophyllid) erleidet nur geringfügige Gewichtsabnahme beim Erwärmen unter sehr niedrigem Druck[2]).

Es ist wahrscheinlich, daß für den Befund von Schryver der in nicht geringer Menge angewandte Äther verantwortlich zu machen ist. Äthersuperoxyd, das beim Arbeiten mit gewöhnlichem Äther leicht vorkommt, kann allein oder durch Einwirkung auf Spuren von Methylalkohol Aldehyd gebildet haben. Sollte es künftig versucht werden, die Angaben Schryvers experimentell zu stützen, so wird es ratsam sein, Blätter bei günstiger Temperatur und starker Belichtung in hochprozentiger Kohlensäure assimilieren zu lassen und sie dann sofort nach dem raschen Verfahren, das mitgeteilt[3]) worden ist, auf reines Chlorophyll zu verarbeiten.

Es ist hier an die in der zweiten Abhandlung (IX. Abschnitt) mitgeteilten Assimilationszeiten zu erinnern; unter gewöhnlichen Bedingungen wird in einem tiefgrünen Blatt von einem Molekül Chlorophyll in 4 Minuten ein Kohlensäuremolekül verarbeitet, unter Verhältnissen gesteigerter Leistung aber in etwa 25 Sekunden.

Der negative Ausfall des Formaldehydnachweises nach Schryver genügt noch nicht, seine Annahme unwahrscheinlich zu machen. Es liegt nahe, sie zu der Hypothese auszugestalten, daß die Kohlensäureverbindung des Chlorophylls zu einer Formaldehydverbindung desselben desoxydiert werde und daß noch im Chlorophylladditionsprodukt die Kon-

---

[1]) R. Willstätter und M. Utzinger, Ann. d. Chem. **382**, 129, 147 [1911] und R. Willstätter und A. Stoll, Untersuchungen über Chlorophyll, Berlin 1913, S. 221.

[2]) Chlorophyll, aus ätherischer Lösung durch Abdampfen gewonnen, wird im Hochvakuum schon in der Kälte rasch gewichtskonstant.

[3]) Siehe die vierte Abhandlung, I. Abschn., B.

densation zum Kohlenhydrat erfolge. Aber der Gedanke von Schryver wird auch noch direkt widerlegt.

Die Verbindung von Formaldehyd mit dem Chlorophyll hat Schryver wie es die folgenden Gleichungen ausdrücken, mit der Schiffschen Reaktion zwischen Aldehyden und Aminoverbindungen verglichen:

$$\begin{matrix} R \\ | \\ CH \cdot NH_2 \\ | \\ COOH \end{matrix} + HCOH \rightleftarrows \begin{matrix} R \\ | \\ CH \cdot N : CH_2 \\ | \\ COOH \end{matrix} + H_2O\,;$$

$$[\text{Chlorophyll}]\left\langle\begin{matrix} H \\ H \end{matrix}\right. + HCHO \rightleftarrows [\text{Chlorophyll}]\langle\rangle CH_2 + H_2O\,.$$

Es wurde also ein Gleichgewicht angenommen: „As the condensation product is somewhat stable, equilibrium will be maintained when only a small amount of free aldehyde is present."

Ob wirklich eine umkehrbare Reaktion zwischen Formaldehyd und Chlorophyll stattfindet, läßt sich mit kolloiden Chlorophyllösungen prüfen, und wir haben solche Versuche unter Anwendung von $^1/_2$ oder $^1/_4$ der molekularen Chlorophyllmenge ausgeführt. Der Farbstoff hat keinen Formaldehyd aufgenommen.

Prüfung des Chlorophylls nach Schryver.

Erster Versuch. 0,10 g Chlorophyll (Präparat aus getrockneten Blättern) wurde in 20 ccm frisch gereinigtem Äther gelöst und je 5 ccm in einer flachen Glasschale von 400 qcm Fläche verdampft, um die Pigmentschicht mit der Flächenkonzentration eines tiefgrünen Blattes zu erhalten. Neben der Prüfung des Chlorophylls nahmen wir einen Vergleichsversuch mit ebensoviel Äther allein vor. Der Film, von dem sich das Chlorophyll in Häutchen lostrennte, benetzte sich schlecht mit der Phenylhydrazinlösung. Eine der Proben erhitzten wir 4 Minuten auf dem Wasserbad unter Rühren; hier fiel die Farbreaktion negativ aus. Bei einer Probe in der Kälte gab es eine sehr schwache Färbung, bei einer anderen eine etwas stärkere als im Blindversuch mit dem Äther allein.

Einen zweiten Versuch führten wir ebenso aus mit 0,21 g Rohchlorophyll, das auf einfachste Weise durch Extrahieren mit 85 proz. Aceton,

Fällen mit Wasser und Aufnehmen in Äther frisch gewonnen und etwa 45 prozentig war. Bei zwei Proben in der Kälte und einer unter Erwärmen vorgenommenen trat bei der Reaktion mit Phenylhydrazin und Ferricyankalium nur spurenweise Rotfärbung ein, nicht stärker als mit Äther allein.

Ein dritter Versuch ist mit Chlorophyll aus frischen Blättern, einem aus konzentrierter ätherischer Lösung mit Petroläther gefällten Präparate, so ausgeführt worden, daß wir 50 mg in 5 ccm Äther lösten und die Flüssigkeit mit 4 g gereinigtem, feingemahlenem Talk aufnahmen. Unter Umrühren ließ man den Äther verdunsten; bei dieser Verteilung fand glatte Benetzung mit dem Phenylhydrazinreagens statt. Bei 6 stündiger Einwirkung derselben in der Kälte trat bei der Prüfung keine Spur von Rotfärbung ein, während 0,01 mg Formaldehyd unter gleichen Verhältnissen eine schöne Farbreaktion gaben.

Prüfung der kolloiden Chlorophyllösung auf Formaldehyd.

Von dem gleichen Präparat aus frischen Brennesseln stellten wir eine kolloide Lösung her, wobei es zum Verjagen des Acetons nötig war, eine Stunde an der Pumpe bei 30° einzuengen. 10 ccm der kolloiden Lösung, die 20 mg Chlorophyll enthielten, versetzten wir unter Umschütteln mit 2 ccm der Phenylhydrazinchlorhydratlösung. Ein Teil des Farbstoffes fiel rasch aus, der Rest büßte in einer Stunde die kolloide Verteilung ein. Nach 6 Stunden filtrierten wir von dem Niederschlag ab, um mit Ferricyankalium und Salzsäure zu prüfen; die Flüssigkeit war rein gelb.

In einem weiteren Versuche zersetzten wir zuerst das kolloid gelöste Chlorophyll (50 mg eines Präparates aus getrockneten Blättern) durch 12 stündiges Einleiten von Kohlendioxyd, ohne den kolloiden Zustand zu verändern. Auf Zusatz des Phenylhydrazins trat während einer Stunde Ausflockung ein. Das Phäophytin wurde durch etwas Talk abfiltriert und im Filtrate mit Ferricyankalium und Salzsäure auf Formaldehyd geprüft, der, wäre er an Magnesium gebunden im Chlorophyll enthalten, vollständig in die wässerige Lösung hätte übergehen müssen. Die Reaktion von Rimini-Schryver fiel negativ aus.

Verhalten von kolloidem Chlorophyll gegen Formaldehyd.

Eines der Chlorophyllpräparate, die sich als frei von Formaldehyd erwiesen hatten, führten wir in kolloide Lösung über und vermischten Proben von 10 ccm, die 50 mg enthielten, mit 0,85 ccm 1 proz. Formaldehyd (entsprechend einem halben Molekül CH_2O), andere Proben mit der Hälfte dieser Menge. Dem Chlorophyll war unter Bedingungen, die hinsichtlich seines Zustandes den Verhältnissen im Blatte möglichst gleichen, 20 Stunden lang bei Zimmertemperatur Gelegenheit gegeben, Formaldehyd aufzunehmen. Dann wurde das Chlorophyll aus den einzelnen Proben mit je 1 ccm gesättigter Kochsalzlösung ausgeflockt und sowohl die wässerige Flüssigkeit wie der gefällte Farbstoff untersucht. Die Lösungen wurden filtriert und die Filter nachgewaschen, einen kleinen Rest von Chlorophyll entfernten wir aus den Filtraten mit etwa 10 ccm Äther. Das Volumen der Proben betrug am Ende 40 ccm; wir prüften sie mit 0,80 ccm 1 proz. fuchsinschwefliger Säure. Mit chlorophyllfreien Lösungen von gleichem Formaldehydgehalt sind in parallelen Versuchen die nämlichen Operationen vorgenommen worden und sie bekamen natürlich dasselbe Volumen. Der colorimetrische Vergleich ergab genaue Übereinstimmung zwischen Formaldehydlösungen, die mit Chlorophyll behandelt waren, und den Vergleichsproben. Die ausgeflockten Chlorophyllpräparate sind in frisch gereinigtem Äther (je 10 ccm) gelöst und in der Form von Films nach Schryver auf Formaldehyd geprüft worden; das Ergebnis der Reaktion von Rimini-Schryver war auch hier ganz negativ.

Im System Chlorophyll + Formaldehyd ist also keine Reaktion eingetreten.

IV. Die Frage der Bildung von Formaldehyd und Hydroperoxyd aus Kohlensäure unter Chlorophyllwirkung außerhalb der Pflanze.

Über die Untersuchungen von Usher und Priestley und von Schryver.

F. L. Usher und J. H. Priestley[1]) haben in den Jahren 1906 bis 1911 drei Untersuchungen über den Mechanismus der Kohlensäure-

[1]) F. L. Usher und J. H. Priestley, Proc. Roy. Soc. Ser. B **77**, 369 [1906], **78**, 318 [1906] und **84**, 101 (1911).

assimilation in den grünen Pflanzen veröffentlicht, die viel Beachtung fanden und die biochemische Literatur[1]) auch in der jüngsten Zeit noch beeinflußten. In den beiden ersten Arbeiten wurden Sätze von weittragender Bedeutung aufgestellt, aber mit unzulänglichen Experimenten gestützt. Es wäre kaum angebracht, nach der gründlichen Kritik, die diesen Arbeiten namentlich von A. J. Ewart[2]), ferner von E. Mameli und G. Pollacci[3]), H. Euler[4]), Th. Curtius und H. Franzen[5]) u. a. zuteil geworden, darauf zurückzukommen, wenn nicht eine in anderem Zusammenhang schon zitierte Arbeit von S. B. Schryver[6]) die Beobachtungen von Usher und Priestley in wichtigen Punkten bestätigt hätte und wenn nicht Usher und Priestley ihre Theorie in der später erschienenen dritten Untersuchung im wesentlichen aufrecht gehalten und auf ihren ersten Angaben weiter gebaut hätten.

Nach der Auffassung von Usher und Priestley soll die Zersetzung der Kohlensäure in den chlorophyllhaltigen Pflanzenteilen vor sich gehen: „independently of vital or enzymic activity."

Elodeasprosse wurden zur Abtötung des Protoplasmas und Zerstörung der Enzyme mit Wasser abgebrüht. An solchen Objekten[7]) glaubten Usher und Priestley die Zersetzung der Kohlensäure unter Bildung von Formaldehyd zu finden. Dabei wurde das Ausbleichen des Pigmentes als eine Wirkung von Hydroperoxyd betrachtet und als Beweis für dessen Bildung angesehen. Das Ergebnis der Assimilationsversuche mit den abgestorbenen Pflanzen beschreiben die Autoren folgendermaßen: „Photolysis of carbon dioxide begins in the normal way, giving rise to hydrogen peroxide and formaldehyde. The enzymes having been destroyed

---

[1]) Siehe zum Beispiel die Ausführungen von W. M. Bayliss in „The Nature of Enzyme Action", London 1914, S. 142.

[2]) A. J. Ewart, Proc. Roy. Soc. Ser. B **80**, 30 [1908].

[3]) E. Mameli und G. Pollacci, Atti R. Accad. dei Lincei Ser. V, **17**, I, 739 [1908].

[4]) H. Euler, Zeitschr. f. physiol. Chem. **59**, 122 [1909] und Grundlagen und Ergebnisse der Pflanzenchemie, II. Teil, S. 119, Braunschweig 1909.

[5]) Th. Curtius und H. Franzen, Sitzungsber. d. Heidelberger Akad. d. Wissensch., math.-naturw. Klasse, Jahrg. 1912, 7. Abhdlg., S. 17.

[6]) S. B. Schryver, Proc. Roy. Soc. Ser. B **82**, 226 [1910].

[7]) Unsere Versuche, mit beschädigten Blättern Assimilation zu erzielen, fielen völlig negativ aus; sie sind im XIV. Abschnitt (C) der zweiten Abhandlung angeführt.

the hydrogen peroxide, instead of being catalysed in the usual manner, oxidises the chlorophyll to a colourless substance at which point the reaction necessarily comes to an end."

Die daraus abgeleiteten theoretischen Folgerungen gipfelten in dem Satze: „The normal products of the photolysis are hydrogen peroxide and formaldehyde, though under certain condition formic acid may be formed. In the plant the decomposition of the hydrogen peroxide is provided for by a catalysing enzyme of general occurrence."

Da die Anhäufung des Formaldehyds so lange erfolgen soll, als das Gleichgewicht der von Usher und Priestley angenommenen umkehrbaren Reaktion

$$CO_2 + 3\,H_2O \rightleftarrows HCHO + 2\,H_2O_2$$

sich nach rechts verschiebt, im Versuche infolge des Aufbrauchens von Wasserstoffsuperoxyd durch Chlorophyll, so unternahmen Usher und Priestley den Schritt vom Assimilationsversuche in der abgestorbenen Pflanze zum Experiment mit Films von Chlorophyll, die gewöhnlich auf einer Gelatineunterlage, in manchen Beispielen auch nur auf der Oberfläche von Wasser ausgebreitet waren. Wie in den Versuchen mit abgestorbener Elodea, so vermeinten Usher und Priestley bei dieser „Rekonstruktion der Photosynthese außerhalb der Pflanze" in der Gelatine das Auftreten von Formaldehyd mit fuchsinschwefliger Säure erkennen und zugleich bei Gegenwart von Leberkatalase auch Sauerstoffentwicklung nachweisen zu können, so daß:

„Up to this point the process is entirely non-vital, and can be reconstructed in vitro."

Gegen diese Untersuchung erhob Ewart mehrere berechtigte Einwände. Er zeigte, daß Gelatine an sich die Aldehydreaktion mit der Schiffschen Probe gibt und daß in abgestorbenen Blättern auch beim Belichten unter Ausschluß von Kohlensäure Aldehydspuren entstehen. Die Sauerstoffentbindung im Assimilationsversuche außerhalb der Zelle fand Ewart nicht bestätigt, und das Ausbleichen des abgetöteten Blattes oder Chlorophyllfilmes gilt ihm nicht als Nachweis von Hydroperoxyd, sondern als Oxydationswirkung des Luftsauerstoffs.

Ohne die Kritik von Ewart zu erwähnen, beschrieb Schryver eine Wiederholung der Assimilationsversuche nach Usher und Priestley mit Chlorophyllfilms, allerdings ohne Gelatine. Im Lichte beobachtete er bei Zufuhr von Kohlensäure deutliche, ohne Kohlensäure nur spurenweise Formaldehydbildung, im Dunkeln keine; somit glaubte Schryver, „die photochemische Synthese von Formaldehyd durch Chlorophyll" aus Kohlensäure zu beweisen.

In ihrer letzten Abhandlung haben Usher und Priestley nur in wenigen Punkten ihre Angaben modifiziert, indem sie zum Beispiel einräumten, daß das dem Hydroperoxyd zugeschriebene Ausbleichen der Chlorophyllfilms von der Anwesenheit der Kohlensäure unabhängig ist. Ihre neuen Assimilationsversuche außerhalb der Zelle bestätigten die Aldehydbildung und sprachen noch entschiedener als die früheren für das Auftreten von Hydroperoxyd. Chlorophyll-Gelatine-Films mit einem Gehalt von Katalase blieben bei der Belichtung noch ganz grün, während zu gleicher Zeit parallele Proben ohne Katalase ausbleichten; bei der Gegenwart von Kohlensäure wurde starke Aldehydbildung bemerkt.

Auch diese Angaben erweisen sich als nicht stichhaltig. Ch. H. Warner[1]) hat in einer unter der Leitung von Blackman ausgeführten Untersuchung festgestellt, daß der Formaldehyd durch die photochemische Zersetzung der Films infolge der Einwirkung von Luftsauerstoff entsteht und daß er nicht aus der Kohlensäure stammt. Die Films bilden Formaldehyd weder in Stickstoffatmosphäre, noch in sauerstofffreier Kohlensäure. Das Ausbleichen der Films scheint unter der Wirkung von Hydroperoxyd zustande zu kommen, und zwar unabhängig von der Anwesenheit der Kohlensäure.

Gleichzeitig kam H. Wager[2]) zu ähnlichen Schlußfolgerungen. Die von ihm wie früher von Usher und Priestley beobachtete Aldehydbildung wird nicht mehr als eine Photosynthese aus Kohlensäure und Wasser angesehen, sondern als Photozersetzung von Chlorophyll, und es ist zweifelhaft, ob der entstehende Aldehyd Formaldehyd selbst ist oder

[1]) Ch. H. Warner, Proc. Roy. Soc. Ser. B **87**, 378 [1914].

[2]) H. Wager, Proc. Roy. Soc. Ser. B **87**, 386 [1914].

nicht. Dieser Aldehyd ist nach Wager einfach ein Oxydationsprodukt des Chlorophylls, dessen Zersetzung im Lichte nur in Gegenwart von Sauerstoff und unter Absorption desselben stattfindet, aber ebenso bei Abwesenheit wie bei Gegenwart von Kohlensäure. Das oxydierende Agens scheint nach Wager nicht Hydroperoxyd zu sein.

Diese kritischen Ausführungen von Warner und von Wager sind zu bestätigen; die Aldehydbildung nach Usher und Priestley und Schryver sowie nach R. Chodat und K. Schweizer[1]) hat mit der Zerlegung der Kohlensäure nichts zu tun. In einem Punkte aber ist die Kritik jener Forscher nicht ausreichend. Es ist nicht der Zerfall von Chlorophyll, es ist vielmehr, wie im folgenden Abschnitt (V) gezeigt werden soll, die Zersetzung irgendwelcher Begleitstoffe des Blattpigmentes, welche Aldehyd liefert.

Assimilationsversuche mit kolloidem Chlorophyll.

Weder die kritischen Ergebnisse von Wager und von Warner, noch die erfolglosen Versuche mit Chlorophyllösungen unter wechselndem Kohlensäuredruck, von denen H. Euler[2]) berichtete, schlossen die Möglichkeit aus, unter günstigeren Versuchsbedingungen die Zerlegung der Kohlensäure im Lichte durch Chlorophyll doch zu verwirklichen. Die bisherigen Versuche sind namentlich in zwei Beziehungen zu verbessern, erstens in bezug auf die Beschaffenheit des Chlorophylls, nämlich seine Unversehrtheit in der Zusammensetzung, seine Reinheit von zersetzlichen und zersetzend wirkenden Begleitstoffen und seine Konzentration, und zweitens hinsichtlich der Form, in der das Pigment angewandt wird.

Wir arbeiten wirklich mit Chlorophyll. Den natürlichen Verhältnissen kommt hinsichtlich der Verteilung des Chlorophylls und hinsichtlich seiner Lichtabsorption am nächsten die Anwendung des Pigmentes in kolloiden Lösungen. Mehrere Versuche wurden ohne, andere bei Anwesenheit von Katalase vorgenommen. Die Prüfung auf Zerlegung der Kohlensäure geschah in einigen Versuchen, die wegen des methodischen

[1]) R. Chodat und K. Schweizer, Arch. d. Sc. phys. et nat. [4], 39, 334 [1915].
[2]) H. Euler, Zeitschr. f. physiol. Chem. 59, 122 [1909].

Zusammenhangs mit anderen Bestimmungen schon im XIV. Abschnitt (A) der zweiten Abhandlung mitgeteilt worden sind, gewichtsanalytisch, in anderen durch Prüfung auf Aldehyd, ferner auf Hydroperoxyd. Alle Ergebnisse sind gänzlich negativ.

Assimilation von Kohlensäure durch Chlorophyll außerhalb der lebenden Zelle ist noch nicht verwirklicht.

Nachweis von Hydroperoxyd und anderen löslichen Peroxyden.

Auf den Angaben früherer Forscher, von Schönbein bis zu Chodat[1]), fußend, kann man eine zuverlässige und empfindliche Methode für diesen Nachweis ausarbeiten.

Von R. Chodat und K. Schweizer wird ein System angewendet, das aus Peroxydase zusammen mit einem von Peroxyd + Peroxydase oxydierbaren Körper (Pyrogallol, Guajakharz-Emulsion, p-Kresol) besteht. Dabei ist aber die Empfindlichkeit dieser Stoffe gegen Sauerstoff innerhalb sehr weiter Grenzen der Reaktion des Mediums außer acht gelassen worden. Pyrogallol ist nicht nur, wie allgemein bekannt, in verdünntester alkalischer Lösung gegen Sauerstoff empfindlich, auch die Gegenwart von Alkalicarbonaten, Erdalkalien und, was besonders wichtig ist, von Carbonaten und Bicarbonaten der Erdalkalien, auch von Glassubstanz erweist sich als genügend, um die Einwirkung des Luftsauerstoffs herbeizuführen. Unter diesen Verhältnissen geht die Oxydation langsam und stufenweise vor sich und führt zu reinem Purpurogallin. In den Versuchen von Chodat und Schweizer war in der zu prüfenden Lösung Calciumbicarbonat zugegen und es ist seine Wirkung übersehen worden. Aber es sind überhaupt bei den Assimilationsversuchen mit Kohlensäure Erdalkalien nicht auszuschließen, sie gehen aus Kalksalzen hervor, die in Peroxydasepräparaten enthalten sein können und in Rohchlorophyllpräparaten immer enthalten sein müssen. Auch in Versuchen mit kolloidem Chlorophyll und Kohlensäure müssen die Flüssigkeiten das aus Chlorophyll durch Kohlensäure abgespaltene Magnesium als Bi-

[1]) R. Chodat, in Abderhaldens Handbuch der biochem. Arbeitsmethoden 3. Bd., 1910, S. 42, 49.

carbonat enthalten und in manchen Versuchen auch noch etwas Magnesiumbicarbonat, das bei der Bereitung der kolloiden Lösungen zu ihrem Schutze zweckmäßig zugesetzt wurde.

Wässerige Pyrogallollösung färbt sich auf Zusatz von Magnesiumcarbonat „Kahlbaum" oder von gefälltem Calciumcarbonat allmählich braun; beim Versetzen mit verdünnter Schwefelsäure schlägt die Farbe in Gelb um, das Oxydationsprodukt geht wie reines Purpurogallin in Äther. Zusatz von Hydroperoxyd zur magnesiumbicarbonathaltigen Lösung scheint keinen Einfluß auf die Reaktion zu haben. Die Reaktion erfolgt noch rascher bei Anwesenheit von basischem Magnesiumcarbonat, wieder rascher mit Magnesiumoxyd.

Proben von 25 mg Pyrogallol in 10 ccm Wasser wurden unter Durchleiten eines langsamen Luftstromes geprüft: a) ohne Zusatz, aber in Glasanstatt in Quarzgefäßen, b) unter Zusatz von 0,05 mg Peroxydase, die ihrer Herstellung nach eine Spur Erdalkaliverbindung enthalten konnte, c) unter Zusatz von 0,1 mg Magnesiumcarbonat, als Bicarbonat in Lösung gebracht. Nach einer Viertelstunde war die Probe c) tiefgelb, b) eben beginnend gelb, a) farblos. Nach einer halben Stunde enthielt c) 1,8 mg Purpurogallin, hingegen nach 24 Stunden a) nur 0,1 und b) nur 0,3 mg Purpurogallin.

Magnesiumcarbonat oder Calciumcarbonat verhält sich gegenüber dem Pyrogallol wie eine Oxydase; man kann die Reaktion einer pflanzlichen Oxydase nicht davon unterscheiden[1]). Es wird dadurch noch besser verständlich, daß H. Euler und I. Bolin[2]) in ihrer Untersuchung „Über die Reindarstellung und die chemische Konstitution der Medicago-Laccase" zu dem Ergebnis gelangt sind, daß diese Oxydase in einem Gemisch von Kalksalzen verschiedener aliphatischer Säuren besteht, worin besonders Glykolsäure, Äpfelsäure, Citronensäure und Mesoxalsäure erkannt worden sind.

---

[1]) Es soll hier nicht die Rede sein von der bekannten Ähnlichkeit der Wirkung von Ferrosalzen und Manganosalzen mit den Oxydasen (vgl. C. Oppenheimer, Die Fermente und ihre Wirkungen, 4. Aufl., Leipzig 1913, Bd. II, S. 763), sondern es handelt sich hier um Zusätze, welche die Reaktion des Mediums verschieben und dadurch bewirken, daß das Pyrogallol selbst zum Acceptor und zum Überträger des Luftsauerstoffs wird (vgl. auch dazu C. Oppenheimer, a. a. O.).

[2]) H. Euler und I. Bolin, Zeitschr. f. physiol. Chem. **61**, 1 [1909].

Zur Ausführung einer Peroxydasereaktion, zum Beispiel zum Nachweis von Hydroperoxydspuren, muß man daher entweder in sauerstofffreiem Medium (in einem von Sauerstoffspuren befreiten Stickstoffstrom) arbeiten oder, was aus praktischen Rücksichten vorzuziehen ist, in sauerstoffarmem Medium bei Gegenwart von Kohlensäure. Der Kohlensäuregehalt wird so gewählt, daß die Peroxydasereaktion nicht unterdrückt, daß aber die Wirkung der Alkalien ausgeschaltet wird. Wir haben dafür eine Stahlflasche mit 5 bis 10 Proz. Kohlendioxyd und 90 bis 95 Proz. Linde-Stickstoff in Verwendung.

Pyrogallollösungen mit oder ohne Zusatz von Erdalkalicarbonaten oder von Peroxydase blieben bei tagelangem Durchleiten eines solchen Gasgemisches vollkommen farblos. Setzt man aber zu einer 10-ccm-Probe, welche 25 mg Pyrogallol und Peroxydase (0,05 mg eines guten Präparates) enthält, eine kleine Menge, zum Beispiel 0,01 mg, Hydroperoxyd, so tritt (also in einer Verdünnung von 1 : 1 000 000) beinahe augenblicklich eine gut wahrnehmbare hellgelbe Färbung ein. Deutlicher wird das gebildete Purpurogallin beim Ausschütteln mit wenig Äther. Um hier die Enzymwirkung auf superoxydhaltigen Äther zu verhüten, schaltet man die Peroxydase durch Zusatz von 1 ccm verdünnter Schwefelsäure aus. Durch Vergleich der Schichtenhöhen der ätherischen Lösungen von gleicher Farbstärke kann man auch im Reagensglas noch die kleinsten Mengen von Hydroperoxyd schätzen, indem man mit einer Probe von bekanntem Gehalt einen Parallelversuch vornimmt. Die zu untersuchenden Flüssigkeiten werden zuerst durch den sauerstoffarmen Gasstrom von Luft befreit, ehe man sie mit 25 mg Pyrogallol in 1 ccm Wasser versetzt; das Durchleiten wird beim Zufügen der Enzymlösung oder von Hydroperoxyd fortgesetzt.

Um zu entscheiden, ob eine beobachtete Purpurogallinreaktion durch Hydroperoxyd oder andere gelöste Peroxyde hervorgerufen ist, kann eine Probe mit Katalase, die nur das einfachste Peroxyd zersetzt, behandelt und abermals geprüft werden.

Versuche mit Chlorophyll ohne Enzym.

Die kolloiden Lösungen waren nach den Angaben von Abschnitt VI, C mit einem Zusatz von $^{1}/_{10}$ Mol Magnesiumcarbonat bereitet, der die

Hydrolyse der komplexen Magnesiumverbindung auch in der großen Verdünnung verhindert.

Wir arbeiteten mit der in den voranstehenden Abhandlungen beschriebenen Apparatur für Assimilationsversuche, die nun, da keine Gasanalyse vorzunehmen war, mit der Assimilationskammer endete. Die Assimilationsdose befand sich also im Kühlbad von konstanter Temperatur und wurde mit etwa 45 000 Lux belichtet; der Gasstrom ging von der exponierten Kammer in eine zweite Dose, die für die Parallelversuche unter Lichtausschluß diente und die sich in einem mit demselben Kühlwasserstrom regulierten Bad befand.

Um die Gasmischung, zum Beispiel ein Gemisch von 25 Vol.-Proz. Kohlendioxyd und 75 Proz. Stickstoff, zu bereiten, evakuierten wir eine Stahlflasche von 10 bis 20 Litern und füllten sie mit einer Kohlensäureflasche unter atmosphärischem Druck; dann preßten wir aus der Stickstoffflasche unter Anwendung eines Reduzierventils auf einen Überdruck von drei Atmosphären. Um geringere Gehalte an einem Gase einzufüllen, lassen wir in die evakuierte Stahlflasche aus einem Gasometer ein gemessenes Volumen einströmen und pressen dann das zweite Gas aus einer Vorratsflasche auf den erforderlichen Überdruck nach.

Erstes Beispiel. Von der kolloiden Lösung wurden 50 ccm mit 23 mg reinem Chlorophyll $(a + b)$ angewandt. Das Gas enthielt 25 Vol.-Proz. CO_2 und $^1/_3$ Proz. Sauerstoff.

Nach dem Verdrängen der Luft begannen wir bei 0° Badtemperatur zu belichten und steigerten nach einer halben Stunde und im Laufe einer folgenden halben Stunde die Temperatur bis auf 15° und hielten sie während weiterer 3 Stunden bei 15°. Schon in der ersten Stunde Belichtung begann die Ausflockung des Chlorophylls, und sie war am Ende des Versuchs vollständig. Im parallelen Dunkelversuch änderte sich das Hydrosol nicht. Das Chlorophyll wurde unter Salzzusatz mit Äther isoliert und die wässerige Mutterlauge auf Aldehyd und Hydroperoxyd geprüft.

Im Lichtversuch war aus 30 bis 31, im Dunkelversuch aus 42 bis 43 Proz. des Chlorophylls das Magnesium als Carbonat ausgetreten;

im ersteren Falle deshalb weniger, weil der Dispersitätsgrad des Pigmentes abgenommen hatte.

Zweites Beispiel. Angewandt 100 ccm kolloide Lösung von 23 mg Chlorophyll; 5 Vol.-Proz. Kohlendioxyd enthaltende Luft; Belichtung bei 15° während 4 Stunden; am Ende war das meiste Pigment ausgefällt.

Im Lichtversuch waren 20 Proz., im Dunkelversuch bei $5^1/_2$ Stunden Einwirkung der Kohlensäure 32 bis 33 Proz. Phäophytin gebildet.

Drittes Beispiel. 50 ccm frisch bereitete kolloide Lösung von 31 mg Chlorophyll $(a + b)$; 5 Vol.-Proz. Kohlendioxyd enthaltende Luft. Die Belichtung wurde langsam auf die volle Stärke gesteigert und dauerte bei 15° etwa 5 Stunden. Nach $2^1/_2$ Stunden schien die Lösung noch unverändert zu sein, aber sie enthielt am Ende des Versuchs allen Farbstoff als zusammenhängendes feines Häutchen In diesem Fall konnte das Gel ohne Aussalzen und Ausäthern abfiltriert werden, so daß die Mutterlauge in reinstem Zustand zu prüfen war.

Durch Kohlensäurewirkung waren im Lichte 18 Proz., in der Dunkelprobe 27 bis 28 Proz. des Chlorophylls zersetzt.

Auf Formaldehyd wurden je 10 ccm mit fuchsinschwefliger Säure und mit der Reaktion von Rimini-Schryver geprüft. Der Befund war durchwegs negativ; wurden gleiche Proben aber mit 0,01 bis 0,02 mg Formaldehyd versetzt, so gaben sie deutliche Aldehydreaktion. Die Prüfung mit Pyrogallol + Peroxydase erwies in allen Fällen die Abwesenheit löslicher Peroxyde; ein Zusatz von 0,02 mg Hydroperoxyd zu 10 ccm Flüssigkeit verriet sich deutlich.

Versuche unter Zusatz von Katalase.

Die hier angewandte Katalase war im Jahre 1911 von R. Willstätter und A. Madinaveitia[1]) aus Pferdeleber nach den Angaben von F. Battelli und L. Stern[2]) gewonnen und durch Umfällung aus der wässerigen Lösung mit Alkohol gereinigt worden. Beim Auf-

[1]) A. Madinaveitia, Zur Kenntnis der Katalase, Promotionsarbeit, Technische Hochschule Zürich [1912].

[2]) F. Battelli und L. Stern, Société de Biologie 57, 374 [1904].

bewahren (6 Jahre) hatte das sehr wirksame Präparat nur nahezu die Hälfte seiner ursprünglichen Leistungsfähigkeit eingebüßt.

Die Prüfung geschah nach den Angaben von Madinaveitia. 5 mg des feingepulverten Enzyms wurden mit Wasser zerrieben und die feine Suspension, die sich nur mit großem Verlust durch Hartfilter filtrieren lassen würde, auf 100 ccm verdünnt. Davon ließen wir in Doppelproben je 1,00 ccm aus der Pipette zu 25 ccm einer in genau parallelem Versuche titrierten etwa $\frac{n}{100}$ H_2O_2-Lösung von 0° zufließen und unterbrachen nach 10 Minuten die Reaktion durch Zusatz von 20 ccm 2 n-Schwefelsäure, um dann das unverbrauchte Hydroperoxyd mit $\frac{n}{100}$ $KMnO_4$ zurückzutitrieren.

85 Proz. des Hydroperoxyds waren zersetzt. Man kann den Wirkungsgrad der Katalase zum Vergleiche auf denjenigen beziehen, welchen G. Bredig und R. Müller von Berneck[1]) für kolloides Platin angeben, indem man die Substanzmenge im Liter berechnet, die erforderlich ist, um eine Reaktionskonstante $K = 0{,}0107$ zu geben. Nach Madinaveitia waren 0,00014 g[2]) Hepatokatalase nötig, um im Liter diese Konstante zu geben; nach unseren Bestimmungen beträgt die entsprechende Menge der aufbewahrten Katalase 0,00025 g.

Wenn die aus einem tierischen Organe gewonnene Katalase die Funktion übernehmen kann, aus einem durch Energieaufnahme entstehenden Umwandlungsprodukt der Kohlensäure Sauerstoff zu entbinden, so wird Ameisensäure oder Formaldehyd entstehen. Wenn nun auch hier die Formaldehydprobe negativ ausfällt, so ist wenigstens eine stärkere Zersetzung des Chlorophylls zu erwarten als durch Kohlensäure allein. Bei diesen Versuchen wurde, um Oxydation des Chlorophylls zu vermeiden, mit sauerstoffarmem Kohlensäure-Stickstoffgemisch gearbeitet.

Erstes Beispiel. 50 ccm einer frisch bereiteten kolloiden Lösung von 25 mg reinem Chlorophyll unter Zusatz von 0,5 mg Katalase, die in 10 ccm Wasser fein verteilt waren, 25 Proz. Kohlendioxyd und

---

1) G. Bredig und R. Müller von Berneck, Zeitschr. f. physik. Chem. **31**, 258 [1899].

2) Auf S. 27 und 33 der Arbeit von Madinaveitia ist angegeben 0,00016, mit den Versuchsdaten berechnet sich aber genauer 0,00014.

$^1/_3$ Proz. Sauerstoff enthaltender Stickstoff. Die Beimischung des Enzyms bewirkte im Lichtversuch raschere Ausflockung des Pigmentes; die Belichtung wurde, damit Licht- und Dunkelversuch gut verglichen werden konnten, bei eben beginnender Ausflockung abgebrochen, nämlich nach $1^1/_2$ Stunden Belichtung bei 15°. Die Zersetzung des Chlorophylls im Belichtungsversuch (entsprechend 21 Proz. Phäophytin) und im Dunkelversuch (23 bis 24 Proz. Phäophytin) stimmte so gut überein, daß die Bildung einer stärkeren Säure als der Kohlensäure nicht angenommen werden darf.

Zweites Beispiel. Chlorophyllösung (20 mg in 40 ccm), Enzymzusatz und Zusammensetzung des Gases wie im vorigen Beispiel, aber die Versuchstemperatur 0°, auch Kühlung während des Aufarbeitens, um weitere Einwirkung der Kohlensäure hintanzuhalten. Der Versuch dauerte $1^1/_2$ Stunden. Nach dieser Zeit war die Ausflockung des Chlorophylls eben beginnend. Im Lichtversuche wurden 10, in der Parallelprobe 10 bis 11 Proz. des Magnesiums abgespalten.

Die Farbreaktion auf Formaldehyd mit je 10 ccm der von Farbstoff befreiten Lösungen fiel negativ aus. Daher kann in keinem der Versuche eine Menge von 0,05 mg Formaldehyd entstanden sein.

Über das Assimilationsexperiment von Chodat und Schweizer.

In der IX. Abhandlung[1]) der aus dem botanischen Institut von Genf veröffentlichten Reihe „Nouvelles recherches sur les ferments oxydants" von R. Chodat wird die Assimilation der Kohlensäure in vitro unter der Wirkung von Chlorophyll untersucht und das Ergebnis verzeichnet:

„1° la chlorophylle en présence du CO_2 produit de l'aldéhyde formique, dans la lumière;

2° dans ces mêmes conditions, elle produit proportionnellement de l'eau oxygenée."

In bezug auf den Nachweis von Aldehydspuren schließt sich diese Untersuchung den älteren von Usher und Priestley und von Schryver an und sie ist in dieser Beziehung im Zusammenhang mit

[1]) R. Chodat und K. Schweizer, Arch. d. Sc. phys. et nat. [4], **39**, 334 [1915].

ihnen oben widerlegt worden. Bemerkenswerter ist die Prüfung auf das entstehende Wasserstoffsuperoxyd durch Anwendung eines Systems von Peroxydase mit einem oxydierbaren Stoffe (Pyrogallol, Guajakemulsion, p-Kresol), wovon die Autoren sagen:

„La peroxydase est un réactif précieux pour suivre la marche de la photolyse du CO_2 et de l'eau par la chlorophylle (in vitro)."

Die Versuche von Chodat und Schweizer sind von uns wiederholt worden, zunächst mit einer einzigen Abänderung, nämlich unter Anwendung von reinem Chlorophyll in gewogener Menge, aber in derselben Form wie bei Chodat und Schweizer, d. i. niedergeschlagen auf kohlensauren Kalk, und zweitens noch mit der weiteren Änderung, daß wir das Pigment statt mit Calciumcarbonat mit gereinigtem Talk verdünnten. Die Anwendung des Calciumcarbonats als Träger von Chlorophyll ist eine sehr ungeeignete Maßregel, denn die Gegenwart von Erdalkalicarbonat wirkt, wie in der vierten Abhandlung (Abschnitt VII) gezeigt worden, der Addition von Kohlensäure an Chlorophyll stark entgegen.

Im Versuche mit Chlorophyll auf Talk trat bei der Einwirkung von Kohlensäure im Licht weder eine Spur von Peroxyd noch von Aldehyd auf. Mit Chlorophyll auf Calciumcarbonat fiel im Dunkel- ebenso wie im Lichtversuche die Wasserstoffsuperoxydprobe positiv aus; denn diese Peroxydreaktion ist nur vorgetäuscht durch den als Bicarbonat vorhandenen Kalk; sie tritt hier ebensogut auch ohne Peroxydase nur mit Luftsauerstoff ein (siehe oben den Abschnitt: Nachweis von Hydroperoxyd und anderen löslichen Peroxyden). Der aus dem vermeintlichen Nachweis des Hydroperoxyds von Chodat und Schweizer abgeleitete Satz:

„La catalase des feuilles vertes sert à décomposer l'eau oxygenée, produit accessoire de la photolyse au cours de laquelle l'oxygène atomique apparaît."

ermangelt somit der experimentellen Begründung. Im Folgenden werden die Fehler im einzelnen aufgedeckt, die im Spiele waren.

Erstes Beispiel. Das reine Chlorophyll (0,06 g) wurde mit 1 ccm Äther aufgenommen und die Lösung mit 10 ccm sehr leicht flüchtigem Petroläther verdünnt und auf 10 g gefälltes Calciumcarbonat gegossen. Diesen Brei ließ man an der Luft unter Umrühren vollständig eindunsten. Er bildete ein hellgrünes Pulver. Wir rührten es mit 100 ccm Wasser, das bei 18° mit Kohlensäure gesättigt war, in einer flachen Schale zu einer feinen Suspension an und verschlossen die Schale sogleich luftdicht durch eine aufgeschraubte Glasplatte. Bei 20° Badtemperatur belichteten wir mit etwa 45000 Lux 8 Stunden lang unter häufigem Umschwenken, um immer neue Teile der Suspension dem Lichte auszusetzen. Da die flache Dose von 400 qcm Fläche $^1/_2$ l Rauminhalt hatte, so gab die angewandte Kohlensäure mit der Luft des Gefäßes ein Gemisch von ungefähr 20 Vol.-Proz. Kohlendioxyd. Der parallele Dunkelversuch war unter gleichen Versuchsbedingungen angesetzt.

Durch die Belichtung war die Chlorophyllsuspension deutlich aufgehellt und olivstichig. Wir filtrierten sie ab und lösten auf dem Filter mit Alkohol den Farbstoff heraus, um ihn in Petroläther überzuführen. Beim Herauswaschen der Hauptmenge des Alkohols fiel ein Teil, der durch Oxydation braun und unlöslich geworden, in Flocken aus. Der colorimetrische Vergleich des in alkoholhaltigem Petroläther löslichen Anteils im Belichtungs- und im Dunkelversuche ergab einen Chlorophyllverlust von 25 Proz. Im löslichen Anteil war auch Phäophytin enthalten, aber infolge der schützenden Wirkung des Calciumcarbonats verhältnismäßig wenig trotz der langen Versuchsdauer, im Dunkelversuch 10 Proz., im Lichtversuch etwas mehr.

Auf Hydroperoxyd wurden mit Pyrogallol + Peroxydase vier Proben (je 10 ccm) vom Filtrat des Belichtungsversuches unter Durchleiten von 25 Proz. Kohlendioxyd enthaltendem Stickstoff geprüft. Die Proben blieben bis zum folgenden Tage farblos. Um die Empfindlichkeit des Systems zu bestätigen, fügten wir zu einer der Proben nach einer Stunde, zu einer anderen am nächsten Tage 0,01 mg Hydroperoxyd hinzu; darauf trat sofort Gelbfärbung ein. Bei der tagelangen Dauer der Probe blieb natürlich Oxydation nicht ganz ausgeschlossen; aber auch dann war auf Zusatz von Säure beim Ausäthern weniger als ein Drittel des im Vergleichsversuche von 0,01 mg Hydroperoxyd gebildeten Purpurogallins vorhanden. Wenn man andererseits die Luft nicht ausschloß, und eine Probe von 10 ccm, die wir dem Dunkelversuch entnahmen, mit 25 mg Pyrogallol versetzte, so trat auch schon ohne Anwesenheit von Peroxydase sogleich starke Gelbfärbung ein, weil eben die Flüssigkeit sich mit Calciumcarbonat gesättigt hatte.

Aldehyd war mit fuchsinschwefliger Säure nicht aufzufinden; es trat wohl Rotfärbung ein, aber sie beruhte nur auf Rückbildung von Fuchsin durch die Einwirkung des Calciumcarbonats. Die von Schryver verbesserte Probe von Rimini ergab eine nicht zu beachtende Spur von Formaldehyd, weniger als $^1/_3$ einer Vergleichslösung von 0,01 mg, was für den ganzen Versuch höchstens 0,036 mg Formaldehyd bedeutete.

Zweites Beispiel. Die von kohlensaurem Kalk bedingten Störungen der Nachweise werden durch Verdünnung des Chlorophylls mit Talk vermieden. Derselbe war zuvor gründlich mit Säure gereinigt und unter Kochen säurefrei gemacht. Für 5 g Talk verwendeten wir dreimal mehr Chlorophyll als im ersten Beispiel; die Versuchsbedingungen waren die nämlichen wie zuvor, die Belichtung dauerte aber nur 7 Stunden. Die Chlorophyllsuspension wurde olivstichig, die Einwirkung der Kohlensäure ging hier viel weiter wie im Versuche mit Calciumcarbonat als Verdünnungsmittel. Dennoch fiel die Probe auf Peroxyd, die hier ohne besondere Vorsichtsmaßregeln nach Chodat und Schweizer ausgeführt werden konnte, gänzlich negativ aus. Die Aldehydprobe mit fuchsinschwefliger Säure gleichfalls, und die Reaktion von Schryver ergab höchstens eine solche Spur Formaldehyd, daß sie durch Vergleich mit 0,01 mg Formaldehyd nicht mehr zu schätzen war und außer Betracht gelassen werden muß.

V. Die Frage der Formaldehydbildung aus Chlorophyll.

Im vorigen Abschnitt ist bei der Würdigung und bei der Nachprüfung von Arbeiten, die auf die Anwendung des Chlorophylls außerhalb der Pflanze zur Zerlegung der Kohlensäure im Lichte hinzielten, die Frage der Reinheit des angewandten Chlorophylls nur gestreift worden. Sie war dort nicht von ausschlaggebender Bedeutung, insofern es sich gezeigt hat, daß selbst mit den besten Chlorophyllpräparaten, welche der derzeitige Stand unserer Kenntnisse und präparativen Methodik zu gewinnen erlaubt, gar keine Einwirkung auf Kohlensäure unter künstlichen Versuchsverhältnissen zu erzielen ist. Die Frage nach der Beschaffenheit und Brauchbarkeit der Chlorophyllpräparate ist aber bei denjenigen Untersuchungen in den Vordergrund zu rücken, in denen man die Bildung von Formaldehyd und von Hydroperoxyd oder anderen niederen Peroxyden statt auf Kohlensäurezerlegung auf den Zerfall des Chlorophylls zurückzuführen versucht hat. Die Photolyse des Chlorophylls verfolgt eine neuere Richtung der Forschung, die einsetzte, als die Befunde der extracellulären Formaldehydbildung durch Chlorophyll wenig befriedigten; sie wird durch die Untersuchungen von Ch. H. Warner[1]) und H. Wager[2]) und von A. J. Ewart[3]) vertreten. Der nach zahlreichen Beobachtungen angenommenen Zersetzung des Chlorophylls im Lichte wird eine große Bedeutung beigemessen; Wager hat seine Theorie der Assimilation auf die Voraussetzung gegründet, daß im natürlichen Assimilationsvorgang Zerfall und Aufbau des Chlorophylls beständig erfolge. Dann würden die Formaldehydmoleküle, die Bausteine der Kohlenhydrate, aus dem Chlorophyll hervorgehen, also nur auf einem weiten Wege chemischer Metamorphosen aus der Kohlensäure.

Es wäre nicht allzu bedenklich, mit einiger Vorsicht in den Schlußfolgerungen Versuche der Kohlensäurezerlegung auch unter Anwendung von Chlorophyllpräparaten vorzunehmen, die mit Begleitstoffen vermengt sind, wenn nur das Chlorophyll selbst in jeder Beziehung unverändert ist. Hingegen lassen sich Untersuchungen über die im Licht auftretenden Zerfallprodukte nur mit reinen Präparaten vornehmen.

Ein Chlorophyllpräparat kann zwei Fehler haben: es kann Beimischungen enthalten und es kann Zersetzung erlitten haben, so daß es

---

[1]) Ch. H. Warner, Proc. Roy. Soc. Ser. B **87**, 378 [1914].
[2]) H. Wager, Proc. Roy. Soc. Ser. B **87**, 386 [1914].
[3]) A. J. Ewart, Proc. Roy. Soc. Ser. B **89**, 1 [1915].

also nicht mehr Chlorophyll ist. Die Chlorophyllpräparate, mit denen die zahlreichen physiologischen Versuche vorgenommen worden sind, scheinen beide Fehler aufgewiesen zu haben. Es war zu früh für die Ausführung physiologischer Versuche.

Usher und Priestley sowie Chodat und Schweizer gewannen Chlorophyll durch Ausziehen der Blätter mit Alkohol und Überführen des Farbstoffes in Benzin nach einem Verfahren, das von Chodat und Schweizer irrtümlich Hoppe-Seyler zugeschrieben wird. Auch Wager extrahierte Blätter in der Siedehitze mit Alkohol, dampfte die Extrakte zur Trockne ab und löste den Rückstand in Petroläther. In keiner der angeführten Arbeiten über Photosynthese, in denen so bedeutende Sorgfalt und Mühe auf das physiologische Experiment verwendet wurde, findet sich auch nur eine Andeutung von Beschreibung des verwendeten Chlorophylls in chemischer oder physikalischer Hinsicht oder eine Angabe über Menge und Konzentration des Farbstoffes oder wenigstens über die Menge des pflanzlichen Ausgangsmaterials. Die Forschung sollte auf diesem Gebiete den Anforderungen chemischer Sauberkeit mehr als bisher gerecht werden.

Nach Warner findet die Bildung von Formaldehyd durch die Zersetzung der chlorophyllhaltigen Films im Lichte in einem Oxydationsvorgang statt und das Ausbleichen des Films scheint durch Hydroperoxyd hervorgerufen zu werden; an der Bildung von Aldehyd wie von Hydroperoxyd hat Kohlensäure keinen Anteil. Warner erkennt es bereits als wünschenswert, die Versuche mit reinem Pigment zu wiederholen und erwartet interessante Aufschlüsse von Assimilationsversuchen bei Gegenwart pflanzlicher Enzyme. Die Erkenntnis, daß die Kohlensäure auf die Entstehung von Aldehyd und Peroxyden beim Belichten des Chlorophylls ohne Einfluß ist, findet sich ferner bei Wager. Nach seinen Beobachtungen namentlich an Papierstreifen, die mit Chlorophyll gefärbt sind, wird Chlorophyll am Licht rasch oxydiert, wobei wenigstens zwei Substanzen auftreten, ein Aldehyd oder eine Mischung von Aldehyden, und zweitens ein aktives chemisches Agens, das aus Jodkalium Jod frei macht. Endlich geht auf das Verhalten der Blattfarbstoffe gegen Sauerstoff und gegen Kohlensäure die letzte Abhandlung von A. J. Ewart[1]) ein, die wir infolge der Zeitverhältnisse nur im Referate kennengelernt haben und die danach mit der früheren kritischen Arbeit des Forschers schwer in Einklang zu bringen ist. Ewarts Angaben beziehen sich auf Versuche mit Pigmenten, die nach unserem Verfahren hergestellt, aber doch nicht einheitlich gewesen zu sein scheinen. In der Photooxydation sollen Chlorophyll und Xanthophyll in Formaldehydgas und feste Stoffe zerfallen, welche aus Wachsen und Hexosen bestehen. Ferner enthält das Referat die Angabe, die nach der Zusammensetzung der Pigmente nicht verständlich ist, daß sich Chlorophyll mit Kohlensäure unter Bildung von Xanthophyll und farblosem Wachse verbinde.

Es hat sich im Gegensatze, wie uns scheint, zu diesen Angaben in unseren Belichtungsversuchen mit Chlorophyll im sauerstoffhaltigen Gasstrom gezeigt, daß das Chlorophyll verhältnismäßig beständig gegen Sauerstoff ist und daß in den ersten Stufen der Oxydation von Chlorophyll im Licht kein Formaldehyd, überhaupt keine Aldehyde entstehen, sondern Verbindungen, die dem Chlorophyll noch nahestehen; dabei werden auch keine niedrigen Peroxyde frei. Das gilt für stundenlanges Exponieren kolloider Chlorophyllösungen, deren Flächenkonzentration ähnlich wie bei tiefgrünen Laubblättern ist, also 5 bis 7 mg Chlorophyll auf das Quadratdezimeter beträgt.

Man kann allerdings durch fortgesetzte Einwirkung von Sauerstoff im Lichte das Pigment auch weitergehend zerstören, und es ist nicht zu bezweifeln, es ist aber nicht von Interesse, daß schließlich aus dem Farbstoffmolekül, das ja eine Methoxylgruppe und den an Methylgruppen reichen Phytolrest enthält, auch die niedrigsten Spaltungsstücke wie Formaldehyd hervorgehen können.

Die vollständige Zerstörung des Chlorophylls sollte aber für die physiologische Frage außer Betracht gelassen werden; denn in der Pflanze bleibt, wie in der ersten Abhandlung entgegen den Vorstellungen von Wager bewiesen worden ist, auch unter Bedingungen aufs äußerste gesteigerter

[1]) A. J. Ewart, Chem. Centralbl. 1915, II, 960.

Assimilationsleistung das Chlorophyll in seiner Menge und in seinem Komponentenverhältnis unverändert.

Es scheint übrigens nicht, daß die Bildung von Aldehyd und Peroxyd in den Versuchen der anderen Autoren dadurch zu erklären ist, daß sie das Pigment einer weitergehenden Einwirkung von Sauerstoff im Lichte unterwarfen, sondern es ist wahrscheinlich, daß die Begleitstoffe des Chlorophylls stärkerer Photooxydation unterlagen, und durch die Wirkung ihrer Zerfallprodukte, zum Beispiel von Peroxyden, auch den Farbstoff rascher in die Zersetzung hineinzogen.

Versuche zur Oxydation des Chlorophylls im Lichte.

In reiner Kohlensäure erfährt kolloides Chlorophyll beim Belichten keine andere Veränderung als die Entziehung von Magnesium. Wenn der Dispersitätsgrad des Kolloids unverändert blieb, so war nach der Belichtung ebensoviel Chlorophyll in Phäophytin umgewandelt wie im Dunkelversuche. Wurde nach der Belichtung die Phäophytinbildung durch Behandeln mit Säure vervollständigt, so stimmten die Lösungen der Belichtungs- und Dunkelversuche in Farbe und Intensität überein.

Bei der Belichtung einer Lösung von Chlorophyll *a* in kohlensäurefreier Luft wurde während 4 Stunden die Lösung immer mehr olivgrün, so daß sie am Ende in ihrer Nuance einem Gemische von zwei Dritteln Chlorophyll *a* und einem Drittel Phäophytin entsprach. Die Farbintensität der belichteten Lösung hatte sich nicht vermindert, sondern sogar deutlich zugenommen. Diese Vermehrung der Farbstärke während mehrstündiger Belichtung bei Sauerstoffzutritt war in allen Versuchen sichtbar, mit dem Gemisch der Komponenten wie mit dem einzelnen Farbstoff. Ähnlich fiel der Vergleich mit Phäophytin in bezug auf die Farbintensität aus, wenn zugleich teilweise Zersetzung durch Kohlensäure und Einwirkung des Sauerstoffs stattgefunden hatte. Wir fanden (im zweiten Beispiel der Versuchsreihe ohne Katalase, Abschnitt IV) nach 4 stündiger Belichtung von Chlorophyll ($a + b$) bei 15° in 5 Proz. Kohlendioxyd enthaltender Luft, daß die Farbe der Pigmentlösung wieder so olivstichig war, wie von einem Gemisch aus zwei Dritteln Chlorophyll und einem

Drittel Phäophytin und daß die Farbstärke um 20 Proz. gegen die Dunkelprobe zugenommen hatte, die $5^1/_2$ Stunden mit demselben Gasstrom behandelt war.

Das Oxydationsprodukt des Chlorophylls läßt sich, da es in alkoholhaltigem Petroläther unlöslich ist, von Chlorophyll und Phäophytin trennen. Zum colorimetrischen Vergleich des Farbstoffes und zur Bestimmung des gebildeten Phäophytins hatte man das Pigment nach der Belichtung in Äther übergeführt. Diese Lösung dampften wir unter Vermeidung höherer Temperatur zur Trockne ein und nahmen den Rückstand mit etwas absolutem Alkohol und mit 150 ccm Petroläther auf. Dann schied sich beim Herauswaschen der Hauptmenge des Alkohols im Scheidetrichter das Oxydationsprodukt in braunen Flocken aus, die noch etwas Chlorophyll enthielten. Sie wurden durch Anschütteln der wässerigen Suspension mit frischem Petroläther und vorsichtigen Zusatz von Alkohol von neuem in petrolätherische Lösung übergeführt und auf gleiche Weise wieder abgeschieden, nunmehr frei von beigemischtem Chlorophyll.

Die petrolätherischen Lösungen enthielten Chlorophyll zusammen mit Phäophytin; um sie mit der Ausgangslösung colorimetrisch zu vergleichen, zersetzte man diese so weit mit Säure, daß die Farbtöne übereinstimmten. Im angeführten Versuche waren noch 80 Proz. der angewandten Farbstoffmenge als Chlorophyll + Phäophytin vorhanden und 20 Prozent Oxydationsprodukt entstanden.

In einem anderen Versuche (drittes Beispiel ohne Katalase, Abschn. IV) waren nach 5 Stunden Belichtung in 5 Proz. Kohlensäure enthaltender Luft nur 12 Proz. des Farbstoffs durch Oxydation petrolätherunlöslich geworden. Bei der analogen Aufarbeitung und colorimetrischen Bestimmung der Dunkelversuchsproben sind die angewandten Farbstoffmengen ohne Verlust wieder gefunden worden.

Im Versuche mit Chlorophyll-Calciumcarbonatmischung nach Chodat und Schweizer (vgl. Abschnitt IV) waren nach 8 Stunden Belichtung in etwa 20 Proz. Kohlendioxyd enthaltender Luft noch 75 Proz. des angewandten Farbstoffes petrolätherlöslich, als Chlorophyll + Phäophytin vorhanden.

Das Oxydationsprodukt ist wahrscheinlich nicht einheitlich. Es ist bis auf ein Spürchen in Alkohol und Äther leicht löslich, mit olivbrauner Farbe. Die Lösungen geben mit methylalkoholischer Kalilauge noch die braune Phase, wie Chlorophyll und Phäophytin, einen vorübergehenden Farbumschlag in Rotbraun. Beim Schütteln der ätherischen Lösung mit konzentrierter Salzsäure geht in diese wie bei Phäophytin nur ein Teil mit blauer Farbe; wird durch Verdünnen der Säure die Substanz wieder in Äther zurückgeführt, so ist die Farbe etwas grünlicher als zuvor. Die geringe Basizität spricht dafür, daß die Phytolestergruppe noch unverändert ist.

Bei stundenlanger Belichtung (4 bis 8 Stunden) unter Sauerstoffzutritt war also das Chlorophyll nicht ausgebleicht, sondern nur zum kleineren Teil und nicht weitgehend oxydiert, nur anoxydiert. Daß unter diesen Bedingungen noch kein Formaldehyd nachgewiesen werden konnte, ist bereits im vorigen Abschnitt angegeben worden.

VI. Über das Verhalten der Chlorophyllkohlensäureverbindung im Lichte.

A. Theoretischer Teil.

In der vierten Abhandlung wurde das Verhalten von Chlorophyll gegen Kohlensäure beschrieben: es bildet eine dissoziierbare Verbindung. Da die Zerlegung der Kohlensäure und Entbindung der molekularen Menge Sauerstoff in der Pflanze nur unter der Aufnahme der vom Farbstoff absorbierten Energie der Lichtstrahlen erfolgt und da dieser Vorgang, wie in der zweiten Abhandlung wahrscheinlich gemacht wurde, unter Beteiligung eines Enzyms verläuft, so ist anzunehmen, daß er sich aus mehreren Teilvorgängen zusammensetzt: aus einer Umformung der Chlorophyllkohlensäureverbindung in ein energiereicheres Isomeres und aus dem enzymatisch beschleunigten freiwilligen Zerfall des letzteren unter Abspaltung von Sauerstoff. Nach dieser Vorstellung wird ein Additionsprodukt aus Chlorophyll mit Kohlensäure oder mit einem Kohlensäurederivate unter Energieaufnahme umgelagert in eine Verbindung von Peroxydkonstitution. Wenn man die einfachste Form, in der Kohlensäure an Chlorophyll addiert sein kann, der Betrachtung zugrunde legt, so wird die Umwandlung durch folgendes Schema ausgedrückt:

```
  \                        \
   N          O             N            O
  / \        //            / \          /|
 ......Mg—O—C     ——→     ......Mg—O—C   |
  \          \             \        |\   |
   NH         OH            NH      H O
  /                        /
```

Chlorophyll-Kohlensäureverbindung → Umgelagerte Chlorophyll-Kohlensäureverbindung

Es wird nun versucht, die Photoisomerisation der Kohlensäureverbindung des Chlorophylls mit einem Reagens nachzuweisen, das Peroxyde empfindlich anzeigt, nämlich das Verhalten des Chlorophylls gegen Kohlensäure im Lichte mit Hilfe der Kombination aus Peroxydase und Pyrogallol zu prüfen. Mittels der Peroxydase soll eine entstehende Peroxydgruppe ergriffen werden, die sich sonst infolge des Fehlens der Einrichtung für die Sauerstoffabspaltung wieder in die ursprüngliche Bindungsweise zurückverwandeln würde. Die Fragestellung ist eine andere als in unseren Versuchen der voranstehenden Abschnitte und in den dort angeführten Arbeiten anderer Forscher. Es wird jetzt vorausgesetzt, daß die Zerlegung der Kohlensäure unter den gegebenen Bedingungen nicht stattfindet, daß also aus der Kohlensäure weder eine niedrigere Oxydationsstufe des Methans, noch ein niedriges, lösliches Peroxyd unter den Bedingungen des Experimentes hervorgeht. Das System aus Peroxydase und einem Phenol dient nicht mehr als Mittel zur Untersuchung der wässerigen Lösung von Kohlensäure auf eine Zwischenstufe der Sauerstoffentbindung, sondern als Reagens auf eine Veränderung in der Chlorophyll-Kohlensäureverbindung selbst, die als Zwischenprodukt der Assimilation angenommen wird.

Um die Einwirkung des Lichtes auf kolloide Chlorophyllösungen, die zugleich Peroxydase und Pyrogallol enthalten, in kohlensäurehaltiger Atmosphäre zu verfolgen, waren die Bedingungen so zu wählen, daß weder die Reaktion von Chlorophyll mit Kohlensäure gestört, noch die Zuverlässigkeit der Peroxydasereaktion beeinträchtigt wird.

Die Peroxydase war aus Cochlearia armoracia (Meerrettich) gewonnen; unsere ersten Präparate, nicht besser als in der Literatur beschriebene, waren unbrauchbar, indem sie auf das kolloide Chlorophyll ausflockend wirkten. Das sollte aber ein besonderer Vorteil des gewählten Reagens sein, daß es sich mit dem Hydrosol verträgt, während von Elektrolyten das Chlorophyll aus der kolloiden Lösung gefällt wird. Das erwähnte Hindernis gab den Anlaß zu Verbesserungen der präparativen und analytischen Methoden. Es gelang, hochwertige Präparate des Enzyms auf einfachem Wege darzustellen und die Prüfung der Peroxydasewirkung zu vervollkommnen, so daß sich die Brauchbarkeit des Reagens unter den Verhältnissen des Assimilationsversuches kontrollieren und bestätigen ließ. Die Reaktion der Peroxydase wird allerdings mit steigender Konzentration der Kohlensäure geschwächt und es bildet sich als Oxydationsprodukt des Pyrogallols in stärker kohlensaurer Lösung nicht mehr einheitliches Purpurogallin, das wir für die colorimetrische Bestimmung zu isolieren pflegen. Aber die Störung macht sich nicht bemerkbar beim Nachweis von Peroxydspuren und die Empfindlichkeit der Peroxydase bleibt auch in hochprozentiger Kohlensäure noch mehr als ausreichend.[1]

Die Dispersität des Chlorophylls wird nicht beeinträchtigt durch das schon recht reine Enzym, dessen Menge verhältnismäßig beträchtlich gewählt wurde, zum Beispiel 0,25 mg für den Versuch mit 30 mg Chlorophyll. Jeder Zusatz zur kolloiden Chlorophyllösung mußte noch in einer anderen Beziehung geprüft werden, nämlich hinsichtlich seines Einflusses auf die Reaktion von Chlorophyll mit Kohlensäure. Gewisse Stoffe, die sich als Schutzkolloid eignen könnten, wie Gelatine, sind nicht anwendbar, da sie die Addition von Kohlensäure an die Magnesiumverbindung verzögern oder verhindern. In dieser Weise wirkt auch, wie in der vierten Abhandlung (Abschnitt VII) gezeigt worden, Magnesiumcarbonat. Das kolloide Chlorophyll wird durch Erdalkalicarbonate vor der Eliminierung des Magnesiums geschützt; diese Erscheinung beruht aber auf der Verzögerung der Kohlensäureaddition an Chlorophyll. Der Zusatz von Magnesiumcarbonat ist für den Schutz des kolloiden Chlorophylls vor hydrolytischer Zersetzung bei der hier erforderlichen Verdünnung der Lösung nicht ganz zu entbehren, aber er läßt sich auf ein Minimum beschränken, das die Bildung des Additionsproduktes nicht mehr beeinträchtigt. Der Zusatz von Pyrogallol bewirkt keine Störung, weder Entziehung des Magnesiums noch Verzögerung der Kohlensäureabsorption, auch nicht Ausflockung.

Die Pyrogallollösung wird schon im Dunkeln durch Luftsauerstoff bei der Berührung mit Glassubstanz und bei Gegenwart der doch noch nicht vollkommen reinen Peroxydase langsam gefärbt, aber diese Nebenreaktion ist bei Anwendung kohlensäurehaltigen Gases ausgeschlossen. Im Dunkelversuche, den man stets parallel mit dem Belichtungsversuche beobachtete, bildete sich also fast kein Purpurogallin, ebenso im Blindversuche ohne Chlorophyll im Licht.

Nach dieser Orientierung über die Komponenten des Systems haben wir die Belichtungsversuche bei Gegenwart von Peroxydase und Pyrogallol mit kolloiden Chlorophyllösungen im Luftstrom ausgeführt, der 5 bis 20 Proz. Kohlendioxyd enthielt. Das Resultat war reichliche Purpurogallinbildung. Aber diese Erscheinung war nur eine Folge langsamer Oxydation des Chlorophylls. Indem das Chlorophyll Sauerstoff aufnimmt, überträgt es ihn wie irgend ein anderer molekularen Sauerstoff absorbierender Körper auf das System von Peroxydase mit Pyrogallol. Die Entstehung des Purpurogallins hat also keinen Zusammenhang mit der Umwandlung der Kohlensäure durch Chlorophyll. Die Belichtungsversuche sind mit kohlensäurefreier Luft wiederholt worden. Die Oxydation des Pyrogallols unterblieb nun nicht, sondern es trat noch mehr Purpurogallin auf, um so viel mehr, als in dem parallelen Dunkelversuche, da die Autoxydation des Pyrogallols nun nicht mehr durch Kohlensäure gehemmt war, an Purpurogallin gebildet wurde.

Bei dem negativen Ausfall können zwei Faktoren der Versuchsanordnung mitgesprochen haben: die Zersetzung des Chlorophylls durch Kohlensäure und die Photooxydation des Chlorophylls. Die Konzentration der Chlorophyll-Kohlensäureverbindung ist bei der Versuchstemperatur von

15° sehr gering, weil nämlich der zweite Schritt der Kohlensäureeinwirkung, die Spaltung der komplexen Magnesiumverbindung, sehr rasch auf den ersten Schritt nachfolgt, auf die Kohlensäureaddition. Die Spaltung der Kohlensäureverbindung wird verzögert und das Additionsprodukt der Kohlensäure angereichert beim Herabsetzen der Versuchstemperatur auf 0°, ohne daß die gesuchte Umwandlung der Kohlensäure gehemmt wird, die als eine Lichtreaktion von der Temperatur unabhängig ist. Daß die assimilatorische Leistung in der Pflanze bei Temperaturerniedrigung stark herabgesetzt wird, das beruht nach den in der zweiten Abhandlung (Abschnitt XIII) mitgeteilten vergleichenden Versuchen an chlorophyllarmen und an normal grünen Blättern wahrscheinlich nur auf der Verzögerung eines enzymatischen Teilvorganges der Assimilation.

Der andere ungünstige Faktor in den Belichtungsversuchen war der beobachtete Angriff des Sauerstoffs auf das Chlorophyll. Durch die Konkurrenz des Sauerstoffs mit der Kohlensäure werden die leichter zugänglichen Moleküle an der Oberfläche der Kolloidteilchen an der Bildung des Additionsproduktes gehindert. Es gibt andererseits einige Bedenken gegen vollständigen Ausschluß von Sauerstoff bei diesen Versuchen. Bei der Assimilation in der grünen Pflanze hat sich nach den Erfahrungen der sechsten Abhandlung die Gegenwart von Sauerstoffspuren als unentbehrlich erwiesen und möglicherweise kommt auch für die Übertragung des Sauerstoffs von einem hochmolekularen unlöslichen Peroxyde auf das Pyrogallol durch die Peroxydase Spuren von Sauerstoff eine gewisse Bedeutung zu.

In einer zweiten Versuchsreihe sind nun dem Chlorophyll günstigere Bedingungen für die Photoreaktion mit der Kohlensäure geboten worden. Die kolloide Lösung wurde bei 0° dem Lichte ausgesetzt in einer Atmosphäre von kohlensäurehaltigem Stickstoff mit sehr niedrigem Sauerstoffgehalt.

Auch unter diesen Bedingungen ist vom Peroxydasesystem keine Bildung einer peroxydischen Chlorophyllverbindung angezeigt worden, gleichviel ob mit reinen Präparaten von Chlorophyll oder mit Rohchlorophyll gearbeitet wurde, das Carotinoide und noch andere Begleitstoffe enthielt. Die Purpurogallinbildung ist unter diesen Verhältnissen gänzlich unterblieben.

Aus diesem Mißlingen des Nachweises kann noch nicht geschlossen werden, daß die Voraussetzung des Versuches unzutreffend ist, die Annahme, daß sich die Chlorophyllkohlensäureverbindung in eine peroxydische isomere Form umlagere. Es könnte sein, daß die Meerrettichperoxydase sich zur Reaktion mit dem gesuchten Peroxyde, wenn es hier in den Kolloidteilchen auftritt, nicht eignet. Es darf aber auch die Möglichkeit nicht außer acht gelassen werden, daß nicht die Kohlensäure selbst, addiert an Chlorophyll, der Photoisomerisation anheimfällt, sondern daß sich unter natürlichen Verhältnissen eine noch nicht festgestellte Kohlensäureverbindung an das Chlorophyll anlagert und umgeformt wird. Es ist in der Tat in der dritten Arbeit beobachtet worden, daß im Blatt ein spezifisches Absorbens vorhanden ist, das mit der Kohlensäure eine dissoziierbare Verbindung eingeht; durch das Additionsprodukt wird der Übergang der Kohlensäure von der Luft zu den Chloroplasten vermittelt und überdies vielleicht die Form verändert, in der die Kohlensäure zum Chlorophyll gelangt.

Das positive Ergebnis der in diesem Abschnitt mitgeteilten Versuche liegt in der Erkenntnis, daß es zwischen den Verhältnissen des Assimilationsexperimentes und den natürlichen Assimilationsbedingungen wesentliche Unterschiede gibt, die eingehende analytische Prüfung notwendig machen. Diese Unterschiede zeigen sich deutlich in dem merkwürdigen Schutze, den das Chlorophyll in den Chloroplasten genießt sowohl gegen Photooxydation wie gegen die Abspaltung des Magnesiums durch Kohlensäure.

B. Über die Peroxydase.

Darstellung des Enzyms.

Nach den Angaben der Literatur, den Methoden von A. Bach und R. Chodat[1]), wird das Enzym aus zerkleinerten Wurzeln, Meerrettich oder

[1]) A. Bach und R. Chodat, Ber. d. deutsch. chem. Ges. **36**, 600 [1903] und R. Chodat in Abderhaldens Handbuch der biochemischen Arbeitsmethoden 3. Bd., S. 45 [1910]; A. Bach und J. Tscherniack, Ber. der deutsch. chem. Ges. **41**, 2345 [1908]; A. Bach, Ber. d. deutsch. chem. Ges. **47**, 2122 [1914].

weißer Rübe, durch Extrahieren mit verdünntem Alkohol oder durch Pressen und fraktionierte Fällung des Preßsaftes mit Alkohol gewonnen. Zur Reinigung wird das Enzympräparat von A. Bach und J. Tscherniack mit basischem Bleiacetat behandelt und der Dialyse unterworfen und nach einem neuen, allerdings sehr langwierigen Verfahren von Bach durch Ultrafiltration von Begleitstoffen befreit.

Eine neue Methode zur Gewinnung von Peroxydase beruht auf der Beobachtung, daß durch Einwirkung von Oxalsäure das Enzym auf der Pflanzensubstanz niedergeschlagen und beim Behandeln mit Alkalien, zum Beispiel mit Baryumhydroxyd freigemacht wird. Man kann nach der Fällung der Peroxydase durch die Säure die Pflanzenteile auspressen und waschen und die überwiegende Menge von Begleitstoffen beseitigen, ehe man das Enzym wieder entbindet und extrahiert.

Es scheint, daß durch die Behandlung mit Oxalsäure Gruppen der Pflanzensubstanz freigelegt werden, welche die Peroxydase aus der wässerigen Lösung absorbieren, indem sie dieselbe binden. Bei der Sättigung der sauren Gruppen der pflanzlichen Masse mit Baryumhydroxyd wird das Enzym wieder in Freiheit gesetzt, so daß es fast ohne Gehalt an Baryum sich mit Wasser extrahieren läßt.

2 kg Meerrettich wurden in $^1/_2$ bis 1 mm dicke Streifen quer zur Wurzelachse geschnitzelt und 12 bis 20 Stunden lang in fließendes Wasser eingelegt. Dies ist eine Reinigung durch Diffusion, bei der die Zellwand dialysierend wirkt; die unversehrten Pflanzenzellen geben nur wenig Enzym ab, während sich von niedriger molekularen Stoffen viel beseitigen läßt. Dann wurden die Schnitzel an der Pumpe abgesaugt und in 4 l wässerige Oxalsäure eingelegt, die 16 g krystallisierte Oxalsäure enthielten; bei dieser Behandlung schrumpften die zuvor stark gequollenen Wurzelstücke ein. Nach vierstündiger Einwirkung ging aus einer Probe beim Mahlen und Abpressen fast kein Enzym mehr in den Saft über. Zu diesem Zeitpunkt wurde die Behandlung mit der Säure beendet, da bei längerer Dauer das Enzym zu leiden beginnt. Die Schnitzel (1,9 kg) wurden darauf viermal in der Syenitwalzenmühle, die letzten Male mit sehr eng gestellten

Walzen, ganz fein gemahlen; sie geben einen zähen, plastischen Brei. Um ihn scharf abpressen zu können, mußte er mit 4 l Wasser angerührt werden. Dann ließ sich durch doppeltes Koliertuch ein milchiger Saft abpressen, wobei sich das Gewicht des Rückstandes auf 800 g verminderte. Um die enzymhaltige Pflanzensubstanz noch weiter zu reinigen, setzten wir sie mit 6 l Wasser über Nacht an, saugten dann auf der Nutsche unter wiederholtem Nachwaschen ab und preßten mittels einer Fruchtpresse möglichst trocken, auf ein Gewicht von 630 g.

Bei der ersten Behandlung mit Baryumhydroxyd, die bei langsamem Zufügen von 400 ccm halbgesättigter Lösung eine halbe Stunde dauerte, wurde die Reaktion fast neutral; der danach erhaltene Preßsaft war nur wenig wirksam und eignete sich nicht zur Verarbeitung. Die eigentlichen Enzymlösungen entstanden erst bei drei weiteren Behandlungen mit Baryumhydroxydlösungen; zunächst wurde die Masse mit 500 ccm gesättigtem Barytwasser durchgearbeitet, die man langsam zufügte, und nach einer halben Stunde ein nur wenig alkalischer, stark enzymhaltiger Auszug (550 ccm) abgepreßt. Man neutralisierte ihn sofort mit Kohlensäure, wobei wenig Carbonat ausfiel, und versetzte mit dem gleichen Volumen Alkohol, der die Trübung noch vermehrte. In der nämlichen Weise entstand mit 250 ccm verdünntem Barytwasser eine zweite, stark aktive Lösung, die wir wie die erste und zusammen mit dieser verarbeiteten, und mit abermals 250 ccm verdünnter Baryumhydroxydlösung ein dritter Enzymauszug, der, für sich allein verarbeitet, nur eine geringe Ausbeute, aber das beste Präparat lieferte.

Nach ein- bis zweitägigem Stehen im Eisschrank filtrierten wir die wässerig-alkoholischen Lösungen durch groben Talk an der Pumpe ab und dampften sie im Vakuum unterhalb 30° bis auf 40 ccm ein. Nun wurde nochmals von einer geringen Menge bräunlichem Niederschlag durch Talk abfiltriert und die Lösung mit dem 5- bis 6 fachen Volumen absolutem Alkohol gefällt. Die Peroxydase schied sich in voluminösen Flocken aus, die bei 0° nach einigen Stunden eine bald mehr teigartige, bald mehr körnige Masse bildeten. Wir saugten das Präparat auf gehärtetem Filtrierpapier ab; beim Trocknen im Exsiccator wurde es bräunlich und spröde, langsam aufquellend mit Wasser, aber vollständig und klar löslich.

Die ersten Enzymauszüge lieferten 1,5 g, der letzte 0,15 g Ausbeute, derartige Präparate erwiesen sich bei der Prüfung genau nach den Angaben von A. Bach und R. Chodat[1]) als 2 bis $2^1/_2$ mal wirksamer als das mittels der Ultrafiltration gereinigte Präparat von A. Bach, dessen Ausbeute aus 2 kg Meerrettich 0,127 g betrug.

Bestimmung der Peroxydasewirkung.

Die schädigende Wirkung des Hydroperoxyds auf Peroxydase. Für die Anwendung der Peroxydase im Assimilationsexperiment ist zunächst zu zeigen, daß die Umstände des Versuches die Wirksamkeit des Enzyms nicht beeinträchtigen. Es ist darum geboten, hier einige neue Erfahrungen über die Prüfung der Peroxydasewirkung mitzuteilen.

Es ist von A. Bach und R. Chodat erkannt worden, daß die Peroxydase selbst durch Hydroperoxyd angegriffen wird, daß sie also unter den Bedingungen ihrer Anwendung zugrunde geht. Um die Wirkung der Peroxydasepräparate trotz dieses störenden Umstandes vergleichend zu bestimmen, haben Bach und Chodat für die Einwirkung auf Pyrogallol und Hydroperoxyd gewisse Bedingungen vorgeschlagen, unter welchen indessen das Enzym verbraucht wird. Auch in seiner letzten Arbeit über die Peroxydase hat A. Bach diese Bedingungen der Bestimmung des Enzyms zugrunde gelegt. Da also die analytische Methode zuläßt, daß die Peroxydase selbst unter den Reaktionsverhältnissen leidet, ist die Ausbeute an Oxydationsprodukt, zum Beispiel an Purpurogallin, willkürlich und innerhalb weiter Grenzen von den Versuchsbedingungen abhängig. Die Angabe wird gegenstandslos, die Zahl läßt sich beliebig weiter steigern, sobald es gelingt, der Empfindlichkeit des Enzyms Rechnung zu tragen und dasselbe während seiner Anwendung zu schonen. Während das reinste Präparat von A. Bach pro Milligramm 98 mg Purpurogallin geliefert hat, gab unter besser gewählten Bedin-

[1]) A. Bach und R. Chodat, Ber. d. deutsch. chem. Ges. **37**, 1342 [1904] und A. Bach, Ber. d. deutsch. chem. Ges. **47**, 2122 [1914].

gungen ein nach der oben stehenden Vorschrift gewonnenes Peroxydasepräparat beispielsweise pro Milligramm 1150 mg Purpurogallin.

Einige vergleichende Versuche zeigen, daß mit zunehmender Verdünnung des Hydroperoxyds die Leistung des Enzyms wächst, da es selbst der Oxydation immer weniger unterliegt.

5,0 mg exsiccatortrockene Peroxydase wurden in sehr wenig Wasser mit dem Glasstab zerdrückt, dann mit 2 ccm verrührt und auf 100 ccm verdünnt; die Flüssigkeit war farblos und vollkommen klar.

Im ersten Versuche, nach den Bedingungen von Bach und Chodat, war 1 mg Peroxydase auf 200 ccm verdünnt und mit 1 g Pyrogallol versetzt; 6 ccm $2^1/_2$ proz. Hydroperoxyd wurden auf einmal unter sofortigem Umschütteln zugefügt.

Zweiter Versuch. Unter Anwendung von $^1/_4$ mg Enzym in 200 ccm fügte man 10 ccm $2^1/_2$ proz. Hydroperoxyd in derselben Weise hinzu.

Dritter Versuch. Ebenso wie 2., aber mit 1 ccm Hydroperoxyd.

Vierter Versuch. Zu $^1/_4$ mg Enzym in 200 ccm wurden 5 ccm $2^1/_2$ proz. Hydroperoxyd in einer halben Stunde langsam zugetropft.

Die Purpurogallinbildung, auf 1 mg Enzym berechnet, betrug:

1. 198, 2. 43, 3. 267, 4. 408 mg.

Während man früher angab, wieviel die Peroxydase bis zu ihrer Zerstörung durch verhältnismäßig konzentriertes Oxydationsmittel zu leisten imstande ist, sind nun die Bedingungen zu ermitteln, unter welchen das Enzym innerhalb eines zur Messung geeigneten Zeitraumes an Wirksamkeit praktisch nichts einbüßt. Auf dieser Grundlage können entweder halbe Umsetzungszeiten der Peroxydasepräparate, also Zeiten halben Verbrauchs von Hydroperoxyd festgestellt werden, wenn dessen Reaktion mit Pyrogallol für die Berechnung genügend bekannt ist, oder man kann, indem der Peroxydase sowohl Pyrogallol wie Hydroperoxyd in starkem Überschusse dargeboten werden, die Mengen des in gleichen Zeiten zu Purpurogallin oxydierten Pyrogallols miteinander vergleichen. Da bei genügendem Überschuß an Pyrogallol + Hydroperoxyd der Umsatz in der Zeiteinheit der Enzymmenge proportional ist, so können auf diese Weise die Konzentrationen der Peroxydasepräparate bestimmt werden.

Die Enzympräparate dürfen dann höchstens so konzentriert angewandt werden, daß die Konzentrationsänderung des überschüssigen Substrates die in der Versuchszeit umgesetzte Menge praktisch nicht beeinflußt.

Es gelingt in der Tat, durch Arbeiten mit sehr verdünntem Hydroperoxyd auch bei gewöhnlicher Temperatur die Peroxydase viel länger unverändert zu halten, als für den Versuch erforderlich ist; dies ergibt sich aus folgenden Werten einer unter den später angeführten Verhältnissen vorgenommenen Bestimmung:

Reaktionsdauer in Minuten:	5	10	20	30	45	60
Purpurogallinbildung in mg:	19,6	39,2	60,6	79,6	109,6	123,1

Das Hydroperoxyd war nach dieser Zeit aufgebraucht. Auf erneuten Zusatz ging die Purpurogallinbildung weiter. Wegen der Gefahr für das Enzym darf das Oxydationsmittel natürlich nicht in großem Überschuß vorhanden ein. Pyrogallol hingegen wird in großem Überschuß dargeboten, damit Konzentrationsänderungen durch seinen Verbrauch in der Versuchsdauer ohne Belang sind und damit die Weiteroxydation von gebildetem Purpurogallin möglichst zurückgedrängt wird[1]).

Ausführung der Bestimmung. Die Bedingungen der Peroxydasebestimmung sind also: Anwendung von sehr verdünntem Hydroperoxyd und von sehr großem Überschuß des Pyrogallols.

Die Reaktion wird in einem Intervall von 5 bis 10 Minuten bestimmt und dann durch Ansäuern mit Schwefelsäure stillgelegt; das Purpurogallin wird dann ausgeäthert und colorimetrisch ermittelt.

2,0 l destilliertes Wasser von 20,0°, worin 5 g reinstes Pyrogallol gelöst sind, werden im Rundkolben, der sich in einem Bade von konstanter Temperatur von 20,0° befindet, kräftig gerührt. Man trägt 20 ccm 0,25 proz. säurefreies Hydroperoxyd ein und danach im Augenblick des Versuchsbeginns zum Beispiel 0,25 mg Peroxydasepräparat in der Form von

---

[1]) Die Purpurogallinausbeute hat in der Literatur keine geringe Rolle gespielt. Unter den angegebenen Verhältnissen beträgt sie natürlich nur einen kleinen Bruchteil des Pyrogallols. Als wir hingegen Pyrogallol in konzentrierter Lösung bei Gegenwart von viel Peroxydase sehr langsam mit Hydroperoxyd von niedriger Konzentration behandelten, konnten wir die Ausbeute an Purpurogallin auf mehr als 80 Proz. des Pyrogallols steigern, während A. Bach und R. Chodat zwischen 16,2 und 16,8 Proz. des Pyrogallols an Purpurogallin erzielten und A. Bach bis zu 27 Proz. (A. Bach, Ber. d. deutsch. chem. Ges. **47**, 2125 [1914]).

5 ccm Lösung aus 5,0 mg in 100 ccm Wasser. Nach 5 oder nach 10 Minuten wird die Reaktion durch 50 ccm reine verdünnte Schwefelsäure unterbrochen.

Die Gelbfärbung trat sofort ein und vertiefte sich; Fällung entstand in dieser Zeit nicht. Ohne längeres Stehen der Flüssigkeit wurde das Purpurogallin in 3 oder 4 Malen erschöpfend ausgeäthert, wobei die wässerige Schicht gewöhnlich schwach rötlich blieb. Die ätherische Lösung, 250 oder 500 ccm, wird im Colorimeter mit einer Vergleichslösung von 100 mg krystallisiertem Purpurogallin in 1 l Äther bestimmt.

Eine Peroxydaselösung lieferte in 5 Minuten bei Anwendung von 0,125 mg Enzym 9,6 mg, bei Anwendung von 0,5 mg Enzym 36,7 mg Purpurogallin. Wenn die Ausbeute die Grenzen von 15 bis 25 mg erheblich überschreitet, so benützt man die erste Bestimmung nur als Vorversuch und ändert die Konzentration der Enzymlösung in geeigneter Weise ab, damit die Purpurogallinausbeute mit der Enzymmenge proportional bleibt.

Die Peroxydase unter den Bedingungen des Assimilationsversuches. Es war zu prüfen, wie die Wirksamkeit des Enzyms unter extremen Verhältnissen des Assimilationsexperimentes beeinflußt wird, also bei längerer Einwirkung von Luft und andererseits von reiner Kohlensäure. Daher wurde die Peroxydase in Parallelversuchen entweder in Wasser oder kohlensäuregesättigtes Wasser, in diesem Falle unter weiterem Einleiten von Kohlensäure, eingetragen und die Wirkung in 15 und 30 Minuten verglichen.

Versuch	Purpurogallinbildung (mg)	
	in 15 Minuten	in 30 Minuten
Neutrale Lösung	58,0	89,4
Kohlensäuregesättigte Lösung	26,0	43,3

Bei Gegenwart der Kohlensäure ist die Ausbeute an Purpurogallin in beiden Intervallen etwa gleich viel niedriger, die Enzymwirkung auf annähernd die Hälfte abgeschwächt; die Peroxydase behält also für ihre Anwendung im Assimilationsversuche ausreichende Empfindlichkeit. Die

Oxydation des Pyrogallols verläuft im kohlensäuregesättigten Medium nicht so einheitlich, die wässerige Schicht ist nach dem Ausäthern des Purpurogallins stark rotbraun. Die Oxydation ist dagegen ganz glatt bei Anwesenheit von etwas Magnesiumbicarbonat. Da dieser Zusatz bei den Versuchen mit Chlorophyll auch vorkommt, ist sein Einfluß auf die Wirkung der Peroxydase geprüft worden und er hat sich als ganz unerheblich erwiesen. Bei Abwesenheit von Kohlensäure würde durch Magnesiumcarbonat die Bestimmung der Enzymwirkung infolge der beschleunigten Luftoxydation des Pyrogallols gestört.

C. Versuche mit Chlorophyll und Kohlensäure bei Gegenwart von Peroxydase.

Die Versuchsanordnung.

Um dem Chlorophyll eine ähnliche Flächenkonzentration wie im Blatte zu geben, werden kolloide Lösungen von viel größerer Verdünnung hergestellt als für die Messung der Kohlensäureabsorption in der vierten Abhandlung. So verdünnte Lösungen verlieren schon bei der Darstellung Magnesium, bis gegen 10 Proz. des Gehaltes, und werden daher olivstichig. Es gelingt aber, sie durch einen kleinen Zusatz von Magnesiumbicarbonat vor dieser Zersetzung zu schützen.

0,20 g Chlorophyll lösten wir in 40 ccm Aceton und versetzten es auf einmal mit 200 ccm Wasser, das $^1/_{10}$ Mol Magnesiumcarbonat ($2^1/_2$ mg als Bicarbonat in $2^1/_2$ ccm Wasser gelöst) enthielt. Die prachtvoll grüne Lösung wurde von einzelnen Flöckchen abfiltriert und zum Verjagen des Acetons im Vakuum bei gewöhnlicher Temperatur unter Zufügen von 100 ccm Wasser auf 200 ccm eingeengt. Dann verdünnte man im evakuierten Kolben mit 170 ccm Wasser und entgaste durch weiteres Abdampfen von etwa 10 ccm. Die Lösung enthielt nun in 10 ccm 5 bis 6 mg Chlorophyll; sie war in der Farbe unverändert und vollkommen klar und ließ sich bei peinlicher Vorsicht während der erforderlichen Maßnahmen meistens vor Ausflockung bewahren, während dies bei größerer Chlorophyllkonzentration schwer möglich ist.

Von dem bis zum Gebrauche evakuiert aufbewahrten kolloiden Chlorophyll wurden 50 ccm abpipettiert und langsam unter Umschwenken mit der Peroxydaselösung (5 ccm mit einem Gehalt von 0,25 mg) versetzt, welche schon das Pyrogallol (50 mg) enthielt. Die kolloide Flüssigkeit blieb unverändert klar. Wir füllten sie für die Belichtungs- und für die Dunkelversuche in die flachen Glasdosen ein, die mit Paraffin luftdicht abgeschlossen wurden, und leiteten in der Assimilationsapparatur bei 15° den Gasstrom über und durch die Flüssigkeit. Die belichtete Lösung war oft schon nach einer halben Stunde infolge der Purpurogallinbildung gelbstichig und sie unterschied sich deutlich von der Vergleichsprobe des Dunkelversuches, die nur der langsamen Zersetzung durch Kohlensäure unterlag.

Die Versuche zielten auf die Bestimmung des Purpurogallins hin. Es läßt sich durch seine Unlöslichkeit in alkoholhaltigem Petroläther von Chlorophyll quantitativ trennen und aus der wässerig-alkoholischen Schicht zur colorimetrischen Analyse in Äther überführen. Auch diese Operation wurde mit dem Belichtungs- und dem Dunkelversuch parallel ausgeführt, um durch Berücksichtigung der kleinen Menge von Purpurogallin aus der Dunkelprobe den während des Aufarbeitens entstehenden Fehler auszuschalten. Mit dem Farbstoff der petrolätherischen Schicht wurde der oxydierte und der durch Kohlensäure zersetzte Anteil des Pigmentes ermittelt.

Die kolloide Chlorophyllösung vermischten wir im Scheidetrichter mit dem gleichen Volumen Alkohol und mit 10 ccm gesättigter Kochsalzlösung, um die Ausflockung des Farbstoffes zu bewirken. Noch ehe sie vollständig war, wurde durch anhaltendes kräftiges Schütteln mit etwa 100 ccm niedrig siedendem Petroläther das Chlorophyll extrahiert, während die wässerig-alkoholische Schicht sich bei den Belichtungsversuchen tief gelb, aber noch etwas grünstichig gefärbt abtrennte. Die Ausschüttelung war zwei- bis dreimal zu wiederholen, bis der Petroläther sich nicht mehr anfärbte. Die vereinigten Auszüge, mit etwas Wasser gewaschen, enthielten das von Sauerstoff veränderte Pigment als braunen flockigen Niederschlag. Die davon abgegossene klare Lösung von Chlorophyll und Phäophytin verdünnten wir im Meßkolben auf 250 ccm und verglichen sie colorimetrisch mit einer Lösung, die Chlorophyll und Phäophytin in bekanntem Verhältnis enthielt, und zwar so ausprobiert, daß die Farbe mit der Versuchslösung übereinstimmte[1]). So wurde colorimetrisch der Grad der Zersetzung durch Kohlensäure und zugleich der Chlorophyllverlust durch Oxydation gefunden.

Die abgetrennte purpurogallinhaltige Schicht durfte nicht stehengelassen werden; damit auch beim Ausschütteln mit Äther, der peroxydisch zu wirken pflegt, kein Purpurogallin mehr entstand, versetzten wir sie mit 20 ccm verdünnter Schwefelsäure. Das Purpurogallin ist dann quantitativ ausgeäthert worden, drei bis vier Male, bis der Äther sich nur noch sehr schwach rötlichgelb anfärbte. Man mußte den Alkohol und einen in geringer Menge beigemischten braunroten Farbstoff mit Wasser aus der ätherischen Lösung vollkommen wegwaschen, um das Purpurogallin colorimetrisch bestimmen zu können. Das Waschwasser wurde seinerseits mit Äther ausgezogen und dieser, für sich gewaschen, zur Hauptmenge zurückgegeben. Die Purpurogallinlösungen betrugen in Belichtungsversuchen 250, in Dunkelproben 100 ccm und wurden mit der ätherischen Lösung von 100 mg in 1 l Äther verglichen.

Versuche bei Zutritt von Sauerstoff.

In der ersten Versuchsreihe war die Temperatur 15°, die Belichtung mit 45 000 Lux dauerte 4 Stunden, der Kohlensäuregehalt des Gasstroms variierte in weiten Grenzen, der Sauerstoffgehalt betrug immer 20 Prozent.

In den Versuchen (1, 3, 4) mit Luft oder verdünnter Kohlensäure blieb die Dispersität des Chlorophylls bis zum Ende unverändert, in höherprozentiger Kohlensäure fing dagegen schon bald nach Beginn der Belichtung die Ausflockung an. Etwas günstiger war das Verhalten, als wir die Flüssigkeit vor der Belichtung eine Viertelstunde mit der Kohlensäure behandelten. Die Lösung hielt sich darauf zwei Stunden, aber nach vier Stunden war wieder alles Chlorophyll ausgeschieden. In diesem Falle ist also die Purpurogallinausbeute etwas zu tief infolge der

[1]) Vgl. die vierte Abhandlung, Abschn. VII.

gröberen Verteilung des Chlorophylls in den letzten Stunden der Belichtungszeit.

Da die Addition von Kohlensäure an Chlorophyll von ihrem Partialdruck abhängt, so war Abhängigkeit von der Konzentration der Kohlensäure für den Nachweis der Peroxydbildung aus der Kohlensäureverbindung des Chlorophylls zu erwarten. Die Ergebnisse sind in der folgenden Tabelle Nr. 106 wiedergegeben; es hat sich gezeigt, daß die Purpurogallinbildung gar keinen Zusammenhang mit der Kohlensäurekonzentration des Gasstroms hat. Es ist vielmehr der in allen Versuchen mit demselben Teildruck wirkende Sauerstoff, der durch Photooxydation des Chlorophylls gleichmäßige Purpurogallinbildung bewirkt. Die Menge des oxydierten Pigmentes ist verhältnismäßig gering; ohne selbst stark verändert zu werden, hat das Chlorophyll Sauerstoff übertragen.

In den beiden letzten Spalten der Tabelle erscheint auffallend, daß auch beim Fehlen der Kohlensäure das Chlorophyll einen Teil des Magnesiums verloren hat. Da Pyrogallol an dieser Erscheinung nicht Schuld trägt, so scheint bei seiner Oxydation eine stärkere Säure entstanden zu sein.

Tabelle 106.

Versuche mit Chlorophyll und Peroxydase in Sauerstoff und Kohlensäure.

Versuch Nr.	Zusammensetzung des Gasstroms	Angewandtes Chlorophyll (mg)	Gebildetes Purpurogallin (mg)			Durch Photooxydation zerstörtes Chlorophyll (mg)	Durch Säurewirkung gebildetes Phäophytin (Proz. des petrolätherlösl. Anteils)	
			im Lichtversuch	im Dunkelversuch	infolge der Lichtwirkung allein		im Lichtversuch	im Dunkelversuch
1	5 Proz. CO_2, 95 Proz. Luft	26	12,3	0,7	11,6	—	—	—
2	80 Proz. CO_2, 20 Proz. O_2	26	11,0	—	etwa 10,5	4,5	48	—
3	20 Proz. CO_2, 20 Prot. O_2, 60 Proz. N_2	30	13,1	0,9	12,2	6,0	38	30
4	CO_2-freie Luft	30	21,5	8,4	13,1	3,0	22	11

Da die Verhältnisse für die Bildung der Kohlensäureverbindung des Chlorophylls bei 0° günstiger sind, während eine vom Lichte bewirkte Veränderung derselben unabhängig von der Temperatur ist, wird im folgenden bei 0° gearbeitet und mit kürzerer Belichtungsdauer (nur 2 Stunden), um die Photooxydation des Chlorophylls noch mehr zurücktreten zu lassen. Die Gasmischung enthielt 20 Proz. Kohlendioxyd und 20 Proz.

Sauerstoff, die Purpurogallinausbeute im Belichtungsversuche betrug 3,8 mg, während vom Chlorophyll (angewandt 29,5 mg) 1 mg durch Oxydation angegriffen war. In einem unter gleichen Bedingungen, allein in kohlensäurefreier Luft ausgeführten Versuche stieg das Purpurogallin an auf 7,7 mg bei der Belichtung und betrug im Dunkelversuch 2,1 mg, während das am Licht oxydierte Chlorophyll 3 mg ausmachte.

Versuche unter Ausschluß von Sauerstoff (Tabelle 107).

Durch Erniedrigung des Sauerstoffgehaltes auf 1 Proz. und Erhöhung der Kohlensäurekonzentration wird die Purpurogallinbildung stark vermindert und vom Chlorophyll geht im Versuche und bei der Aufarbeitung nur eine geringfügige Menge verloren. Bei vollständigem Ausschluß des Sauerstoffs tritt keine Spur von Purpurogallin mehr auf; die einzige Änderung am Chlorophyll ist teilweise Phäophytinbildung. Die Versuchsdauer war der Beständigkeit der kolloiden Lösung angepaßt, mit dem Beginn der Ausflockung endete die Belichtung. Zusatz von Magnesiumcarbonat hatte nur zur Folge, daß die Zersetzung des Chlorophylls durch Kohlensäure gehemmt war; die etwas erheblichere Purpurogallinmenge ist, wie der Vergleich mit der Dunkelprobe zeigt, auf die Wirkung des Carbonates beim Aufarbeiten der purpurogallinhaltigen Lösung zurückzuführen. In den beiden letzten Versuchen mit Rohchlorophyll, das neben

Tabelle 107.

Versuche mit Chlorophyll und Peroxydase ohne Sauerstoffwirkung.

Beschreibung des Versuches	Zusammensetzung des Gasstromes	Angewandtes Chlorophyll (mg)	Gebildetes Purpurogallin (mg) im Lichtversuch	im Dunkelversuch	infolge der Lichtwirkung allein	Durch Säurewirkung gebildetes Phäophytin (Proz. des petrolätherlöslichen Anteils) im Lichtversuch	im Dunkelversuch
1. 2 Stunden, 0°	99 Proz. CO_2, 1 Proz. O_2	36,5	2,2	unmeßbar	2,2	28	20
2. 2 Stunden, 0°	Reines, sauerstofffreies CO_2	36,5	0,4	—	0,4	17	—
3. 4 Stunden, 0°	25 Proz. CO_2, 75 Proz. N_2, O_2-Ausschluß	35	1,0	0,5	0,5	15	10
4. Chlorophyll + 1 Mol $MgCO_3$, 2 Stdn., 0°	25 Proz. CO_2, etwa 75 Proz. N_2, $^1/_3$ Proz. O_2	37	2,5	1,9	0,6	7	9
5. Rohchlorophyll, 3 Stunden, 15°	6,2 Proz. CO_2, $93^1/_2$ Proz. N_2, $^1/_3$ Proz. O_2	28	1,6	1,1	0,5	16	18
6. Rohchlorophyll, $2^1/_2$ Stunden, 0°	25 Proz. CO_2, etwa 75 Proz. N_2, $^1/_3$ Proz. O_2	28	0,8	0,4	0,4	21	15

45 Proz. Chlorophyll die beiden Carotinoide und andere Begleitstoffe enthielt, ist im Gasstrom mit $^1/_3$ Proz. Sauerstoff auch nicht mehr als eine Spur von Purpurogallin aufgetreten.

Die Zersetzung des Chlorophylls durch Kohlensäure scheint vom Lichte nicht beeinflußt, das Zwischenprodukt der Magnesiumabspaltung, die Kohlensäureverbindung, also im Lichte weder in eine stärker saure noch in eine weniger saure Verbindung umgewandelt zu werden. Die Versuche mit Kohlensäure ohne Sauerstoffwirkung im Lichte und im Dunkeln lassen (Spalte 7 und 8 der Tabelle 107) bei der colorimetrischen Analyse des phäophytinhaltigen Chlorophylls keinen deutlichen Unterschied in der Phäophytinbildung erkennen. In anderen Versuchen ist die Frage durch Veraschen des mit Kohlensäure behandelten kolloiden Chlorophylls geprüft worden. Die Magnesiumbestimmung nach gleicher Behandlung mit Kohlensäure im Dunkeln und bei Belichtung ergab Schwankungen, aber keine bestimmten Ausschläge.

Schlußwort.

Unsere Arbeit war der Frage gewidmet, mit welchen chemischen Mitteln die Zerlegung der Kohlensäure durch das Sonnenlicht in den Chloroplasten geschieht. Es wurde untersucht, ob und in welcher Weise das Chlorophyll im Assimilationsvorgang chemisch reagiert, ob eine Rolle der Carotinoide in den Lebensvorgängen der Pflanze nachgewiesen werden kann, und in welcher Art Bestandteile des farblosen Stromas, die näher zu bestimmen sind, mit dem Chlorophyll zusammenwirken.

Eine Funktion der gelben Pigmente konnte weder bei der Assimilation noch in der Atmung nachgewiesen werden. Das Chlorophyll hingegen vereinigt mit der Bedeutung, die augenfällig durch seine Farbstoffnatur bedingt ist, eine schwerer erkennbare Funktion, die auf seinem chemischen Reaktionsvermögen beruht. Das Pigment wird durch Kohlensäure unter Abspaltung des Magnesiums zersetzt; Zwischenprodukt der Reaktion ist eine dissoziierbare Kohlensäureverbindung. Das Verhalten gegen Kohlensäure wurde mit dem Pigmente in dem Zustand geprüft, der seiner Dispersität in den Chloroplasten am ähnlichsten ist, nämlich an seinem Hydrosol.

Auf die Beobachtung, daß das Chlorophyll, und zwar seine beiden Komponenten *a* und *b* mit der Kohlensäure dissoziierbare Additionsprodukte bilden, gründet sich eine Theorie der Assimilation. Das absorbierte Licht leistet im Chlorophyllmolekül selbst, dessen Bestandteil die Kohlensäure durch ihre Anlagerung an den Magnesiumkomplex wird, seine chemische Arbeit, indem es durch eine Umgruppierung der Valenzen das Kohlensäuremolekül in eine für den freiwilligen Zerfall geeignete Form isomerisiert (vierte Abhandlung). Durch die Addition der Kohlensäure an das Lichtabsorbens unterscheidet sich die Reaktion von der Wirkung anderer Sensibilisatoren. Diese Betrachtung soll unentschieden lassen, ob die Kohlensäure als solche, wozu sie befähigt ist, an Chlorophyll addiert oder ob ein Kohlensäurederivat angelagert wird. Nicht das Chlorophyll allein, sondern das unbelichtete Blatt, also Bestandteile der Blattsubstanz, die nicht im einzelnen bestimmt sind, verbinden sich mit der Kohlensäure zu lockeren, dissoziierenden Additionsprodukten. Es ist wahrscheinlich, daß dadurch die Zuleitung der Kohlensäure von der Luft zu den Chlorophyllkörnern vermittelt, die Geschwindigkeit der Kohlensäureaufnahme erhöht und die Form der Kohlensäure verändert wird (dritte Abhandlung).

Diese Erklärung der Wirkung des Chlorophylls durch Addition und Umlagerung der Kohlensäure hat nichts mit der Vorstellung gemein, daß im Assimilationsvorgang das Chlorophyll zerstört und wieder aufgebaut werde. Solche Annahmen werden durch den Nachweis widerlegt (erste Abhandlung), daß das Chlorophyll in seiner Menge und auch im Verhältnis seiner Komponenten während der Assimilation unverändert bleibt, auch bei beliebig gesteigerter und langdauernder Leistung. Die Beziehung zwischen assimilatorischer Leistung und der Menge des Chlorophylls konnte, da diese konstant bleibt, unter der Bedingung verfolgt werden, daß die äußeren Faktoren: Kohlensäureteildruck, Belichtung und Temperatur, auf die Leistung ohne Einfluß waren. Der Quotient aus der assimilierten Kohlensäure und der Chlorophyllmenge, die „Assimilationszahl", unterliegt großen Schwankungen, je nach der Chlorophyllkonzentration in den Blättern, ferner mit dem Wachstum und in den Jahreszeiten. Aus der genaueren Untersuchung der Fälle, in denen die Assimilationszahl von der Norm am weitesten abweicht, war zu schließen (zweite Abhandlung), daß außer dem Pigment ein zweiter innerer Faktor von enzymatischer Natur für den Assimilationsvorgang bestimmend ist, und zwar wahrscheinlich ein bei der Zerlegung des von Chlorophyll und Kohlensäure gebildeten Zwischenproduktes wirksames Enzym. Mit diesem Ergebnis steht die Beobachtung in Einklang, daß ein sehr geringer Sauerstoffgehalt des Blattes für den Assimilationsprozeß unentbehrlich ist. Ein mit dem Chlorophyll bei der Assimilation zusammenwirkendes Agens scheint als eine dissoziierende Sauerstoffverbindung zu reagieren (sechste Abhandlung).

Mit der Betrachtung des Vorganges, in welchem aus der Kohlensäure Sauerstoff abgespalten wird, ist die Frage nach dem Reduktionsprodukt eng verknüpft, das zu den Kohlenhydraten kondensiert wird. Von Baeyers Erklärung, daß Formaldehyd das Zwischenglied der Zuckerbildung sei, ist viel umstritten, und es wird oft auf nicht zulässige Art versucht, die bisher hypothetische Annahme zu beweisen, zum Beispiel durch den Nachweis des Formaldehyds in den Blättern.

Eindeutig, ohne Hypothese, ist es bewiesen, daß die Kohlensäure desoxydiert wird zur Reduktionsstufe des Kohlenstoffs selber oder, was ganz das nämliche ist, zur Formaldehydstufe, wenn gezeigt wird, daß in der Assimilation genau und unverrückbar der gesamte Sauerstoff aus der Kohlensäure entbunden wird. Man hat sich viel mit dem Gesamtgaswechsel der Pflanze befaßt, aber nur vereinzelte und unvollkommene Bestimmungen gibt es für den rein assimilatorischen Gasaustausch.

Unsere Untersuchung (fünfte Abhandlung) behandelte den assimilatorischen Gaswechsel bei hochgesteigerter Assimilationsleistung. So wird der Einfluß der Atmung ausgeschaltet und eine scharfe Bestimmung des assimilatorischen Koeffizienten ermöglicht. Zugleich verfolgte diese Anordnung das Ziel, bei der gesteigerten Leistung unter verschiedenen Bedingungen Abweichungen des Koeffizienten, sei es zu Beginn oder bei langer Dauer, zu erzwingen, wenn sie überhaupt möglich sind. Das Ergebnis war: der Koeffizient beträgt 1 und ist konstant. Ein Zwischenglied der Reduktion wie Oxalsäure, Ameisensäure u. dgl. wird daher nicht frei. Wenn die Reduktion am Chlorophyll schrittweise erfolgt, so wird keine Kohlenstoffverbindung vor der vollständigen Desoxydation vom Chlorophyll losgelöst.

Da es die Formaldehydstufe ist, zu der die Kohlensäurezerlegung führt, so ist es eine Annahme von großer Wahrscheinlichkeit, daß nicht allein die Stufe erreicht, sondern daß Formaldehyd selbst gebildet wird. Denn er ist die einzige Kohlenstoffverbindung dieses Substitutionsgrades mit nur einem Kohlenstoffatom im Molekül. Alle organischen Verbindungen von derselben Zusammensetzung sind Derivate des Formaldehyds, nämlich seine weiteren Kondensationsprodukte.

Da man den Formaldehyd in größter Verdünnung nachweisen kann, so haben schon viele Forscher Versuche unternommen, seine Bildung aus Kohlensäure außerhalb der lebenden Zelle durch die Wirkung des Chlorophylls zu erzielen. Allein die Aldehydspuren, die bei solchen Versuchen öfters beobachtet wurden, sind durch Photooxydation entstanden, und zwar im allgemeinen aus Begleitstoffen des Chlorophylls. Nun hat die Möglichkeit, mit dem reinen Pigmente zu arbeiten und die Versuchsbedingungen den Verhältnissen in den Chloroplasten besser anzupassen als es früher geschah, uns dazu geführt, ebenfalls im Experimente unter der Wirkung von Chlorophyll im Licht die Kohlensäurezerlegung zu probieren oder auch nur die Bildung von peroxydischer Verbindung aufzusuchen (siebente Abhandlung). Alle diese Versuche waren unzweideutig und vollständig negativ. Sie sind darum nicht ohne Wert, da sie auf einem Felde, das eine Scheinernte trug, reinen Tisch schaffen. Ein Fortschritt wird nur nach der Erkenntnis möglich sein, daß die Belichtung von Chlorophyll in Kohlensäureatmosphäre nicht genügt und daß in dieser Versuchsanordnung noch wesentliche Umstände fehlen, um den Assimilationsprozeß nachzuahmen.

Die Untersuchung der Pigmente in den grünen Gewächsen hat einen Vorsprung gegenüber den für die Assimilation auch unentbehrlichen Bestandteilen des farblosen Protoplasmas. Hier findet die chemische Analyse Aufgaben zur vollständigeren Beschreibung der assimilatorischen Einrichtungen. Im Blatte ist das Chlorophyll in vollkommener Weise gegen Photooxydation geschützt, der es als reines Hydrosol anheimfällt. Im Blatte ist das Chlorophyll vor der am reinen Kolloide beobachteten Zersetzung durch die Kohlensäure bewahrt, ohne daß deren Aufnahme gehemmt wird. Im Gegenteil wird im Blatte die Kohlensäure mit weitaus größerer Geschwindigkeit absorbiert als bei der Wirkung sogar von unverdünnter Kohlensäure auf das Hydrosol.

So sind über den Zustand des Chlorophylls in den Chloroplasten, in bezug auf die Form, in welche die Kohlensäure übergeht und hinsichtlich der im Assimilationsvorgang wirksamen Enzyme neue Fragen dadurch aufgetaucht, daß die Arbeit einen tieferen Einblick gewährte in die Unterschiede zwischen den Bedingungen des Assimilationsexperimentes und den Verhältnissen in der lebenden Zelle.

Autorenregister.

Sachregister.

Druck der Spamerschen Buchdruckerei in Leipzig